高等职业教育建设工程管理类专业系列教材

GAODENG ZHIYE JIAOYU JIANSHE GONGCHENG GUANLILEI ZHUANYE XILIE JIAOCAI

U0461207

JIANZHU SHEBEI ANZHUANG SHIGONGTU SHIDU YU BIM JIANMO

建筑设备安装施工图识读与BIM建模

主　编／文桂萍　韦婷玉

副主编／代端明　杨展丽　杨唯艺

主　审／李战雄　范斯远

重庆大学出版社

内容简介

本书以建筑设备安装施工员与管理人员的岗位要求、职业标准为主体内容，融入"1＋X"建筑工程识图职业技能等级（中级）证书考核大纲要求，以2号办公楼为案例，遵循学生的认知规律，基于工作过程系统化理念进行项目化、任务式设计。全书共5个单元、10个项目、46个任务，介绍了安装工程施工图识读与建模基础，以及建筑给水工程、建筑暖通工程、建筑电气工程、建筑智能化工程4个各专业施工图识读与建模等内容。本书中的难点、重点以动画、微课或视频的形式来展现，并有机融入课程思政元素，同时教材配套有施工图、课件等教学资源，以方便教学。

本书适合作为高等职业教育建设工程管理类、建筑设备类等专业的教材使用，也可作为建筑安装工程技术人员、管理人员、造价师考前培训以及自学用书。

图书在版编目（CIP）数据

建筑设备安装施工图识读与 BIM 建模／文桂萍，韦婷玉主编. -- 重庆：重庆大学出版社，2024.1
高等职业教育建设工程管理类专业系列教材
ISBN 978-7-5689-3520-3

Ⅰ．①建… Ⅱ．①文…②韦… Ⅲ．①房屋建筑设备—建筑安装—工程施工—建筑制图—识别—高等职业教育—教材②房屋建筑设备—建筑设计—计算机辅助设计—应用软件—高等职业教育—教材 Ⅳ．①TU8

中国版本图书馆 CIP 数据核字（2022）第 156919 号

高等职业教育建设工程管理类专业系列教材

建筑设备安装施工图识读与 BIM 建模

主　编　文桂萍　韦婷玉
主　审　李战雄　范斯远
策划编辑：林青山

责任编辑：张红梅　　　版式设计：林青山
责任校对：杨育彪　　　责任印制：赵　晟

*

重庆大学出版社出版发行
出版人：陈晓阳
社址：重庆市沙坪坝区大学城西路 21 号
邮编：401331
电话：(023) 88617190　88617185(中小学)
传真：(023) 88617186　88617166
网址：http://www.cqup.com.cn
邮箱：fxk@ cqup.com.cn（营销中心）
全国新华书店经销
重庆市国丰印务有限责任公司印刷

*

开本：889mm×1194mm　1/16　印张：24.75　字数：768千
2024 年 1 月第 1 版　　2024 年 1 月第 1 次印刷
ISBN 978-7-5689-3520-3　定价：59.00 元

前　言

　　建筑设备安装二维的 CAD 施工图是采用线条绘制表达各构件基本信息,其真正的构造形式、空间布局需要读者自行想象。但由于建筑设备安装涉及专业众多、图纸量大,各工种管道现场安装时交叉也多,仅有二维的 CAD 施工图可能导致建筑设备安装施工员和管理人员看不全图纸、想象不出空间,施工过程中工序碰撞造成返工、窝工,工程量计算不准确造成时间和金钱的浪费。这些问题,采用 BIM 构建的三维立体实物图便可迎刃而解。BIM 模型呈现了不同构件之间的互动性和反馈性,比二维 CAD 施工图纸更形象、直观、详细。

　　所以,我们编写了本书。

　　本书以校企合作编写的《安装工程教学案例——2 号办公楼安装施工图》为载体,遵循人的认知规律,基于工作过程系统化理念进行项目化任务式设计。全书共 5 个单元、10 个项目、46 个任务,含安装工程施工图识读与建模基础、建筑水暖电各专业施工图识读与建模等内容。

　　全书有以下特点:

　　一是"岗课赛证融合"。本书引用最新的规范和图集,基于真实工程项目,融入"1 + X"建筑工程识图职业技能等级(中级)证书考核大纲及职业技能大赛(建筑信息建模项目)内容,将企业任务转化为教学案例和技能训练任务,同时注重理论够用原则,以能力培养为本位,以技能训练为主体,展现行业新技术、新工艺,培养学生安装工程识图与建模技能和综合职业素养。

　　二是"教学做合一"。本书以学生为中心、以学习成果为导向,以建筑设备安装施工员与管理人员的岗位要求、职业标准为主体内容,运用"工学结合""做中学""学中做"和"做中教"的教学模式,将相关理论知识点分解到工作任务中,促进自主学习的思路开发,体现"教学做合一"理念。

　　三是"数字资源"。本书配备有数字资源,以便以动画、微课或视频的形式展现书中的难点、重点,同时还配套有施工图、PPT 课件等教学资源,需要时,用手机扫描二维码即可获得。此外,为方便课程平台建设和任课教师进行单元测试组题,本书特将各任务后的测试题和技能训练任务单做成配套的数字资源,相应老师可以根据需要下载使用。本书的新形态一体化设计不仅为学生即时学习和个性化学习提供了帮助,还有助于教师创新教学模式。

　　四是"课程思政"。全书每个项目均根据内容设置拓展知识,并用快言快语、短视频等形式有机融入党的二十大报告中践行社会主义核心价值观、实施科教兴国战略、推进文化自信自强、推动绿色发展等精神,积极弘扬工匠精神、进取精神、奋斗精神、劳动精神、勤俭节约精神等,旨在有效开展课程思政,立德树人,培养学生的家国情怀、规范意识和安全意识。

　　五是"校企双元"。本书由广西建设职业技术学院、广西建筑科学研究设计院、苏中达科智能工程有限公司合作完成。本书基础篇由文桂萍、冯瑛琪编写,实战篇各单元的编写分工如下:项目 1 由李红编写,项目 2 由杨唯艺编写,项目 3 由卢燕芳编写,项目 4、项目 9 由代端明编写,项目 5、项目 7 由文桂萍编写,项目 6 由梁国赏编写,项目 8、项目 10 由杨展丽编写;各项目建模部分由韦婷玉编写,由李金生进行建模核对。本书由文桂萍拟订大纲、编写样章,由文桂萍、韦婷玉指导团队进行编写并最终完成。全书由李战雄、范斯远审稿,陆慕权、陈东、蒋文艳、韦永华参与微课视频制作。

本书在编写过程中参考了国内外公开出版的许多书籍和资料,在此谨向有关作者表示真挚的谢意。由于编者水平有限,书中不妥和错漏之处在所难免,恳请广大读者批评指正。

编 者

2023 年 12 月

目　录

基础篇

第一单元
安装工程施工图识读与建模基础

【任务引入】

建设一栋大楼,需要设计建筑设备安装工程施工图,它包含水、暖、电三大组成部分,其中水一般包括生活给水排水、消防给水;暖一般包括采暖、通风与空调;电一般包括强电(变配电、动力配电、照明配电、防雷接地等)与弱电,弱电亦称智能化系统(消防报警与联动系统、信息网络系统、综合布线系统、有线电视系统、电子会议系统、出入口控制系统、停车场管理系统、安全防范系统等),这些施工图制图标准、图样画法、类别是怎样的? 识读图纸的基本方法是什么? BIM 建模的基本术语有哪些? 这些问题都将在本单元中找到答案。

本单元将以 2 号办公楼安装工程施工图为载体,介绍安装施工图制图的一般要求、图纸类别、识图基本方法、建模软件界面等内容。

【内容结构】

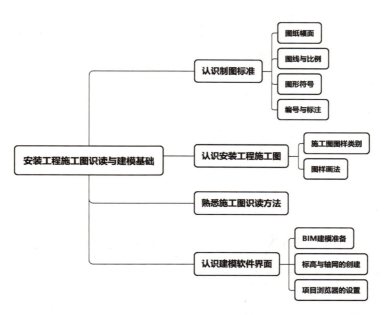

图 0.1 "安装工程施工图识读与建模基础"内容结构图

【建议学时】8 学时

【学习目标】

知识目标:熟悉制图标准、图样画法、建模常用术语;了解建筑设备安装工程施工图的类别;掌握建筑设备安装工程施工图的读图要点及识图方法。

技能目标:能说出不同线型代表的含义;能依据图纸比例计算图面水平测量尺寸的实际长度;能根据编号、标注等说出图面所含信息;能依据软件初步创建和编辑标高、轴网。

素质目标:树立标准意识、规矩意识,遵守规则;养成科学严谨、精益求精的职业态度;培养团结协作、乐于助人的职业精神。

【学习重点】

1.制图标准的内容。

2.施工图识读方法与建模。

【学习难点】

名词陌生,信息量大,二维平面图转三维空间图

【学习建议】

1.本单元概念性的内容做一般性了解,着重点在图线、编号、代号、建模软件界面等内容的认识。

2.由于信息量较大,需反复学习以加强记忆;多对照教材阅读施工图,也可以通过微课、动画等来帮助理解疑难问题。

【任务导读】

1.任务分析

2 号办公楼安装工程施工图中有大量的图线,它们代表什么意思? 施工图怎么识读? 三维模型建立需要哪些基本知识? 这一系列问题均要通过本单元内容的学习才能逐一解答。

2.实践操作(步骤/技能/方法/态度)

为了能完成前面提出的工作任务,我们需从解读制图标准开始,然后到认识图样画法、图样类别、识图方法,进而学习建模的基础知识,为后续施工图识读打下基础。

任务 0.1 认识制图标准

0.1.1 图纸幅面

1)概念及分类

图纸宽度与长度组成的图面称为图纸幅面,简称图幅。常用图纸幅面及图框尺寸规格见表0.1。

表 0.1 图纸幅面及图框尺寸规格   单位:mm

尺 寸	图幅代号				
	A0	A1	A2	A3	A4
$b \times l$	$841 \times 1\ 189$	594×841	420×594	297×420	210×297
c	10			5	
a	25				

注:表中 b 为幅面短边尺寸, l 为幅面长边尺寸, c 为图框线与幅面线间宽度, a 为图框线与装订边间宽度。

图纸的短边尺寸不应加长,A0 ~ A3 幅面长边尺寸可加长,但应符合制图标准的规定。

图纸以短边作为垂直边的为横式,以短边作为水平边的为立式。A0 ~ A3 图纸宜横式使用,必要时也可立式使用。

一个工程设计中,每个专业所使用的图纸不宜多于两种幅面。目录及表格所采用的 A4 幅面不受此限制。

2)标题栏与会签栏

标题栏一般位于图纸的右侧,可以横式也可以立式,如图 0.2、图 0.3 所示。栏内的信息一般包括设计单位名称及其证书号、Logo,建设单位名称,工程项目名称,图名,参与项目设计的人员姓名与签名(项目负责、专业负责、设计、制图、校对、审核、审定),设计号,专业或图别(水、暖、电等),日期,图号,设计阶段(初步设计、施工图、竣工图等),版号等。

在标题栏的对角有会签栏,用于各工种设计人员签名,如图 0.4 所示。

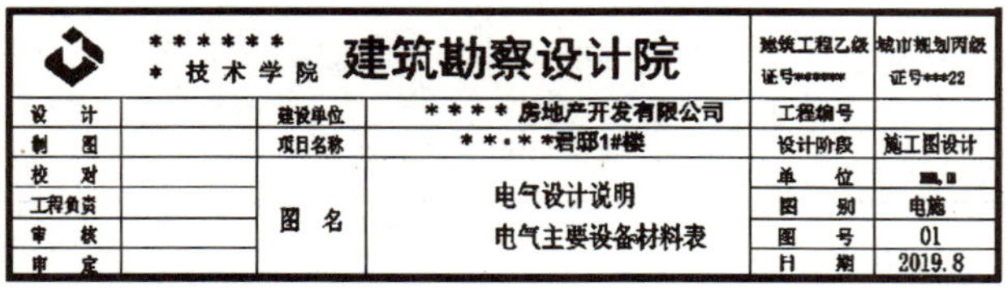

图 0.2　横式标题栏

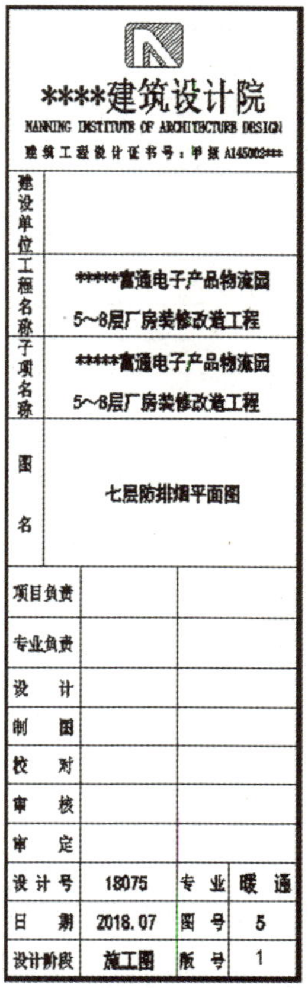

图 0.3　立式标题栏

专　业	实　名	签　名	日　期	专　业	实　名	签　名	日　期
建　筑				电　气			
结　构				通　风			
给排水							

图 0.4　会签栏

【学习笔记】

【想一想】翻开施工图,图面上有不同形状的线条,粗细亦有区别,这到底表示什么呢?

0.1.2 图线与比例

1)图线

起点和终点间以任何方式连接的一种几何图形称为图线。施工图中常见的图线线型有实线、虚线、波浪线、单点长画线、双点长画线、折断线等,不同线型的线条有粗细之分。制图图线名称、线型、线宽及一般用途如表 0.2 所示。

表 0.2　制图图线名称、线型、线宽及一般用途

名　　称		线　　型	线宽	一般用途
实线	粗	————	b	本专业设备之间连接线、本专业设备可见轮廓线、图形符号轮廓线
	中粗	————	$0.7b$	
	中	————	$0.5b$	本专业设备可见轮廓线、图形符号轮廓线、方框线、建筑物可见轮廓线
	细	————	$0.25b$	
虚线	粗	- - - -	b	被遮挡或不可见的本专业设备间连接线,轮廓线、图例线等;
	中粗	- - - -	$0.7b$	
	中	- - - -	$0.5b$	本专业设备不可见轮廓线及地下管沟、建筑物不可见轮廓线
	细	- - - -	$0.25b$	
波浪线	中	〜〜〜	$0.5b$	设备间连接线采用软管、蛇形敷设线路,水面线、局部构造层次线等
	细	〜〜〜	$0.25b$	
单点长画线		— · — · —	$0.25b$	定位轴线、中心线、对称线、单元相同围框线
双点长画线		— ·· — ·· —	$0.25b$	辅助围框线、假想轮廓线
折断线		——√——	$0.25b$	不需画全的断开界线

图线的基本线宽(b)应根据图纸的类型、比例和复杂程度,按现行《房屋建筑制图统一标准》(GB/T 50001—2017)的规定选用,并宜为 0.5 mm、0.7 mm、1.0 mm。

平面图宜采用 3 种及以上的线宽绘制,其他图样宜采用 2 种及以上的线宽绘制。同一张图纸内,相同比例的各图样应选用相同的线宽组。单点长画线或双点长画线在较小图形中绘制有困难时,可用实线代替。

图样中可使用自定义的图线线型及用途,但应在设计文件中明确说明。自定义的图线、线型及用途不应与国家现行有关标准矛盾。

2)比例

图中图形与其实物相应要素的线性尺寸之比称为比例。绘图所用的比例,应根据图样的用途与被绘对象的复杂程度从表 0.3 中选用,应优先采用常用比例。建筑设备安装工程施工图的平面图比例宜与工程项目设计的主导专业一致。

表0.3 安装工程施工图绘图所用比例

常用比例	1∶1、1∶2、1∶5、1∶10、1∶20、1∶30、1∶50、1∶100、1∶150、1∶200、1∶500、1∶1 000、1∶2 000
可用比例	1∶3、1∶4、1∶6、1∶15、1∶25、1∶250、1∶300、1∶5 000
需要放大的图样比例	10∶1、5∶1、4∶1、2∶1

一般情况下,一个图样应选用一种比例。根据专业制图需要,同一图样可选用两种比例。特殊情况下也可自选比例,这时除应标注出绘图比例外,还应在适当位置绘制出相应的比例尺。

【学习笔记】

【想一想】受图幅限制,施工图的绘制无法将设备、材料的实物形状画在图面上,怎么办呢?

0.1.3 图形符号

为使图面简单、清晰、明了,需要用图形符号来表示系统各组成部分的设备与材料。

图样中采用的图形符号在不改变其含义的前提下可放大或缩小,但图形符号的大小宜与图样比例相协调;当图形符号有两种表达形式时,可任选其中一种形式,但同一工程应使用同一种表达形式;当现有图形符号不能满足设计要求时,可按图形符号生成原则产生新的图形符号,新产生的图形符号宜由一般符号与一个或多个相关的补充符号组合而成。

2号办公楼建筑给水排水系统、暖通系统、电气与智能化系统施工图图样的部分图形符号如图0.5至图0.7所示,图形符号详解见后续各项目。

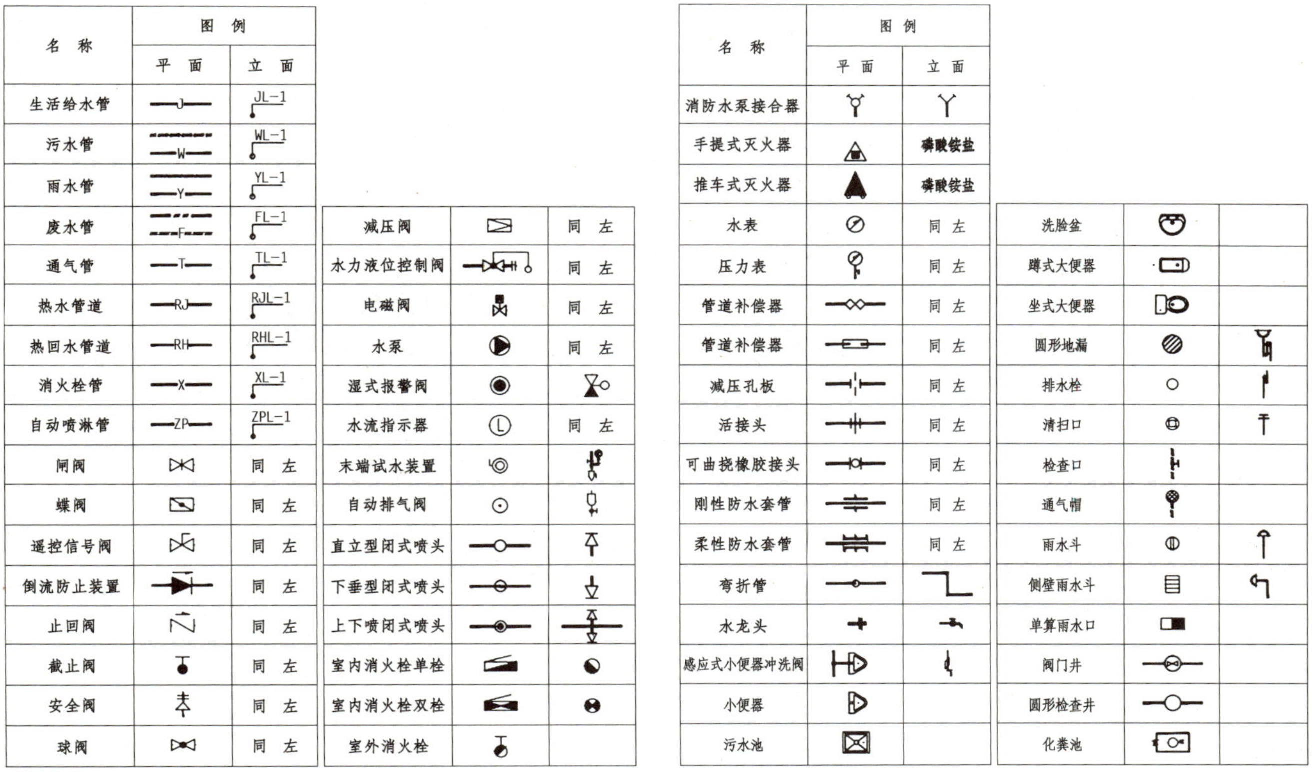

图0.5 建筑给水排水系统常用图形符号

图 例	名 称
L—	冷水机组/风冷热泵编号
T—	冷却塔编号
QB—	冷却水泵编号
LB—	冷冻水泵编号
RB—	热泵编号
P—	排风机编号
JY—	加压风机编号
PY—	排烟风机编号
P(Y)—	平时排风兼火灾排烟风机编号
S(B)—	平时进风兼火灾补风风机编号
S—	平时进风风机编号
B—	火灾补风风机编号
FP-136	卧式暗装风机盘管
X300	吊顶式新风机
	冷冻水供水管
	冷冻水回水管
	冷凝水管
—Pz—	膨胀管
—X—	泄水管
—G—	补水管
	水泵（系统图上表示）
	带表阀压力表（1.6MPa）
	带金属护套玻璃管温度计（0~50℃）
	橡胶软接头
	Y型过滤器
	截止阀
	蝶阀
	闸阀
	电动两通阀
	电动蝶阀（220 V）

图 例	名 称
	水管止回阀
	平衡阀
	自力式流量控制阀
	倒流防止器
	不锈钢软接头
	离子棒水处理仪
	水表
	能量计
	混流式风机
	柜式离心风机
FS(T)	方形散流器（带调节阀）
	侧送、侧回百叶风口
DB(T)	单层百叶风口（带调节阀）
SB(T)	双层百叶风口（带调节阀）
FYBY	防雨百叶风口（带过滤网）
ZCBY	自垂百叶风口
TXFK	条形风口
XLFK(T)	旋流风口（带调节阀）
HFK(F)	格栅回风口（带滤网）
	轻质风管止回阀
70℃	70℃防火调节阀（常开）
280℃	280℃防火调节阀（常开）
280℃	280℃排烟防火阀（常开）
	70℃电动防火阀（常开，火灾电信号关闭）
	电动对开多页调节阀（220V）
	阻抗复合式消声器（长1.0m）
	管式消声器（长1.0m）
	微穿孔板消声弯头
	风管软接头
	手动对开调节阀
V20	排气扇（带止回装置）

图 例	名 称
500×200/−0.850	矩形风管及其顶标高
DN300,h1	水管管径及其中标高
	气流方向
	水流方向
i=0.01	坡度及拔向
GL—	供水立管
HL—	回水立管
NL—	冷凝水立管
SK	风口、阀门手动控制开关（距离地面1.5m）

图 0.6　建筑暖通系统常用图形符号

图 例	名 称
	走道照明配电箱
	照明配电箱
	双电源切换箱
	动力照明、配电、控制箱
	屏、台、箱、柜
	多种电源配电箱
	箱、屏、柜
	14W三管高效节能格栅LED灯
	带蓄电池的双管格栅LED灯
	28W双管高效节能格栅LED灯
	吸顶灯
O	隔爆灯
	井道灯
	紫外消毒灯
	自带蓄电池的单管高效节能LED灯
	墙上座灯
	带人体感应开关的吸顶灯
	28W单管高效节能LED灯
	清扫插座
	空调插座
	烘手器插座
	地面插座
	安全型二三孔暗装插座
	双控开关
	风机盘管温控开关
	三联开关
	四联开关
	开关
	双联开关
	风机盘管
	排气扇
	水位仪

图 例	名 称
	编码型光电感烟探测器
EX	编码型防爆光电感烟感温探测器
	编码型定温感温探测器
LX	编码型防爆定温感温探测器
	编码型手动报警按钮（带电话插孔）
	编码型消火栓报警按钮
	湿式自动报警阀
	压力开关
	水流指示器
	信号阀
	双输入信号输入模块
I/O1	单输入单输出控制模块
I/O2	双输入双输出控制模块
ZG	总线交流隔离器
SI	总线短路保护器
	模块箱
	总线火灾报警电话分机
B	总线消防广播模块
	火灾警报扬声器
	火灾声、光警报器
	楼层端子接线箱
	楼层显示盘
28DC	常闭防火阀
	气体灭火控制盘
	放气灯
	紧急停止按钮
	门磁开关
	防火门监控模块

图 例	设 备 名 称
2TO	双口信息插座（数据+语音）
1TO	单口信息插座（数据+语音）
AP	无线AP
	有限电视插座
	被动红外/微波双技术探测器
	紧急求助按钮
	声光报警灯
IEB	楼层等电位接地端子箱
IPA	红外网络快球摄像机
IPA	红外网络半球摄像机
IP	红外网络枪型摄像机
MJK	门禁控制器
	读卡器
EL	电控锁
	出门开关
ITB	局部等电位接地端子箱

图 0.7　建筑电气与智能化系统常用图形符号

【学习笔记】

_____

_____

_____

【想一想】在施工图图样中,图形符号旁边标注的英文字母、阿拉伯数字分别表示什么意思?

0.1.4　编号与标注

1)编号

一个工程设计中同时有两个及以上的不同系统时,应进行系统编号;当进出建筑物的设备管道、穿越楼层的立管数量超过一根时,应进行管道编号。系统编号由系统代号和顺序号组成,系统代号一般用系统汉语名称拼音的首个大写字母表示,顺序号用阿拉伯数字表示。

对于水暖系统,系统编号常指进出建筑的管道编号。例如通风空调系统中有通风(送风S、排风P、加压送风JY)、空调(K)等,空调系统设备、管道编号举例如图0.8所示;给水排水系统中有给水(生活给水JL、消火栓给水XH)、排水(生活污水WL、雨水排水YL)等,生活给水排水系统立管编号举例如图0.9所示,系统编号宜写在系统总管处。

P—	排风机编号
JY—	加压风机编号
PY—	排烟风机编号
GL—	供水立管
HL—	回水立管
NL—	冷凝水立管

图0.8　空调系统设备、管道编号举例

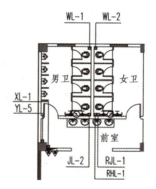

图0.9　生活给水排水系统立管编号举例

2)参照代号

当设备、材料的图形符号在图样中不能清晰地表达其信息时,应在其图形符号附近标注参照代号。参照代号可表示项目的数量、安装位置、方案等信息。

例如电气平面图中的照明配电箱AL,当数量大于等于2且规格不同时,只绘制图形符号已不能区别,需要在图形符号附近加注参照代号AL1、AL2等,水暖系统亦如此,如图0.10、图0.11所示。

参照代号采用字母代码标注时,宜由前缀符号、字母代码和数字组成。当采用参照代号标注不会引起混淆时,参照代号的前缀符号可省略。

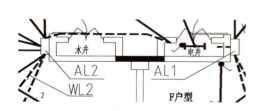

图0.10　照明配电箱AL参照代号示意图

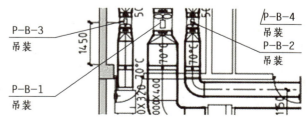

图0.11　地下室排风机P参照代号示意图

3）标注

（1）设备标注

为进一步了解设备性能，通常在设备的图形符号附近标注其参照代号、性能参数等（性能参数的型号、规格、容量等也可以在设计施工说明或主要设备材料表里说明）。灭火装置标注举例如图 0.12 所示，风机盘管 FP 与空调水管标注举例如图 0.13 所示。

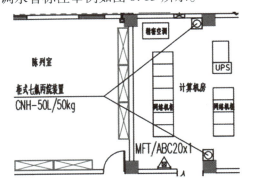

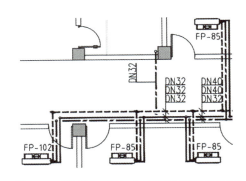

图 0.12　灭火装置标注举例　　　　图 0.13　风机盘管 FP 与空调水管标注举例

（2）管线标注

①建筑电气系统的电气线路，应在线路附近或线路上标注回路编号、线缆或管、桥架、线槽的材质与规格、敷设方式、敷设部位等信息。电气线路标注举例如图 0.14 所示。

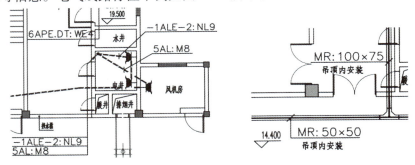

图 0.14　电气线路标注举例

②建筑水暖系统的管道，应在管道旁标注参照代号、标高、管径（压力）、截面尺寸等信息。水平管道的规格宜标注在管道的上方，竖向管道的规格宜标注在管道的左侧，双线表示的管道，其规格可标注在管道轮廓线内，水暖管道标注举例如图 0.15 所示。

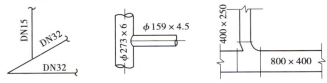

图 0.15　水暖管道标注举例

【学习笔记】

【总结反思】

总结反思点	已熟知的知识或技能点	仍需加强的地方	完全不明白的地方
熟悉图纸各幅面尺寸与编排规律			
认识图线及比例所表示的含义			
认识建筑设备各工种施工图常用图例符号			
熟悉代号与标注的含义			
在本次任务实施过程中,你的自我评价	□A. 优秀　□B. 良好　□C. 一般　□D.需继续努力		

【关键词】图幅　比例　图形符号　代号　标注

任务0.2　认识安装工程施工图

0.2.1　施工图图样类别

建筑安装工程施工图的图样类别根据专业的不同有一定区别,但一般都有设计施工说明、图例、主要设备材料表、平面图、系统图、详图、剖面图、大样图等,对于一些复杂系统还需要有原理图、接线图等。

1)设计施工说明

凡是图纸中无法表达或表达不清而又必须为施工技术人员所了解的内容,均应用文字来说明,文字说明应力求简洁。

设计施工说明通常表达以下内容:设计概况、设计内容、设计参数与相关指标、引用规范、施工方法、安装要求及注意事项、标准图集的采用等。

2)图例

图例是用表格的形式列出该系统中使用的图形符号或文字符号,其目的是使读图者容易读懂图样。

3)主要设备材料表

工程中选用的主要材料及设备应列表注明。表中应至少包括序号(或编号)、名称、型号规格或技术要求、数量、单位、备注栏等(建筑电气专业的主要设备材料表和图例符号表宜合并),但是表中的数量一般只作为概算估计数,不作为设备和材料的供货依据。

4)平面图

平面图就是在建筑物的平面图上标出用图例表示的设备、元件、管线等实际布置的图样。通过标注,平面图可以表示设备与管线安装的平面位置、参照代号、编号及相关参数等。

5)系统图

①建筑给水、排水系统图,也称"给水、排水轴测图",应表达出给排水管道和设备在建筑中的空间布置关系。系统图一般应按给水、排水、热水供应、消防等各系统单独绘制,以便安装施工和算量计价使用。

给排水系统图应表达如下内容:各种管道的管径、坡度;支管与立管的连接处、管道各种附件的安装标高;

各立管的编号应与平面图一致。系统图中对用水设备及卫生器具的种类、数量和位置完全相同的支管、立管可不重复完全绘制,但应用文字标明。当系统图立管、支管在轴测方向重复交叉影响视图时,可标号断开移至空白处绘制。

建筑居住小区的给排水管道一般不绘系统图,但应绘管道纵断面图。

②建筑通风与空调系统,当平面图不能清楚表达设计与施工意图时,需绘制系统图。系统图通常按 45°或 30°轴测投影绘制,立体感强。系统图上要绘出设备、阀门、控制仪表、配件,标注介质流向、管径及设备编号、管道标高等。

③建筑电气系统图是用单线表示电能或电信号按回路分配出去的图样,主要表示各个回路的名称、用途、容量以及主要电气设备、开关元件及导线电缆的规格型号等。通过建筑电气系统图可以知道该系统的回路个数及主要用电设备的容量、控制方式等。建筑电气工程中的变配电、动力、照明、电视电话、火灾自动报警与消防联动、安防监控、综合布线等智能化系统等都要用到系统图。

6)详图及剖面图、大样图

凡平面图、系统图中局部构造因受图面比例影响而表达不完善或无法表达时,必须绘制施工详图,详图中应详细注明相关尺寸。例如通风、空调、制冷机房大样图应绘出通风、空调、制冷设备的轮廓位置及编号,注明设备和基础距墙或轴线的尺寸,连接设备的风管、水管的位置走向,注明尺寸、标高、管径等。

如果需要详细了解内部构造或者局部详细做法以及材料使用的地方,需要绘制剖面图。剖面图又称剖切图,是按照一定剖切方向展示内部构造的图样(如空调机房剖面图、变配电房剖面图),可以清晰地表达设备基础、管线的材料及其施工做法,方便正确施工作业及预结算人员准确算量。为了使图形更加清晰,剖面图中一般不画虚线。

大样图一般用来表示某一具体部位或某一设备元件的结构或具体安装方法,通过大样图可以了解该工程的复杂程度。

详图或大样图应优先采用通用标准图集。

7)原理图、接线图

当系统比较复杂时,可以通过绘制原理图来表明系统内各设备、管线之间的关系,了解整个系统的工作原理和来龙去脉。例如大型中央空调、管道系统,通过识读原理图可以了解中央空调系统的内部结构及其工作原理;电气系统的控制原理图用来单独表示电气设备、元件的控制方式及其控制线路,主要表示电气设备及元件的启动、保护、信号、联锁、自动控制及测量等。电气控制原理图通常有配套的二次接线图,用来表示设备元件的外部接线以及设备元件之间的接线。通过接线图可以知道系统控制的接线及控制电缆、控制线的走向及布置等。动力、变配电装置,火灾报警,防盗保安,微机监控,自动化仪表,电梯等都要用到接线图。一些简单的控制系统一般没有接线图。

【学习笔记】

_____

_____

【想一想】如何绘制安装工程施工图各图样?

0.2.2　图样画法

1)一般规定

①工程设计中,各专业的图纸应单独绘制,图样绘制方法、尺寸标注及图纸幅面规格、字体、符号等均应符

合现行国家标准《房屋建筑制图统一标准》(GB/T 50001—2017)的有关规定。

②图样无法表示的设计与施工内容可加注文字说明,文字说明应条理清晰、简明扼要、通俗易懂。

③在同一个工程子项目的设计图纸里,图纸幅面规格宜一致,如有困难,图纸幅面规格不宜超过两种,所用的图例、符号、参照代号、术语、图线、字体和制图方式等均应一致。

2) 图号和图纸编排

各专业应按专业归类图纸,并按各自专业图纸内容的主次关系、逻辑关系有序排列,同时编写图纸目录。

建筑安装工程施工图宜以工种代号加"施",再加阿拉伯数字进行编号,例如水施-1、水施-2……,电施-1、电施-2……,暖施-1、暖施-2……,以此类推。单体项目只有一张图纸时,宜采用水施-全、电施-全、暖施-全表示,并宜在图纸图框线内右上角标"全部水(或电、或暖)施图纸均在此页"字样。

施工图图纸排列顺序一般为:图纸目录、选用图集(纸)目录、设计施工说明、图例、主要设备材料表、总图、系统图、平面图、剖面图、详图等,如单独成图,其图纸编号应按所述顺序排列。

3) 图样布置

当一张图幅内绘有多个系统图时,水专业一般按生活给水、生活热水、直饮水、中水、污水、废水、雨水、消防给水顺序布置,电专业一般按先总后分的顺序,从上至下、从左至右依次布置。当一张图幅内绘有多层平面图时,宜按建筑层次由低至高、由下而上顺序布置;当一张图幅内绘制平面、剖面等多种图样时,宜按平面图、剖面图、安装详图,从上至下、从左至右顺序布置。

每个图样均应在图样下方标注出图名,图名下应绘制一条中粗横线,长度应与图名长度相等,图样比例应标注在图名右下侧横线上侧处。图样中某些问题需要用文字说明时,应在图面的右下部用"附注"的形式书写,并应对说明内容分条进行编号。

4) 图样绘制

(1)平面图

平面图即平面布置图,采用位置布局法绘制,是表示设备、材料、管线安装平面位置的图样。

各专业施工图的平面图归属相应专业。一张平面图上可以绘制同一专业多个系统的平面布置,若管线复杂,也可分别绘制,以图纸能清楚表达设计意图而图纸数量又较少为原则。平面图中应突出管线和设备,即用粗线表示设备、管线,其余均为细线。

平面图的内容及绘制要求如下:

①表示出建筑物轮廓线、轴线号、房间名称、楼层标高、门、窗、墙体、梁柱、平台和绘图比例等,承重墙体及柱宜涂灰。

②绘制出安装在本层的设备、安装在本层和连接本层的设备管线、路由等信息。进出建筑物的管线,其保护管应注明与建筑轴线的定位尺寸,穿越建筑外墙的标高和防水形式。

③标注设备、管线敷设路由的安装位置、参照代号等,并应采用用于平面图的图形符号绘制。

④平面图、剖面图中局部需另绘制详图或大样图时,应在相应部位标注详图或大样图编号,在详图或大样图下方标注其编号和比例。

⑤设备布置不相同的楼层应逐层分别绘制平面图,若建筑物中间各层的设备种类、管线数量和位置均相同,可只绘制其中一个楼层的平面图,称"标准层平面图"。

⑥平面图绘制还应符合相应专业制图标准的要求。

(2)系统图

系统图是表示系统主要组成、主要特征、功能信息、位置信息、连接信息等的图样,宜按功能布局法与位置布局法结合绘制,连接信息可采用单线表示。功能布局绘制就是按工程结构的不同由高至低分别绘制,例如用较高级别的功能绘制总系统图,依次按结构绘制分系统图。

系统图应表示系统、分系统、成套装置、设备等全貌,并表示出各主要功能之间和(或)各主要部件之间的主要关系,宜标注设备、管线、管路(回路)等的参照代号、编号等,并应采用用于系统图的图形符号绘制。

系统图绘制还应符合相应专业制图标准的要求。

(3)详图及剖面图

安装施工详图应以设备、部件实际形状绘制,其图线、符号、绘制方法等应符合现行国家标准。

详图应对图上各部件进行编号、标注安装尺寸,并在该安装图右侧或下面绘制包括相应尺寸代号的安装尺寸表和安装所需的主要材料表,对使用的材质、构造做法、实际尺寸等,应按现行国家标准《房屋建筑制图统一标准》(GB/T 50001—2017)的规定绘制。

剖面图采用细实线绘制,剖切位置应选在能反映设备、设施及管道全貌的部位。剖切线、投射方向、剖切符号编号、剖切线转折等,应符合现行国家标准《房屋建筑制图统一标准》(GB/T 50001—2017)的规定。

剖面图应标注出设备、设施、构筑物,各类管道的定位尺寸、标高、管径,以及建筑结构的空间尺寸,仅表示某楼层局部的剖面图宜绘制在该层平面图内。

【学习笔记】

【总结反思】

总结反思点	已熟知的知识或技能点	仍需加强的地方	完全不明白的地方
熟悉施工图图样类别			
举例说明平面图与系统图所包含的信息			
举例说明平面图与系统图的关系			
在本次任务实施过程中,你的自我评价	□A. 优秀　□B. 良好　□C. 一般　□D. 需继续努力		

【关键词】平面图　系统图　详图　剖面图

任务0.3　熟悉施工图识读方法

从严格意义上讲,阅读施工图的步骤与方法没有统一的硬性规定,读者可以在熟悉施工图特点的基础上,根据需要灵活掌握并有所侧重,有时一张图纸可能需要反复阅读多遍。为了更好地利用图纸指导施工,使安装质量符合要求,阅读图纸时,还应配合阅读有关施工及验收规范、质量检验评定标准以及全国通用标准图集,以详细了解安装技术要求及具体安装方法,保证施工质量。

1)建筑安装工程施工图特点

施工图是建筑设备安装工程造价和施工的主要依据之一,其特点可概括为以下几点:

①施工图采用统一规定的图形符号并加注文字符号来绘制,属于简图。

②一般而言,应通过系统图找到设备材料与管线(管道)之间的联系;通过平面布置图找到设备材料与管线(管道)的安装位置;系统图与平面图要对照阅读,才能弄清图纸内容。

③建筑设备安装工程在施工过程中须与土建工程密切配合,水暖电各工种之间也需相互配合,不能发生

冲突。

例如,线路的走向与建筑结构的梁、柱、门、窗、楼板的位置及走向有关,还与管道的规格、用途及走向等有关,安装方法与墙体结构、楼板材料有关。特别是对于一些暗敷的线路、各种预埋件及设备基础更与土建工程密切相关。因此,阅读建筑安装工程施工图的同时,需对应阅读有关的土建工程图,以了解相互之间的配合关系。

④建筑安装工程施工图对于设备的安装方法、质量要求以及使用、维修方面的技术要求等往往不能完全反映出来,此时会在设计说明中写明"参照××规范或图集",因此在阅读图纸时,安装方法、技术要求等,要注意参照有关标准图集和有关规范执行,以满足进行工程造价和安装、施工的要求。

⑤建筑安装工程的平面布置图是用投影和图形符号来代表设备或装置绘制的,阅读图纸时,比其他工程的透视图难度大。投影在平面的图无法反映空间高度,只能通过文字标注或说明来解释,因此,读图时首先要建立空间立体概念。图形符号也无法反映设备的尺寸,只能通过阅读设备手册或设备说明书获得。图形符号所绘制的位置也不一定按比例给定,它仅代表设备出线端口的位置,在安装设备时,要根据实际情况准确定位。

2) 建筑安装工程施工图识读步骤

(1)粗读

粗读就是将施工图从头到尾浏览一遍,主要了解工程概况,熟悉各工种施工图的设计依据、设计范围、系统配置方式、技术参数、施工与检测要求等,做到心中有数。粗读主要是阅读设计施工说明、平面图、系统图和主要设备材料表。

(2)细读

细读就是按读图要点仔细阅读每一张施工图,达到读图要点中的要求,并对以下内容做到了如指掌:

①每台设备和材料的安装位置及要求;

②每条管线(线缆)的走向、布置及敷设要求;

③所有管线连接部位及连接要求;

④所有设备、材料的工作原理及其参数;

⑤系统图、平面图及关联图样标注一致,无差错;

⑥系统层次清楚、关联部位或复杂部位清楚;

⑦土建、水暖、电设备等专业分工协作明确。

(3)精读

精读就是将施工图中的关键部位、设备、材料安装的施工图重新仔细阅读,系统掌握施工图表达的具体要求。在读图过程中,除了正确理解图样外,还要加深对施工图的印象,以指导施工、编制预算、设备材料清单与施工组织设计。

3) 建筑安装工程施工图识读方法

施工图阅读应先粗后细,按照一定阅读程序进行,平面图与系统图多多对照,这样才能比较迅速、全面地读懂图纸。

(1)识读建筑给水排水工程施工图

①看标题栏及图纸目录,了解工程名称、项目内容、设计日期及图纸数量和内容等。

②先看设计施工说明,对整个工程有一个初步印象,了解图纸中未能表达清楚的各有关事项。再看图例,为进一步看图作准备。

③看平面图,详细了解卫生器具的安装位置、管道的平面位置和走向。

④结合设备和管线的标注,在系统图上找到相应的设备和管线。阅读系统图时,一般可按水流方向,从始端看到末端。给排水系统图(也称轴测图)与平面图应相互对照识读。

⑤进一步细看设备型号,配管的管径、走向、标高等。

⑥看主要设备材料表,并与图中内容对应。

(2)识读建筑暖通工程施工图

①看图纸目录及标题栏。了解工程名称、项目内容、设计日期、工程全部图纸数量、图纸编号等。

②看施工设计说明。了解工程总体概况及设计依据,了解图纸中未能表达清楚的各有关事项。如冷源、冷量、系统形式、管材附件使用要求、管路敷设方式和施工要求、图例符号、施工时应注意的事项等。

③看平面布置图。了解各层平面图上风管、水管平面布置,立管位置及编号,空气处理设备的编号及平面位置、尺寸,空调风口附件的位置;风管、水管的规格等,了解暖通平面对土建施工、建筑装饰的要求,进行工种协调,统计平面图上器具、设备与附件的数量及管线的长度,作为暖通工程预算和材料采购的依据。看图顺序一般为:底层→楼层→屋面→地下室→大样图。

④看系统图。系统图应与平面图对照阅读,要求了解系统编号、管道走向、管径、管道标高、设备附件的连接情况,立管上设备附件的连接数量和种类。了解空调管道在土建工程中的空间位置、建筑装饰所需的空间,统计系统图上设备、附件的数量及管线的长度,作为暖通工程预算和材料采购的依据。

看图顺序一般为:冷热源→供回水加压装置→供水干管→空气处理设备→回水管→水系统控制附件→仪表附件→管道标高;冷热源→冷却水加压装置→冷却水供水管→冷却塔→冷却水回水管→仪表附件→管道标高;送风系统进风口→加压风机→加压风道→送风口→风管附件;排风系统出风口→排风机→排风道→室内排风口→风管附件。

⑤看安装大样图。了解设备用房平面布置、定位尺寸、基础要求、管道平面位置、管道与设备平面高度、管道设备的连接要求、仪表附件的设置要求等,顺序一般为:设备平面布置图→基础平面图→剖面图→流程图。

⑥看主要设备材料表。主要设备材料表提供了该工程所使用的主要设备、材料的型号、规格和数量,是编制工程预算,编制购置主要设备、材料计划的重要参考资料。

(3)识读建筑电气工程施工图

建筑电气工程施工图的识读通常按设计说明、系统图、平面图、大样图或剖面图及详图、主要设备材料表和图例并进的程序进行,如图 0.16 所示。

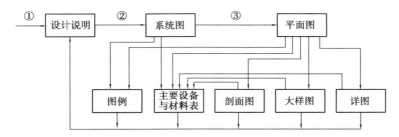

图 0.16　电气施工图识图程序

阅读建筑电气工程图必须熟悉电气图基本知识(表达形式、通用画法、图形符号、文字符号)和建筑电气工程图的特点,同时掌握一定的读图方法,才能比较迅速、全面地读懂图纸。

读图的方法没有统一规定,通常可用下列方法:了解情况先浏览,重点内容反复看,安装方法找大样,技术要求查规范。具体可按以下顺序读图:

①看标题栏及图纸目录。了解工程名称、项目内容、设计日期及图纸数量和内容等。

②看设计施工说明。了解工程总体概况及设计依据,了解图纸中未能表达清楚的各有关事项,如供电电源的来源、电压等级、线路敷设方法、设备安装高度及安装方式、补充使用的非国标图形符号、施工时应注意的事项等。有些分系统的局部问题是在分系统工程图纸上说明的,看分系统工程图纸时,也要先看设计施工说明。

③看系统图。了解系统的基本组成,主要电气设备、元件等连接关系及它们的规格、型号、参数等,掌握该

系统的组成概况。阅读系统图时,一般可按电能量或信号的输送方向,从始端看到末端,例如变配电系统图就按高压进线→高压配电→变压器→低压配电→低压出线→各低压用电点的顺序看图。

④看平面布置图。逐层了解设备安装的平面位置,线路敷设部位,敷设方法及所用导线型号、规格、数量,电线管的管径等。了解系统组成概况后,就可依据平面图编制工程预算、编制施工方案、组织具体施工。阅读平面图时,也是按电能量传送方向顺序看图。

⑤看安装大样图。安装大样图是用来详细表示设备安装方法的图纸,是依据平面图进行安装施工和编制工程材料计划的重要参考图纸,安装大样图多采用全国通用电气装置标准图集。

⑥看主要设备材料表。主要设备材料表提供该工程所使用的主要设备、材料的型号、规格和数量,是编制购置设备、材料计划的重要依据之一。

【学习笔记】

【总结反思】

总结反思点	已熟知的知识或技能点	仍需加强的地方	完全不明白的地方
熟悉建筑安装工程施工图的特点			
认识粗读、细读、精读图纸的内容			
熟悉建筑给水排水工程施工图读图方法			
熟悉建筑暖通工程施工图读图方法			
熟悉建筑电气工程施工图读图方法			
在本次任务实施过程中,你的自我评价	□A. 优秀　□B. 良好　□C. 一般　□D.需继续努力		

【关键词】特点　步骤　方法

任务0.4　认识建模软件界面

0.4.1　BIM 建模准备

1)软件界面的介绍

(1)应用程序菜单

Revit 2021 的应用程序菜单其实就是 Revit 文件菜单,单击"文件"选项卡,如图0.17 所示。文件选项卡上提供了常用文件操作,例如"新建""打开"和"保存"等,还允许使用更高级的工具(如"导出")来管理文件。

"最近使用的文档"命令可以查看最近打开文件的列表。使用"下拉列表 按已排序列表 ▼ "可以修改最近使用的文档的排列顺序。使用"图钉 📌 "可以使文档始终留在该列表中,而无论打开文档的时间距现在多久。

(2)快速访问工具栏

快速访问工具栏用于显示文件保存、撤销、粗细线切换等选项。快速访问工具栏可自行设置,只要在需要的功能按钮上右击,选择添加到快速访问工具栏即可,如图 0.18 所示。

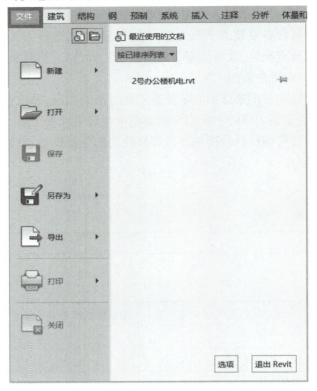

图 0.17

图 0.18

快速访问工具栏中,▥代表"主视图",用于访问模型和族,或创新模型和族。▷代表"打开"功能,可以打开项目文件、族文件、注释文件或样板文件。▤代表"保存"功能,用于保存当前的项目文件、族文件、注释文件或样板文件,若要保存当前文件的副本,请使用"文件"→"另存为"。◁代表"放弃",用于取消最近执行的操作。▷代表"重做",用于恢复最近执行的操作。◈代表"默认三维视图",用于打开默认的正交三维视图。▤代表"粗线/细线"转换功能,用于按照单一宽度在屏幕上显示所有线。▼代表"自定义快速访问工具栏"。

(3)功能区和选项栏

功能区和选项栏是建模的基本工具,含建模的全部功能命令,包括"建筑""结构""钢""预制""系统""插入""注释""分析""体量和场地""协作""视图""管理""附加模块""修改"等选项卡。

①"建筑"选项卡。"建筑"选项卡中有创建建筑模型所需的大部分工具,如构建墙、门、窗、楼板等,如图 0.19 所示。

图 0.19

②"结构"选项卡。"结构"选项卡中有创建结构模型所需要的大部分工具,如梁、柱、桁架、基础、钢筋等,如图 0.20 所示。

③"钢"选项卡。"钢"选项卡中有创建钢模型所需要的大部分工具,如连接、板、螺栓、焊缝、角点切割等,

如图 0.21 所示。

图 0.20

图 0.21

④"预制"选项卡。"预制"选项卡中有创建预制构件模型所需要的大部分工具,如拆分、安装件、钢筋、自定义钢筋网片等,如图 0.22 所示。

图 0.22

⑤"系统"选项卡。"系统"选项卡中有创建机电模型所需要的大部分工具,如风管、软管、管道、电缆桥架、导线、线管等,如图 0.23 所示。

图 0.23

⑥"插入"选项卡。"插入"选项卡中有用于添加和管理次级项目的工具,可将外部数据载入项目,如链接 Revti、链接 CAD、载入族等,如图 0.24 所示。

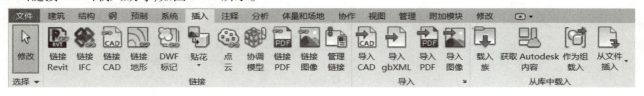

图 0.24

⑦"注释"选项卡。"注释"选项卡中有用于将二维信息添加到设计的工具,如尺寸标注、文字、详图、标记等,如图 0.25 所示。

图 0.25

⑧"分析"选项卡。"分析"选项卡中有用于对模型进行各类分析的工具,如荷载工况、空间和分区、报告和明细表等,如图 0.26 所示。

图 0.26

⑨"体量和场地"选项卡。"体量和场地"选项卡中有用于建模和修改概念体量族和场地图元的工具,包

括概念体量、面模型、场地模型等,如图 0.27 所示。

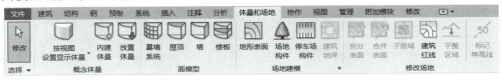

图 0.27

⑩"协作"选项卡。"协作"选项卡中有用于内部与外部项目团队成员协作的工具,包括管理协作、同步、管理模型等,如图 0.28 所示。

图 0.28

⑪"视图"选项卡。"视图"选项卡中有用于管理和修改当前视图以及切换视图的工具,包括图形、演示视图、创建、图纸组合等,如图 0.29 所示。

图 0.29

⑫"管理"选项卡。"管理"选项卡中有项目位置、设计选项、管理项目等,如图 0.30 所示。

图 0.30

⑬"修改"选项卡。"修改"选项卡中有用于编辑现有图元、数据和系统的工具,如构件的复制、粘贴、阵列、移动等工具,如图 0.31 所示。

图 0.31

(4)属性选项板

属性选项板是一个无模式对话框,通过该对话框,可以查看和修改用来定义图元属性的参数。属性选项板内还可以调整视图的可见性、视图范围等,如图 0.32 所示。

第一次启动 Revit 时,属性选项板处于打开状态并固定在绘图区域左侧"项目浏览器"的上方。如果不小心关闭了"属性"选项板,则可以使用下列任一方法重新打开它:

①单击"修改"选项卡"属性"面板🖫。

②单击"视图"选项卡"窗口"面板→"用户界面"下拉列表,勾选"属性"。

③在绘图区域中单击鼠标右键并单击"属性"。

(5)项目浏览器

项目浏览器用于显示当前项目中所有视图、明细表、图纸、组和其他部分的逻辑层次。展开和折叠各分支时,将显示下一层项目,如图 0.33 所示。

如果不小心关闭了项目浏览器,可单击"视图"选项卡"窗口"面板→"用户界面"下拉列表,勾选"项目浏览器",如图 0.34 所示。

图 0.32   图 0.33   图 0.34

（6）绘图区

绘图区域显示当前模型的视图（以及图纸和明细表）。每次打开模型中的某个视图时,该视图会显示在绘图区域中。

绘图区的背景颜色默认为白色,如果要修改背景颜色,则单击"文件"→"选项",单击"图形"修改"颜色"中的"背景",单击确定,则可以选择你喜欢的背景颜色,如图 0.35、图 0.36所示。

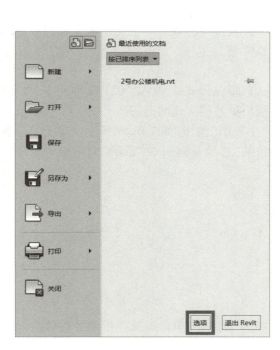

图 0.35   图 0.36

绘图区的底端有一栏"视图控制栏",视图控制栏用于调整视图的属性,包含以下工具:比例、详细程度、视觉样式、打开/关闭日光路径、打开/关闭阴影、显示/隐藏渲染对话框(仅当绘图区域显示三维视图时才可用)等,如图 0.37 所示。

（7）状态栏

界面底部是状态栏。状态栏会提供有关要执行的操作的提示。高亮显示图元或构件时,状态栏会显示族和类型的名称。状态栏沿应用程序窗口底部显示,如图 0.38 所示。

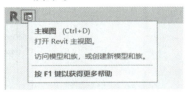

图 0.37

图 0.38

状态栏右侧还有以下工具:选择链接、选择底图图元、选择锁定图元、通过面选择图元等。

2)项目的新建和保存

(1)Revit 的文件格式

Revit 文件有 4 种格式:

①项目样板文件格式。项目样板文件格式的后缀名是.rte。项目样板主要为新建项目提供一个预设的工作环境,里面会设置好一些已载入的构件类型,以及其他一些设置,如项目的度量单位、标高、轴网、线型、可见性等。在选择时,需根据所要创建的项目选择不同的项目样板。总的来说,一般 Revit 默认的是"构造样板",它包括了通用的项目设置,而"建筑样板"是针对建筑专业,"结构样板"是针对结构专业,"机械样板"则是针对水、暖、电全机电专业。

②项目文件格式。项目文件格式的后缀名是.rvt。通常基于项目样板文件创建项目文件,创建完成后保存成 rvt 文件。项目文件简单来说就是一个工程项目,它包含整个项目中应有的所有信息,例如工程设置、建筑构件模型、建筑场地模型、构件明细表、渲染效果图、漫游视频、房间分析等。

③族文件格式。族文件格式的后缀名是.rfa,用于创建建筑构件的图元类型。Revit 软件自带多种族类型,可基本满足工程项目全专业模型的创建,其中建筑专业的族类型包括门族、窗族、家具族等。将族载入项目中,进行尺寸的设置和材质的赋予,可用于建筑模型的搭建。

④族样板文件格式。族样板文件格式的后缀名是.rft。当 Revit 软件中的族库不能完全满足项目要求时,可以根据需要自行进行族的创建。创建不同的族要选择不同的族样板文件。

(2)Revit 样板及族库路径的设置

Revit 软件安装完成后,样板及族库的位置一般在 C:\ProgramData\Autodesk\RVT 2021 文件夹中,在新建项目或新建族之前,应先对软件进行样板及族库路径的设置,方便后续建模工作的进行。

打开 Revit2021 软件,左上角的应用程序菜单栏右边有一个"主视图"按钮,如图 0.39 所示。单击该按钮,即可进入主视图。单击"菜单栏"上的"文件"选项卡,选择右下角的"选项"按钮,在"选项"对话框中单击"文件位置",即可来到路径设置界面,如图 0.40 所示。

图 0.39

下面以机械样板为例进行讲解。

①Revit 项目样板路径的设置。将默认的样板路径设置为中文样板路径,单击机械样板路径后的"..."按钮,如图 0.41 所示,可以对样板路径进行设置。

选择 C:\ProgramData\Autodesk\RVT 2021\Templates\Chinese 文件夹,即可进入中文项目样板文件夹,如图 0.42 所示。选择"Mechanical-DefaultCHSCHS",再单击"打开",机械板的路径就设置好了。建筑样板的设置方法类似,选择的是"DefaultCHSCHS"样板。需要说明的是,C:\ProgramData 文件夹默认为隐藏文件夹,需先在资源管理器文件夹选项中设置其可见性。

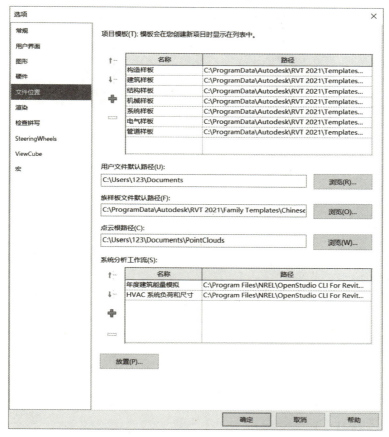

图 0.40

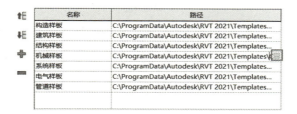

图 0.41

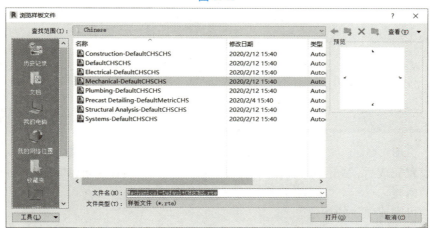

图 0.42

②Revit 族样板路径的设置。将默认的族样板路径设置为中文样板路径。单击"族样板文件默认路径

（F）："后的"浏览"按钮，即可设置族样板路径，如图 0.43 所示。选择 C：\ProgramData\Autodesk\RVT 2021\Family Templates\Chinese 文件夹，单击"打开"即可，如图 0.44 所示。

图 0.43

图 0.44

③族库路径的设置。将默认的族库路径设置为中文族库路径。单击路径设置界面下方的"放置"按钮，如图 0.45 所示，即可设置族库路径。在弹出的放置对话框中单击"..."按钮，如图 0.46 所示。选择 C：\ProgramData\Autodesk\RVT 2021\Libraries\Chinese 文件夹，单击"打开"即可。

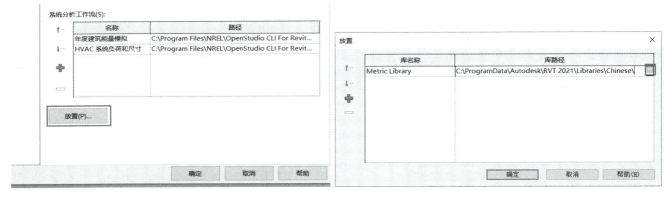

图 0.45   图 0.46

当所有的路径设置完成后，单击路径设置界面上的"确定"按钮，设置生效，如图 0.47 所示。

（3）Revit 项目的新建

下面 3 种方式均可完成项目的新建。

①单击"文件"选项卡，将鼠标移动到"新建"，单击"项目"。本书选择"机械样板"作为项目样板进行讲解。在样板文件下拉菜单中选中"机械样板"，点选新建类型为"项目"，单击"确定"完成项目的新建，如图 0.48 所示。

图 0.47

图 0.48

②在快速访问工具栏中单击"新建□"按钮。

③快捷键 < Ctrl + N >。

（4）Revit 项目的保存

下面 3 种方式均可完成项目的保存。

①单击"文件"选项卡→"保存"。项目文件在创建的过程中会自动备份中间文件,单击保存对话框中的
"选项"按钮,可对文件备份的最大数量进行修改,如图 0.49 和图 0.50 所示。

图 0.49

图 0.50

②在快速访问工具栏中单击"存盘 ■"按钮。

③快捷键 < Ctrl + S > 。

【学习笔记】

_____

_____

【想一想】在新建完项目之后,如何开始根据图纸创建标高和轴网呢?

0.4.2 标高与轴网的创建

现在开始进行 2 号办公楼标高与轴网的创建。我们以图纸水施-07 ~ 水施-14 为参照进行轴网的创建,以水施-21 作为参照进行标高的绘制。在绘制时,尽量先进行标高的绘制再进行轴网的绘制,这样在后期进行轴网调整时,工作量会小一些。

1)标高的创建与编辑

【操作步骤】

①新建项目,选择机械样板。由于要将文件保存成项目文件,因此在新建项目对话框中勾选"项目",如图 0.48 所示。

②此时项目浏览器中的视图(规程)有两个大类,分别为"卫浴"和"机械"。点开"卫浴"前的" + "号,再点开"立面(建筑立面)"前的" + "号,双击选择"东-卫浴"立面视图(选择其他 3 个视图中的任意一个也可以),可以看到机械样板中自带的标高,标高符号旁的数值和文字分别为该标高的标高值和标高名称,如图 0.51 所示。

③双击"标高 1",修改为"1F",弹出对话框询问"是否希望重命名相应视图",单击"是"。将"标高 2"修改为"2F"。双击"4.000",修改为首层高度 3.600,修改完成后标高视图如图0.52所示。

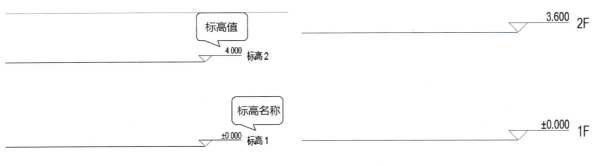

图 0.51   图 0.52

④对 2F 标高进行复制。单击 2F 的标高线,激活"修改 | 标高"上下文选项卡,单击"修改"面板中的复制按钮 ,勾选选项栏中的"约束"和"多个",如图 0.53 所示。再次单击捕捉 2F 标高线上的一点作为复制基点,垂直向上移动光标,在任意空白处单击鼠标左键,即可完成新的标高线的放置。用该方法复制第 3~5 层、屋面层、机房屋面层及地下室标高线。由水施-22 可知,第 2~5 层层高为 3.6 m,地下室层高为 4 m。分别将复制出来的标高名称重命名为"B1""3F""4F""5F""屋面"和"机房屋面",对应的标高值修改为 -4.000、7.200、10.800、14.400、18.000 和 22.500,即完成标高的创建。

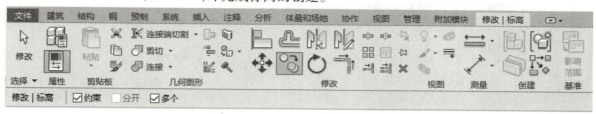

图 0.53

⑤对标高的属性进行编辑。此时视图中有两种标高类型,1F 标高的类型为"正负零标高",地下室、2F~机房屋面标高的类型为"上标头",如图 0.54 所示。点选 2F 标高线,再单击属性栏中的"编辑类型"。在弹出的类型属性对话框中,将颜色修改为红色,线型图案修改为"中心线",并勾选"端点 1 处的默认符号",单击"确定"完成修改,如图 0.55 所示。由于地下室、2F~机房屋面的类型同为"上标头",因此修改完成后,地下室、2F~机房屋面标高的图形外观同时进行了改变。单击 1F 标高线,用同样的方法对其属性进行编辑。

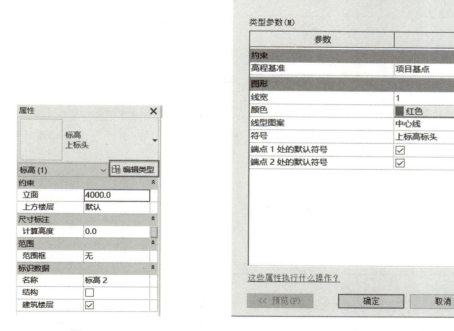

图 0.54　　　　　　　　　　　　　　图 0.55

⑥建立每个标高的楼层平面视图。单击"视图"选项卡,再单击选项卡下的平面视图按钮 ,单击"楼层平面"。此时在对话框中显示的是尚未创建楼层平面视图的标高名称,如图 0.56 所示。按住 <Ctrl> 键并点选所有楼层,再单击"确定",所有标高的平面视图就创建完成了。点开项目浏览器中机械规程的"楼层平面"视图前的"+"号,即可查看每个标高的楼层平面视图,如图 0.57 所示。

创建并编辑好的标高如图 0.58 所示。

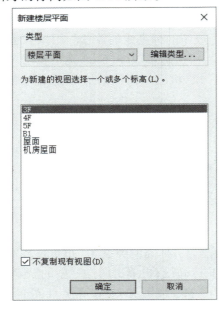

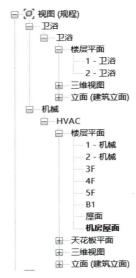

图 0.56   图 0.57

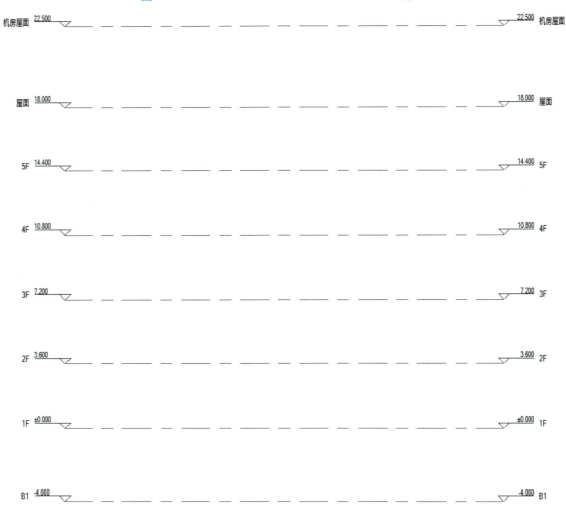

图 0.58

2)轴网的创建与编辑

【操作步骤】

①标高创建完成后,开始进行轴网的创建。参照水施-07"地下一层给排水平面图"进行创建。

双击项目浏览器机械规程中"楼层平面"视图下的"B1"视图,进入"B1"楼层平面。视图中有东南西北4个立面标记,轴网需绘制在4个立面标记圈定的范围,这样在4个立面视图中轴网才可见。再单击"建筑"选项卡,然后单击选项卡下的轴网按钮 ⊞,开始进行竖向轴线的绘制。移动光标到绘图区域左上角适当位置,单击鼠标左键作为轴线的起点,自上至下垂直移动光标到合适位置再次单击鼠标左键作为终点,第一条竖向轴线绘制完成,轴号默认为①。按键盘上的<Esc>键一次,退出绘制状态。绘制好的①号轴线如图0.59所示。

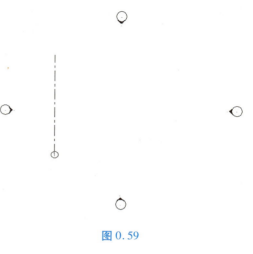

图0.59

②将①号轴线进行复制。单击轴线①,激活"修改|轴网"上下文选项卡,单击"修改"面板中的复制按钮 ⊗,勾选选项栏中的"约束"和"多个",如图0.60所示。在轴线①上单击捕捉一点作为复制基点,然后水平向右移动光标,输入轴间距3 600后,按<Enter>键(或单击鼠标左键)即可完成②号轴线的复制。保持光标位于新复制的轴线右侧,分别输入轴间距3 600,3 600,3 600,3 600,3 600,3 600,2 400,3 600,3 600,3 600,3 600,3 600,2 000。每输完一个数据后按下<Enter>键,即可复制出③~⑮号轴线,结果如图0.61所示。可以看到,在绘制过程中,轴号将自动排序。绘制完成后,按下<Esc>键退出绘制状态。若需要修改轴号,可以双击轴号进行修改。

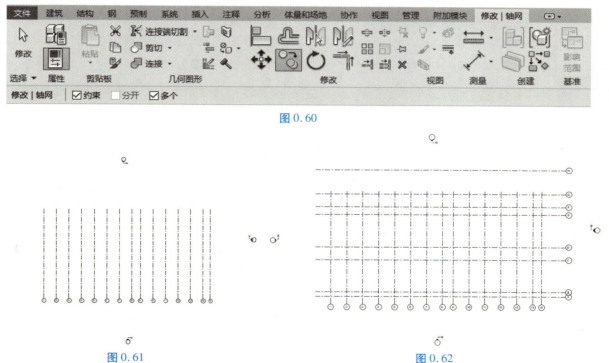

图0.60

图0.61　　　　　　　　　　　　　图0.62

若在绘制过程中,轴线超出4个立面标记圈定的范围,可以框选立面标记符号,将其向外拖曳,扩大绘制区域。

③绘制横向轴网。继续使用轴网按钮 ⊞ 绘制水平方向的轴线,移动光标到轴线①标头左上方合适位置,

单击鼠标左键作为起点,自左向右水平移动到合适位置再次单击鼠标左键作为终点。此时绘制出来的轴线编号延续了上一条轴线的标号,编号为⑯。单击轴号,将其修改为"A",即完成了Ⓐ号轴线的绘制。采用与绘制竖直轴线相同的方法,完成轴线Ⓑ~Ⓗ的创建,如图 0.62 所示。

插入附加轴线⑴/B。在轴线Ⓑ上单击捕捉一点作为复制基点,然后垂直向上移动光标,输入轴间距 3 400 后,按 < Enter > 键(或单击鼠标左键)。此时复制出的轴线的编号为默认排序"I"。双击该轴号,将其修改为"1/B",即可完成⑴/B号轴线的插入。

用相同的方法插入附加轴线⑴/D。

④对轴网的属性进行编辑。单击任意一根轴网线,再单击属性栏中的"编辑类型",如图 0.63 所示。在弹出的类型属性对话框中,将"轴线末端颜色"修改为红色,勾选"平面视图轴号端点 1(默认)",单击"确定"完成修改,如图 0.64 所示。此时即完成了轴线属性的修改,修改后的轴线如图 0.65 所示。

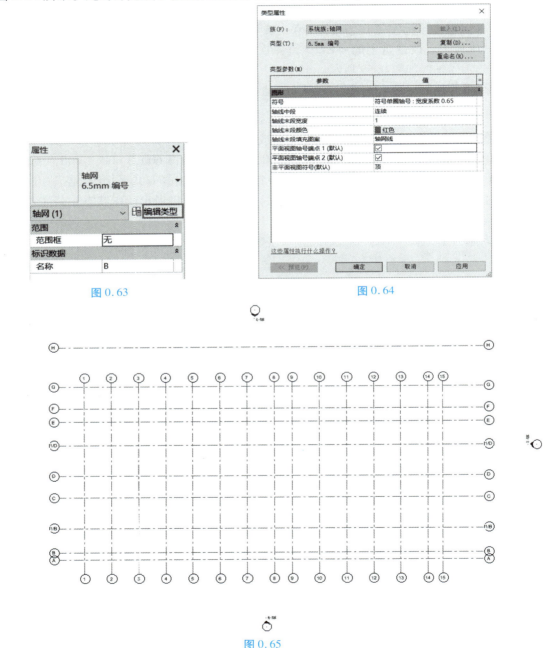

图 0.63　　　　　　　　　　　图 0.64

图 0.65

⑤编辑轴网。绘制完成轴线后,需在平面视图中手动调整轴网的位置。在"B1"楼层平面视图中,单击任意一根轴线,会显示临时尺寸标注、一些控制符号和复选框,如图0.66所示。当任意单击一根轴线时,所有对齐轴线的端点位置会出现一条蓝色的标头对齐线,在"标头位置调整"符号(空心圆圈)上单击鼠标左键并进行拖曳,可调整整体标头的位置。

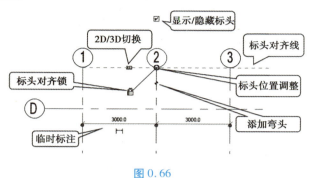

图 0.66

调整数字标头,使横向轴线和纵向轴线互相覆盖。调整好的轴网如图0.67所示。

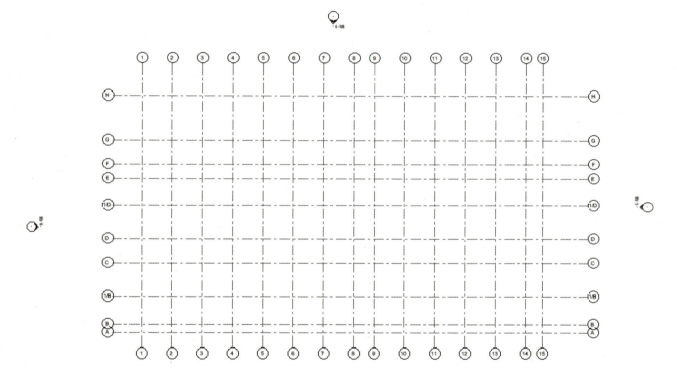

图 0.67

⑥调整标高。在立面视图中,单击任意一根标高线,会显示与轴网类似的临时尺寸标注、控制符号和复选框。单击任意一根标高线,所有对齐标高线的端点位置也出现了一条蓝色的标头对齐线,在"标头位置调整"符号(空心圆圈)上单击鼠标左键并进行拖曳,可调整整体标头的位置。分别单击进入"东-卫浴"立面和"南-卫浴"立面,对标高的标头进行调整,使轴网和标高相互覆盖。调整好的标高分别如图0.68和图0.69所示。

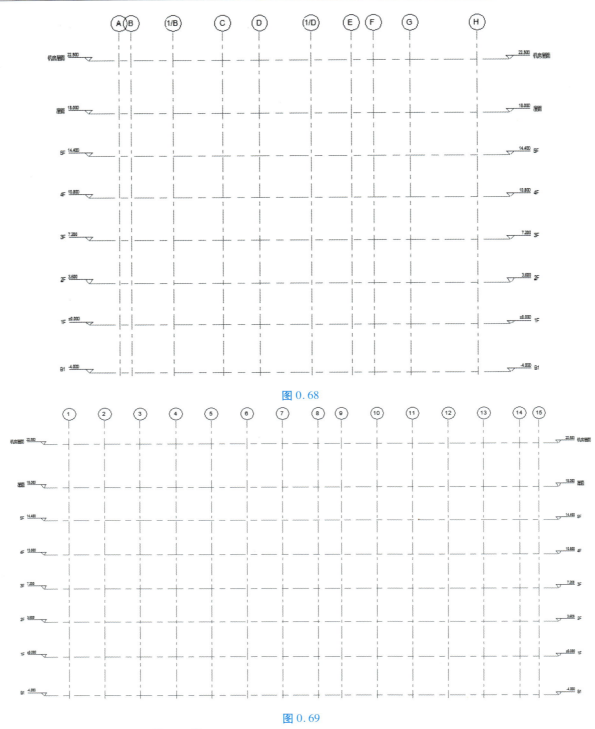

图 0.68

图 0.69

⑦二层及以上没有⑮轴、①/B轴、①/D轴、G轴和H轴。

单击进入"南-卫浴"立面(或"北-卫浴"立面)视图,调整⑮号轴线的视图。单击⑮号轴线,单击上方轴号边的"标头,齐锁 🔒 "使其处于打开状态,如图 0.70 所示。单击上方轴号端点上的空心圆圈,将⑮号轴线上端拖拽至 1F 和 2F 标高线之间,如图 0.71 所示。

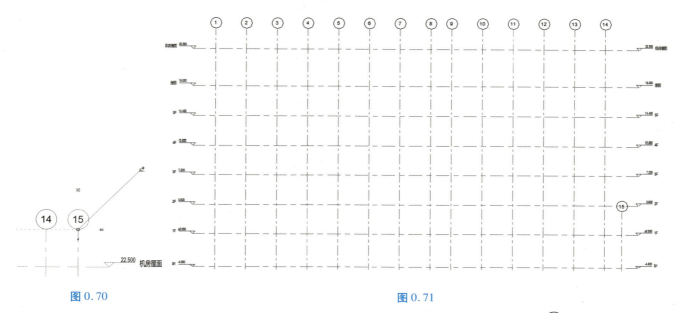

图 0.70   图 0.71

单击进入"东-卫浴"立面(或"西-卫浴"立面)视图,调整其他几根轴线的视图。单击⑴/B号轴线,单击上方轴号边的"标头,齐锁 🔒 "使其处于打开状态。单击上方轴号端点上的空心圆圈,将⑴/B号轴线上端拖曳至1F和2F标高线之间。用同样的方法编辑⑴/D轴、Ⓖ轴和Ⓗ轴,使它们与⑴/B号轴线对齐。调整好的轴线如图0.72所示。

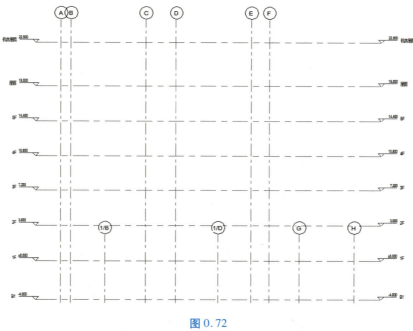

图 0.72

⑧对二层及以上的轴网进行调整。单击进入"2-机械"楼层平面视图,此时的轴网如图0.73所示。若直接将视图中的①~⑭轴向下拖曳调整,则会影响到"B1"和"1F"楼层平面视图,该方法不可取。用鼠标左键单击轴线①,再单击轴下方的"3D"符号,如图 0.74 所示,此时符号变为"2D",即该轴网线只表示该视图(即"2-机械"楼层平面视图)中的状态,对其进行调整不会对其他视图中的轴网线产生影响。用同样的方法对②~⑭轴进行修改。全部修改完成后,可以看到"标头位置调整"符号从空心圆圈变成了实心圆圈。再将①~⑭轴向右拖曳至合适的位置。用同样的方法调整Ⓐ~Ⓕ轴。调整后的轴网如图0.75所示。

31

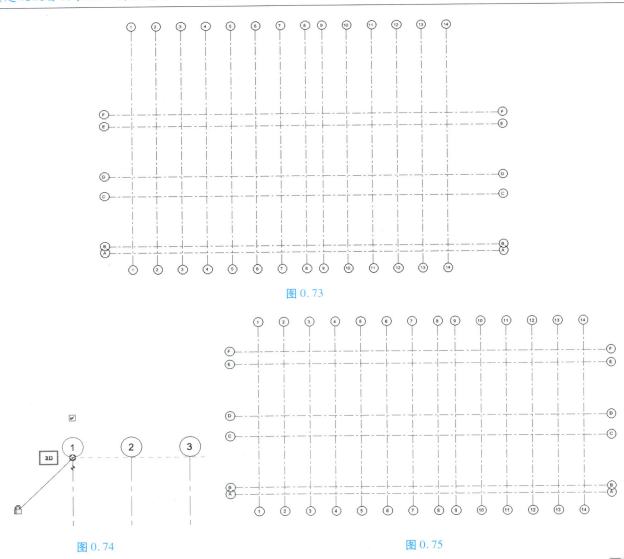

图 0.73

图 0.74

图 0.75

⑨框选视图中所有的轴网线,激活"修改│轴网"上下文选项卡,单击"基准"面板中的影响范围按钮🗔,在弹出的"影响基准范围"对话框中勾选"楼层平面:3F""楼层平面:4F""楼层平面:5F""楼层平面:屋面"和"楼层平面:机房屋面",如图 0.76 所示。此时就完成了标高轴网的绘制和编辑。

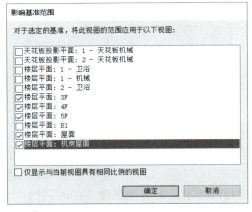

图 0.76

⑩对轴网进行逐层检查,并对立面视图逐个进行标高检查,检查无误后即可进行保存。

【学习笔记】

_____

_____

【想一想】安装工程分为给排水、电气、暖通等专业,应该如何设置界面才能对专业更好地进行分类,方便各专业模型的创建呢?

0.4.3　项目浏览器的设置

在 Revit 中提供了"规程"和"子规程",其中"规程"只能选择 Revit 中提供的 6 种默认规程:建筑、结构、机械、卫浴、电气、协调。"子规程"支持用户自定义修改,通过"子规程"的方式可以更改对应视图的所属归类。下面开始讲解"项目浏览器"各专业视图的操作步骤。

我们需要在"卫浴"规程下建立"给排水""喷淋""消火栓"等子规程。此时"卫浴"规程下只有一个"卫浴"子规程,子规程里的楼层平面视图只有"1-卫浴"和"2-卫浴"。而"机械"规程下的"HVAC"则包含全部的楼层平面视图,如图 0.77 所示。因此,要将"机械"规程中的楼层平面视图进行复制。

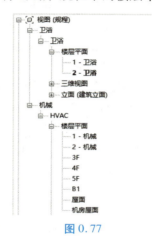

图 0.77

1)给排水子规程

【操作步骤】

①在项目浏览器中"1-卫浴"视图名称上单击鼠标右键,在弹出的快捷菜单中选择"重命名",在"重命名视图"窗口中输入"1F-给排水",单击确定。用同样的方式修改"2-卫浴"视图名称为"2F-给排水",如图 0.78 所示。

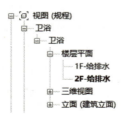

图 0.78

②在项目浏览器中单击鼠标左键选中"1F-给排水"视图名称,在"属性"窗口"子规程"中输入"给排水",将"1F-给排水"视图的子规程归类到"给排水"下,如图 0.79 所示。归类后的"1F-给排水"视图如图 0.80 所示。

③重复上述操作步骤,完成"2F-给排水"视图子规程的修改。

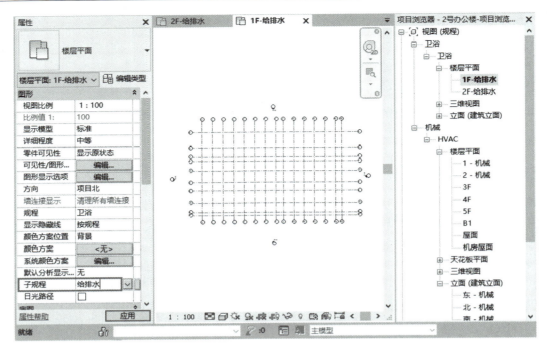

图 0.79

④在项目浏览器中单击鼠标左键选中"机械"规程下"HVAC"子规程下的"3F"视图名称,单击鼠标右键,在弹出的快捷菜单中选择"复制视图",在"复制视图"下拉选项中选择"带细节复制",如图 0.81 所示。使用步骤①的方法,将复制生成的"3F-副本 1"视图重命名为"3F-给排水",如图 0.82 所示。

图 0.80   图 0.81   图 0.82

⑤单击鼠标左键选中"3F-给排水"视图名称,对其进行子规程的归类。但是此时属性栏中的子规程显示为灰色,无法修改,如图 0.83 所示。这是因为 3F 楼层平面视图继承了机械平面样板,无法修改。

用鼠标左键单击属性栏"标识数据"下的"机械平面"视图样板,如图 0.84 所示,在弹出的"指定视图样板"对话框中,将"名称"由"机械平面"修改为" < 无 > ",如图 0.85 所示,单击"确定"。

图 0.83   图 0.84

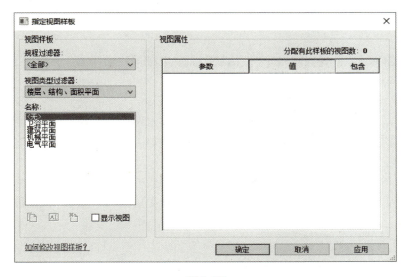

图 0.85

⑥此时再单击鼠标左键选中"3F-给排水"视图名称，在属性栏中"规程"下拉菜单中选择"卫浴"，再在"子规程"中输入"给排水"，如图 0.86 所示。子规程归类完成的"3F-给排水"视图如图 0.87 所示。

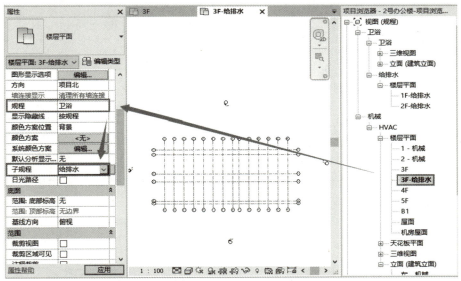

图 0.86

⑦重复步骤④—⑥，完成"4F-给排水""5F-给排水""B1-给排水""屋面-给排水""机房屋面-给排水"视图的子规程归类，如图 0.88 所示。

图 0.87　　　　　　　　图 0.88

2)"喷淋"子规程

"喷淋"子规程和"给排水"子规程同属于"卫浴"子规程,因此将"给排水"子规程下的平面视图进行复制和重命名,再进行视图子规程归类即可。

【操作步骤】

①在项目浏览器中单击鼠标左键选中"卫浴"规程下"给排水"子规程下的"1F-给排水"视图名称,单击鼠标右键,在右键窗口中选择"复制视图",在"复制视图"下拉选项中选择"带细节复制"。将复制生成的"1F-给排水-副本 1"视图重命名为"1F-喷淋",如图 0.89 所示。

②在项目浏览器中单击鼠标左键选中"1F-喷淋"视图名称,在"属性"窗口"子规程"中输入"喷淋",将"1F-喷淋"视图的子规程归类到"喷淋"下,如图 0.90 所示。归类后的"1F-喷淋"视图如图 0.91 所示。

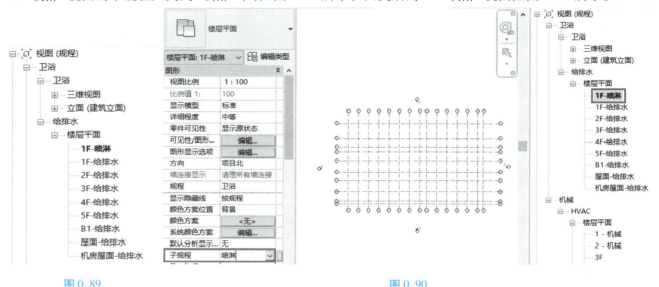

图 0.89

图 0.90

③重复步骤①—②,完成"2F-喷淋""3F-喷淋""4F-喷淋""5F-喷淋""B1-喷淋""屋面-喷淋""机房屋面-喷淋"视图的子规程归类,如图 0.92 所示。

图 0.91

图 0.92

④"消火栓"子规程的添加方法与"喷淋"子规程类似。

⑤一般需要在"机械"规程下添加"防排烟""通风""空调"等子规程,在"电气"规程下添加"变配电""动力""照明"等子规程。添加的方法与"卫浴"规程的添加方法类似。注意:"机械"规程下的子规程在属性栏中先选择"机械"规程,再进行相应子规程的输入;"电气"规程下的子规程在添加时也需要在属性栏中先选择"电气"规程,再进行子规程的输入。

【学习笔记】

_____

_____

【总结反思】

总结反思点	已熟知的知识或技能点	仍需加强的地方	完全不明白的地方
项目的新建与保存			
标高的创建与编辑			
轴网的创建与编辑			
项目浏览器的设置			
在本次任务实施过程中,你的自我评价	□A. 优秀　　□B. 良好　　□C. 一般　　□D. 需继续努力		

【关键词】Revit　样板　标高　轴网　项目浏览器　子规程

本单元小结

1. 图纸宽度与长度组成的图面称为图纸幅面,简称"图幅",常用图幅有 A0、A1、A2、A3、A4。

2. 施工图用国家规定的图形符号、不同线型的线条,按照水暖电安装工程各系统的组成要求及内部构成关系绘制而成,通过编号与标注表示系统配置及其设备与材料信息。

3. 建筑安装工程施工图的图样类别根据专业的不同有一定区别,但一般都有设计施工说明、图例、主要设备材料表、平面图、系统图、详图、剖面图、大样图等,对于一些复杂系统还需要有原理图、接线图等。

4. 各专业的图纸应单独绘制,图样绘制方法、尺寸标注及图幅规格、字体、符号等均应符合现行国家标准《房屋建筑制图统一标准》(GB/T 50001—2017)的有关规定。平面图、详图、剖面图、大样图按一定比例绘制,系统图一般没有比例要求。

5. 建筑安装工程施工图属于简图,宜按照一定顺序读图,系统图与平面图应相互对照识读。阅读图纸时,还应配合阅读有关施工及验收规范、质量检验评定标准以及全国通用标准图集,以详细了解安装技术要求及具体安装方法,保证施工质量。

6. 建筑安装工程施工图是编制安装工程预算、设备材料清单与施工组织设计、指导施工的重要资料。

7. 进行安装工程模型的创建时,需要选择机械样板。

8. 先创建标高,再创建轴网。

9. 在"卫浴"规程下建立"给排水""喷淋""消火栓"等子规程;在"机械"规程下添加"防排烟""通风""空调"等子规程;在"电气"规程下添加"变配电""动力""照明"等子规程。

实战篇

第二单元
建筑给排水工程

项目 **1** 建筑生活
给排水系统施工图识读与建模

【项目引入】

　　人们的生活、工作都离不开自来水,那么水从哪里来? 又是怎么排出建筑物的? 建筑生活给排水工程都由哪些组成? 是怎么安装的? 这些问题都将在本项目中找到答案。

　　本项目主要以 2 号办公楼建筑给排水施工图为载体,介绍建筑生活给排水系统及其施工图,图纸内容如图 1.1—图 1.8 所示。

1. 设计依据:
1) 建设单位提供的本工程有关资料。
2) 建筑和有关工种提供的作业图和有关资料。
3) 国家现行的相关规范和标准图集,详本说明表三、表四。
2. 工程概况:
　　该项目名为2号办公楼,项目总建筑面积5672m²,其中地上建筑面积4643m²,地下建筑面积1029m²,地下一层,地上五层,建筑高度为18.3m,抗震设防烈度为7度。本工程按《建筑高度<24m的多层建筑》进行给排水及消防设计。
3. 设计范围:
　　本设计范围包括红线以内的生活给水系统、热水系统、生活污废水系统、雨水系统、室内外消火栓系统、自动喷水灭火系统、气体灭火系统。本工程水表及与市政给水管网的连接管段、最末一座排水或雨水检查井与市政管道的连接管等,由市政相关部门设计。本项目室外给水排水设计详见给排水设计总平面图。
4. 系统设计说明:
1) 生活冷水系统
① 本工程水源采用市政自来水,从昆仑大道市政给水管网引入一路DN150的给水管,引入的给水总管在建筑四周成支状布置。甲方提供市政给水压力为0.25MPa(以绝对标高+0.00m为基准面),满足生活及消防用水。给水系统、消防系统分别设水表计量。
② 生活用水量:本项目使用人数:200人,人均用水量50L/人班,工程最高日用水量为14.63m³/d,最大时用水量为2.67m³/h。
③ 给水系统分4个区:-1~3层为市政区,由室外市政给水管网直接供水。4~5层为加压区,由地下生活传输水箱和变频提升至屋面生活水箱供水。
④ 地下室水泵房内设置一座1.5m³的304不锈钢板生活水传输水箱,1组变频供水泵(一用一备),屋面设置一座1.5m³的304不锈钢板生活水箱,1组变频供水泵(一用一备)。
⑤ 本项目在室外设置一个用水总水表,计量该建筑生活用水。
2) 生活热水系统
本项目仅公卫有热水供应需求,采用太阳能热水系统集中供热,热水用水定额10L/人班,供水小时8h,热水出水最高使用温度55℃,使用温度35℃。
3) 生活污水系统
① 本工程污、废水采用合流制,最高日污水量为12.43m³。室内+0.000以上污废水重力自流排入室外污水管。地下室污废水采用潜污泵提升至室外污水或雨水检查井。
② 生活污废水经化粪池处理达到《污水综合排放标准》(GB8978-1996)三级标准后通过市政污水管网收集后排入污水处理厂处理。
③ 连接大便器多于6个的公共卫生间设环形通气管;公共卫生间污水立管伸顶通气。
④ 室内排水沟与室外排水管道连接处,应设水封装置。
4) 雨水系统
① 采用重力流系统,屋面排水设计重现期为10a,南宁市降雨历时5min时的设计降雨强度为599.9L/s·ha。屋面雨水经雨水斗和室内雨水管排至室外雨水检查井。屋面雨水斗采用87型雨水斗,屋面女儿墙上设置溢流口,尺寸按200×150mm,口底边比建筑天沟面高100mm。建筑屋面雨水排水工程与溢流设施的总排水能力大于50年重现期的雨水流量。
② 室外场地排水设计重现期为3a。单算雨水口连接管为dn200,起点埋深为1.0m。
③ 屋面雨水、管井废水排入室外雨水检查井或排水沟。

图 1.1　给排水设计施工说明

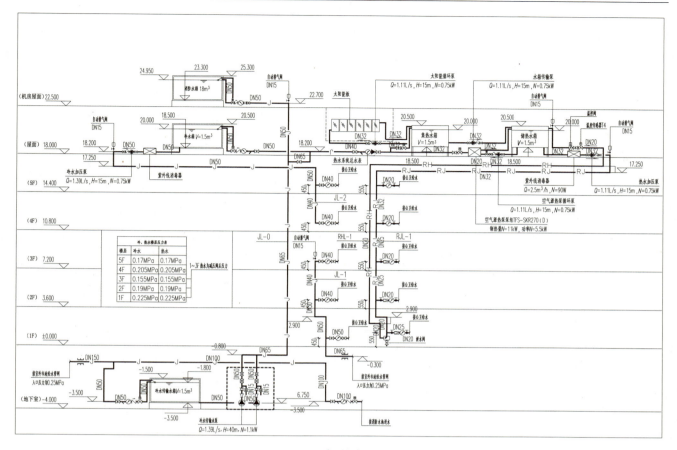

图1.2　冷、热水系统图

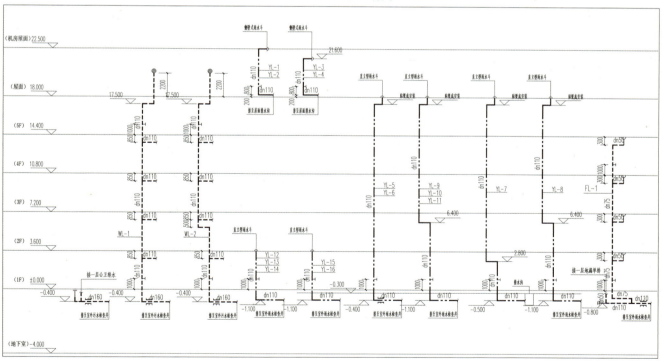

图1.3　雨水、污水系统原理图

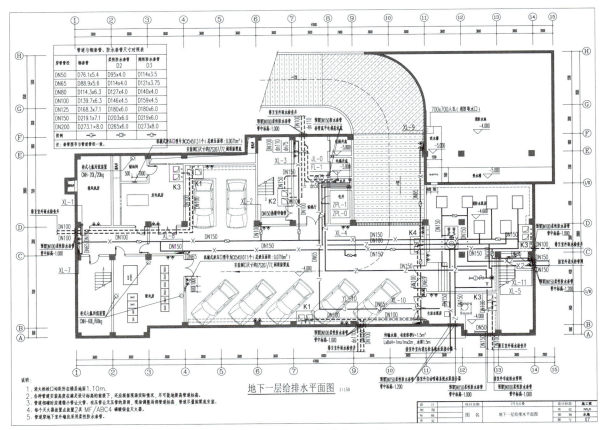

图 1.4　地下一层给排水平面图

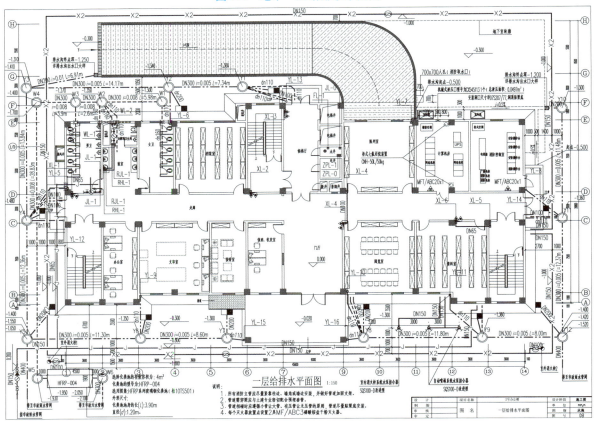

图 1.5　一层给排水平面图

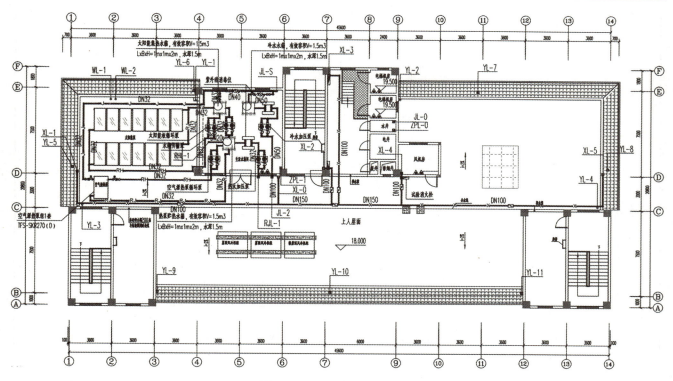

图 1.6　屋面层给排水平面图

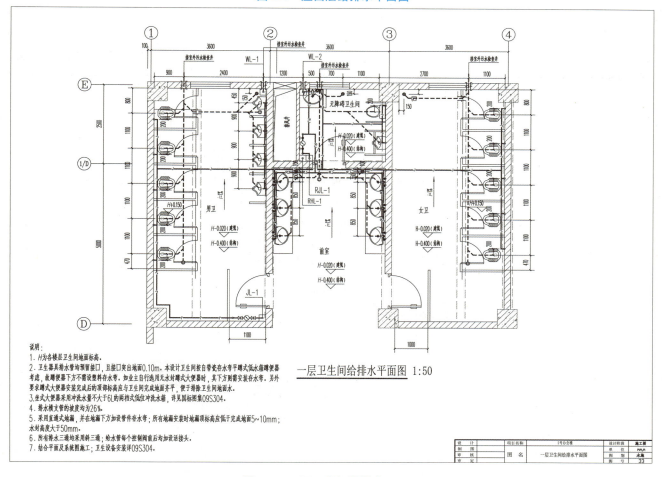

一层卫生间给排水平面图 1:50

说明:
1. H为各楼层卫生间地面标高。
2. 卫生器具排水管均预留接口，且接口突出地面0.10m。本设计卫生间按自带瓷存水弯平嘴式低水箱蹲便器考虑，故蹲便器下方不需设置塑料存水弯。如业主自行选用无水封蹲式大便器时，其下方则需安装存水弯。另外要求蹲式大便器安装完成后的顶部标高应与卫生间完成地面齐平，便于排除卫生间地面水。
3. 坐式大便器采用冲洗水量不大于6L的两档式低位冲洗水箱，详见国标图集09S304。
4. 排水横支管的坡度均为26‰。
5. 采用直通式地漏，并在地漏下方加设管件存水弯；所有地漏安装时地漏顶标高应低于完成地面5～10mm；水封高度大于50mm。
6. 所有排水三通均采用斜三通；给水管每个控制阀门后均加设活接头。
7. 结合平面及系统图施工；卫生设备安装详09S304。

设　计		项目名称	2号办公楼	设计阶段	施工图
制　图				单　位	㎜㎜
审　核		图　名	一层卫生间给排水平面图	图　别	水施
审　定				图　号	33

图 1.7　一层卫生间给排水平面图

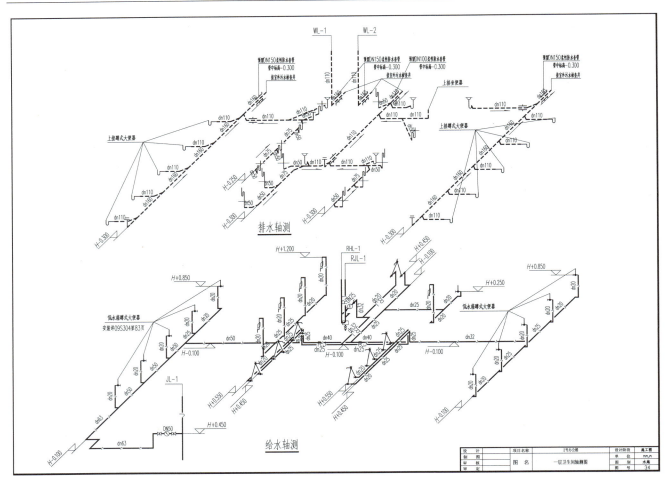

图 1.8　一层卫生间给排水轴测图

【内容结构】

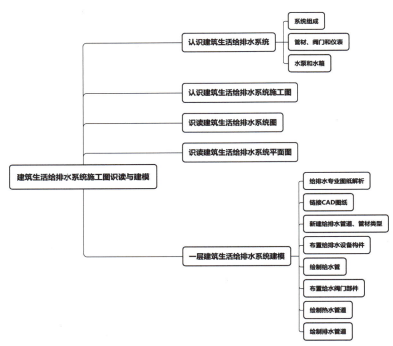

图 1.9　"建筑生活给排水系统施工图识读与建模"内容结构图

【建议学时】 24 学时

【学习目标】

知识目标:熟悉室内给排水系统的组成及分类、室内给排水系统常用材料;理解管线和图例的含义;熟练识读施工图。

技能目标:能对照实物和施工图辨别出建筑生活给排水系统各组成部分,并说出其名称及作用;能说出施工图内包含的信息,并对照系统图、平面图说出生活给水水流走向、生活污水排水走向;能找到雨水管在平面图中的位置。

素质目标:培养家国情怀,热爱祖国;培养科学严谨、精益求精的职业态度,团结协作、乐于助人的职业精神,极强的敬业精神和责任心,诚信、豁达,遵守职业道德规范;增强学生保护环境、节约用水的意识。

【学习重点】

建筑给排水施工图识读与建模。

【学习难点】

名词陌生,平面图与系统图的对应,轴测图的识读

【学习建议】

1. 本项目对系统组成、原理等内容做一般性了解,着重学习材料、安装工艺、施工图识读。
2. 学习中可以以实物、参观、录像等手段,掌握施工图识读方法和施工技术的基本理论。
3. 多做施工图实例的识读练习,并将图与工程实际联系起来。

【项目导读】

1. 任务分析

图 1.1—图 1.8 是 2 号办公楼给排水施工图,图上的符号、线条和数据代表什么含义? 生活给水是怎么供应到卫生间的? 卫生间内的污水是怎么排放到室外? 这一系列问题将通过本项目的学习逐一解答。

2. 实践操作(步骤/技能/方法/态度)

为了能完成前面提出的工作任务,我们需从解读建筑给排水系统的组成开始,然后到系统的构成方式、设备、材料认识,学会施工图读图方法,最重要的是能熟读施工图。

【知识拓展】

水是生命之源

从宇宙看,地球是一颗蔚蓝色的星球,其表面 71% 被水覆盖。其实,地球上 97% 以上的水是咸水,只有不到 3% 是淡水。而在淡水中,约 70% 冻结在南极和北极的冰盖中,剩下的大部分是土壤中的水分或深层地下水,难以开采供人类使用。来自江河、湖泊、水库的水及浅层地下水等较易开采,可供人类直接使用,但其数量不足淡水总量的 1% ,约占地球总水量的 0.007% 。全球每年降落在大陆上的雨水量约为 110 万亿 m^3 ,扣除大气蒸发和被植物吸收的部分,世界上江河径流量约为 42.7 万亿 m^3 。根据 2021 年度《中国水资源公报》数据显示,我国用水总量为 5 920.2 亿 m^3 ,其中生活用水为 909.4 亿 m^3 ,与 2020 年相比,用水总量增加 107.3 亿 m^3 。中国是全球主要经济体中水资源量最少的国家之一,正在以世界 6% 的水资源、9% 的耕地,养活着世界 20% 的人口,用水压力可见一斑。

要有惜水意识,只有意识到"节约水光荣,浪费水可耻",才能时时处处注意节约用水,从身边的小事做起,养成好习惯,比如关上滴水的龙头、使用节水器具、查漏塞流、减少浪费。

任务 1.1　认识建筑生活给排水系统

1.1.1　系统组成

自建筑物的给水引入管至室内各用水及配水设施段,称为室内给水部分。室内给水系统通常分为生活、生产及消防三类,具体定义如表 1.1 所述。

表 1.1　室内给水系统分类

分　类	含　义
生活给水系统	指提供各类建筑物内部饮用、烹饪、洗涤、洗浴等生活用水的系统
生产给水系统	主要用于生产设备的冷却、原料和产品的洗涤的水系统,以及锅炉用水、某些工业原料用水等
消防给水系统	建筑物的水滅防系统,主要有消火栓系统和自动喷淋系统

在实际应用中,三类给水系统一般不单独设置,而多共用给水系统,如生活、生产共用给水系统,生活、消防共用给水系统,生活、生产、消防共用给水系统等。

1)室内给水系统组成及给水方式

(1)室内给水系统的组成

一般情况下,室内给水系统由引入管、水表节点、管道系统(干管、立管、支管)、给水附件(阀门、淋浴器和水龙头等)、升压和储水设备(水泵、水池和水箱)、室内消防设备等组成,如图 1.10 所示。

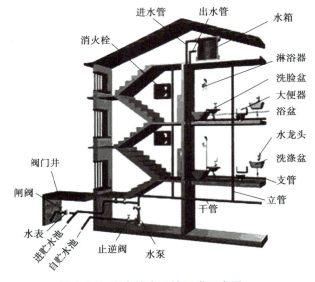

建筑给排水系统的组成

图 1.10　室内给水系统组成示意图

①引入管。由室外供水管引至室内的供水接入管道称为引入管。引入管通常采用埋地暗敷方式引入。对于一个建筑群体,引入管是总进水管,从供水的可靠性和配水平衡等方面考虑,引入管应从建筑物用水量最大处和不允许断水处引入。

②水表节点。水表节点是指引入管上装设的水表及其前后设置的闸门、泄水装置、旁通管等的总称。

③管道系统。管道系统包括干管、立管、支管等。

④给水附件。给水附件包括配水附件(如各式龙头、消火栓及喷头等)和调节附件(如各类阀门:闸阀、截止阀、止回阀、蝶阀和减压阀等)。

⑤升压和储水设备。升压设备是指用于增大管内水压,使管内水流能到达相应位置,并保证有足够流出水量、水压的设备,如水泵等。储水设备是指用于储存水,同时也有储存压力作用的设备,如水池、水箱等。

(2)室内给水系统给水方式

室内给水方式根据建筑物的类型、外部供水的条件、用户对供水系统使用的要求以及工程造价可分为不同的类型,如表1.2所示。

表1.2 室内给水系统给水方式

分 类	含 义
直接给水方式	室内给水管网与室外给水管网直接连接,利用室外管网压力直接向室内供水
单设水箱给水方式	由室外给水管网直接供水至屋顶水箱,再由水箱向各配水点连续供水
单设水泵给水方式	单设水泵给水方式又分为恒速泵供水和变频调速泵供水,能变负荷运行,减少能量浪费,无须设调节水箱。注意,此法应征得供水部门的同意,以防止外网负压
水泵—水箱联合给水方式	在建筑物的底部设储水池,将室外给水管网的水引至水池内储存,在建筑物的顶部设水箱,用水泵从储水池中抽水送至水箱,再由水箱分别给各用水点供水
分区供水给水方式	将建筑物分成上下两个供水区(若建筑物层数较多,可以分成两个以上供水区域),下区直接在城市管网压力下工作,上区由水箱—水泵联合供水
气压罐给水方式	气压罐是利用密闭压力水罐内气体的可压缩性储存、调节和升压送水的给水装置,其作用相当于高位水箱或水塔,水泵从储水池吸水,经加压后送至给水系统和气压罐内;停泵时,再由气压罐向室内给水系统供水,并由气压水罐调节储存水量及控制水泵运行

2)室内热水系统分类及组成

(1)室内热水供应系统的分类

按照热水的供应范围,室内热水供应系统分为局部热水供应系统、集中热水供应系统和区域热水供应系统,各系统的特点及应用如表1.3所示。

表1.3 3种热水供应系统的特点及应用

分 类	含 义	特 点	适用范围
局部热水供应系统	供单个或数个配水点热水	靠近用水点设小型加热设备,供水范围小,管路短,热损小	用量小且较分散的建筑
集中热水供应系统	供一幢或数幢建筑物热水	在锅炉房或换热站集制备,供水范围较大,管网较复杂,设备多,一次投资大	耗热量大、用水点多而集中的建筑
区域热水供应系统	供区域整个建筑群热水	在区域锅炉房的热交换站制备,供水范围大,管网复杂,热损大,设备多,自动化高,投资大	用于城市片区、居住小区的整个建筑群

(2)室内热水供应系统的组成

集中热水供应系统由热源、热媒管网、热水输配管网、循环水管网、热水贮存水箱、循环水泵、加热设备及配水附件等组成,如图1.11所示。

①热媒循环管网(第一循环系统)。热媒循环管网由热源、水加热器和热媒管网组成。锅炉产生的蒸汽(或高温水)经热媒管道送入水加热器,加热冷水后变成凝结水,靠余压经疏水器流回到凝结水池,冷凝水和补充的软化水由凝结水泵送入锅炉重新加热成蒸汽,如此循环完成水的加热。

②热水配水管网(第二循环系统)。热水配水管网由热水配水干管、立管、支管和循环管网组成。配水管网将在加热器中加热到一定温度的热水送到各配水点,冷水由高位水箱或给水管网补给。为保证用水点的水温,支管和干管设循环管网,使一部分水回到加热器重新加热,以补充管网所散失的热量。

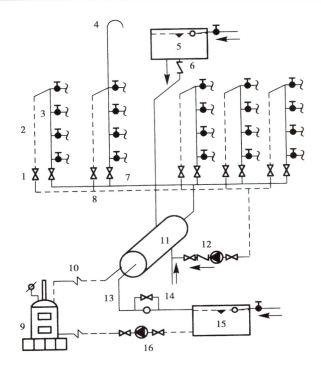

图 1.11　集中热水供应系统组成示意图

1—检修阀;2—回水立管;3—配水立管;4—透气管;5—冷水箱;6—止回阀;7—配水干管;8—回水干管;9—锅炉;
10—蒸汽管;11—水加热器;12—循环水泵;13—凝结水管;14—疏水器;15—凝结水箱;16—凝结水泵

③附件和仪表。为满足热水系统中控制和连接的需要,常使用的附件包括各种阀门、水嘴、补偿器、疏水器、自动温度调节器、温度计、水位计、膨胀罐和自动排气阀等。

3)室内污水排水系统组成

室内污水排水系统应能满足 3 个基本要求:第一,系统能迅速畅通地将污废水排到室外;第二,排水管道系统内的气压稳定,管道系统内的有害气体不能进入室内;第三,管线布置合理,工程造价低。因此,室内污水排水系统由卫生器具(或生产设备受水器)、排水管道、排水附件及污水局部处理构筑物等组成,如图 1.12 所示。

(1)卫生器具

卫生器具是用来收集污废水的器具,如便溺器具、盥洗器具、沐浴器具、洗涤器具等。

(2)排水管道

排水管道包括器具排水管、排水横支管、排水立管、排出管和通气管。

①器具排水管。连接卫生器具和排水横支管之间的短管。

②排水横支管。收集器具排水管送来的污废水,并将污废水排至立管。

③排水立管。排水立管用于汇集各层横支管排入的污废水,并将污废水排至排出管中。

④排出管。连接排水立管与室外排水检查井的管段。排出管通常埋设在地下,坡向室外排水检查井。

⑤通气管道。通气管道把产生的有害气体排至大气中,以免影响室内的环境卫生。通气管道的作用如下:

a.向排水管内补给空气,保持水流畅通。

b.减小气压变化幅度,防止水封破坏。

c.排出臭气和有害气体。

d.使管内有新鲜空气流动,减少废气对管道的侵蚀。

(3)排水附件

①存水弯。存水弯是利用一定高度的静水压力来抵抗排水管内气压变化,防止排水管内的有害气体进入

室内的设备。带检查口的 S 形存水弯如图 1.13 所示。

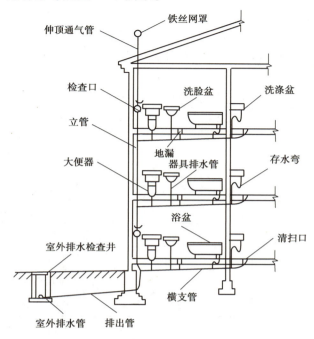

图 1.12　室内污水排水系统组成示意图

②清通装置。清通装置包括检查口和清扫口，其作用是方便疏通，在排水立管和横管上都有设置。

清扫口如图 1.14 所示，装设在排水横管上，当连接的卫生器具较多时，横管末端应设清扫口，用于单向清通排水管道。

检查口如图 1.15 所示，是带有可开启检查盖的配件，装设在排水立管及较长水平管段上，可作检查和双向清通管道之用。

③地漏。地漏如图 1.16 所示，属于排水装置，用于排除地面的积水。厕所、淋浴房及其他需经常从地面排水的房间应设置地漏。

④伸缩节。伸缩节如图 1.17 所示，用于补偿吸收管道轴向、横向、角向受热引起的伸缩变形。

图 1.13　存水弯　　图 1.14　清扫口　　图 1.15　检查口　　图 1.16　地漏　　图 1.17　伸缩节

（4）污水局部处理构筑物

①排水检查井。它是排水管网的重要构筑物，具有沉积杂物、疏通管道、定期维修的作用，通常设置在管道交汇、转弯、管径改变或坡度改变、跌水等处，以及相隔一定距离的直线管段上。

②化粪池。民用建筑所排出的粪便污水，必须经化粪池处理后排入城市排水管网。

③隔油池。隔油池是防止食品加工厂、公共食堂等产生的含食用油脂较多的废油脂凝固堵塞管道，对废水进行隔油处理的装置。

④降温池。对排水温度高于 40 ℃的污废水进行降温处理，防止高温影响管道使用寿命。

⑤污水提升装置。排出不能自流排至室外检查井的地下建筑物污废水。

4)屋面雨水排水系统分类及组成

屋面雨水排水系统是建筑物给排水系统的重要组成部分,它的任务是及时排出降落在建筑物屋面的雨水、雪水,避免形成屋面积水对屋顶造成威胁,或造成雨水溢流、屋顶漏水等水患事故。

屋面雨水排水系统分类如表 1.4 所示。

表 1.4　屋面雨水排水系统分类

分类依据	系统类别
按雨水管道位置	内排水系统
	外排水系统
	混合排水系统
按管内水流状态	重力无压流雨水系统
	重力半有压流雨水系统
	压力流(虹吸式系统)雨水系统
按立管连接雨水斗数量	单斗系统
	多斗系统

下面主要介绍按雨水管道位置和按管内水流状态的分类。

(1)按雨水管道位置分类

外排水系统:雨水管道不设在室内,而是沿外墙敷设。按屋面有无天沟,外排水系统又可分为檐沟外排水系统和天沟外排水系统。外排水系统组成示意如图 1.18、图 1.19 所示。

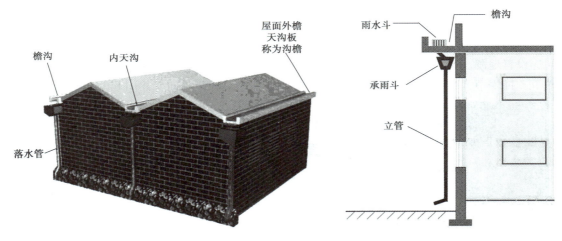

图 1.18　外排水系统的组成示意　　　　图 1.19　檐沟外排水系统的组成示意

内排水系统:雨水管道设置在室内,屋面雨水沿具有坡度的屋面汇集到雨水斗,经雨水斗流入室内雨水管道,最终排至室外雨水管道。建筑屋面面积较大的公共建筑物和多跨的工业厂房,当采用外排水有困难时,可采用内排水系统。

内排水系统由天沟、雨水斗、连接管、悬吊管、立管、排出管、埋地管和检查井组成,如图 1.20 所示。内排水的单斗或多斗系统可按重力流或压力流设计,大屋面工业厂房和公共建筑宜按多斗压力流设计,雨水斗的选型与外排水系统相同,需分清重力流或压力流。

混合排水系统:同一建筑物采用几种不同形式的雨水排水系统,分别设置在屋面的不同部位,组合成屋面雨水混合排水系统。

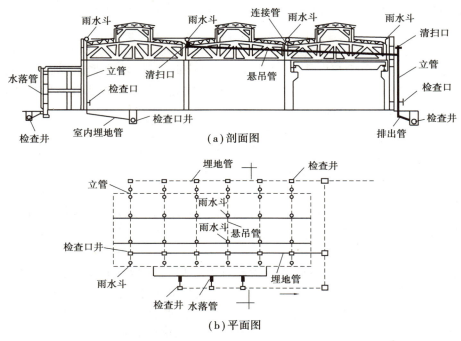

图1.20　内排水系统组成示意图

（2）按管内水流状态分类

重力无压流雨水系统：使用自由堰流式雨水斗的系统，设计流态是无压流态，系统的流量负荷、管材、管道布置等忽略水流压力的作用。

重力半有压流雨水系统：使用65型、87型雨水斗的系统，设计流态是半有压流态，系统的流量负荷、管材、管道布置等考虑了水流压力的作用。该系统一般用于中、小型建筑的传统重力流排水系统，是目前我国普遍采用的系统。

压力流雨水系统（虹吸式雨水系统）：近几年推广应用的一项新技术，优点是管道系统相对较少，节省管材和建筑空间，由于虹吸作用产生"满管流"，系统排水量能够满足最大的雨水量；缺点是设计施工比较复杂，雨水斗及尾管施工时容易造成堵塞，同时在管材选用上要求也相对高一些。虹吸排水系统属压力流排水系统，施工完后要按有关规定进行试压，一般用于大型公共建筑，如商场、展馆、体育馆等屋面雨水排水。

【学习笔记】

【关键词】给水方式　热水系统　存水弯　通气管　雨水斗

【想一想】建筑给排水系统常用的管材有哪些？每个系统的管道材质是否都一样？常见的管道附件又有哪些？

1.1.2　管材、阀门和仪表

1）常用管材

（1）普通焊接钢管

普通焊接钢管又名水煤气管，可分为镀锌钢管（白铁管）和非镀锌钢管（黑铁管），适用于生活给水、消防

焊接连接

给水、采暖系统等工作压力低和要求不高的管道系统。其规格用公称直径"DN"表示,如 DN100 表示该管的公称直径为 100 mm。

（2）铸铁管

螺纹连接

铸铁管由生铁制成,按材质分为灰口铁管、球墨铸铁管及高硅铁管,多用于给水管道埋地敷设的给排水系统工程。铸铁管的优点是耐腐蚀、耐用,缺点是质脆、质量大、加工和安装难度大、不能承受较大的动荷载。铸铁管以公称直径"DN"表示。

（3）钢塑复合管

钢塑复合管由普通镀锌钢管和管件以及 ABS、PVC、PE 等工程塑料管道复合而成,兼具镀锌钢管和普通塑料管的优点。钢塑复合管一般采用螺纹连接。

沟槽连接

（4）铝塑复合管

铝塑复合管以焊接铝管为中间层,内外层均为聚乙烯塑料管道,广泛用于民用建筑室内冷热水、空调水、采暖系统及室内煤气、天然气管道系统。

（5）塑料管

①硬聚氯乙烯塑料管(PVC-U 管)。硬聚氯乙烯塑料管以 PVC 树脂为主加入必要的添加剂进行混合,加热挤压而成。PVC–U 管可用于常温给水管、建筑排水管和建筑雨水管,适用于室内排水系统。当建筑高度大于或等于 100 m 时不宜采用塑料排水管,可选用柔性抗震金属排水管,如铸铁排水管。

②双壁波纹管。双壁波纹管分为高密度聚乙烯(HDPE)双壁波纹管和聚氯乙烯(U-PVC)双壁波纹管,是一种用料省、刚性高、弯曲性优良,具有波纹状外壁、光滑内壁的管材。连接形式为挤压夹紧连接、热熔连接、电熔连接。

③聚乙烯管(PE 管)。PE 管常用于室外埋地敷设的燃气管道和给水工程中,一般采用电熔连接、对接连接、热熔承插连接等。

给排水管道连接方式

④三型聚丙烯管(PP-R 管)。PP-R 管是由丙烯-乙烯共聚物加入适量的稳定剂,挤压成型的热塑性塑料管。其特点是耐腐蚀、不结垢;耐高温(95 ℃)、高压;质量轻、安装方便,主要应用于室内生活冷、热水供应系统及中央空调水系统中。PP-R 管常采用热熔连接,与阀门、水表或设备连接时可采用螺纹或法兰连接。

塑料管道规格常用"de"或"dn"符号表示外径。塑料管公称外径与公称直径的对应关系如表 1.5 所示。

表 1.5　塑料管外径与公称直径对应关系

塑料管外径 de/mm	20	25	32	40	50	63	75	90	110
公称直径 dn/mm	15	20	25	32	40	50	65	80	100

（6）钢筋混凝土管

钢筋混凝土管有普通的钢筋混凝土管(RCP)、自应力钢筋混凝土管(SPCP)和预应力钢筋混凝土管(PCP)。钢筋混凝土管的特点是节省钢材、价格低廉(和金属管材相比)、防腐性能好,具有较好的抗渗性、耐久性,能就地取材。目前生产的钢筋混凝土管管径大多为 100～1 500 mm。

【知识拓展】

常用阀门　阀门连接方式

阀门的历史

阀门是随着流体管路的产生而产生的。人类使用阀门已有近 4 000 年的历史了。中国古代从盐井中吸卤水制盐时,就曾在竹制管路中使用过木塞阀;公元前 1800 年,古埃及人为了防止尼罗河泛滥而修建大规模水利时,也曾采用过类似的木制旋塞来控制水流的分配;这些都是阀门的雏形。工业用阀门的大量应用,是从瓦特发明蒸汽机以后开始的。20 世纪初出现了铸铁、铸钢、锻钢、不锈钢、铬钼钢、黄铜等各种材质的阀门,应用于各个行业、各种工况。国内最早引进国外阀门生产技术的公司不多,后引进国外生产技术,实现了国内阀门生产技术的突破、质量的提高、寿命的加长。

2)常用阀门

建筑给水系统常用的阀门按不同用途可分为开断用阀门、止回用阀门、调节用阀门、分配用阀门、安全阀和其他特殊用途阀门(如水位控制阀);按阀体结构形式和功能可分为闸阀、截止阀、球阀、浮球阀、蝶阀、止回阀、安全泄压阀、旋塞阀、减压阀、排气阀和疏水阀;按照驱动动力可分为手动阀、电动阀、液动阀、气动阀等四种;按照公称压力分高压阀、中压阀、低压阀三类。下面具体介绍7类阀门。

（1）闸阀

闸阀指关闭件(闸板)沿通路中心线的垂直方向移动的阀门,如图1.21所示。闸阀是一种应用很广的阀门,在管路中主要作切断用,一般口径 DN≥50mm 的切断装置且不经常开闭时都选用它,如水泵进出水口、引入管总阀。有一些小口径也用闸阀,如铜闸阀。

（2）截止阀

截止阀是关闭件(阀瓣)沿阀座中心线移动的阀门,如图1.22所示。截止阀在管路中主要作切断用,也可调节一定的流量,如住宅楼内每户的总水阀。

小口径截止阀常采用螺纹连接,大口径截止阀常采用法兰连接。

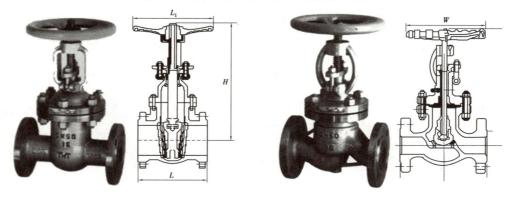

图1.21　闸阀　　　　　　　　　　　图1.22　截止阀

（3）止回阀

止回阀是指依靠介质本身流动而自动开、闭阀瓣的阀门,如图1.23所示。止回阀是用来防止介质倒流的阀门,又称逆止阀、单向阀、逆流阀和背压阀。止回阀根据用途不同又有如下几种形式:消声式止回阀、多功能水泵控制阀、倒流防止器、防污隔断阀和底阀。

（4）蝶阀

蝶阀是指蝶板在阀体内绕固定轴旋转的阀门,主要由阀体、蝶板、阀杆、密封圈和传动装置组成,如图1.24所示。蝶阀在管路中可作切断用,也可调节一定的流量。

（5）球阀

球阀是指球体绕阀体中心线作旋转来达到开启、关闭的阀门,它的启闭件是个球体,如图1.25所示。在管路中,球阀主要用来切断、分配介质和改变介质流动方向。在水暖工程中,常采用小口径的球阀,采用螺纹连接或法兰连接。

图1.23　止回阀　　　　　　图1.24　蝶阀　　　　　　图1.25　球阀

（6）安全泄压阀

安全泄压阀是一种安全保护用阀门,当设备或管道内的介质压力升高,超过规定值时自动开启,通过向系统外排放介质来防止管道或设备内介质压力超过规定数值;当系统压力低于工作压力时,安全阀便自动关闭,如图 1.26 所示。

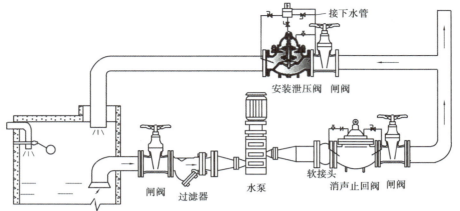

图 1.26　安全泄压阀安装示意图

(7)水位控制阀

水位控制阀是一种自动控制水箱、水塔液面高度的水力控制阀。当水面下降超过预设值时,浮球阀打开,活塞上腔室压力降低,活塞上下形成压差,在此压差作用下阀瓣打开进行供水作业;当水位上升到预设高度时,浮球阀关闭,活塞上腔室压力不断增大使阀瓣关闭停止供水,如图 1.27 所示。如此往复自动控制液面在设定高度,实现自动供水功能。

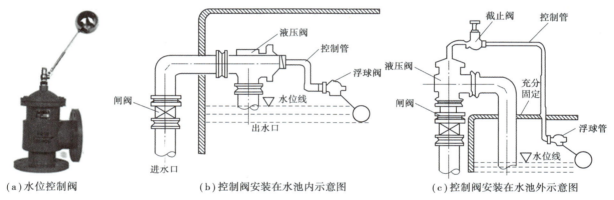

(a)水位控制阀　　　　(b)控制阀安装在水池内示意图　　　　(c)控制阀安装在水池外示意图

图 1.27　水位控制阀安装示意图

3)常用仪表

(1)水表

水表是一种流速式计量仪,其原理是当管道直径一定时,通过水表的水流速度与流量成正比,水流通过水表时推动翼轮转动,通过一系列联运齿轮,记录出用水量。

旋翼式水表

螺翼式水表

根据翼轮的不同结构,水表又分为旋翼式水表和螺翼式水表。

旋翼式水表:翼轮转轴与水流方向垂直,水流阻力大,适用于小口径的液量计量,如图 1.28 所示。

螺翼式水表:翼轮转轴与水流方向平行,水流阻力小,适用于大流量(大口径)的计量,如图 1.29 所示。

图 1.28　旋翼式水表

图 1.29　螺翼式水表

（2）压力表

压力表是以大气压力为基准,用于测量小于或大于大气压力的仪表。压力表按其指示压力的基准不同,可分为一般压力表、绝对压力表、差压表。一般压力表以大气压力为基准;绝对压力表以绝对压力零位为基准;差压表测量两个被测压力之差。

（3）温度计

温度计是测温仪器的总称。根据所用测温物质不同和测温范围不同,有煤油温度计、酒精温度计、水银温度计、气体温度计、电阻温度计、温差电偶温度计、辐射温度计和光测温度计、双金属温度计等。

【学习笔记】

_____

_____

【想一想】建筑给排水系统内部的水流如何进行控制? 有哪些管道附件可以起到调节水流大小、方向、压力等作用?

水泵的相关知识　　水泵房的介绍

1.1.3　水泵和水箱

1)水泵

水泵是给水系统中的主要升压设备,在室内给水系统中,一般采用离心式水泵,它具有结构简单、体积小、效率高、流量和扬程在一定范围内可以调整等优点。水泵的基本性能通常由 6 个性能参数表示。

①流量 Q:单位时间内所输送液体的体积,单位为 m^3/h 或 L/s。

②扬程 H:水泵给予单位质量液体的能量,单位为 mH_2O 或 Pa。

③轴功率 N:水泵从电机处获得的全部功率,单位为 kW。

④效率 η:水泵的有效功率 N_u 与轴功率 N 之比。

⑤转数 n:水泵叶轮每分钟旋转的转数,单位为 r/min。

⑥允许吸上真空高度 H_s:水泵在标准状态下(水温 20 ℃,表面压力为 1 标准大气压)运转时,水泵所允许的最大吸上真空高度,单位为 mH_2O。

2)水箱

水箱起稳压、储水的作用,按用途可分为膨胀水箱和给水水箱。

膨胀水箱:在热水采暖系统中起容纳系统膨胀水量,排除系统中的空气,为系统补充水量及定压的作用。膨胀水箱一般用钢板焊制而成,装在系统的最高处。

给水水箱:在给水系统中起储水、稳压的作用,是重要的给水设备,多用钢板焊制而成,也可用钢筋混凝土制成。

水箱的配管配件如图 1.30 所示,必须设置进水管、出水管、溢流管、信号管、泄水管、通气管、人孔、仪表等附件。

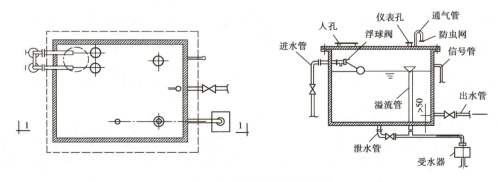

图 1.30　水箱构造示意图

【学习笔记】

_____

_____

_____

【关键词】控制附件　调节附件　阀门　水表

【想一想】什么类型的给水方式会设置水箱和水泵？

【总结反思】

总结反思点	已熟知的知识或技能点	仍需加强的地方	完全不明白的地方
掌握建筑给排水系统组成			
熟悉给排水常用管材、阀门和仪表			
了解常见管道附件在给排水管道中所起的作用			
在本次任务实施过程中,你的自我评价	□A. 优秀　　□B. 良好　　□C. 一般　　□D. 需继续努力		

任务 1.2　认识建筑生活给排水系统施工图

1)施工图组成

建筑生活给排水系统施工图一般由图纸目录、主要设备材料表、设计施工说明、图例、平面图、系统图(轴测图)、施工详图等组成。

室外小区给排水工程,根据工程内容还应包括管道断面图、给排水节点图等。各部分的主要内容为:

(1)平面图

给水、排水平面图表达的是给水、排水管线和设备的平面布置情况。根据建筑规划,在设计图纸中,用水设备的种类、数量、位置,均要作出给水和排水平面布置;各种功能管道、管道附件、卫生器具、用水设备,如消火栓箱、喷头等,均应用各种图例表示;各种干管、立管、支管的管径、坡度等均应标出。平面图上管道都用单线绘出,沿墙敷设时不标注管道距墙面的距离。

(2)系统图

系统图也称"轴测图",其绘法取水平、轴测、垂直方向,完全与平面图相同。系统图上应标明管道的管径、坡度,标出支管与立管的连接处,以及管道各种附件的安装标高,标高的 ±0.000 应与建筑施工图一致。系统图上各种立管的编号应与平面图一致。

(3)施工详图

卫生器具安装、排水检查井、雨水检查井、阀门井、水表井、局部污水处理构筑物等,均有各种施工标准图,施工详图宜首先采用标准图。

(4)设计施工说明及主要材料设备表

用工程绘图无法表达清楚的给水、排水、热水供应、雨水系统等管材、防腐、防冻、防露的做法;或难以表达的诸如管道连接、固定、竣工验收要求、施工中特殊情况技术处理措施,或施工方法要求必须严格遵守的技术规程、规定等,可在图纸中用文字写出设计施工说明。工程选用的主要材料及设备表,应列明材料类别、规格、数量,设备品种、规格和主要尺寸。

此外,施工图还应绘出工程图所用图例,所有以上图纸及设计施工说明等应编排有序,写出图纸目录。

2)基本规定

(1)管道的坡度、坡向

管道两端高差与两端之间长度的比值称为坡度,坡度以 i 表示。坡度的坡向符号用箭头表示,坡向箭头指向为由高向低,如图 1.31 所示。

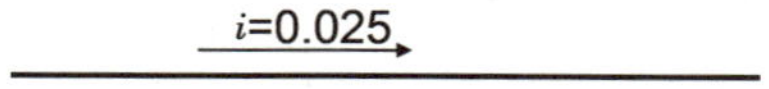

$$i=0.025$$

图 1.31 坡度表示方法

(2)标高标注方法

标高用以表示管道的高度,有相对标高和绝对标高两种表示方法。

下列部位应标注标高:沟渠和重力流管道的起讫点、转角点、连接点、变尺寸(管径)点及交叉点;压力流管道中的标高控制点;管道穿外墙、剪力墙和构筑物的壁及底板等处;不同水位线处;构筑物和土建部分的相关标高。

压力管道应标注管中心标高,沟渠和重力流管道宜标注沟(管)内底标高。

(3)管道编号

当建筑物的给水引入管或排水排出管的数量超过 1 根时,宜进行编号,编号宜按图 1.32(a)所示的方法表示。

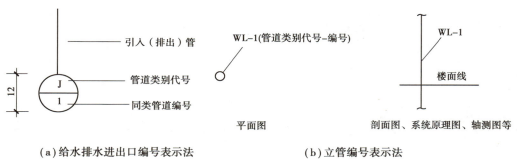

(a)给水排水进出口编号表示法　　　　　(b)立管编号表示法

图 1.32 管道编号表示方法

建筑物穿越楼层的立管,其数量超过 1 根时宜进行编号,编号宜按图 1.32(b)所示的方法表示。

在总平面图中,当给排水附属构筑物的数量超过 1 个时,宜进行编号。编号方法为:构筑物代号-编号;给水构筑物的编号顺序宜为:从水源到干管,再从干管到支管,最后到用户;排水构筑物的编号顺序宜为:从上游到下游,先干管后支管。

当给排水机电设备的数量超过 1 台时,宜进行编号,并应有设备编号与设备名称对照表。

(4)常用给排水图例

建筑给排水图纸上的管道、卫生器具、设备等均按照《建筑给水排水制图标准》(GB/T 50106—2010)使用统一的图例来表示。第一单元图 0.5、图 0.6 列出了常用图形符号供读者参考。

3)施工图识读方法

阅读主要图纸之前,应当先看设计施工总说明和主要设备材料表,然后以系统图为线索深入阅读平面图、系统图及详图。阅读时,应三种图相互对照来看。先看系统图,对各系统做到大致了解。看给水系统图时,可从建筑的给水引入管开始,沿水流方向经干管、立管、支管到用水设备;看排水系统图时,可从排水设备开始,沿排水方向经支管、横管、立管、干管到排出管。

(1)看目录

施工图简介。2 号办公楼建筑给排水施工图纸内容包含设计施工说明(图 1.1)、系统图(图 1.2、图 1.3)、平面图(图 1.4—图 1.6)、卫生间大样图(图 1.7、图 1.8)。

（2）看设计施工说明

阅读设计施工说明可知工程总体概况：地下一层,地上四层,建筑高度 17.5 m,为多层公共建筑,结构形式为框架结构。

该项目名为 2 号办公楼,项目总建筑面积 5 672 m²,其中地上建筑面积 4 643 m²,地下建筑面积 1 029 m²,地下一层,地上五层,建筑高度为 18.3 m,抗震设防烈度为 7 度。本工程按建筑高度 <24 m 的多层建筑进行给排水设计。

设计内容包括生活水系统、生活热水系统、生活污水排水系统、雨水系统。生活给水管道和主立管采用衬塑钢管,户内给水支管采用 PP-R 管,室内排水系统管道采用 PVC-U 管,重力流雨水管采用 HDPE 双壁波纹管,室外雨、污水管道采用 FRPP 双壁加筋排水管。

（3）看施工图

识读图纸时可先粗看系统图,对给排水管道的走向建立大致的空间概念,然后将平面图与系统图对照,按水的流向顺序识读,对照出各管段的管径、标高、坡度、位置等,再看卫生设备的位置、数量及标注。

【学习笔记】

【总结反思】

总结反思点	已熟知的知识或技能点	仍需加强的地方	完全不明白的地方
掌握建筑给排水施工图的组成			
熟悉建筑给排水施工图的特点			
了解给排水系统图的特点			
在本次任务实施过程中,你的自我评价	□A. 优秀　□B. 良好　□C. 一般　□D. 需继续努力		

【关键词】施工图　系统图　轴测图　组成

【想一想】建筑给排水施工图通常由哪几部分组成？各有什么作用？管道编号中"J""W""Y"的含义是什么？

任务 1.3　识读建筑生活给排水系统图

2号办公楼生活
给水系统识图

1）读生活给水系统图

本工程水源采用市政自来水,从昆仑大道市政给水管网引入一路 DN150 的给水管,引入的给水总管在建筑四周呈支状布置,进入建筑物后供应生活给水、热水和消防给水。

查看图 1.2 中给水系统原理图,结合设计说明可知,生活给水系统采用分区给水方式,引入管分 2 个区：一～三层为市政区,由室外市政给水管网直接供水。四～五层为加压区,由地下生活传输水箱和变频提升至屋面生活水箱供水。水流方向示意如图 1.33 所示。

引入管沿着水流方向,接室外市政给水管网 DN150 引入管进入建筑物地下一层,水流分为两个方向,其中 DN100 水平管接入地下室消防水池,DN50 接入冷水传输水箱,由两台冷水传输水泵提升压力后,通过编号 JL-0

的给水立管进入建筑物屋顶,分别接入屋顶的消防水箱、集热水箱和冷水箱。冷水箱通过 JL-2 立管供应五层、四层公共卫生间给水,如图 1.34 所示。

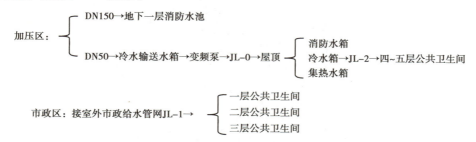

图 1.33　建筑给水系统水流方向示意

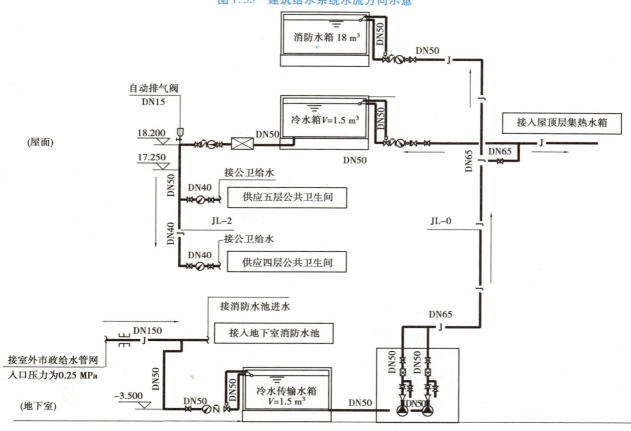

图 1.34　加压区给水系统简图

市政区,沿着水流方向看,DN65 的引入管接室外市政给水管网埋地敷设进入建筑物,通过编号 JL-1 给水立管供应一~三层公共卫生间给水,如图 1.35 所示。支管节点上安装的管道附件依次是闸阀、水表、闸阀。

2)读污水系统图

查看污水、雨水系统原理图(图 1.3),共布置 2 根污水立管,管道编号为 WL-1 ~WL-2。污水立管伸顶通气,管顶设置透气帽。

二~五层公共男卫生间生活污水排水收集后经 WL-1 排至室外污水检查井,二~五层公共女卫生间的则通过 WL-2 排至室外污水检查井;一层公共卫生间污水干管单独排放至室外污水检查井,如图 1.36 所示。

2号办公楼污水排水系统识图

2号办公楼雨水排水系统识图

3)读雨水系统图

查看污水、雨水系统原理图(图 1.3),共布置 16 根雨水立管,雨水管道编号为 YL-1 ~ YL-16。

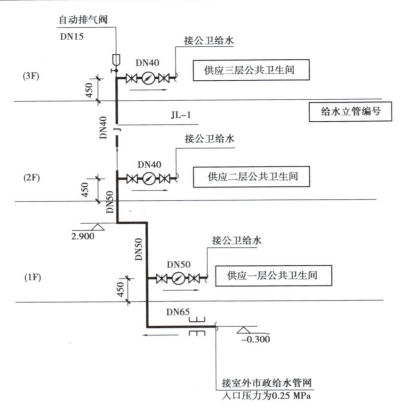

图 1.35　市政区给水系统简图

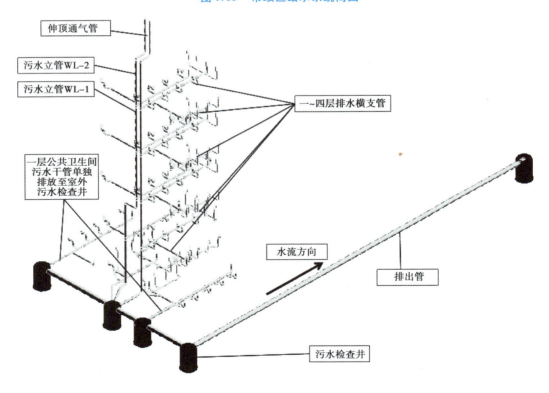

图 1.36　污水系统三维图

其中 YL-1、YL-4 在机房屋面设置侧墙式雨水斗,机房屋面层雨水通过雨水斗和雨水管排至屋面排水沟。
YL-5 ~ YL-11 在屋面层布置直立型雨水斗,雨水通过屋面层雨水斗和雨水立管排至雨水检查井。
YL-12 ~ YL-16 在二层阳台屋面布置直立型雨水斗,雨水通过屋面层雨水斗和雨水立管排至雨水检查井。

4）读热水系统图

由热水系统原理图可知热水系统的加热设备布置于屋面层,集热水箱进水从生活冷水系统的 JL-0 接入。

太阳能、空气源热泵机组将加热至 55 ℃ 的热水储存于储热水箱,再由配水管网热水送到各层配水点,这是热水配水管网(第二循环系统)。

热水给水干管(RJ)从储热水箱出来,由热水给水立管(RJL-1)供应一～五层公共卫生间用水,为保证隔层用水点的水温,一层支管设热水回流管,使一部分水经一层后,由热水回流管(RH)回到储热水箱加热器重新加热,保证水温。

5）读卫生间大样图

以一层卫生间为例,讲解卫生间大样图识图。

卫生间大样图分为平面图(一层卫生间给排水平面图)和轴测图(一层卫生间轴测图),识图时,应熟悉图例中卫生洁具、阀门附件等图例,沿着水流方向,结合轴测图进行识图。

一层卫生间给排水平面图如图 1.7 所示,男卫布置 5 个低水箱蹲式大便器、3 个感应式冲洗小便器,女卫布置 5 个低水箱蹲式大便器,无障碍卫生间内布置低水箱冲洗坐便器、挂式洗脸盆和感应式冲洗小便器。前室布置 6 台台式洗脸盆。从管道图例表可知,给水支管标记"J"粗实线,排水支管粗虚线,热水给水管标记"RJ"粗实线,热水回流管标记"RH"粗实线。

卫生间支管由①轴 JL-1 立管接入,结合轴测图,可知水流方向。

二～五层公共男卫生间生活污水排水收集后经 WL-1 排至室外污水检查井,二～五层公共女卫生间的则通过 WL-2 排至室外污水检查井;一层公共卫生间污水单独排放至室外污水检查井。女卫卫生间排水识图讲解如图 1.37、图 1.38 所示。

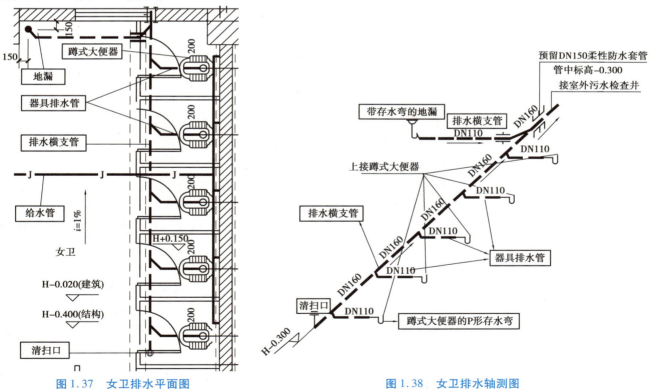

图 1.37　女卫排水平面图　　　　　　　　图 1.38　女卫排水轴测图

选取无障碍卫生间和前室,讲解 RJL-1 如何供应热水。沿着水流方向识读轴测图,如图 1.39 所示。

一层 RJL-1 底部设泄水管后,接热水回流管 RHL-1 返回屋面储热水箱,经加热至设定温度后再供应卫生间用水。

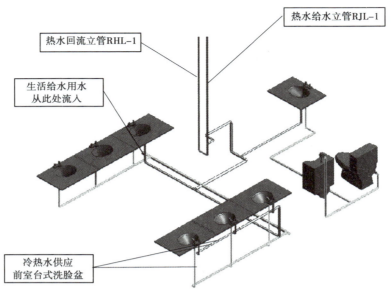

图 1.39 一层卫生间局部给水三维图

为满足热水系统中控制和连接的需要,常使用的附件包括各种阀门、水嘴、补偿器、疏水器、自动温度调节器、温度计、水位计、膨胀罐和自动排气阀等。

【学习笔记】

_____

_____

任务 1.4　识读建筑生活给排水系统平面图

1)给水平面布置

以给水系统图为线索深入阅读平面图,沿水流方向从给水引入管开始,查看引入管、干管在平面图布置的位置,注意查看管径,标高和其他施工文字标注,JL-0、JL-1 和 JL-2 在平面图布置位置,以及各支管节点。

(1)引入管敷设

工程水源采用市政自来水,如图 1.5 所示。昆仑大道市政给水管网引入一路 DN150 的给水管,在Ⓐ轴与①轴附近,分为加压区和市政区。DN150 在⑫～⑬轴进入地下室,室内管道布置绘制在地下一层给排水平面图;①轴与②轴交叉附近,市政区引入管进入建筑物供应一～三层卫生间用水。截取引入管敷设局部如图 1.40 所示。

(2)地下一层给水干管敷设

地下一层给排水平面图如图 1.4 所示,截取平面图局部如图 1.41 所示,⑫～⑬轴附近冷水系统引入管穿过预埋的防水套管进入地下一层的生活水泵房,并分为 DN100 和 DN50 两个水流方向,DN100 连接消防水池,DN50 接冷水输送水箱。地下一层给排水平面图图纸比例 1:150,因此进入消防水泵房和生活水泵房的管道省略,具体管道布置需参考生活水泵房大样图。

加压区生活给水管经过生活水泵房内冷水传输水泵提升压力后进入水井间,截地下一层给排水平面图⑦轴～⑪轴并标注,如图 1.42 所示,立管 JL-0 经过一层、二层、三层、四层、五层到达屋面。

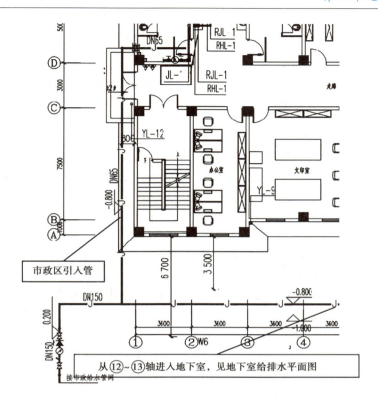

图 1.40　一层给排水平面图引入管

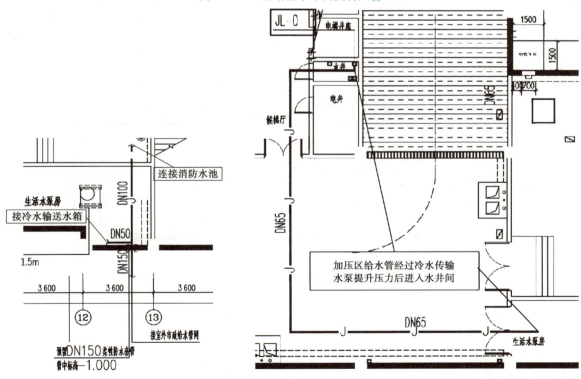

图 1.41　加压区引入管平面图　　　　图 1.42　水平干管及 JL-0 平面图

（3）屋顶层给水干管敷设

高区生活给水管经过生活水泵房内冷水传输水泵提升压力后进入水井间，立管 JL-0 到达屋面。JL-0 到达屋面后一股水流进入屋顶的生活水箱间，经冷水加压泵后由 JL-2 向下供应五层、四层卫生间；另外一股水流通过 JL-S 接太阳能集热水箱，太阳能与空气源热泵机组联合加热后，热水储存于储热水箱，经热水加压泵后由

RJL-1 向下供应每层公卫用水。

2)排水平面布置

排水系统沿水流方向先阅读屋顶排水平面图,注意查看立管在平面图布置的位置;再阅读一层平面布置图,注意查看排出管管径、标高和检查井。

(1)屋顶层排水天沟平面图

结合图 1.6 屋顶层排水天沟平面图,可知雨水管道布置位置:

YL-1 布置在Ⓔ轴与④轴交叉点。

YL-2 布置在Ⓔ轴与⑨轴交叉点。

YL-3 布置在Ⓒ轴与①轴交叉点。

YL-4 布置在Ⓒ轴与⑭轴交叉点。

YL-5 的直立型雨水斗承接天沟内雨水,通过布置在Ⓓ轴与①轴交叉点的室内雨水立管将雨水排放至一层雨水检查井 4。YL-12 ~ YL-16 布置在二层阳台屋面。

YL-12 承接安装在雨篷上的雨水斗,雨水沿室外雨水管排至一层雨水检查井 4。同样的识图方式,可分别查看 YL-13 ~ YL-16 安装。

(2)一层排水平面图

一层给排水平面图如图 1.5 所示,生活污水排出管将污水排入 W1、W2、W3 污水检查井,经 DN300 室外污水埋地管排至化粪池,并在污水管转弯处设置 W4、W5 污水检查井。

同样的方法查看埋地雨水管道和雨水检查井布置情况,DN300 表示管道规格,$i = 0.000$ 表示坡度,L 表示雨水管道长度。雨水立管汇流入埋地雨水管位置设置雨水检查井。如图 1.43 所示,截取一层给排水平面④轴与Ⓕ轴交叉局部图,并标注室外排水管道图例含义供参考。

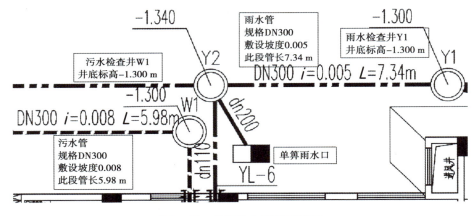

图 1.43 室外排水管道局部图

【学习笔记】

【关键词】给水 排水 施工图

任务1.5　一层建筑生活给排水系统建模

1.5.1　给排水专业图纸解析

在绘图前,需根据给排水施工图得出管道管材信息、管道连接方式,如图1.44所示。

1.管材:
1)生活冷水管道
①泵房内生活给水管道采用衬塑钢管,公称压力1.0MPa,丝扣连接或沟槽连接。
②室内给水管主立管采用衬塑钢管,公称压力1.0MPa,丝扣连接或沟槽连接。
③户内支管采用(PP-R冷水管),公称压力1.0MPa,热熔连接。
④室外埋地的给水管采用钢丝网骨架PE复合管,公称压力1.0MPa,电熔连接。
⑤与设备、阀门、水表、水嘴等连接时,应采用专用管件或法兰连接。
2)生活热水管道、回水管道
①屋面生活热水管道、室内立管采用衬塑钢管,公称压力1.0MPa,丝扣连接或沟槽连接。
②户内支管采用(PP-R热水管),公称压力1.0MPa,热熔连接。

图1.44　管道材质及连接方式

排水管的坡度如表1.6所示。

表1.6　排水横管坡度

管径 DN/mm	50	75	110	160	200	315	400
污水、废水管坡度	0.026	0.026	0.02	0.01	0.005	0.004	0.004
雨水管坡度			0.02	0.01	0.005	0.004	0.003

排水管道的连接方式如图1.45所示。

6.管道连接:
1)污水横管与横管的连接,不得采用正三通和正四通。
2)污水立管偏置时,应采用乙字弯或2个45°弯头。
3)污水立管与横管及排出管连接时采用2个45°弯头,且立管底部弯管处应设支墩。
4)自动喷水灭火系统管道变径时,应采用异径管连接,不得采用补芯。

图1.45　排水管道连接方式

系统图如图1.2、图1.3所示,一层的给排水平面图如图1.5所示,一层卫生间给排水平面图如图1.7所示,轴测图如图1.8所示。

建模流程如图1.46所示。

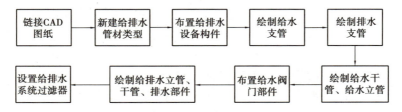

图1.46　建模流程图

1.5.2　链接 CAD 图纸

【操作步骤】

①链接 CAD 图纸。在"项目浏览器"中展开"卫浴"视图类别,在"给排水→楼层平面"中单击鼠标左键选中"1F-给排水"视图名称,双击鼠标左键打开"1F-给排水"平面视图,如图1.47所示。单击"插入"选项卡"链接"面板中的"链接 CAD"工具,如图1.48 所示,在"链接 CAD 格式"窗口选择 CAD 图纸存放路径,选中拆分好的"一层给排水平面图",勾选"仅当前视图",设置导入单位为"毫米",定位为"手动-中心",单击"打开",如图1.49 所示。

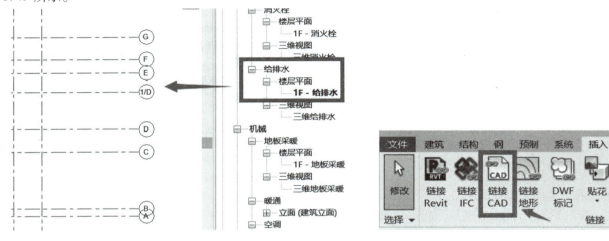

图 1.47　　　　　　　　　　　　　　　　　图 1.48

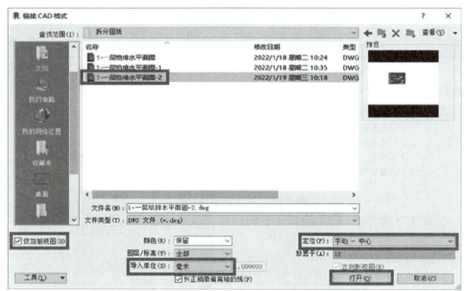

图 1.49

②对齐链接进来的 CAD 图纸。图纸导入进来后,单击"修改"选项卡"修改"面板中的"对齐"工具,如图1.50 所示。移动鼠标到项目轴网①轴上单击鼠标左键选中①轴(单击鼠标左键,选中轴网后轴网显示为蓝色线),移动鼠标到 CAD 图纸轴网①轴上单击鼠标左键。如图1.51 所示。按照上述操作可将 CAD 图纸纵向轴网与项目纵向轴网对齐,结果如图1.52所示。

③重复上述操作,将 CAD 图纸横向轴网和项目横向轴网对齐。

④锁定链接进来的 CAD 图纸。单击鼠标左键选中 CAD 图纸,Revit 自动切换至"修改│一层给排水平面图.dwg"选项卡,单击"修改"面板中的"锁定"工具,将 CAD 图纸锁定到平面视图,如图1.53 所示。至此,完

成一层给排水平面图 CAD 图纸的导入,结果如图 1.54 所示。

图 1.50

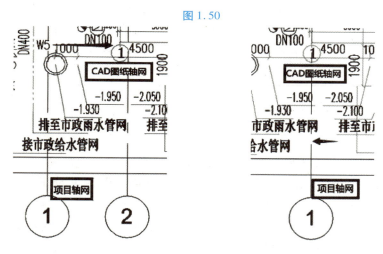

图 1.51　轴网对齐前　　　　　　　　图 1.52　轴网对齐后

图 1.53

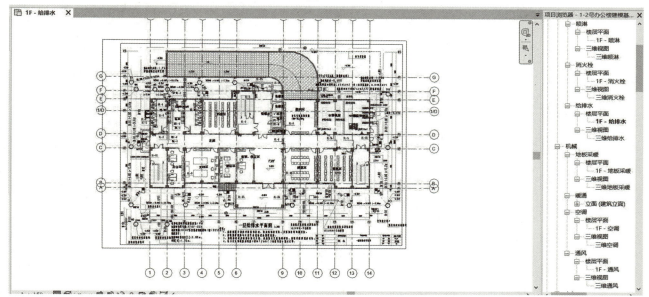

图 1.54　轴网对齐后

1.5.3　新建给排水管道、管材类型

从设计施工说明中可知,给排水管道、管材类型、连接方式如表1.7所示。

表 1.7　给排水管道、管材类型及连接方式

序号	管　道	管材类型	连接方式
1	泵房内生活给水管道	衬塑钢管	丝扣连接或沟槽连接
2	室内给水管主立管	衬塑钢管	丝扣连接或沟槽连接
3	室内冷水支管	PP-R 管	热熔连接
4	室外埋地给水管	钢丝网骨架 PE 复合管	电熔连接
5	屋面生活热水管道、室内立管	衬塑钢管	丝扣连接或沟槽连接
6	户内热水支管	PP-R 管	热熔连接
7	室内污废水管	PVC-U 管	承插连接

【操作步骤】

①复制已有管材类型,新建所需管材类型。单击"系统"选项卡"卫浴和管道"面板中的"管道"工具,如图1.55所示。单击"属性"窗口中的"编辑类型",打开"类型属性"窗口,如图1.56所示。在"类型属性"窗口单击"复制",在"名称"窗口名称位置将管材修改命名为"衬塑复合管",然后单击"确定",如图1.57所示。

图 1.55

图 1.56

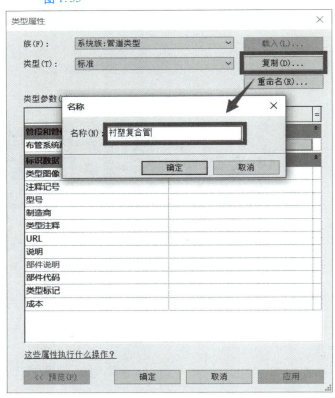

图 1.57

②载入管材类型所需构件族。在"类型属性"窗口单击"布管系统配置"位置的"编辑"命令打开"布管系统配置"窗口,如图1.58所示。在"布管系统配置"窗口单击"载入族"命令打开"载入族"窗口,如图1.59所示。在"载入族"窗口单击打开教材提供的丝扣链接族文件,选择全部管件,单击"打开",将管件载入项目中,如图1.60所示。

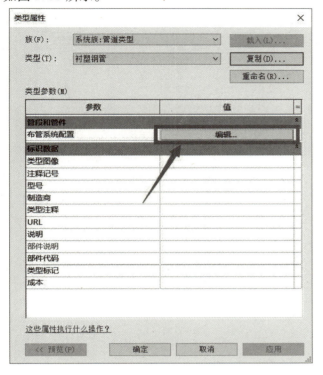

图1.58

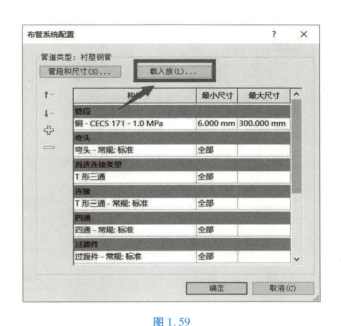

图1.59

图1.60

③新建管段类型。单击"管段和尺寸",如图1.61所示。以"钢塑复合管"为基准新建一个新的管道类型,如图1.62所示。在弹出的"材质浏览器"对话框中单击"新建材质",如图1.63所示。将新建的材质重命名为"衬塑钢管",单击确定。将"管段"修改为"衬塑钢管",如图1.64所示。

④编辑"布管系统配置"。在"布管系统配置"窗口中按图1.65所示进行配置,配置完成后单击"确定"完成"衬塑复合管"管材创建。

⑤重复上述操作,在"类型属性"窗口复制新建"PP-R管"管材类型,如图1.66所示。

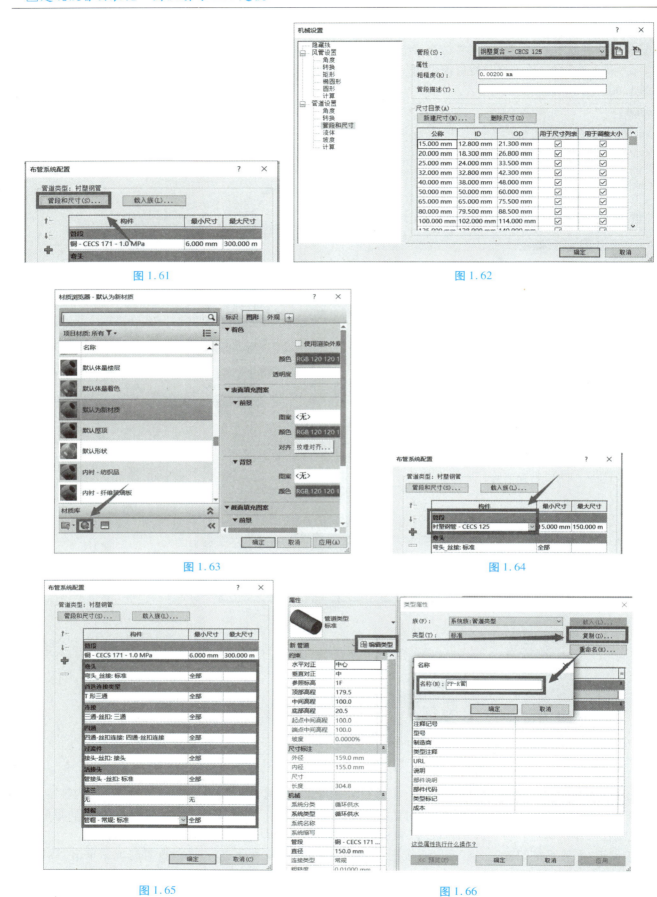

图 1.61

图 1.62

图 1.63

图 1.64

图 1.65

图 1.66

⑥编辑"PP-R管"管材"布管系统配置",在"载入族"窗口打开"MEP→水管管件→GB/T 13663 PE→热熔承插",选择全部管件,单击"打开"将管件载入项目中,如图1.67、图1.68所示。

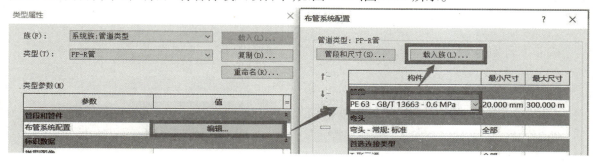

图1.67

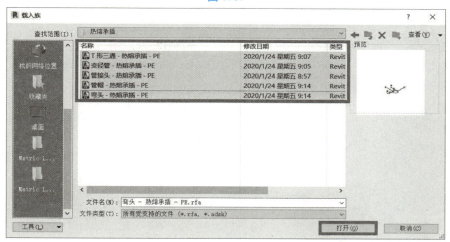

图1.68

⑦在"布管系统配置"窗口中按图1.69所示进行配置,配置完成后单击"确定",完成"PP-R管"管材创建。

⑧重复上述操作,在"类型属性"窗口复制新建"钢丝网骨架PE复合管"管材,如图1.70所示。

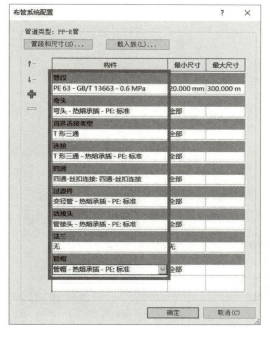

图1.69   图1.70

⑨编辑"钢丝网骨架 PE 复合管"管材"布管系统配置",在"载入族"窗口打开"MEP→水管管件→GB/T 13663 PE→热熔承插",选择全部管件,单击"打开"将管件载入项目中,如图1.71、图 1.72 所示。

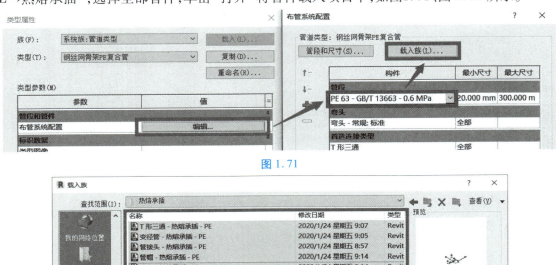

图 1.71

图 1.72

⑩在"布管系统配置"窗口中按图 1.73 所示进行配置,配置完成后单击"确定",完成"钢丝网骨架 PE 复合管"管材创建。

⑪重复上述操作,在"类型属性"窗口复制新建"PVC-U 塑料管"管材,如图 1.74 所示。

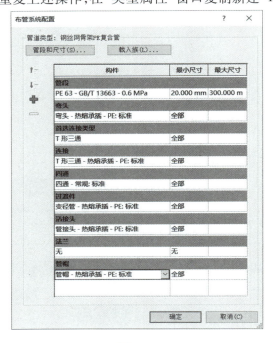

图 1.73

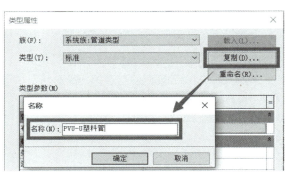

图 1.74

⑫编辑"PVC-U 塑料管"管材"布管系统配置",在"载入族"窗口打开"MEP→水管管件→GB/T 5836 PVC-U→承插类型",选择全部管件,单击"打开"将管件载入项目中,如图 1.75 所示。

⑬在"布管系统配置"窗口中按图 1.76 所示进行配置,配置完成后单击"确定"完成"PVC-U 塑料管"管材创建。

图 1.75

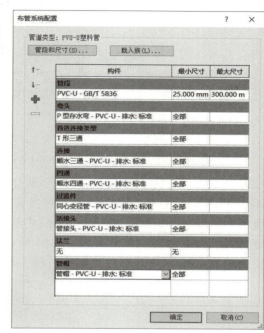

图 1.76

1.5.4　布置给排水设备构件

本项目需要布置小便器、污水池、洗脸盆、蹲式大便器、坐式大便器等。下面就以一层给排水平面图中①~④轴,Ⓔ~Ⓓ轴的男卫、女卫为例,讲解给排水设备构件载入和布置方法的操作步骤。

【操作步骤】

①绘制参照平面。由于卫生器具的放置需要依附在主体上,因此,先沿着墙体边缘绘制参照平面,方便卫生器具的放置。单击"系统"选项卡下"工作平面"面板中的"参照平面",沿着墙边绘制,如图 1.77 所示。

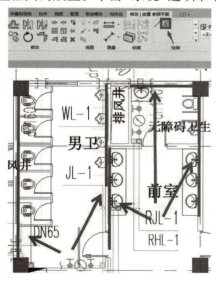

图 1.77

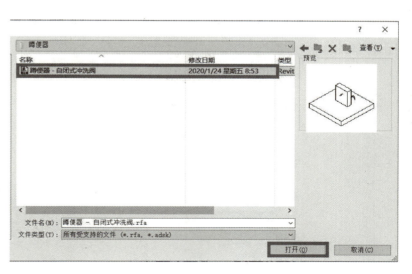

图 1.78

②载入蹲便器。单击"插入"选项卡"从库中载入"面板中的"载入族"工具,在"载入族"窗口单击打开"MEP→卫生器具→蹲便器"路径下选择"蹲便器-自闭式冲洗阀",单击"打开"将蹲便器载入项目中,如图1.78所示。单击"注释"选项卡"尺寸标注"面板中的"对齐"工具,如图1.79所示。单击鼠标左键分别对 CAD 图纸中"蹲式大便器"长、宽规格尺寸进行标注测量,如图1.80所示。

图 1.79

图 1.80

③布置蹲便器。单击"系统"选项卡"卫浴管道"面板中的"卫浴装置"工具,如图1.81所示。在"属性"选项栏中选择"蹲便器-自闭式冲洗阀",单击"编辑类型",在"类型属性"窗口单击"重命名"修改名称为"1040 mm×1270 mm"后单击"确定",将"污水管直径"修改为"110.0 mm","冷水直径"修改为"20.0 mm"如图1.82所示。在"属性"窗口修改"尺寸标注"中实例参数,如图1.83所示。单击"修改│放置卫浴装置"选项卡"放置"面板中的"放置在面上",如图1.84所示。移动鼠标拾取到之前绘制的参照平面布置蹲便器。布置之后切换到三维视图中,蹲便器样式如图1.85所示。

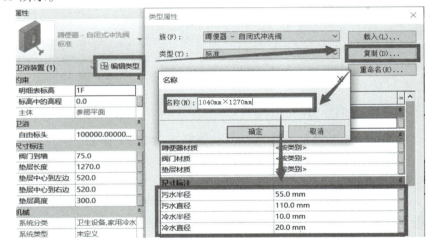

图 1.81

图 1.82

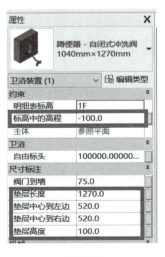

图 1.83

图 1.84

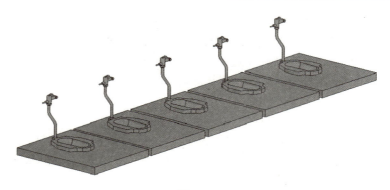

图 1.85

④放置小便器。单击"系统"选项卡下"卫浴装置",单击"属性"选项栏下的"编辑类型",在弹出的"类型属性"对话框中,单击"载入"窗口,打开"MEP→卫生器具→小便器→小便器-自闭式冲洗阀-壁挂式",单击打开,如图 1.86 所示。单击"编辑类型",将"小便器"的"冷水直径"修改成 20 mm,"污水直径"修改为 50 mm,单击"确定",移动鼠标拾取到之前绘制的墙边线参照平面上,单击鼠标左键布置"小便器",在布置"小便器"时,如果出现设备构件与平面图布局方向不一致,可通过按"空格"的方式切换设备方向。布置后如图 1.87 所示。

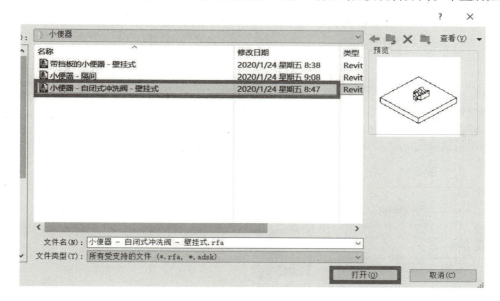

图 1.86

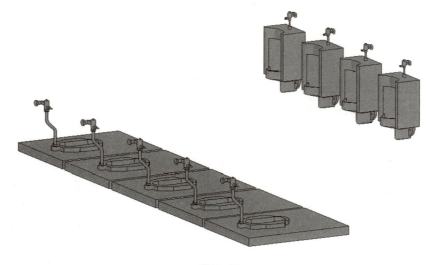

图 1.87

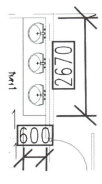

图 1.88

⑤载入洗脸盆。单击"注释"选项卡"尺寸标注"面板中的"对齐"工具。单击鼠标左键分别对 CAD 图纸中"洗脸盆"长、宽规格尺寸进行标注测量,如图 1.88 所示。单击"系统"选项卡下"卫浴装置",单击"属性"选项栏下的"编辑类型",在弹出的"类型属性"对话框中,单击"载入"窗口中单击打开"MEP→卫生器具→洗脸盆→洗脸盆-椭圆形",单击打开,如图 1.89 所示。

⑥布置洗脸盆。单击"属性"选项栏中"编辑类型",在"类型属性"窗口单击"重命名"修改名称为"600 mm×890 mm"后单击"确定",如图 1.90 所示。将"洗脸盆宽度"改成"600.0","洗脸盆长度"改成"890.0","污水直径"修改为"50.0 mm","热水直径"修改为"20.0 mm","冷水直径"修改为"25.0 mm",单击"确定",如图 1.91 所示。移动鼠标拾取到之前绘制的墙边线参照平面上,单击鼠标左键布置"洗脸盆"。在布置"洗脸盆"时,如果出现设备构件与平面图布局方向不一致的情况,则可通过按"空格"键的方式切换设备方向,切换到三维视图中,如果洗脸盆方向错误,也可以通过按"空格"键的方式切换设备方向,布置后如图 1.92 所示。

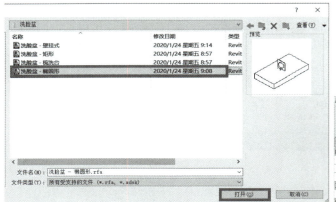

图 1.89

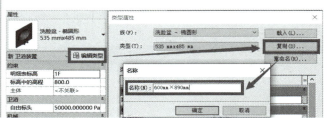

图 1.90

图 1.91

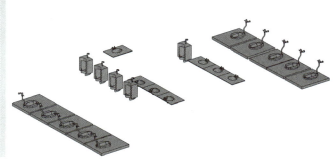

图 1.92

⑦放置坐式蹲便器。单击"系统"选项卡下"卫浴装置",单击"属性"选项栏下的"编辑类型",在弹出的"类型属性"对话框中,单击"载入"窗口中单击打开"MEP→卫生器具→大便器→坐便器-冲洗水箱",单击打开,如图 1.93 所示。单击"编辑类型",将"小便器"的"冷水直径"修改为 20.0 mm,"污水直径"修改为 110 mm,单击"确定"。将坐式蹲便器放置在平面图当中的指定位置,放置后如图 1.94 所示。

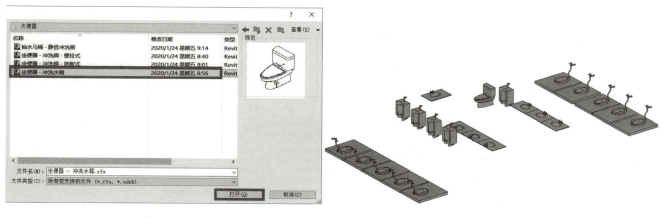

图 1.93　　　　　　　　　　　　　　　　　　　　图 1.94

⑧导入一层卫生间大样图。由于一层平面图中没有地漏,需要重新链接"一层卫生间大样图"。单击"视图"选项卡下"可见性/图形"命令,如图 1.95 所示。在弹出的对话框中单击"导入的类别",将"一层给排水平面图"取消勾选,单击确定,如图 1.96 所示。单击"插入"选项卡下的"链接 CAD",找到拆分好的一层卫生间大样图,勾选"仅当前视图","导入单位"设置为"毫米","定位"设置为"手动-中心",如图 1.97 所示,单击"打开",将图纸放置到模型中。使用"修改"选项卡下的"对齐"命令,将模型的轴网与图纸的轴网对齐之后,将图纸锁定。

图 1.95

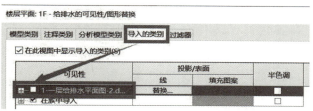

图 1.96

图 1.97

⑨放置地漏。单击"系统"选项卡下"管路附件",单击"编辑类型",在弹出的"类型属性"对话框中单击"载入族",单击打开"MEP→卫浴装置→卫浴附件→地漏→地漏带水封-圆形-PVC-U",如图 1.98 所示。在

"属性"选项栏中单击"编辑类型",单击"复制",将其重命名为"110 mm",如图 1.99 所示。将"公称直径"修改成"110.0 mm",如图 1.100 所示。单击"修改 | 放置 管道附件"选项卡下的"放置在工作平面上",将地漏放置在大样图中相应的位置上。

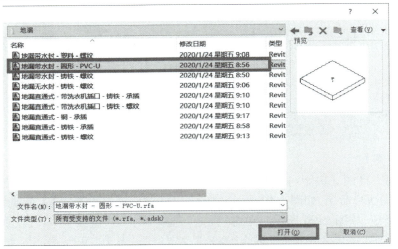

图 1.98

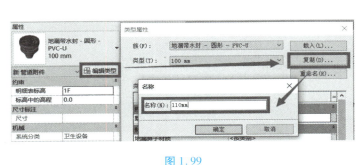

图 1.99

图 1.100

1.5.5　绘制给水管

【操作步骤】

①在"项目浏览器"中展开"卫浴"视图类别,在"给排水→楼层平面"中单击鼠标左键选中"1F-给排水"视图名称,双击鼠标左键打开"1F-给排水"平面视图。在"1F-给排水"平面视图中打开"一层给排水平面图",单击"视图"选项卡下"可见性/图形"勾选"一层给排水平面图",取消勾选"一层卫生间大样图",单击"确定",如图 1.101、图 1.102 所示。

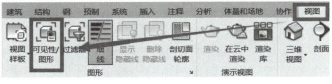

图 1.101

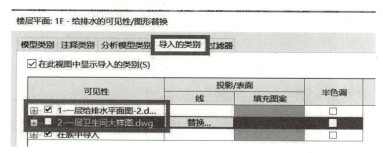

图 1.102

②单击"系统"选项卡下"管道"命令,如图 1.103 所示。在"属性"选项栏中"管道类型"设置为"钢丝网骨架 PE 复合管","系统名称"为"给水系统",如图 1.104 所示。将"直径"设置为"150.0 mm",将"中间高程"设置为"200.0 mm",单击"应用",如图 1.105 所示。

图 1.103

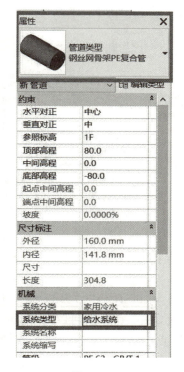

图 1.104

修改|放置 管道　　直径:150.0 mm　　中间高程:200.0 mm　　应用

图 1.105

③从 a 点绘制到 b 点,将"中间高程"修改为"−800.0 mm"后,绘制至 c 点,沿着管道的走向绘制到 d 点后,管道分支,分别绘制到 e 点和 f 点方向,如图 1.106 所示。

④沿着 e 方向绘制到 g 点后,将"属性"选项栏中的"管道类型"修改为"PP-R 管",如图 1.107 所示,"直径"修改成"65.0 mm","中间高程"修改成"−300.0 mm",单击"应用",如图 1.108 所示。

⑤修改好管道的类型以及属性后,单击鼠标左键,沿着 g 点绘制到 h 点,再绘制到 i 点,如图 1.109 所示。到达 i 点后,将管道"中间高程"设置为 450 mm,单击"应用"。

⑥单击"视图"选项卡下"可见性/图形"取消勾选"一层给排水平面图",勾选"一层卫生间大样图",单击"确定",如图 1.110 所示。

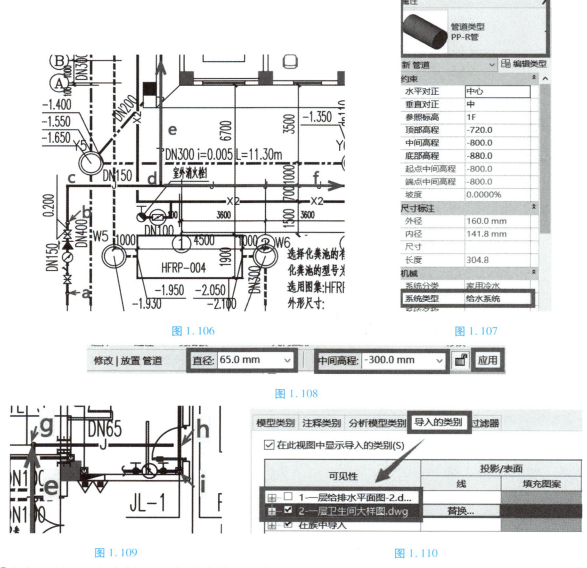

图 1.106　　　　　　　　　　　　　　　　　　图 1.107

图 1.108

图 1.109　　　　　　　　　　　　　　图 1.110

⑦根据一层卫生间大样图,可知给水管的走向,根据给水轴测图可知管道直径大小,中间高程,结合大样图及轴测图,根据图中标注的点号绘制给水管,如图 1.111、图 1.112 所示。

⑧单击"系统"选项卡下"管道"命令,将"属性"选项栏中的"管道类型"设置为"PP-R 管","系统类型"设置为"给水系统","直径"设置为 50 mm,"中间高程"设置为 450 mm,单击"应用",从 1 点绘制到 2 点。

⑨将"直径"设置为 63 mm,"中间高程"设置为 –100 mm,单击"应用",从 2 点绘制到 3 点,此时将"直径"设置为 50 mm,单击"应用",绘制到 4 点,再根据轴测图中管径的变化设置"直径"大小,继续绘制到 5 点。

⑩将"直径"设置为 50 mm,"中间高程"设置为 –100 mm,单击"应用",从 4 点绘制到 6 点,绘制前,可先将 4 点处 DN50 和 DN25 的变径接头删除,如图 1.113 所示,绘制完 4—6 管段后,如图 1.114 所示。使用"修改"选项卡下的"修剪/延伸为角"命令,先用鼠标左键选择 3—4 管段,再用鼠标左键选择 4—6 管段,选择完后如图 1.115 所示。单击鼠标左键选中 90°弯头,此时弯头的上、左方向会出现" + ",如图 1.116 所示。单击上方向的" + ",如图 1.117 所示,此时 90°弯头会变成 T 形三通,如图 1.118 所示。这时 4—5 管段并没有与 T 形三通的接头相连接,鼠标左键单击选中 4—5 管段,这时管段的端头会出现一个正方形,用鼠标左键单击正方形,如图1.119所示,拖曳至 T 形三通的接头处,放开鼠标,管段就会自动与 T 形三通连上,如图 1.120 所示。

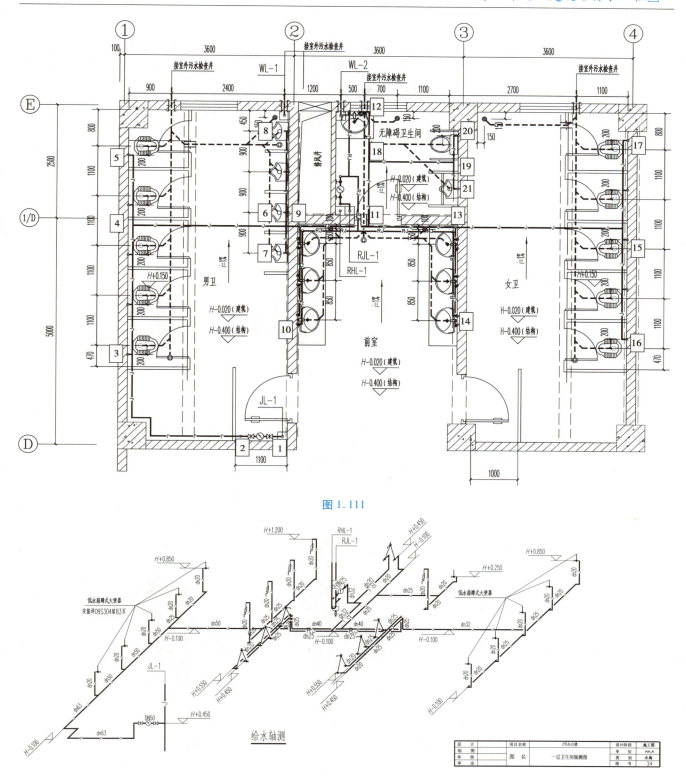

图 1.111

图 1.112

给水轴测

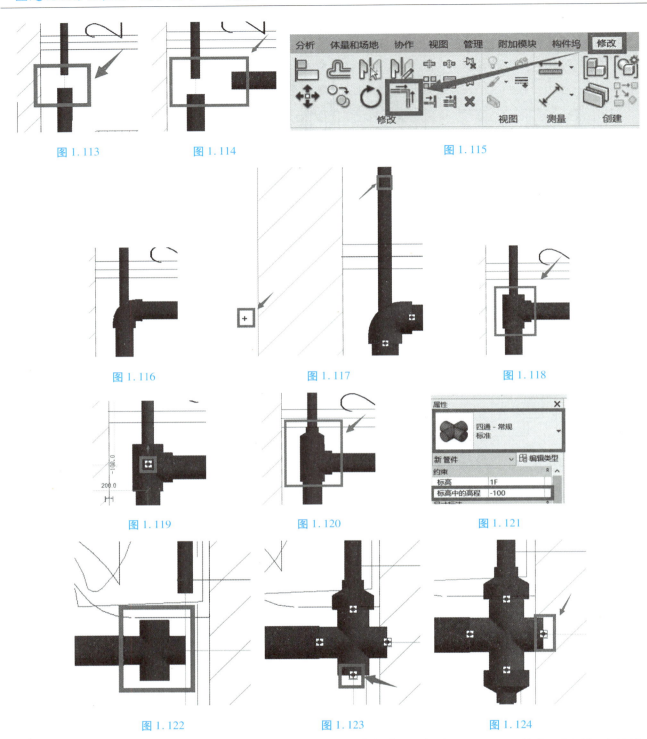

图 1.113   图 1.114   图 1.115

图 1.116   图 1.117   图 1.118

图 1.119   图 1.120   图 1.121

图 1.122   图 1.123   图 1.124

⑪绘制完 4—6 管段后,直接将"直径"修改成 25 mm,"中间高程"仍为 – 100 mm,单击"应用",直接沿着 6—8 管段方向绘制,末端管道变径,也需要将"直径"进行修改。将 6 接头处的 90°弯头选中后删除,单击"系统"选项卡下的"卫浴和管道"面板中的"管件",在"属性"选项栏中"类型"选择"四通-常规-标准","标高中的高程"设置为 – 100,如图 1.121 所示,将四通接头放置在 6 点处,如图 1.122 所示。使用"修改"选项卡下"对齐"的命令,选择 6—8 管段的中心线,在选择对应的四通接头的中心点,对齐后,拖曳 6—8 管段的端头,拾取到四通接头的中心点后,放开鼠标,就自动连接上了。

⑫单击选中 4 通接头后,4 个方向上会出现正方形,用鼠标右键单击 6—7 管段方向上的正方形,如图 1.123所示。在弹出的命令栏中选中"绘制管道",将"直径"修改成"20 mm","中间高程"仍为" – 100 mm",沿

着 6—7 管段方向绘制给水管。

⑬单击选中四通接头后，右键单击 6—9 管段方向上的正方形，如图 1.124 所示。在弹出的命令栏中选中"绘制管道"，将"直径"修改成 50 mm，"中间高程"仍为 −100 mm，沿着 6—9 管段方向绘制给水管。绘制到 9 点后，将"直径"修改成 25 mm，"中间高程"修改成 450 mm，单击应用，然后顺着 9—10 管段的方向，绘制直径为 25 mm、20 mm，高程为 450 mm 的管段。

⑭将视图切换到"三维视图"当中，单击左键选择 9 点的 90°弯头，单击 9—11 管段方向上的"＋"号，如图 1.125 所示，此时 90°弯头变成 T 形三通接头。单击选中三通接头，在 9—11 方向上的小正方形上单击鼠标右键，在弹出的菜单栏中，选择"绘制管道"命令，如图 1.126 所示。将"直径"设置为 40 mm，"中间高程"设置为 −100 mm，单击"应用"，绘制到 11 点。重复以上操作，将一层卫生间的给排水图都绘制出来，如图 1.127 所示。

图 1.125

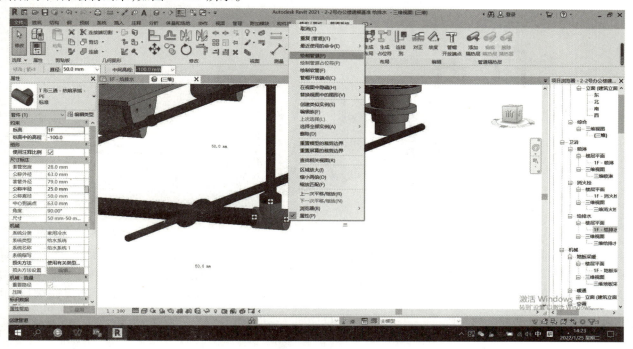

图 1.126

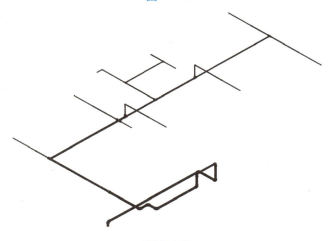

图 1.127

⑮将"蹲式大便器"与管道相连接。将视图切换到"1F-给排水"，选择"蹲式大便器"，再单击"修改｜卫浴

装置"选项卡下的"连接到"命令,如图 1.128 所示。在弹出的"选择连接件"对话框中选择"连接件 2:家用冷水",单击"确定",如图 1.129 所示。再单击鼠标左键选择下部对应的给水管,将"蹲式大便器"与给水管连接在一起。连接完成后如图 1.130 所示。

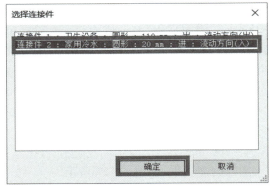

图 1.128   图 1.129

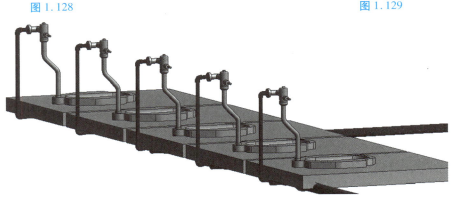

图 1.130

⑯将"小便器"与给水管相连接。将视图切换到"1F-给排水",选择"小便器",再单击"修改│卫浴装置"选项卡下的"连接到"命令。在弹出的"选择连接件"对话框中选择"连接件 1:家用冷水",单击"确定",如图 1.131 所示。再单击鼠标左键选择下部对应的给水管,将"小便器"与给水管连接在一起。连接完成后如图 1.132 所示。

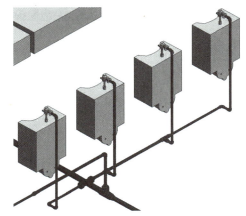

图 1.131   图 1.132

⑰将"洗脸盆"与给水管相连接。将视图切换到"1F-给排水",选择"洗脸盆",再单击"修改│卫浴装置"选项卡下的"连接到"命令。在弹出的"选择连接件"对话框中选择"连接件 1:家用冷水",单击"确定",如图 1.133 所示。再单击鼠标左键选择下部对应的给水管,将"洗脸盆"与给水管连接在一起。连接完成后如图 1.134 所示。

图 1.133　　　　　　　　　　　　　　　　图 1.134

⑱将"坐式大便器"与给水管相连接。将视图切换到"1F-给排水",选择"坐式大便器",再单击"修改│卫浴装置"选项卡下的"连接到"命令。在弹出的"选择连接件"对话框中选择"连接件1:家用冷水",单击"确定",如图1.135所示。再单击鼠标左键选择下部对应的给水管,将"坐式大便器"与给水管连接在一起。连接完成后如图1.136所示。

图 1.135　　　　　　　　　　　　　　　　图 1.136

1.5.6　布置给水阀门部件

【操作步骤】

根据给排水施工图中的图例以及一层给排水平面图、卫生间大样图、轴测图确定给水管上的阀门和水表,如图1.137所示。

①载入闸阀。单击"插入"选项卡下"从库中载入"面板中的"载入族"工具,在"载入族"工具中打开"MEP→阀门→闸阀"中载入"闸阀-Z41型-明杆楔式单闸板-法兰式",如图1.138所示。

图 1.137　　　　　　　　　　　　　　　　图 1.138

②载入倒流防止装置。单击"插入"选项卡下"从库中载入"面板中的"载入族"工具,在"载入族"工具中

打开"MEP→卫浴附件→倒流防止器"中载入"倒流防止器-法兰式",如图 1.139 所示。

图 1.139

③载入水表。单击"插入"选项卡下"从库中载入"面板中的"载入族"工具,在"载入族"工具中打开"MEP→卫浴附件→仪表"中载入"水表-旋翼式-15-40 mm-螺纹",如图 1.140 所示。

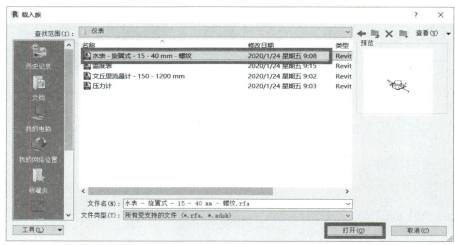

图 1.140

④载入 Y 型过滤器。单击"插入"选项卡下"从库中载入"面板中的"载入族"工具,在"载入族"工具中打开"MEP→卫浴附件→过滤器"中载入"Y 型过滤器-50-500 mm-法兰式",如图 1.141 所示。

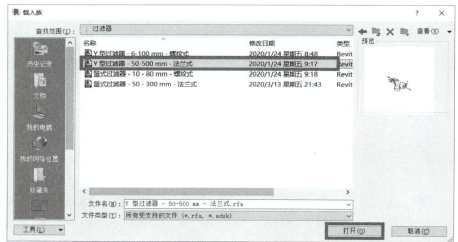

图 1.141

⑤放置闸阀。单击"系统"选项卡下的"管路附件",在"属性"选项栏中找到"闸阀-Z41 型-明杆楔式单闸板-法兰式-Z41T-10-150 mm",在入户的给水管上放置,如图 1.142 所示。

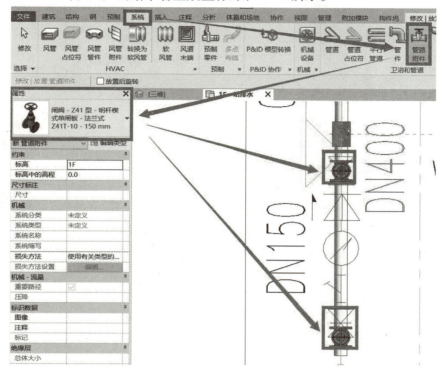

图 1.142

⑥放置倒流防止装置。单击"系统"选项卡下的"管路附件",在"属性"选项栏中找到"倒流防止器-法兰式标准",单击"编辑类型",复制并重命名为"DN150"。将"公称直径"修改为"150.0 mm",将倒流防止装置放在图中指定的位置上,如图 1.143 所示。

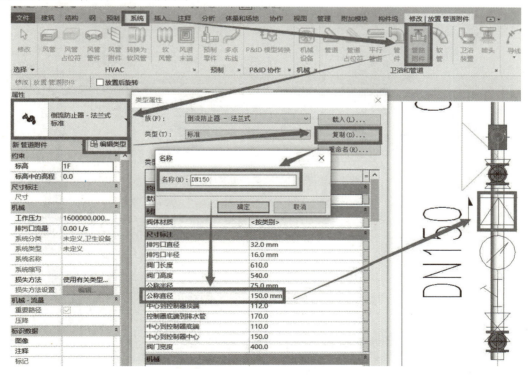

图 1.143

⑦放置水表。单击"系统"选项卡下的"管路附件",在"属性"选项栏中找到"水表-旋翼式-15-40 mm-螺纹",单击"编辑类型",复制并重命名为"150 mm"。将"公称直径"修改为"150.0 mm",将水表放在图中指定的位置上,如图 1.144 所示。

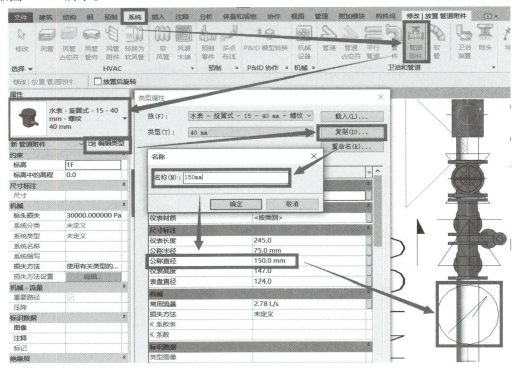

图 1.144

⑧放置 Y 型过滤器。单击"系统"选项卡下的"管路附件",在"属性"选项栏中找到"Y 型过滤器-50-500 mm-法兰式纹",单击"编辑类型",选择"类型"为"150 mm",将 Y 型过滤器放在图中指定的位置上,如图1.145所示。

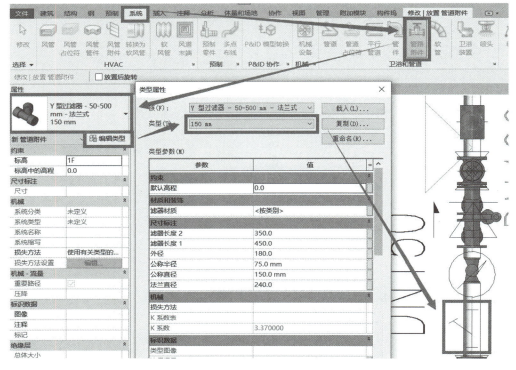

图 1.145

放置好之后如图 1.146 所示。其余的阀门和仪器放置方法相同。

图 1.146

1.5.7 绘制热水管道

【操作步骤】

在绘制热水管道之前,根据一层卫生间大样图以及给水轴测图先将一些特殊点定位出来,如图 1.147、图 1.148 所示。

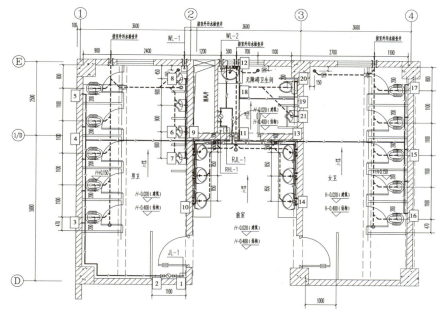

图 1.147

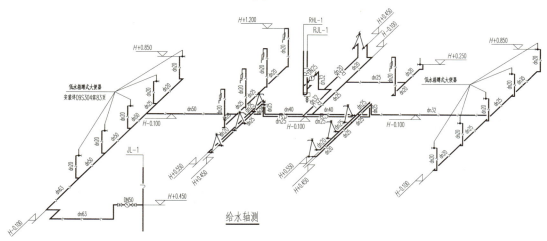

给水轴测

图 1.148

①绘制热水回水立管。单击"系统"选项卡下的"管道"命令,在"属性"对话框中,将"管道类型"选为"衬塑钢管","系统类型"选为"热水回水系统","直径"设置为"20 mm","中间高程"设置为"2900.0 mm",单击"应用",如图 1.149 所示,在 1 点处单击鼠标左键后,将"中间高程"设置为"450 mm",单击两次"应用"。

②绘制热水给水立管。单击"系统"选项卡下的"管道"命令,在"属性"对话框中,将"管道类型"选为"衬塑钢管","系统类型"选为"热水给水系统","直径"设置为"20.0 mm","中间高程"设置为"2900.0 mm",单击"应用",如图 1.150 所示,在 1 点处单击鼠标左键后,将"中间高程"设置为"450 mm",单击两次"应用"。

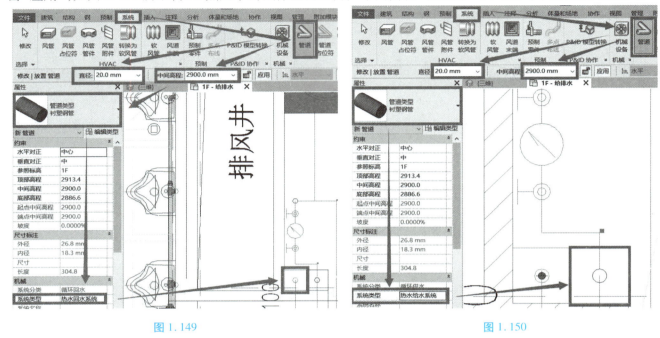

图 1.149　　　　　　　　　　　　　　　　　　　图 1.150

③单击"系统"选项卡下"管道"的命令,将"管道类型"选为"PP-R 管","系统类型"选为"热水给水系统","直径"设置为"25 mm","中间高程"设置为"550 mm",单击应用,绘制到 4 点。此时将"直径"修改为"32 mm","中间高程"修改为"－100 mm",单击"应用",绘制到 5 点。顺着管道的方向直接绘制 5—7 管段。

④单击"系统"选项卡下"管道"的命令,将"管道类型"选为"PP-R 管","系统类型"选为"热水给水系统","直径"设置为"20 mm","中间高程"设置为"－100 mm",单击应用,绘制到 5—6 管段。绘制结果如图 1.151 所示。

⑤单击"修改"选项卡下"修建/延伸单个图元"命令,如图 1.152 所示。先单击 X 方向的管道,再单击 Y 方向的管道,此时两根管段会自动连接上,如图 1.153 所示。

图 1.151　　　　　　　　　　　图 1.152　　　　　　　　　　　图 1.153

⑥单击"系统"选项卡下"管道"的命令,将"管道类型"选为"PP-R 管","系统类型"选为"热水给水系统","直径"设置为"25 mm","中间高程"设置为"－100 mm",单击应用,绘制 7—8 管段。到 8 点后,将"中间高程"设置为"550 mm"单击应用,再继续绘制到 9 点,中间变径的地方仍需对管道直径进行修改。

⑦选择 7 点处的 90°弯头,单击 7—10 管段方向的"＋"号,如图 1.154 所示,变成 T 形三通接头,选中 T 形

三通接头,右键单击7—10管段方向上的小正方形,如图1.155所示。在弹出的菜单栏中选择"绘制管道",将"直径"设置为"25 mm","中间高程"设置为"－100 mm",单击"应用"并绘制到10点。到10点后,将"中间高程"设置为"550 mm",单击应用,再继续绘制到11点,中间变径的地方仍需对管道直径进行修改。

⑧切换到三维视图中,2点处立管和支管还未连接。单击"修改"选项卡下的"修建/延伸单个图元"命令,先选择立管,再选择支管,连接后如图1.156所示。

图 1.154　　　　　　　图 1.155　　　　　　　图 1.156

⑨连接热水管。选中洗脸盆,在"修改│卫浴装置"面板下选择"连接到",在弹出的对话框中选中"连接件2:家用热水",再单击选中热水管,将热水管道与洗脸盆连接上。连接完成如图1.157所示。

⑩根据图例可知热水管上的阀门及水表如图1.158所示。单击"系统"选项卡下的"管路附件",在"属性"选项栏中找到"水表-旋翼式-15-40 mm-螺纹40 mm",单击"编辑类型",选择"25 mm",将水表放在图中指定的位置,如图1.159所示。

图 1.157　　　　　　　　　　　　　　　　　　　图 1.158

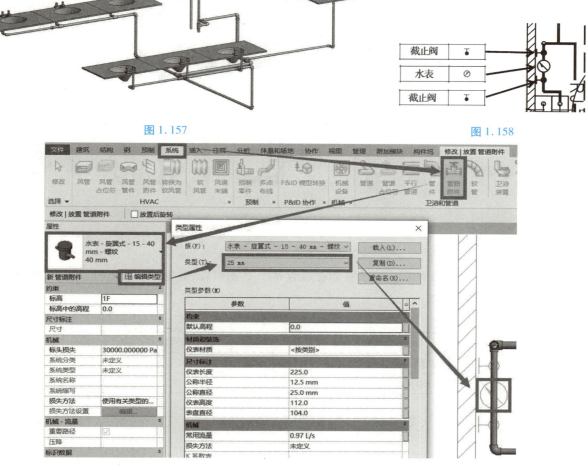

图 1.159

⑪单击"插入"选项卡下"从库中载入"面板中的"载入族"工具,在"载入族"工具中打开"MEP→阀门→截止阀"中载入"截止阀-J21 型-螺纹",如图 1.160 所示。单击"系统"选项卡下的"管路附件",在"属性"选项栏中找到"截止阀-J21 型-螺纹",选择"25mm"的类型,将截止阀放在图中指定的位置,如图 1.161 所示。放置好后如图 1.162 所示。

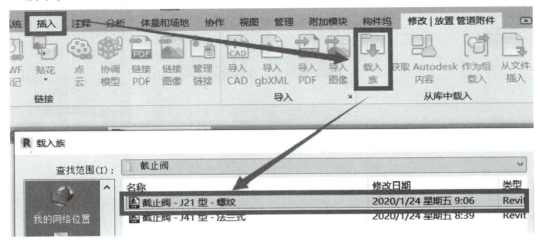

图 1.160

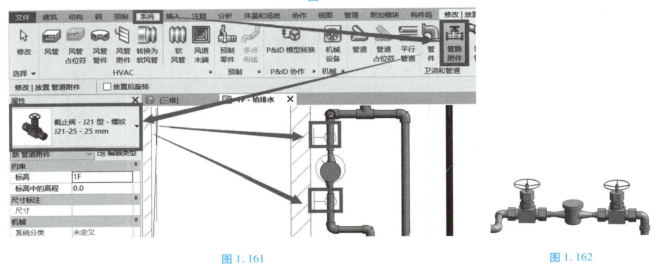

图 1.161   图 1.162

1.5.8 绘制排水管道

排水管的坡度如图 1.163 所示。排水管的材质为 PVC-U 塑料管,根据排水轴测图、卫生间大样图,可得水管定位点如图 1.164、图 1.165 所示。

塑料排水横管坡度表　表二

管径 dn (mm)	50	75	110	160	200	315	400
污水、废水管坡度	0.026	0.026	0.02	0.01	0.005	0.004	0.004
雨水管坡度	—	—	0.02	0.01	0.005	0.004	0.003

图 1.163

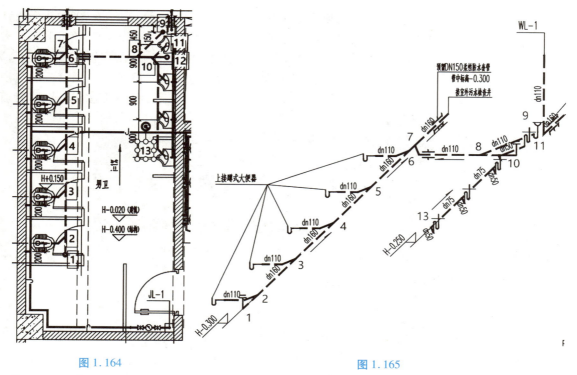

图 1.164　　　　　　　　　　　　　　　　　　　　　图 1.165

【操作步骤】

①单击"系统"选项卡下的"管道"工具,在"属性"窗口选择"PVC-U 塑料管"管道类型,系统类型设置为"排水系统",选项栏位置"直径"设置为"160 mm","中间高程"设置为"−300 mm",在"修改│放置管道"选项卡面板选择"向下坡度","坡度值"选择 1%,如图 1.166 所示。

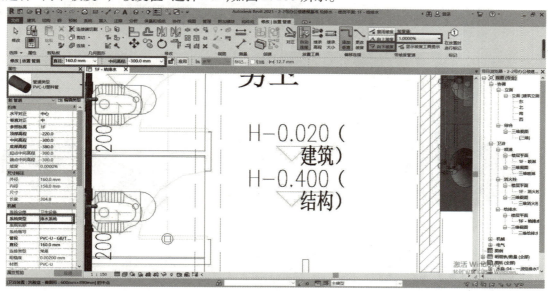

图 1.166

②从 1 点绘制到 6 点,由于排水管道上需要放置 45°三通接头,放置的位置不够,所以需要将 1—6 管段移至卫生间墙体外侧,放置好接头并与卫生器具连接好之后,再将管道移回来。单击"系统"选项卡下"管件"命令,在"属性"窗口选择"45 度斜三通-PVC-U-排水",并将斜三通接头放置在排水管指定的点上,如图1.167所示。

③选择三通接头,在 45°斜角的接头处单击右键,如图 1.168 所示,弹出的菜单中选择"绘制管道",将"直径"设置为"110 mm",沿着 45°方向绘制一段管段,如图 1.169 所示。

④单击选择蹲式大便器,单击"修改│卫浴装置"选项卡下"连接到"命令。选择刚绘制的直径为 110 mm 的

管段。此时蹲式大便器与排水管连接上了,将视图切换到三维视图,如图 1.170 所示。选择该 90°弯头后将其删除,单击"系统"选项卡下"管件"工具,在"属性"窗口找到"P 型存水弯-PVC-U-排水",旋转视角,拾取到蹲式大便器排水管立管的中心点后,单击鼠标左键将 P 型存水弯放置上去,放置后如图 1.171 所示。选择 P 型存水弯后,单击旋转命令,如图 1.172 所示,将 P 型存水弯的方向旋转至正确位置为止,如图 1.173 所示。用"修改"选项卡下"对齐"命令,将 P 型存水弯的管道中心点与水平管道中心线对齐,对齐后通过拖拽水平管道的方法,将管道与 P 型存水弯连接上。其他的蹲式大便器连接方式一样。排水管道连接好之后如图 1.174 所示。

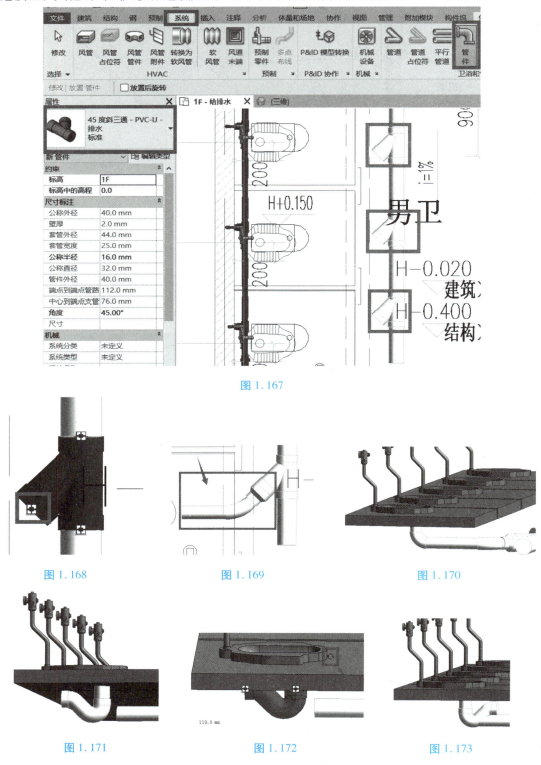

图 1.167

图 1.168

图 1.169

图 1.170

图 1.171

图 1.172

图 1.173

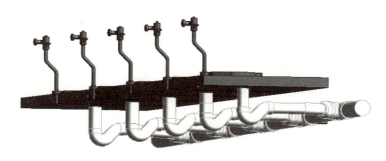

图 1.174

⑤重复以上几个步骤的操作,将45°斜三通连接到排水管上,按照轴测图的管径大小,设置"直径"大小,绘制结果如图1.175所示。

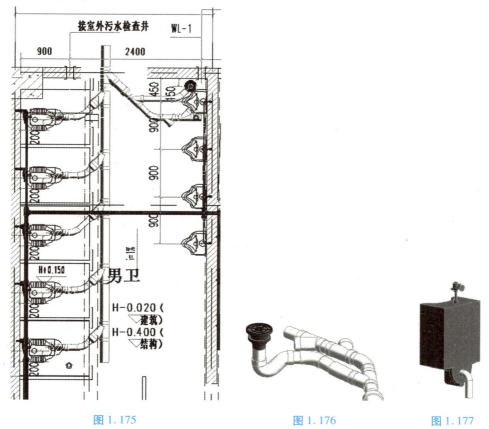

图 1.175　　　　　　　　图 1.176　　　　图 1.177

⑥选择"地漏",单击"修改｜管道附件"面板下的"连接到"命令,再单击排水管,此时排水管与地漏连接上了,但是接头为90°弯头,切换到三维视图中,将90°弯头删掉。单击"系统"选项卡下的"管件",找到"P型存水弯-PVC-U-排水",将P型存水弯与地漏下的立管连接上。切换到"1F-给排水"平面视图中,选择P型存水弯,用"修改"选项卡下的"旋转"命令⟲,将弯头旋转至与排水支管相同的方向。再用"修改"选项卡下的"对齐"命令将支管的中心线与弯头的中心点对齐后,拖拽支管与弯头连接起来。连接后如图1.176所示。

⑦选择"小便器",在排水管接口处绘制一根水平管道,再向下弯折,将"中间高程"设置为"200",单击应用,绘制后如图1.177所示。单击"系统"选项卡下"管件"工具,单击"编辑类型",单击"载入族",载入"MEP→水管管件→GB/T 5836 PVC-U→承插类型→S型存水弯-PVC-U-排水"单击打开,载入项目中,如图1.178所示。载入后拾取到与小便器相连接的竖向管道中心点,将S型存水弯放置上去。放置上后,选择S型存水弯,在另一边的S弯头处,单击鼠标右键,选择绘制管道,修改"中间高程"为"－300 mm",单击"应用",绘制后如图1.179所示。

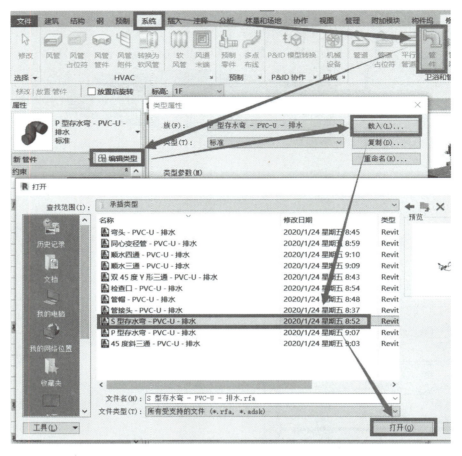

图 1.178

⑧在 11 点处绘制一段直径为 50 mm 的管段,如图 1.180 所示,绘制到 11 点后,将"中间高程"修改为
" -200 mm",然后单击"应用",此时再用"修改"选项卡下的"对齐"命令,将 11 点处绘制的立管和小便器与 S
型弯头连接的立管对齐,对齐好之后,用拖拽的方法,将两根管道连接起来,连接后如图 1.181 所示。

⑨10 点处有一个清扫口,右击管道末端的小正方形,在弹出的对话框中选择"绘制管道",将"中间高程"
修改为"0",单击"应用",如图 1.182 所示。

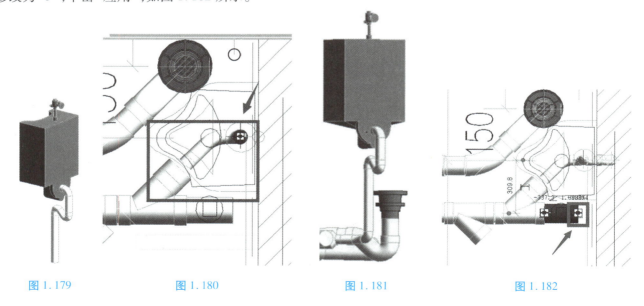

| 图 1.179 | 图 1.180 | 图 1.181 | 图 1.182 |

⑩单击"系统"选项卡下的"管路附件",单击"属性"窗口的"编辑类型",在弹出的窗口中单击"载入",打开"MEP→卫浴附件→清扫口→清扫口-塑料",如图 1.183 所示。

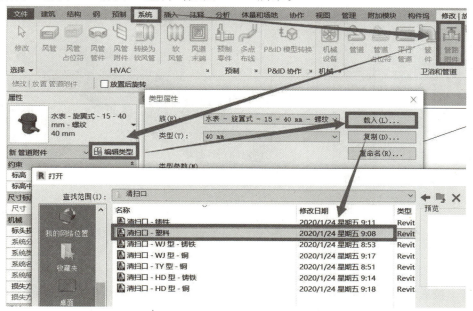

图 1.183

⑪单击"属性"窗口的"编辑类型"在弹出的"类型属性"对话框中,单击"复制"并重命名为"110 mm",单击确定后,将"公称直径"修改为"110.0 mm",单击确定,如图 1.184 所示,并将清扫口安装在 10 点绘制的立管上。1 点处也有一个清扫口,放置的方式相同。

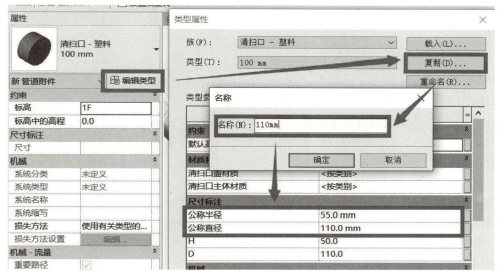

图 1.184

⑫选择 10 点处的斜三通接头,单击鼠标右键,在弹出的对话框中选择"绘制管道",将"直径"修改为 75 mm,使用"向上坡度",坡度值选择 0.26%,将 10—13 管段绘制出来,如图 1.185 所示。

⑬单击"系统"选项卡下"管件"工具,在"属性"窗口中找到"45 度斜三通-PVC-U-排水",将斜三通放在如图 1.186 所示的位置上。与小便器的连接方式和步骤⑦、步骤⑧相同,请大家自行连接即可,连接后如图 1.187所示。

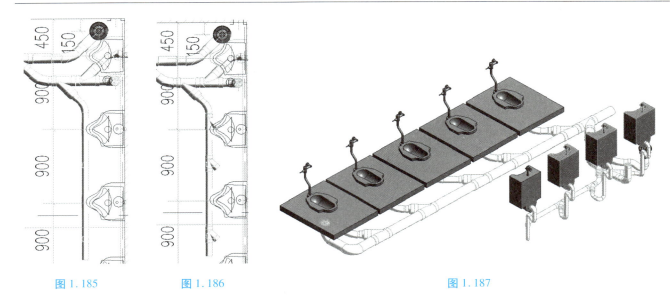

图 1.185　　　　　　　图 1.186　　　　　　　　　　图 1.187

【实训项目】

项目一：参观本校教学楼，列表写出卫生间内卫生洁具和排水附件，并绘制简单的平面布置图。

项目二：参观本校教学楼，列表写出建筑给水系统引入管、立管，并绘制简单的平面布置图。

项目三：参观本校教学楼，列表写出建筑排水系统的污水立管，并绘制简单的平面布置图。

项目四：参观本校教学楼，根据所掌握的知识，对教学楼建筑给排水系统进行建模。

项目五：建立其余楼层的给排水 BIM 模型。

本项目小结

1. 建筑室内给水系统通常分为生活给水、生产给水及消防给水 3 类。建筑给水系统由引入管、水表节点、管道系统、给水附件、升压和储水设备、室内消防设备等组成。

2. 建筑室内污水排水系统主要由卫生洁具、排水管道、清通装置、排水附件和污水局部处理构筑物组成。

3. 室内热水供应系统由热源、热媒管网、热水输配管网、循环水管网、热水储存水箱、循环水泵、加热设备及配水附件等组成。

4. 常用的给水管材有镀锌钢管、无缝钢管、铸铁管、PP-R 塑料管、PE 塑料给水管和复合管等。管道连接方法主要有螺纹连接、焊接连接、法兰连接、沟槽连接、承插连接和热熔连接。

5. 常用给水阀门有闸阀、截止阀、蝶阀、止回阀、球阀、安全阀、减压阀及疏水阀等。阀门的连接方式有螺纹连接、法兰连接等。常用的给水仪表有水表、压力表及温度计。

6. 建筑给排水施工图一般由图纸目录、主要设备材料表、设计施工说明、图例、平面图、系统图（轴测图）、施工详图等组成。

7. 识读给排水施工图，先读设计施工说明和主要设备材料表，以系统图为线索深入阅读平面图、系统图及详图。看给水系统图时，沿着水流方向：可由建筑的给水引入管开始，沿水流方向经干管、立管、支管到用水设备；看排水系统图时，可由排水设备开始，沿排水方向经支管、横管、立管、干管到排出管。

8. 用 Revit 绘制建筑工程给排水系统主要分为以下几步。第一步：链接 CAD 图纸；第二步：新建给排水管材类型；第三步：布置给排水设备构件；第四步：绘制给水支管；第五步：绘制排水支管；第六步：绘制给水干管、给水立管；第七步：布置给水阀门部件；第八步：绘制排水立管、干管、排水部件。

项目 2 建筑消防给水系统施工图识读与建模

【项目引入】

现代化城市不断发展,建筑消防安全越来越受重视,一栋建筑如何保证消防安全? 一旦建筑发生火灾,最有效的灭火方式是什么? 建筑消防给水系统是如何感应火灾,如何扑灭火灾的? 这些系统是由哪些设备组成的? 又是怎么安装的? 这些问题都将在本项目中找到答案。

本项目主要以 2 号办公楼建筑消防给水系统施工图为载体,介绍建筑消防给水系统及其施工图,图纸内容见图1.4—图1.6、图2.1—图2.9。

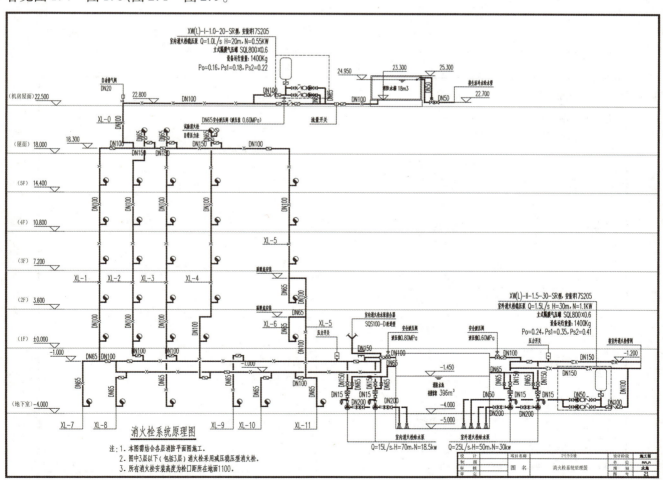

图2.1 消火栓系统原理图

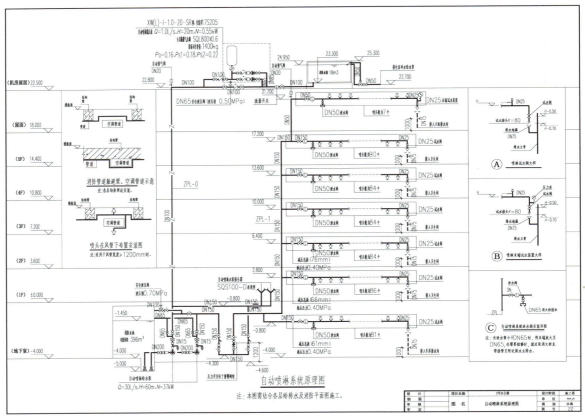

图 2.2　自动喷淋系统原理图

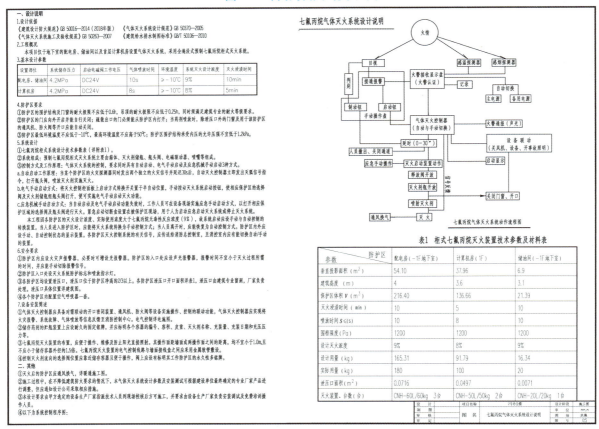

图 2.3　七氟丙烷气体灭火系统设计说明

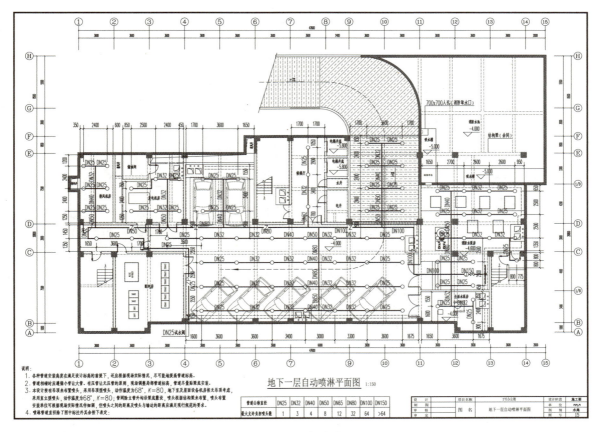

图2.4　地下一层自动喷淋平面图

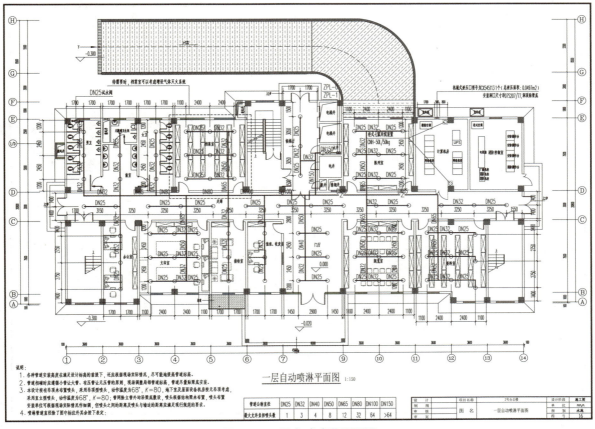

图2.5　一层自动喷淋平面图

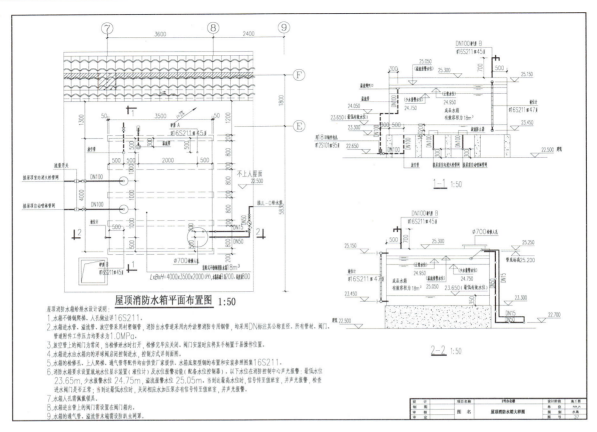

图 2.6　屋顶消防水箱大样图

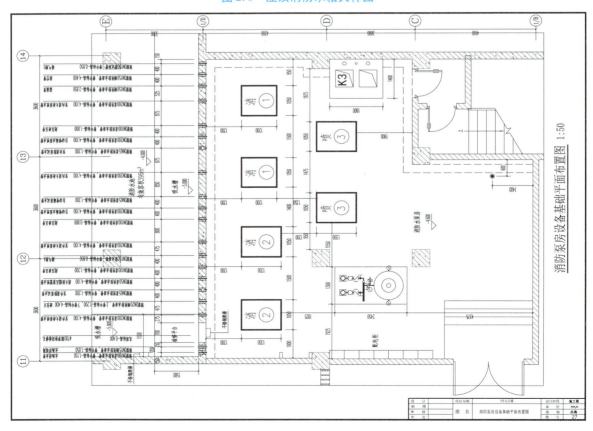

图 2.7　消防泵房设备基础平面布置图

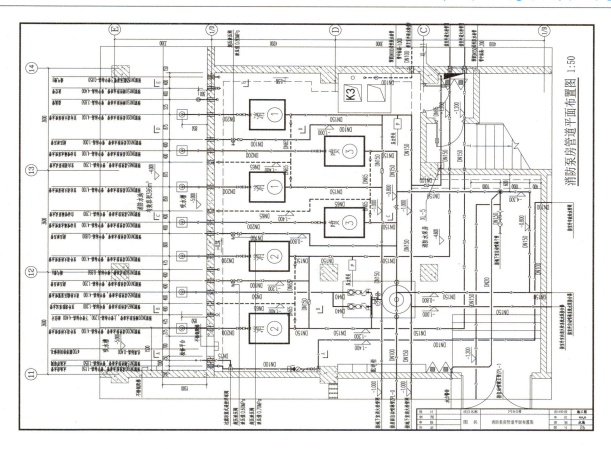

图2.8 消防泵房管道平面布置图

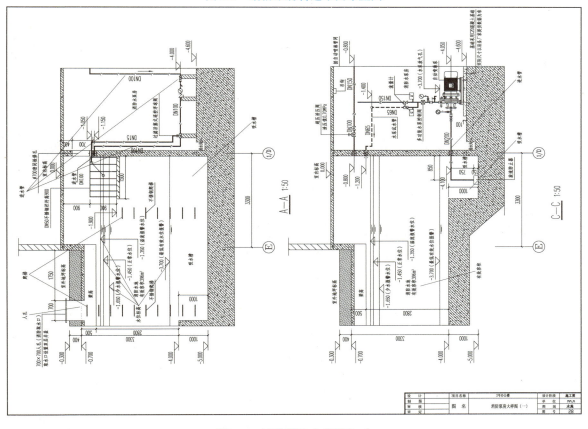

图2.9 消防泵房大样图(一)

【内容结构】

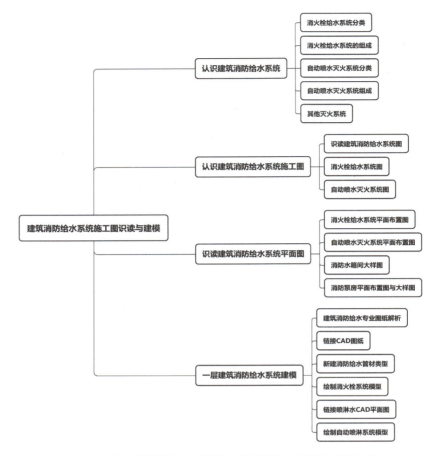

图 2.10 "建筑消防给水系统施工图识读与建模"内容结构图

【建议学时】14 学时

【学习目标】

知识目标:熟悉建筑消防给水系统的分类、组成,以及建筑消防系统常用材料、设备;了解消火栓给水系统、自动喷水灭火系统的工作原理;理解建筑消防给水系统的施工工艺;熟练识读建筑消防给水系统施工图。

技能目标:能对照实物和施工图辨别出建筑消防给水系统各组成部分,并说出其作用;能根据施工工艺要求将二维施工图转成三维空间图,对建筑消防给水系统建模。

素质目标:培养科学严谨、精益求精的职业态度和团结协作的职业精神。

【学习重点】

1.建筑消防给水管道、管道附件及消防设备的施工工艺要求;
2.建筑消防给水系统施工图的识读与建模。

【学习难点】

建筑消防给水系统施工图建模,二维平面图转三维空间图

【学习建议】

1.本项目的原理性内容做一般了解,着重在建筑消防给水系统识图与建模内容;

2.如果在学习过程中有疑难问题,可以多查资料,多到施工现场了解材料与设备实物及安装过程,也可以通过施工录像、动画来加深对课程内容的理解;

3.多做施工图识读练习,并将图与工程实际联系起来。

【项目导读】

1.任务分析

图1.4—图1.6、图2.1—图2.9是2号办公楼建筑消防给水系统部分施工图,图中出现了大量的线条、图标、符号、数字和字母,这些都表示什么含义? 它们之间又有什么联系? 图上所代表的管道附件、消防设备是如何安装的? 这一系列的问题均要通过本项目的学习才能逐一解答。

2.实践操作(步骤/技能/方法/态度)

为了能完成前面提出的工作任务,我们需从解读建筑消火栓系统、自动喷水系统组成开始,然后到消防给水管道、管道附件、消防设备、材料认识,施工工艺与安装,进而学会用工程语言来表示施工做法,学会施工图读图方法,最重要的是能熟读施工图,熟悉施工过程,熟悉建模方法,为后续课程学习打下基础。

【知识拓展】

建筑物火灾的危害

建筑物火灾,简称建筑火灾,是最常见的火灾(图2.11)。据历年火灾统计,建筑火灾次数占火灾总数的90%以上。

图2.11　建筑火灾

1.长春9.9火灾

2010年9月9日,吉林省长春市一个在建楼盘的两栋32层高楼发生火灾。当日上午8点左右,一座高楼的9层至19层苯板起火。受大风影响,火势蔓延至另一栋在建高楼,导致另一栋高楼的9层至32层过火。由于楼太高,高喷车根本够不到,再加上烟囱效应,火势垂直蔓延速度达5 m/s,逃生现场混乱,给救援带来了一定的困难。消防人员接警后迅速出动,从两栋高楼中成功疏散31名施工人员,大火共造成42人受伤,经济损失约600万元人民币。

2.上海11.15火灾

2010年11月15日14时20分左右,上海静安区余姚路胶州路一正在进行外立面墙壁施工的28层住宅由于4名电焊工无证违规操作,引燃周围易燃物,脚手架突发大火。起火公寓建筑面积17 965 m²,其中底层为商场,2~4层为办公区,5~28层为住宅区,共有500户居民,老人居多。在救援过程中,消防车云梯达不到着火大楼顶部的高度,云梯加上高压水枪只能到达大楼三分之二的高度,火势太大直升飞机不能靠近,阻挠了救援工作的顺利进行。最终导致58人遇难,70余人受伤,房产损失接近5亿元人民币。

所以,对建筑火灾有正确的认识,研究建筑消防给水系统的技术知识,对指导人们正确选择救援逃生设施,正确应对建筑火灾、进行应急逃生,具有现实意义。

【想一想】什么是建筑消防给水系统? 建筑消防给水系统如何扑灭建筑火灾?

任务 2.1　认识建筑消防给水系统

建筑消防设施指的是建筑内部用于消防灭火的设施,如火灾自动报警系统、防排烟系统、消火栓系统、自动喷水灭火系统、气体灭火系统、泡沫灭火系统等。建筑消防设施可以有效预防、监测、扑救建筑火灾,保护建筑内部人员和财产安全。

建筑消防给水系统根据使用灭火剂的种类和灭火方式可分为消火栓给水系统、自动喷水灭火系统,以及其他使用非水灭火剂的固定灭火系统,如气体(CO_2、七氟丙烷等)灭火系统、泡沫灭火系统、干粉灭火系统。

建筑消防给水系统主要指两种常见的以水为灭火介质的系统:消火栓给水系统、自动喷水灭火系统。

【想一想】建筑消防给水系统由哪些部分组成? 发生火灾时是如何进行灭火的?

2.1.1　消火栓给水系统分类

消火栓给水系统根据设置位置不同分为室外消火栓给水系统与室内消火栓给水系统,室内消火栓系统的类型按照建筑的高度、楼层、使用功能等不同分为多层建筑室内消火栓给水系统、高层建筑室内消火栓给水系统。

1)多层建筑室内消火栓给水系统

(1)不设消防水箱、消防水泵的室内消火栓给水系统

当室外为常高压消防给水系统,或室外给水管网水压、水量任何时刻均能满足室内最不利点消火栓所需水压和水量时,可采用不设消防水箱、消防水泵的室内消火栓给水系统。

(2)单设消防水箱的消火栓给水系统

在室外管网水压变化较大的情况下,室外管网不能保证室内最不利点消火栓所需水压和水量时,可采用单设消防水箱的消火栓给水系统。

(3)设有消防水箱与消防水泵的室内消火栓给水系统

当室外给水管网水压经常不能满足室内最不利点消火栓灭火设备处的水量和水压要求时,采用设有消防水箱与消防水泵的室内消火栓给水系统。

2)高层建筑室内消火栓给水系统

(1)按建筑高度分

①不分区的室内消火栓给水系统。

当建筑高度大于 24 m 但不超过 50 m,建筑物内最低层消火栓栓口处静水压力不超过 0.8 MPa 时采用不分区的室内消火栓给水系统,即整栋建筑物采用相同压力的消防给水系统。当消火栓栓口处静水压力超过 0.5 MPa 时,消火栓出口处应设减压装置。

②分区供水的室内消火栓给水系统。

a. 并联分区:水泵集中布置,高区使用的消防泵及水泵出水管需耐高压;高区水泵结合器必须有高压水泵消防车才能起作用。

b. 串联分区:消防水泵分别设于各区,当高区发生火灾时,下面各区消防需要同时工作,从下向上逐区加压供水。

(2)按管网的形式分

①独立的室内消防给水系统:每幢高层建筑均单独设置消防水池、水泵及水箱的消防给水系统。独立的室内消防给水系统在地震区人防要求较高的建筑及重要的建筑物中采用。

②区域集中的室内消防给水系统:数幢或数十幢高层建筑群共用一个消防水池及消防泵房的消防给水系统,分为高压或临时高压消防给水系统。

【学习笔记】

_____

_____

【想一想】消火栓给水系统由哪些设施组成? 这些设施都有什么设置要求?

2.1.2　消火栓给水系统的组成

如图2.12所示,消火栓给水系统包括消火栓设备、消防管道和消防水源等。当室外给水管网的水压不能满足室内消防要求时,消火栓给水系统还应当设置消防增压稳压设备、消防水泵接合器、消防水箱和水池。

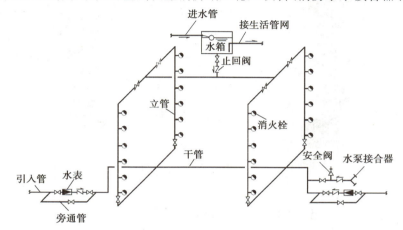

图2.12　消火栓给水系统组成示意图

1)消火栓设备

(1)室内消火栓

室内消火栓由消火栓(或消防卷盘)水枪和消防水带组成,均安装于消火栓箱内,消火栓、水枪、消防水带之间采用内扣式快速接头进行连接。室内消火栓通常设置在楼梯间、走廊和室内墙壁上,常用的室内消火栓箱的规格为800 mm×650 mm×200 mm,如图2.13所示。

（a）单阀单口室内消火栓　　　　　　　　（b）单阀单口消防卷盘

图2.13　室内消火栓

①消火栓是一个带内扣接头的阀门,进口端与管道相连接,出口与水带相连接,规格有DN50、DN65,分为单阀和双阀,一般栓口距地面1.1 m安装。消防卷盘(消防水喉设备)一般由DN25的小口径消火栓、内径不小于19 mm的橡胶胶带和口径不小于6 mm的消防卷盘喷嘴组成。没有经过专业训练的人员,可以使用消防

卷盘进行有效的自救灭火。

②水枪的作用在于收缩水流,产生击灭火焰的充实水柱。室内一般采用直流式水枪,水枪喷口直径有 13 mm(配 DN50 栓口)、16 mm 和 19 mm(配 DN50 或 DN65 栓口)3 种,另一端设有和水龙带相连接的接口,其口径规格为 50 mm 和 65 mm 两种。

③消防水带有麻织、棉织和橡胶 3 种材质,麻织水带耐折叠性能较好,橡胶水带水流阻力小,长度有 15 m、20 m 和 25 m 等 3 种规格。

(2)室外消火栓

室外消火栓是一种室外地上消防供水设施,分为地上式、地下式。室外消火栓用于向消防车供水或直接与消防水带、水枪连接进行灭火,如图 2.14 所示。室外消火栓由本体、弯管、阀座、阀瓣、排水阀、阀杆和接口等零部件组成。

(a)地上式室外消火栓　　　　　　　　(b)地下式室外消火栓

图 2.14　室外消火栓

室外消火栓常见型号:地下式常用的型号有 SX65-1.0、SX100-1.0 或 SX65-1.6、SX100-1.6;地上式有 SS100-1.0、SS150-1.0 和 SS100-1.6、SS150-1.6。

2)消防管道

消防管道指的是消火栓给水系统中给消火栓设备供水的管道系统,由进水管、给水干管、立管组成。室内消防给水管道应布置成环状,以保证供水干管和每根消防立管都能双向供水。系统管材应采用镀锌钢管,$DN \leqslant 80$ mm 时用螺纹连接,$DN > 100$ mm 时管道均采用法兰连接或沟槽连接,管道与法兰的焊接处应进行防腐处理。

3)消防水源

消防水源包括市政给水、消防水池、水箱和天然水源等。消防水池一般设置在地下室,通过消防泵向消防管网供水;高位消防水箱一般设置在屋顶水箱间,一般是在建筑发生火灾初期为消火栓或其他灭火设备提供水源。高位水箱的储水量应按建筑物室内 10 min 的消防用水总量进行计算。

4)消防增压稳压设备

消防增压稳压设备由气压罐、消防泵、控制柜、控制仪表、管道附件等组成。

(1)加压泵

火灾发生后,加压泵由远距离按钮及时启动,从消防水池吸水加压后送至消防管网进行灭火。

(2)气压罐

气压罐相当于压力水箱,既可储水又可维持系统所需压力,安装位置不受限制,并且可通过气压罐的压力自动控制消防水泵启停。

（3）稳压泵

稳压泵是一种小流量高扬程的水泵,其作用是补充系统所需的水量,保持系统所需的压力。一般采用稳压泵和小型气压罐联合使用,避免启闭频繁。

5)消防水泵接合器

消防水泵接合器是连接消防车向室内消防给水系统加压供水的装置,有地上式、地下式和墙壁式3种。地上式消防水泵接合器的栓身和接口均高出地面,目标显著,使用方便;地下式消防水泵接合器装在地面下,不占地方,不易遭到破坏,适用于寒冷地区。墙壁式消防水泵接合器安装在建筑物墙脚下,墙面上只露出两个接口和装饰标牌,不占地面位置。3种消防水泵接合器如图2.15所示。

(a)地上式消防水泵接合器　　　(b)地下式消防水泵接合器　　　(c)墙壁式消防水泵接合器

图2.15　消防水泵接合器

【学习笔记】

【想一想】除消火栓给水系统之外,高层民用建筑还可以采用哪些消防灭火系统? 这些系统都有什么特点?

2.1.3　自动喷水灭火系统分类

自动喷水灭火系统是一种利用消防固定管网、喷头自动喷水灭火,并同时发出火警信号的灭火系统。它既有探测火灾并报警的功能,又有喷水灭火、控制火灾发展的功能,能起到随时监测火情、自动灭火的作用,所以对扑灭初期火灾十分有利。

根据系统中所使用喷头形式的不同,自动喷水灭火系统可分为闭式系统和开式系统两大类。

1)闭式系统

闭式自动喷水灭火系统采用闭式喷头,闭式喷头的感温、闭锁装置只有在预定的温度环境下,才会脱落开启。根据自喷管网内水流状态的特点,闭式自动喷水灭火系统又可分为湿式、干式、预作用与重复启闭预作用式系统。

（1）湿式自动喷水灭火系统

湿式自动喷水灭火系统,其准工作状态时湿式报警阀前后的供水管路中始终充满了有压水,一旦发生火灾,喷头动作后立即进行喷水灭火。环境温度不低于4 ℃且不高于70 ℃的场所,应采用湿式系统。

（2）干式自动喷水灭火系统

干式自动喷水灭火系统与湿式自动喷水灭火系统相反,其准工作状态时供水管路内充满用于启动系统的压缩空气或者氮气。发生火灾后,系统需先进行排气再进行喷水灭火,喷头开启的速度相比于湿式系统反应较慢。环境温度低于4 ℃或高于70 ℃的场所,应采用干式系统,如不采暖的地下停车场、冷库等。

（3）预作用自动喷水灭火系统

预作用自动喷水灭火系统在准工作状态下预作用阀后的供水管路内充满压缩空气或者氮气,一旦系统感应到火灾发生的可能,预作用阀便会开启,供水管路内充水系统由干式转为湿式。预作用系统适用于准工作状态下管路中不允许有水存在的场所。

（4）重复启闭预作用自动喷水灭火系统

重复启闭预作用自动喷水灭火系统是一种将湿式系统与干式系统的优点结合在一起的自动喷水灭火系统,不但能自动喷水灭火,而且当火被扑灭后又能自动关闭;若火灾再发生时,系统仍能重新启动喷水灭火,适用于灭火后必须及时停止喷水的场所。

2）开式系统

开式自动喷水灭火系统采用的是开式喷头,开式喷头不带感温、闭锁装置,处于常开状态。发生火灾时,火灾所处的系统保护区域内的所有开式喷头一起出水灭火。根据喷头喷水方式的特点,开式自动喷水灭火系统又可分为雨淋系统、水幕系统与水喷雾系统。

（1）雨淋喷水灭火系统

雨淋系统适用于需要大面积喷水,燃烧猛烈、蔓延迅速,要求快速扑灭火灾的严重危险场所,如剧院舞台上部、大型演播室、电影摄影棚等。雨淋系统可分为空管式雨淋系统和充水式雨淋系统两大类。充水式雨淋系统的灭火速度比空管式雨淋系统快,实际应用时,可根据保护对象的要求选择合适的形式。

（2）水幕灭火系统

水幕系统的主要作用是阻隔、切断火情,不以灭火为主要目的。一般水幕系统喷头呈 1～3 排排列,将水喷洒成水幕状,能阻止火焰穿过开口部位,防止火势蔓延。水幕系统可安装在舞台口、门窗、孔洞用来阻火、隔断火源,还可作为防火分区的手段。

（3）水喷雾灭火系统

水喷雾系统是将高压水通过特殊构造的水雾喷头呈雾状喷向燃烧物,通过冷却、窒息、稀释等作用扑灭火灾。水喷雾系统主要用于扑救储存易燃液体场所的火灾,也可用于有火灾危险的工业装置,有粉尘火灾(爆炸)危险的车间,以及有电器、橡胶等特殊可燃物的火灾危险场所。

【学习笔记】

【想一想】自动喷水灭火系统由哪些部分组成？这些组成部分又是如何工作的？

2.1.4 自动喷水灭火系统组成

1）湿式自动喷水灭火系统的组成

湿式自动喷水灭火系统一般由消防水源、增压稳压设备、供水管路、湿式报警阀、水流报警装置、闭式喷头、末端试水装置、消防水泵接合器等组成,如图 2.16 所示。

（1）湿式报警阀

湿式报警阀是一种用于开启和关闭供水管路水流,只允许水单方向流入喷水系统,可在规定流量下传递控制信号至控制系统,并启动水力警铃报警的单向阀,如图 2.17 所示。

（2）水流报警装置

水流报警装置主要由水力警铃、水流指示器、延迟器和压力开关组成,主要作用是将发生火灾的具体位置转化为电信号发送至消防值班室,从而使值班人员精准快速地确认现场是否真的发生了火灾。

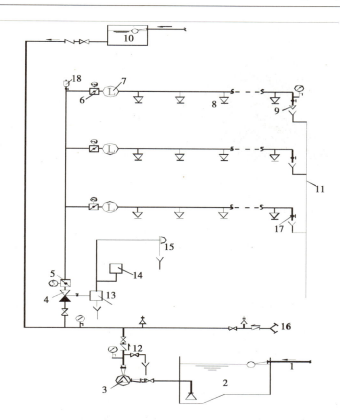

图 2.16　湿式自动喷水灭火系统组成示意图

1—消防水池进水管;2—消防水池;3—喷淋水泵;4—湿式报警阀;5—系统检修阀(信号阀);6—信号
控制阀;7—水流指示器;8—闭式喷头;9—末端试水装置;10—屋顶水箱;11—试水排水管;12—试验放
水阀;13—延迟器;14—压力开关;15—水力警铃;16—水泵接合器;17—试水阀;18—自动排气阀

①水力警铃:利用水流的冲击力发出声响的报警装置,主要用于湿式系统,一般安装在报警阀附近,如图 2.18 所示。水力警铃不得安装在受雨淋、曝晒的场所,以免影响其性能。

图 2.17　湿式报警阀

图 2.18　水力警铃

图 2.19　水流指示器

②水流指示器:通常安装在系统各分区的配水干管上,可将水流动信号转换为电信号,并将信号发送至报警控制器或控制中心,可以显示喷头喷水的区域,起辅助报警使用,如图2.19所示。

③延迟器:一种罐式容器,主要用于湿式自动喷水灭火系统,安装在湿式报警阀与水力警铃(或压力开关)之间,其作用是防止发生误报警,如图2.20 所示。

④压力开关:通常垂直安装于延迟器和水力警铃之间的管道上,是一个可将供水管路内水压变化转化成电信号,向消防控制室传送电信号或启动消防水泵的传感器,如图2.21 所示。

(3)闭式喷头

闭式喷头由喷头体、溅水盘、热敏元件(感温玻璃球或易熔元件)、释放和密封机构组成,发生火灾时,可在预定的温度范围内自行启动,并按设计的洒水形状和流量洒水,如图2.22 所示。

图 2.20　延迟器　　　图 2.21　压力开关　　　　　图 2.22　各式闭式喷头

闭式喷头的分类及应用场所见表 2.1。

表 2.1　闭式喷头的分类及应用场所

分类条件	喷头类型	应用场所
热敏元件	玻璃球	外形美观、体积小、质量轻、耐腐蚀,适用于宾馆等要求美观和具有腐蚀性的场所
	易熔合金	适用于外观要求不高、腐蚀性不大的工厂、仓库和民用建筑
溅水盘的形式和安装位置	直立型	适合安装在管路下经常有移动物体,或尘埃较多的场所
	下垂型	适用于各种保护场所
	边墙型	适用于安装空间狭窄的场所或通道状建筑
	普通型	可直立、下垂安装,适用于有可燃吊顶的房间
	吊顶型	属装饰喷头,可安装于旅馆、客厅、餐厅、办公室等建筑
	干式下垂型	专用于干式自动喷水灭火系统

（4）末端试水装置

末端试水装置通常设置在每个报警阀的供水最不利点,用于检验系统启动、报警及联动等功能的装置,如图 2.23 所示。末端试水装置应由试水阀、压力表以及试水接头组成。

图 2.23　末端试水装置

【想一想】在一些特殊的建筑区域,比如北方地区无采暖的地下车库、冷库等地方,是否可以采用湿式自动喷水灭火系统?

2）干式自动喷水灭火系统的组成

干式自动喷水灭火系统主要由消防水源、供水设备、闭式喷头、供水管路、干式报警阀组、充排气设备等组成。与湿式自动喷水灭火系统相比,主要区别在于,干式系统需采用干式报警阀与干式下垂型喷头。

（1）干式报警阀

干式报警阀主要用于隔开干式系统供水管路的有压水与有压气体,使喷水管网始终保持干管状态。当发生火灾时,喷头开启,管网内气压下降,干式阀阀瓣开启,水流通过干式报警阀进入喷水管网,同时部分水流通过报警阀的环形槽进入信号设施进行报警。

（2）充排气装置

充排气装置由排气阀与空压机组成，用于干式系统在工作状态下快速排出供水管路中的有压气体，使水流通过供水管网达到喷头处喷水灭火。

3）预作用自动喷水灭火系统的组成

预作用系统主要由消防水源、供水设备、闭式喷头、供水管路、火灾探测器、预作用报警阀组、充排气设备等组成。

预作用报警阀组由预作用阀、水力警铃、压力开关、空压机、空气维护装置、信号蝶阀等组成，预作用阀又包括雨淋阀和湿式报警阀，两个阀门采用上下串联的组合形式，雨淋阀位于供水侧（靠近消防水源），湿式报警阀位于系统侧（靠近喷头）。

4）重复启闭预作用自动喷水灭火系统的组成

重复启闭预作用自动喷水灭火系统的组成和工作原理与预作用自动喷水灭火系统相似，具有以下优点：应用范围广；灭火后能自动关闭，降低由于灭火造成的水渍损失，节省消防用水；火灾后喷头的替换可以在不关闭系统的状态下进行，喷头或管网的损坏也不会造成水渍破坏；系统断电时，能自动切换转用备用电池操作，如果电池在恢复供电前用完，电磁阀会自动开启，系统转为湿式系统形式工作。

【**想一想**】对于一些存放危险化学品的仓库或者人员聚集性明显的剧院等特殊场所，在发生火灾时燃烧猛烈，蔓延迅速，什么样的消防灭火系统更适用于这些场所？

5）雨淋喷水灭火系统的组成

雨淋喷水灭火系统通常由3部分组成：火灾探测传动控制系统、自动控制成组作用阀门系统、带开式喷头的自动喷水灭火系统。其中火灾探测传动控制系统可采用火灾探测器、传动管网或易熔合金锁封来启动成组作用阀。自动控制成组作用阀门系统，可采用雨淋阀或雨淋阀加湿式报警阀。

（1）雨淋报警阀

雨淋报警阀是一种通过控制消防给水管路达到自动供水的控制单向阀，可以通过电动、液动、气动及机械方式开启，使水能够自动单向流入喷水灭火系统同时进行报警。

（2）开式喷头

开式喷头与闭式喷头的区别仅在于缺少由热敏感元件组成的释放机构，它由喷头体、支架和溅水盘组成，其安装形式与闭式喷头基本一致。开式喷头如图2.24所示。

图2.24　开式喷头

开式喷头的分类及应用场所如表2.2所示。

表2.2　开式喷头分类及应用场所

分类条件	类　型	应用场所
喷水方式	开式洒水喷头	适用于雨淋喷水灭火系统和其他开式喷水灭火系统
	水幕喷头	凡需要保护的门、窗、洞、檐口、舞台口等可安装此类喷头
	喷雾喷头	用于保护石油装置、电力设备

雨淋系统的特点：反应快，系统灭火控制面积大、用水量大。雨淋系统采用的是开式喷头，发生火灾时，系统保护区域内的所有喷头一起出水灭火，能有效地控制火灾，防止火灾蔓延。

6)水幕灭火系统的组成

水幕系统的组成主要有 3 部分:火灾探测传动控制系统、控制阀门系统、带水幕喷头的自动喷水灭火系统。控制阀可以是雨淋阀、电磁阀或手动闸阀。

水幕系统的特点:水幕喷头喷出的水形成水帘状,因此水幕系统不是直接用于扑灭火灾,而是与防火卷帘、防火幕配合使用,用于防火隔断、防火分区及局部降温保护等。

7)水喷雾灭火系统的组成

水喷雾灭火系统由水雾喷头、管网、雨淋阀组、给水设备及火灾自动报警控制系统等组成。水喷雾灭火系统用水量少,平时管网里充以低压水,冷却和灭火效果好,使用范围广泛。

主要特点:水压高,喷射出来的水滴小、分布均匀、水雾绝缘性好,在灭火时能产生大量的水蒸气,具有冷却灭火、窒息灭火的作用。

【学习笔记】

_____

_____

【想一想】消火栓给水系统与自动喷水灭火系统都是以水为灭火介质,在一些不能用水做灭火介质的场所应该采用什么消防灭火系统来保证建筑的消防安全?

2.1.5 其他灭火系统

以水为主的灭火系统主要有消火栓灭火系统和自动喷水灭火系统,对于一些不能用水灭火的建筑,就要采用非水剂消防灭火系统来保证建筑消防安全。根据使用的灭火剂的种类不同,非水剂消防灭火系统可分为气体灭火系统、泡沫灭火系统、干粉灭火系统。

1)气体灭火系统

气体灭火系统是指平时灭火剂以液体、液化气体或气体状态存储于压力容器内,灭火时以气体(包括蒸汽、气雾)状态喷射作为灭火介质的灭火系统,一般由灭火剂储存装置、启动分配装置、输送释放装置、监控装置等组成。

气体灭火系统按使用的灭火剂不同,可分为二氧化碳灭火系统、七氟丙烷灭火系统、惰性气体灭火系统、气溶胶灭火系统。

(1)二氧化碳灭火系统

二氧化碳是一种惰性气体,对燃烧具有良好的窒息和冷却作用,但此系统的最低设计浓度高于对人体的致死浓度,在经常有人的场所须慎重采用。

(2)七氟丙烷灭火系统

目前推广使用的洁净气体灭火剂为七氟丙烷(HFC-227ea/FM200),灭火机理为抑制化学链反应,兼有冷却、降低氧浓度的作用。七氟丙烷是无色、无味、不导电、对臭氧层无破坏、无二次污染的气体,具有清洁、低毒、电绝缘性好、灭火效率高等特点。但七氟丙烷灭火剂及其分解产物对人有害,使用时应引起重视。

七氟丙烷自动灭火系统由储存瓶组、驱动瓶组、支架、液体单向阀、气体单向阀、高压软管、驱动气管集流管、选择阀、安全阀、压力信号器、管网、喷嘴、火灾探测器、声光报警器、警铃、放气指示灯、自动灭火控制器等组成,如图 2.25 所示。

(3)惰性气体灭火系统

惰性气体灭火系统包括 IG01(氩气)灭火系统、IG100(氮气)灭火系统、IG55(氩气、氮气)灭火系统、IG541

（氩气、氮气、二氧化碳）灭火系统。由于惰性气体纯粹来自自然，是一种无毒、无色、无味、惰性及不导电的纯"绿色"压缩气体，故又称为洁净气体灭火系统。

（4）气溶胶灭火系统

气溶胶灭火系统是以固态化学混合物（气溶胶发生剂）经化学反应生成具有灭火性质的气溶胶作为灭火介质的灭火系统。气溶胶灭火系统具有系统简单、造价低廉、无腐蚀、无污染、无毒无害、对臭氧层无损耗、残留物少、高速高效、全方位淹没灭火、应用范围广等优点。

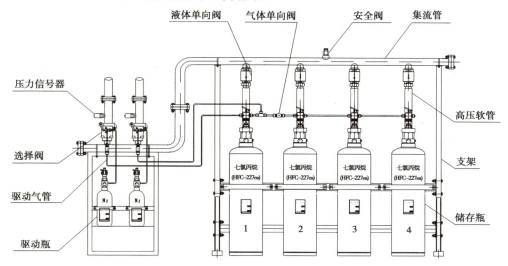

图 2.25　七氟丙烷灭火系统示意图

2）泡沫灭火系统

泡沫灭火系统可用于扑灭非水溶性可燃液体及一般固体火灾，是保护甲、乙、丙类液体储罐或生产装置区等场所的主要灭火设施。

泡沫灭火系统按安装使用方式分为固定式、半固定式和移动式 3 种；按泡沫喷射方式分为液上喷射、液下喷射和泡沫喷淋 3 种；按泡沫发泡倍数分为低倍、中倍和高倍 3 种。

泡沫灭火系统主要适用于舰艇、炼油厂、化工厂、油田、油库、汽车车库、道路隧道、装卸油槽车的鹤管栈桥码头、飞机场、飞机库和燃油锅炉房。

3）干粉灭火系统

干粉灭火系统是一种由惰性气体驱动，并携带干粉灭火剂形成气粉混合物，通过化学抑制和物理隔离起灭火作用的消防灭火系统。

干粉有普通型干粉（BC 类）、多用途干粉（ABC 类）和金属专用灭火剂（D 类火灾专用干粉）。干粉灭火系统按其设备的安装方式分为固定式和移动式两种。而固定式又可以分为全淹没灭火系统和局部应用灭火系统。

干粉灭火系统适用于扑救易燃、可燃液体如汽油、润滑油等火灾，也可用于扑救可燃气体（液化气、乙炔气等）和带电设备的火灾。

【学习笔记】

【总结反思】

总结反思点	已熟知的知识或技能点	仍需加强的地方	完全不明白的地方
认识消火栓给水系统、自动喷水灭火系统			
熟悉消火栓给水系统、自动喷水灭火系统的组成与分类			
掌握消火栓给水系统、自动喷水灭火系统的工作原理			
了解其他灭火系统的分类及应用场景			
在本次任务实施过程中,你的自我评价	□A. 优秀　　□B. 良好　　□C. 一般　　□D. 需继续努力		

【关键词】消火栓给水系统　自动喷水灭火系统　高位消防水箱　消防水池　喷头　报警阀组

【想一想】建筑消防给水系统在施工图纸上是如何表达的?

任务 2.2　认识建筑消防给水系统施工图

建筑消防给水系统施工图主要包括说明性文件、系统图、平面图、详图(泵房平、剖面图,水箱或水池平、剖面图)、主要设备材料表等。

1)说明性文件

建筑消防给水系统施工图的设计施工说明主要阐述系统的设计依据、工艺要求、建筑消防安装标准等与设计有关的补充说明等。例如消防系统采用的管材及连接方式,管道防腐做法,闭式自动喷头的种类及安装要求,消防水枪充实水栓的长度,消防水带的规格、长度、材质,水泵、水箱的型号及运行要点,水压试验要求等。消防给水系统施工图图例参考第一单元图 0.5、图 0.6。

2)系统图

建筑消防给水系统图直观地反映消防管道和附件(如阀门等)的空间走向、位置及各层间、前后左右间的关系,管道规格、标高、系统编号和立管编号。其目的是便于详细理解消防系统的工作原理,分析管线走向、设备空间布置情况。

3)平面图

建筑消防平面图主要表示与消防给水系统有关的建筑物轮廓、构筑物(如水池)及设备(如水泵、水箱等)的平面布置及平面定位尺寸,管道的平面位置及走向,消火栓、自动喷淋头的平面布置,管径、管道编号等。

4)详图

消防给水系统详图主要表达消防供水设施、关键设备和管道附件的构造或消防管道的连接等,如泵房和水箱间的平面图、剖面图等。

【想一想】建筑消防给水系统中的各设备、消防管道在施工图中是如何表达的?

【关键词】图例　设计施工说明　平面图　系统图　详图

【想一想】有了图例及文字符号,如何表示建筑消防系统的设计意图与施工方法?

2.2.1　识读建筑消防给水系统图

1)建筑消防给水系统施工图的特点

建筑消防给水系统施工图的特点可概括为以下几点:

①为保证消防给水系统的供水可靠性,消防给水管网必须呈环状布置。

②建筑消防给水系统施工图与建筑结构图及其他安装工程图不能发生冲突。

③消防系统图没有严格的比例关系,只表示管道的空间走向、设备或管道附件的空间位置关系,管线的长度不能反映管道实际长度。

2)阅读建筑消防给水系统施工图的一般程序

①看标题栏及图纸目录。了解工程名称、项目内容、设计日期及图纸数量和内容等。

②看设计施工说明。了解建筑消防系统的设计范围、消防水源特性、系统设计参数、管材类型及连接方式、管道穿越墙或楼板的孔洞预留、设备基础的布置、埋地管道的敷设方式、管道防腐做法、设备选型及安装方式、施工时应注意的事项等。

③看系统图。阅读系统图时,一般可按水流的输送方向,从引入管开始看到消火栓栓口或喷头的位置,了解系统的基本组成,消防管道的走向、消防设备、管道附件的空间位置。建筑消防给水系统施工图一般包括消火栓系统图、自动喷淋系统图、其他灭火系统图等。

④看平面图。平面图用来表示消火栓设备安装的平面位置、管线走向、敷设方法及所用管材类型、规格等,如消火栓平面图、自动喷淋平面图等。按水流的输送方向顺序看图,即从立管位置看到消火栓或喷头位置。

⑤看详图。详图主要包括消防泵房大样图、消防水池大样图、高位消防水箱大样图等。主要看局部关键设备的安装要求,例如消防水池和高位水箱的基础位置、水位条件等,详细阅读消防水泵房管道的连接及走向。详图的内容要与平面图结合阅读,识读也是沿着水流方向,从消防泵出水管(或消防引入管)、水泵接合器到消防立管及各消火栓或喷头,从消防水箱的消防出水管到消防立管及消火栓或喷头。

⑥看主要设备材料表。主要看该工程所使用的设备、材料的型号、规格和数量。

2.2.2　消火栓给水系统图

以 2 号办公楼消防工程作为实例进行识图。其施工图如图 1.4—图 1.6、图 2.1—图 2.9 所示。

1)施工图简介

①工程概况与设计范围见项目 1。

②管材、连接方式及敷设方式。当工作压力≤1.20 MPa 时,室内消防给水管采用内外壁热浸镀锌钢管;当 1.2 MPa≤工作压力≤1.6 MPa 时,室内消防给水管采用内外壁热浸镀锌加厚钢管,当工作压力>1.6 MPa 时,室内消防给水管采用内外壁热浸镀锌无缝钢管。室内消防管道管径 $DN ≥ 100$ mm 时,采用沟槽或法兰连接, $DN < 100$ mm 时,采用螺纹或卡压连接;室外消防管道工作压力 <1.6 MPa 时,采用钢丝网骨架塑料复合管,电热熔连接。管道穿过地下室外墙、水池(箱)壁、池(箱)顶等应做柔性防水套管。

③管道防腐做法。钢管刷红丹漆两道,暗装管道需再刷沥青漆两道,明装管道刷红丹漆两道后再刷银粉漆两道。管道支架安装后防腐采用环氧沥青涂料,普通级(三油),厚度不小于 0.3 mm。埋地热镀锌钢管采用沥青涂料,普通级(三油两布)进行外防腐,厚度不小于 4 mm。

④管道试压及冲洗。室内消火栓系统、室外消火栓系统、自动喷水灭火系统试验压力均为 1.4 MPa。

2) 消防系统分析

(1) 室内外消火栓系统

消防水源来自市政自来水和消防水池存水,市政自来水经室外给水环网供水。室内消火栓用水量15 L/s,室外消防用水量为 25 L/s,火灾延续时间为 2 h。本栋楼为多层建筑,消火栓的充实水柱按照不小于 13 m 设置,消火栓系统的最高处设置自动排气阀。

①室外消火栓系统。室外消防用水由室外消防水池供给,室外设置独立消火栓管网,采用地上式室外消火栓(规格 DN100),型号为 SS100/65-1.0(改进型),室外消火栓设置加压水泵两台(一用一备),室外消火栓独立设置,均为临时高压系统。

②室内消火栓系统。地下室消火栓选用甲型单栓带消防软管卷盘消火栓箱,地上部分消火栓选用薄型单栓带消防软管卷盘组合式消防柜,室内消火栓采用铝合金箱体。室内消火栓设置加压水泵两台(一用一备)。

(2) 自动喷水灭火系统

除不宜用水灭火的地方外,本工程地下室及地上部分均设自动喷水灭火系统,属于闭式系统中的湿式自动喷水灭火系统。地下室按中危险级 Ⅱ 级设计,作用面积为 160 m^2,设计喷水强度 8 L/(min·m^2),地上部分按轻危险级设计,作用面积为 160 m^2,设计喷水强度 4 L/(min·m^2),设计用水量为 30 L/s,火灾延续时间为 1 h。自动喷水灭火系统不分区,1～2 层喷淋干管上设置不锈钢减压孔板,消防水泵房设置自喷加压水泵两台(一用一备)。

自动喷水灭火系统平时管网压力由屋顶消防水箱维持,火灾时喷头打开,水流指示器工作向消防中心显示着火区域位置,此时湿式报警阀处的压力开关动作,启动自喷加压泵并向消防中心报警。本系统设置两套地上式自喷水泵接合器,水泵接合器采用 SQS-D 型,闸阀、安全阀与止回阀三阀合体。

(3) 气体灭火系统

本项目在负一层配电房、负一层发电房储油间、一层计算机房等区域设置全淹没式七氟丙烷柜式(无管网)预制灭火系统,系统设计如图 2.3 所示。主要由箱体、灭火剂储存瓶、瓶头阀、电磁驱动器、喷嘴等组成,控制方式要求具有自动启动、电气手动启动及应急机械手动启动 3 种方式。

(4) 供水设施

供水设施包括消防水池、消防水箱、增压稳压设备与消防水泵接合器。

①消防水池:本项目在地下室设置一座独立的消防水池,总有效容积为 396 m^3,其中室内消火栓用水量为 108 m^3,室外消火栓用水量为 180 m^3,自动喷水灭火系统用水量 108 m^3。消防水池由生活给水管网补充水量,溢流管间接排水至排水沟,由大流量潜污泵抽送至室外雨水排水系统。

②消防水箱:本项目的消防水箱设置在屋面层,有效容积为 18 m^3,消防水池由生活给水管网补充水量。消防水箱内储存的水量能保证火灾初期 10 min 的供水,有效保障了火灾初期灭火的效率。

另一方面,消防水箱配合屋顶设置的增压、稳压系统能保证消防水枪的充实水柱,对扑灭初期火灾有决定性作用。

③增压稳压设备:本项目的增压稳压设备分为消火栓加压泵、自喷加压泵、消火栓稳压装置、自喷稳压装置。消火栓加压泵设置在消防水泵房中,室内消火栓系统一用一备,室外消火栓系统一用一备;自动喷水灭火系统加压泵也设置在消防水泵房内,一用一备。

稳压装置包括稳压泵与立式隔膜气压罐,室内消火栓系统与自动喷水灭火系统各一套,稳压泵一用一备。

④水泵接合器:消火栓系统和自动喷水灭火系统分别设置一套室内消防水泵接合器,两套室外消防水泵接合器与管网相连,水泵接合器采用 SQS-D 型,闸阀、安全阀与止回阀三阀合体。

3) 消火栓给水系统图分析

消火栓给水系统图的识图要结合平面布置图进行。

消火栓给水系统图概貌如图 2.26 所示。首先,结合消火栓给水系统原理图(图 2.1)与地下一层给排水平面图(图 1.4)来阅读图纸。根据图例可以看出消火栓管网的水平管道用带有 X 字母的线条表示,立管共有 12

根,编号用字母加数字的组合 XL-0～11 表示,例如,XL-1 的平面位置为①轴与①轴交界处附近。管道规格用公称直径表示,分别有 DN15、DN65、DN100、DN150、DN200 等 5 种规格。

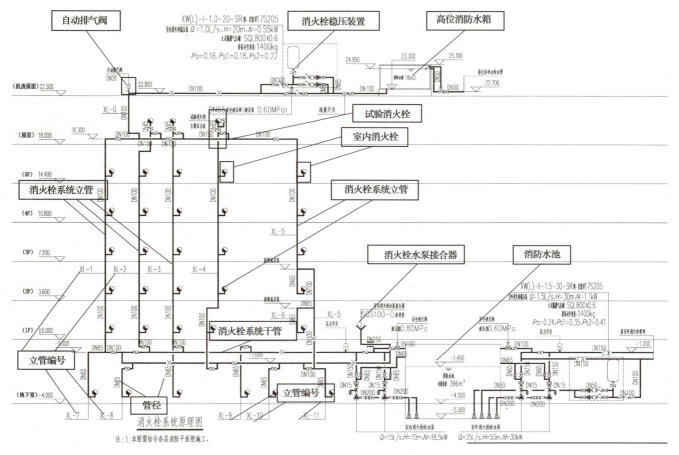

图 2.26　消火栓给水系统概貌图

由图 2.1 可知,消火栓系统的水源有两个,一个是布置在地下一层的消防水池,另一个是屋顶的消防水箱。室内消火栓管网在水平方向上利用地下一层的水平干管连接成环状,在垂直方向上利用地下一层、屋顶层的水平干管与消防立管连接成环状,并在水平干管上装设蝶阀来保证室内消火栓系统的供水。由图 1.4 可知,室内消火栓系统有两台加压泵(一用一备),从消防水池吸水向管网供水;设置了一个水泵接合器以保证室内消火栓水压不够或水量不足时连接消防车从室外管网取水向室内消火栓给水系统持续供水以保证扑灭火灾。

2.2.3　自动喷水灭火系统图

本工程采用湿式自动喷水灭火系统,施工图设计说明与消防系统整体分析详见 2.2.2。

自动喷水灭火系统概貌图如图 2.27 所示。首先,结合自动喷水系统原理图(图 2.2)与地下一层给排水平面图(图 1.4)阅读图纸。由设计施工说明可知,本项目自动喷水灭火系统采用闭式系统中的湿式自动喷水灭火系统。根据图例可以看出,自动喷淋管网的水平管道用带有 Z 字母的线条表示,立管共有 2 根,编号用字母加数字的组合 ZPL-0、ZPL-1 表示,例如,地下一层 ZPL-0、ZPL-1 布置在管道井内,在⑨轴与①轴、E轴交界处附近;屋面层 ZPL-1 的位置发生变化,⑥轴与①轴交界处附近,两根立管最高处均设置自动排气阀。管道规格用公称直径表示,分别有 DN15、DN25、DN32、DN40、DN50、DN65、DN80、DN100、DN150、DN200 等 10 种规格。根据图 2.2 可知,自动喷水系统的水源有两个,由消防水池与高位水箱联合供水;同样,自动喷水管网利用地下一层配水干管连接成环状来保证室内自喷系统的供水。结合平面图 2.4—图 2.5,每层自动喷水管网末端均设置 DN25 试水阀,地下一层、一层、二层的配水干管上装设了减压孔板,板后压力为 0.4 MPa。地下室车库与屋面机房采用流量系数 $K=80$、动作温度为 68 ℃的快速响应喷头,其余各楼层采用流量系数 $K=80$、动作温度为

68 ℃的玻璃球喷头,喷头的安装要求见设计施工说明。

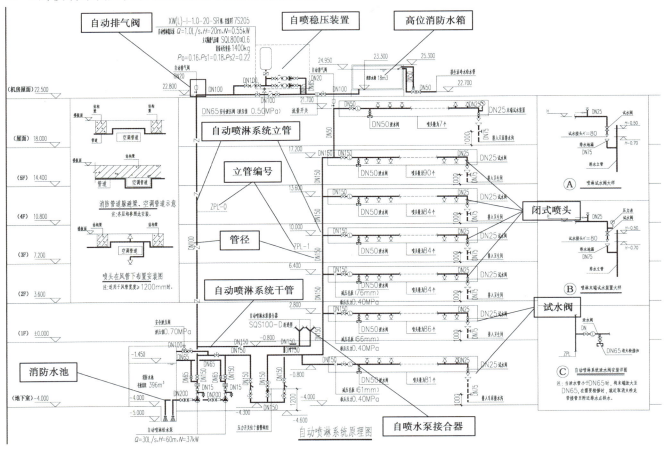

图 2.27 自动喷水系统概貌图

【学习笔记】

【总结反思】

总结反思点	已熟知的知识或技能点	仍需加强的地方	完全不明白的地方
认识消火栓系统图内容			
认识自动喷水灭火系统图内容			
熟悉消火栓系统、 自动喷水灭火系统管材连接方式			
能解读各设备设施的型号规格及作用			
理解消火栓给水系统、 自动喷水灭火系统的工作原理			
在本次任务实施过程中,你的自我评价	□A. 优秀　□B. 良好　□C. 一般　□D. 需继续努力		

【关键词】系统图　消火栓　喷头　报警阀　水泵接合器

【想一想】明确消防给水系统图之后,消火栓、喷头等设备在平面的布置情况是怎样的?

任务2.3　识读建筑消防给水系统平面图

2.3.1　消火栓给水系统平面布置图

以地下一层给排水平面图(图1.4)来分析。如图2.28所示,对照消火栓的图例,地下一层共布置了6个甲型单栓带消防软管卷盘消火栓箱,连接消火栓的管道管径为DN65。除了立管XL-0,XL-7,其余立管的位置都可以在图1.4上找到。

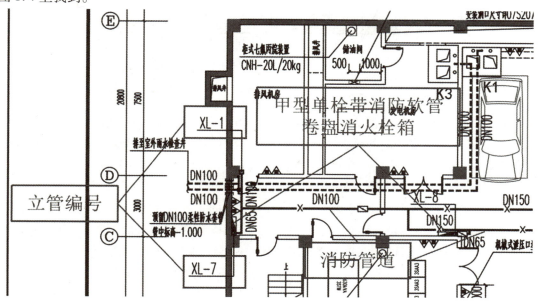

图2.28　地下一层消火栓平面布置图局部分析图

接着看一层给排水平面图(图1.5)。图上共有5个甲型单栓带消防软管卷盘消火栓箱,可以看到立管XL-1~6在平面的布置情况。

类似一层给排水平面图,二层、三至四层、五层给排水平面图上表示了消火栓与消火栓立管的平面布置情况,二层至五层每层都布置了5个甲型单栓带消防软管卷盘消火栓箱,表示了立管XL-1~5的布置情况,只有立管XL-5在二层平面图上位置发生变化,其余立管在各楼层的布置位置相同。

2.3.2　自动喷水灭火系统平面布置图

自动喷淋平面布置图主要表示自喷管道与喷头在建筑平面的布置情况。

结合自动喷水灭火系统图、各楼层自动喷水灭火系统平面图(图2.29)、自动喷淋灭火系统图,可得:地下一层喷头数为81个,一层喷头数为86个,二层至四层喷头数为84个,五层喷头数为90个,屋面层喷头数为7个。根据自动喷水灭火系统图可知,室内自动喷水系统有两台加压泵(一用一备),从消防水池吸水向管网供水;设置了两个水泵接合器,以保证室内消火栓水压不够或水量不足时连接消防车从室外管网取水向室内自动喷水系统持续供水以保证扑灭火灾。

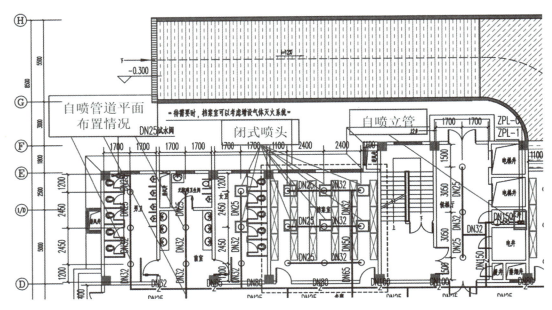

图 2.29 一层自动喷淋平面布置图局部分析图

2.3.3 消防水箱间大样图

消防水箱布置在屋顶层,在屋顶消防水箱大样图(图 2.6)上可以看到屋顶水箱的平面布置情况。

图 2.30 显示了屋顶消防水箱间的平面布置情况,需结合图 1.6 与图 2.6 阅读。设备布置情况:一座装配式不锈钢高位消防水箱,有效容积为 18 m^3,长、宽、高分别为 4 000 mm×3 000 mm×2 000 mm,有效水位为 1.65 m;两套稳压设备,两台消火栓稳压泵(一用一备)+立式隔膜气压罐,两台自动喷水稳压泵(一用一备)+立式隔膜气压罐。管道连接情况:图 2.30 上可看到 XL-0 立管的布置情况,位于⑥轴与Ⓓ轴的交界处,立管最高处设置自动排气阀。从高位水箱分别有两条 DN100 管道接出,一条管道分成两路,一路接消火栓安全泄压阀,另一路先通过消火栓稳压泵,进入立式隔膜气压罐后接到另一台消火栓加压泵。另一条管道也一样,分成两路,一路直接接自喷安全泄压阀,另一路先通过自动喷水稳压泵,进入立式隔膜气压罐后接到另一台自动喷水加压泵。

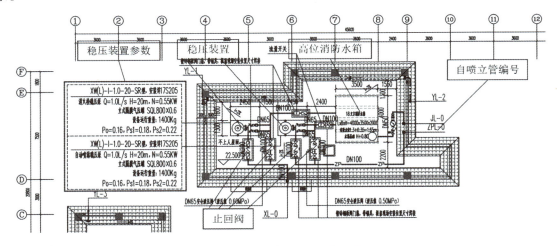

图 2.30 消防水箱大样图局部分析图

2.3.4 消防泵房平面布置图与大样图

消防泵房平面布置图与大样图的内容包括图 2.7—图 2.9。如图 2.31 所示,结合消防泵房设备基础平面布置图(图2.7),显示了消防泵房中设备布置情况:一座钢筋混凝土结构消防水池,总容积为396 m³(其中室内消火栓用水量为108 m³,室外消火栓用水量为180 m³,自动喷水灭火系统用水量108 m³),正常水位 −1.45 m;两台室内消火栓加压泵(一用一备),两台室外消火栓加压泵(一用一备),两台自喷加压泵(一用一备),一套消火栓稳压装置。图2.7还显示了预留柔性防水套管的位置,以及消防水池其他配件,如人孔、水位显示装置、爬梯等的安装位置。

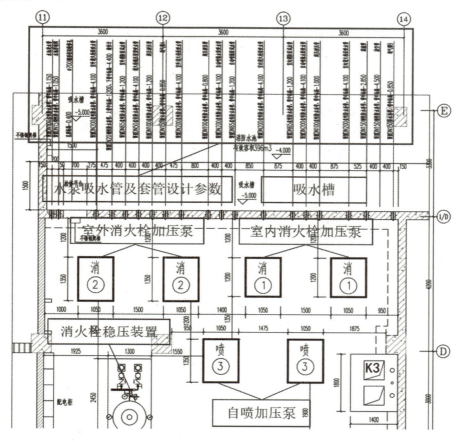

图2.31　消防泵房设备基础平面布置图局部分析图

　　如图2.32所示,结合消防泵房管道平面布置图(图2.8),显示了从消防水池接出的管道连接情况:消防水池共有7个吸水喇叭口,7条吸水管,6条管径为DN200,1条管径为DN50。管径DN200的管道分别连接两台室内消火栓加压泵(一用一备),两台室外消火栓加压泵(一用一备),两台自喷加压泵(一用一备),管径为DN50的管道连接了消火栓稳压装置。通过加压泵之后的管道分别连接了地下室消火栓管网、室外消火栓管网与屋面自动喷淋管网。除此之外,消防泵房还布置了室外消火栓加压泵试水管、室内消火栓加压泵试水管、自喷加压泵试水管。由于消防水池由生活给水管网补充水量,所以从图2.8上还能看到生活给水管道的布置情况。消防泵房设置了排水沟与集水井,所以图上的排水管道由集水井接到室外雨水检查井。

　　图2.33是消防泵房大样图(一)局部分析图,结合消防泵房大样图(一)(图2.9),表示了消防水池A—A、C—C剖面图,从这张剖面图可以清楚显示消防水池的进水管、出水管、人孔、爬梯的位置与标高等,从图中还可以看出消防水池的正常水位为 −1.45 m、少水报警水位为 −1.65 m、溢流报警水位 −1.35 m、最低有效水位为 −3.7 m。结合消防泵房的三维模型图(图2.34),可看出消防泵房内管道的布置情况,以及消火栓管道与自动喷水灭火系统管道内水流的方向,如图2.35所示。

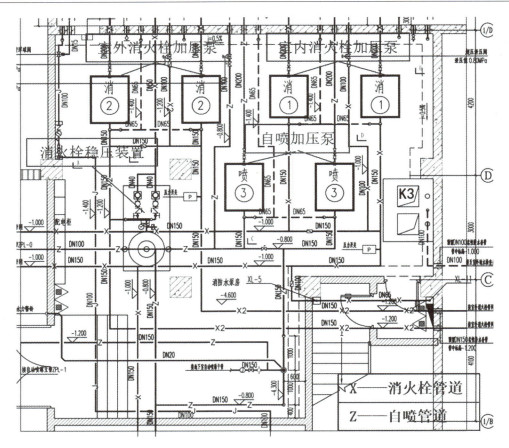

图 2.32　消防泵房管道平面布置图局部分析图

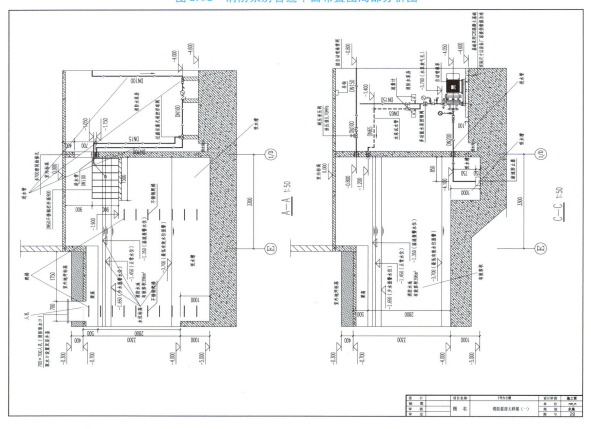

图 2.33　消防泵房大样图(一)局部分析图

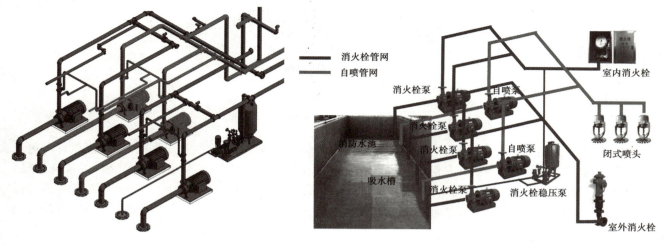

图2.34　消防泵房三维模型图　　　　　图2.35　消防泵房实物图

【学习笔记】

【总结反思】

总结反思点	已熟知的知识或技能点	仍需加强的地方	完全不明白的地方
了解消防水池、消防水箱的布置要求			
识读消防水池、消防水箱的平面布置图			
熟悉消防水池、消防水箱安装要求			
在本次任务实施过程中,你的自我评价	□A. 优秀　　□B. 良好　　□C. 一般　　□D. 需继续努力		

【关键词】消防水池　　消防水箱　　水泵　　剖面图

任务2.4　一层建筑消防给水系统建模

2.4.1　建筑消防给水专业图纸解析

①在绘图前,需要根据设计总说明得出管道管材信息、管道连接方式,如图2.36所示。

> 3.本设计按有吊顶来布置喷头,采用吊顶型喷头,动作温度为68°,K=80,地下室及屋面设备机房按无吊顶考虑,采用直立型喷头,动作温度为68°,K=80;管网除立管外均沿梁底敷设,喷头根据结构梁来布置,喷头布置安装单位可根据现场实际情况作细调,但喷头之间的距离及喷头与墙边的距离应满足现行规范的要求。
>
> 4.图中3层以下(包括3层)消火栓采用减压稳压型消火栓。
>
> 5.所有消火栓安装高度为栓口距所在地面1100。

图2.36

②建模流程解析。建模流程如图2.37所示。

图 2.37　建模流程图

2.4.2　链接 CAD 图纸

【操作步骤】

①链接 CAD 图纸。在"项目浏览器"中展开"卫浴"视图类别,在"消火栓→楼层平面"中单击鼠标左键选中"1F-消火栓"视图名称,双击鼠标左键打开"1F-消火栓"平面视图,如图 2.38 所示。单击"插入"选项卡"链接"面板中的"链接 CAD"工具,如图 2.39 所示,在"链接 CAD 格式"窗口选择 CAD 图纸存放路径,选中拆分好的"一层给排水平面图-2",勾选"仅当前视图",设置导入单位为"毫米",定位为"手动-中心",单击"打开",如图 2.40 所示。

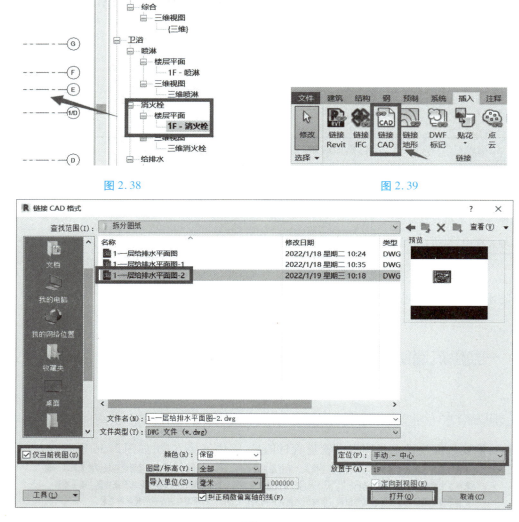

图 2.38　　　　　　　　　　　　　　　　　图 2.39

图 2.40

②对齐链接进来的 CAD 图纸。图纸导入后,单击"修改"选项卡"修改"面板中的"对齐"工具,如图 2.41 所示。移动鼠标到项目轴网①轴上,单击鼠标左键选中①轴(单击鼠标左键,选中轴网后轴网显示为蓝色线),移动鼠标到 CAD 图纸轴网①轴上单击鼠标左键,如图 2.42 所示。按照上述操作可将 CAD 图纸纵向轴网与项目纵向轴网对齐,结果如图 2.43 所示。

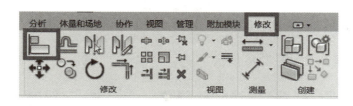

图 2.41

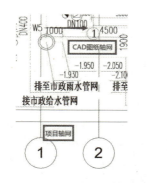

图 2.42 轴网对齐前

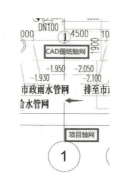

图 2.43 轴网对齐后

③重复上述操作,将 CAD 图纸横向轴网和项目横向轴网对齐。

④锁定链接进来的 CAD 图纸。单击鼠标左键选中 CAD 图纸,Revit 自动切换至"修改│一层给排水平面图.dwg"选项卡,单击"修改"面板中的"锁定"工具,将 CAD 图纸锁定到平面视图,如图 2.44 所示。至此,一层给排水平面图 CAD 图纸的导入完成,结果如图 2.45 所示。

图 2.44

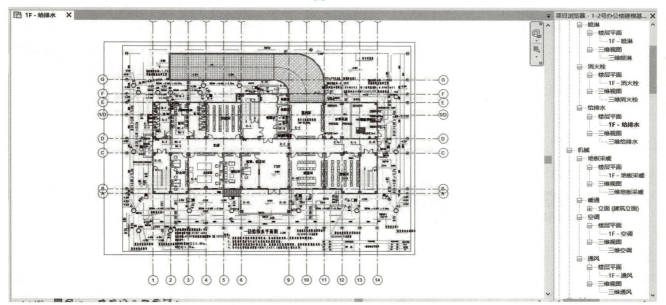

图 2.45 轴网对齐后

2.4.3　新建消防给水管材类型

消防给水管材类型、连接方式如图 2.46 所示。

3）消防管道

① 当工作压力≤1.20MPa，室内消防给水管采用内外壁热浸镀锌钢管，当 1.60MPa≥工作压力>1.20MPa，室内消防给水管采用内外壁热浸镀锌加厚钢管，当工作压力>1.60MPa，室内消防给水管采用内外壁热浸镀锌无缝钢管，当 DN≥100mm 时采用沟槽式或法兰连接，DN≤80mm 时采用螺纹或卡压连接。

图 2.46

【操作步骤】

①复制已有管材类型，新建所需管材类型。单击"系统"选项卡"卫浴和管道"面板中的"管道"工具，如图 2.47 所示。单击"属性"窗口中的"编辑类型"，打开"类型属性"窗口，如图 2.48 所示。在"类型属性"窗口单击"复制"，在"名称"窗口名称位置将管材名称修改为"热浸镀锌钢管"，然后单击"确定"，如图 2.49 所示。

图 2.47

图 2.48

图 2.49

②载入管材类型所需构件族。在"类型属性"窗口单击"布管系统配置"位置的"编辑"命令打开"布管系统配置"窗口，"管段"选择"钢塑复合-CECS 125"，在"布管系统配置"窗口单击"载入族"命令打开"载入族"窗口，如图 2.50 所示。在"载入族"窗口单击打开教材提供的沟槽连接族文件，选择全部管件，单击"打开"将管件载入项目中，如图 2.51 所示。

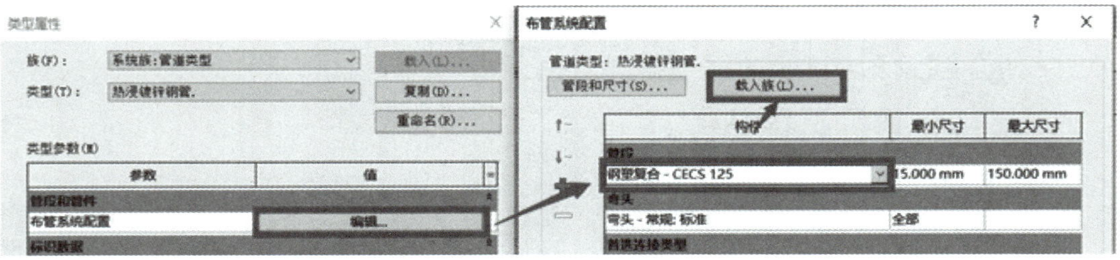

图 2.50

③编辑"布管系统配置"。在"布管系统配置"窗口设置热浸镀锌钢管连接方式为 $DN>80$ 沟槽连接，$DN≤80$ 螺纹连接，在"弯头"选项栏位置单击鼠标左键激活弯头选项，移动鼠标到左侧单击 ➕，添加弯头选项栏，如图 2.52 所示。在第一行选项栏选择构件"弯头-螺纹-钢塑复合:标准"、最小尺寸"15.000 mm"、最大尺寸"80.000 mm"，第二行选项栏选择构件"弯头-沟槽:标准"、最小尺寸"80.000 mm"、最大尺寸"150.000 mm"，如图 2.53 所示。按照上述操作方法设置四通、过渡件、活接头的构件和最小尺寸、最大尺寸，最终结果如图 2.54 所示。

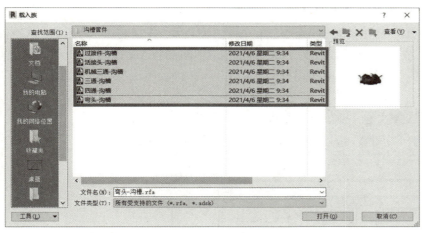

图 2.51

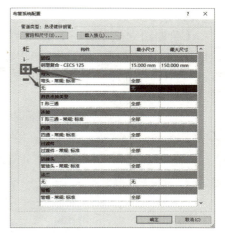

图 2.52

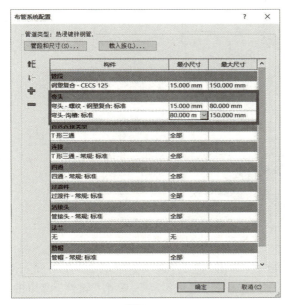

图 2.53

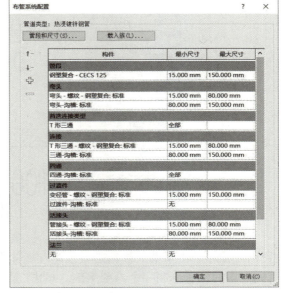

图 2.54

2.4.4 绘制消火栓系统模型

由一层的给排水平面图可知,一层的室内消火栓管均为立管,可先在图中绘制如图 2.55 所示的消火栓立管。

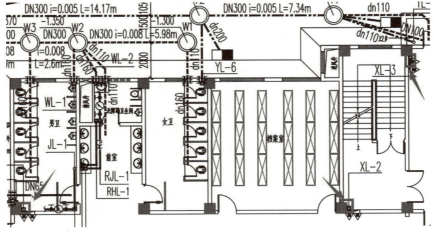

图 2.55

【操作步骤】

①绘制消火栓立管。单击"系统"选项卡下的"管道"命令,将"属性"窗口的"管道类型"修改为"热浸镀锌钢管","系统类型"设置为"消火栓系统","直径"设置为"100.0mm","中间高程"设置为"−1000.0mm",单击"应用"后将管道绘制在 XL1 的位置上,然后将"中间高程"设置为 3 600 mm,单击"应用",如图 2.56 所示。此时 XL1 就绘制好了。

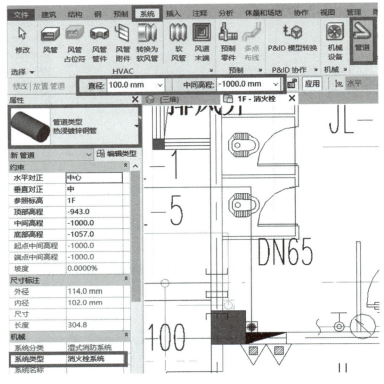

图 2.56

②放置消火栓箱。由于消火栓箱需要依附在墙体上放置,单击"建筑"选项卡下的"参照平面",在平面图中,放置消火栓箱的位置绘制一个参照平面。单击"系统"选项卡下"机械设备",单击"属性"窗口的"编辑类型",在弹出的"类型属性"对话框中单击"载入",打开"消防→给水和灭火→消火栓→室内消火栓箱-单栓-底面进水接口带卷盘",单击打开,如图 2.57 所示。

③将"消火栓箱"放在 XL1 旁的墙体上。切换到三维视图当中,如图 2.58 所示。此时消火栓箱的方向错误,选择消火栓箱,单击箱体周围的"翻转工作平面"。选中消火栓箱,单击"修改丨机械设备"选项卡下的"连接到"工具,再单击选择消火栓箱后面的立管,连接后如图 2.59 所示。其余的 XL2、XL3 的连接方式相同。

④XL4 以及 XL5 在平面图及系统图中可看到都有一段贴梁底安装的管段,梁高为 700 mm,则梁底高度为 2 900 mm,如图 2.60 所示。单击"系统"选项卡下"管道"工具,在"属性"窗口中将"管道类型"设置为"热浸镀锌钢管","系统类型"为"消火栓系统","直径"为"100.0 mm","中间高程"为"−1000.0 mm",单击 XL4 靠近消火栓处的管段,再修改"中间高程"为"2900.0 mm",单击"应用",沿着 XL4 的方向绘制到立管另一头后,将"中间高程"修改为"3600.0 mm",单击"应用"。绘制完毕后,如图 2.61 所示。

⑤将"消火栓箱"放在 XL4 旁的墙体上。单击"系统"选项卡下"机械设备",打开"消防→给水和灭火→消火栓→室内消火栓箱-单栓-底面进水接口带卷盘",将消火栓放置好之后,切换到三维视图当中,如果消火栓箱的方向错误,选择消火栓箱,单击箱体周围的"翻转工作平面"。选中消火栓箱,单击"修改丨机械设备"选项卡下的"连接到"工具,再单击选择消火栓箱后面的立管。

⑥在 XL5 处绘制一根立管,单击"系统"选项卡下"管道"工具,在"属性"窗口中将"管道类型"设置为"热浸镀锌钢管","系统类型"为"消火栓系统","直径"为"100.0 mm","中间高程"为"−1000.0 mm",单击 XL5 处,再修改"中间高程"为"3600.0 mm",单击"应用",将 XL5 绘制出来。

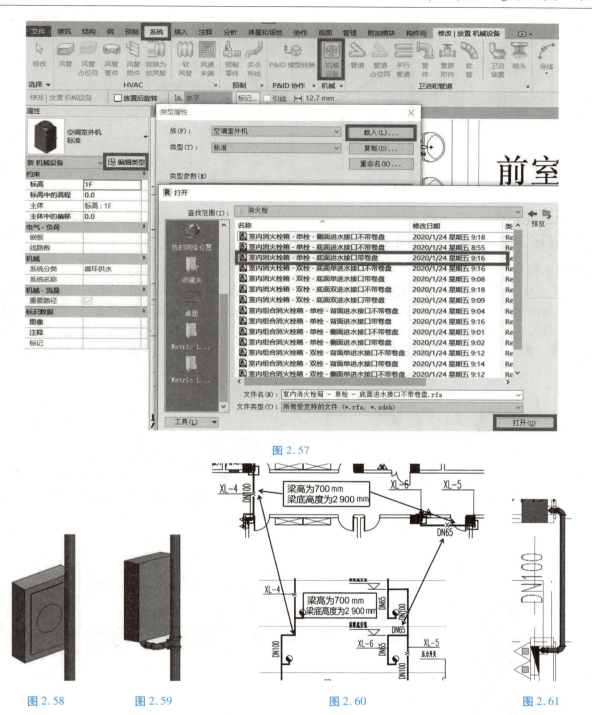

图 2.57

图 2.58　　　　图 2.59　　　　　　　　　图 2.60　　　　　　　　图 2.61

⑦单击"系统"选项卡下"管道"工具,在"属性"窗口中将"管道类型"设置为"热浸镀锌钢管","系统类型"为"消火栓系统","直径"为 65 mm,"中间高程"为 1 100 mm,单击 XL6 靠近消火栓处的管段,再修改"中间高程"为 2 900 mm,单击"应用",继续沿着平面图将水平的消防管绘制出来。绘制好后如图 2.62 所示。单击"修改"选项卡下的"修剪/延伸单个图元" 工具,先选择立管,再选择水平管道,将立管与水平管道连接在一起。

⑧单击"系统"选项卡下"机械设备",打开"消防→给水和灭火→消火栓→室内消火栓箱-单栓-底面进水接口带卷盘",将消火栓放置好之后,切换到三维视图当中,如果消火栓箱的方向错误,选择消火栓箱,单击箱体周围的"翻转工作平面" 。选中消火栓箱,单击"修改│机械设备"选项卡下的"连接到"工具,再单击选择消火栓箱后面的立管。

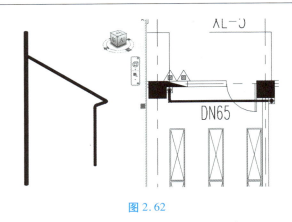

图 2.62

2.4.5 链接喷淋水 CAD 平面图

【操作步骤】

①链接 CAD 图纸。在"项目浏览器"中展开"卫浴"视图类别,在"喷淋→楼层平面"中单击鼠标左键选中"1F-喷淋"视图名称,双击鼠标左键打开"1F-喷淋"平面视图,如图 2.63 所示。单击"插入"选项卡"链接"面板中的"链接 CAD"工具,如图 2.64 所示,在"链接 CAD 格式"窗口选择 CAD 图纸存放路径,选中拆分好的"一层自动喷淋平面图",勾选"仅当前视图",设置导入单位为"毫米",定位为"手动-中心",单击"打开",如图 2.65 所示。

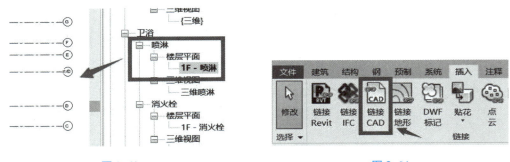

图 2.63   图 2.64

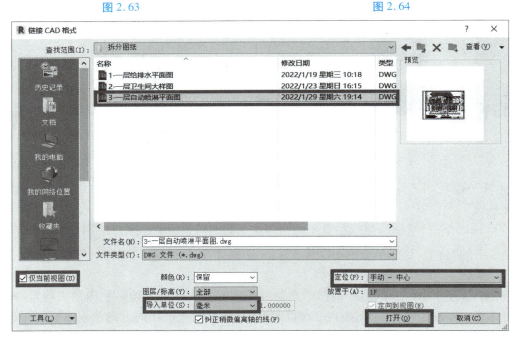

图 2.65

②对齐链接的 CAD 图纸。图纸导入后,单击"修改"选项卡"修改"面板中的"对齐"工具,如图 2.66 所示。移动鼠标到项目轴网①轴上单击鼠标左键选中①轴(单击鼠标左键,选中轴网后轴网显示为蓝色线),移动鼠标到 CAD 图纸轴网①轴上单击鼠标左键。按照上述操作可将 CAD 图纸纵向轴网与项目纵向轴网对齐,重复上述操作,将 CAD 图纸横向轴网和项目横向轴网对齐。

③锁定链接的 CAD 图纸。单击鼠标左键选中 CAD 图纸,Revit 自动切换至"修改|一层自动喷淋平面图.dwg"选项卡,单击"修改"面板中的"锁定"工具,将 CAD 图纸锁定到平面视图,如图 2.67 所示。至此,一层自动喷淋平面图 CAD 图纸的导入完成,结果如图 2.68 所示。

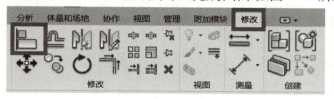

图 2.66　　　　　　　　　　　　　　　　　　　图 2.67

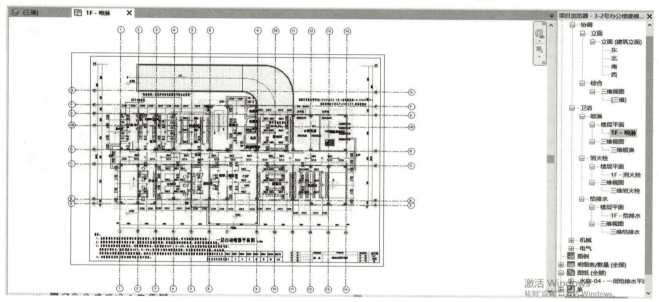

图 2.68

2.4.6　绘制自动喷淋系统模型

由系统图及自动喷淋平面图可知,一层喷淋管安装高度为 2 800 mm,喷头为下垂型闭式喷头。

①载入喷头族。单击"插入"选项卡"从库中载入"面板中的"载入族"工具,打开"消防→给水和灭火→喷淋头→喷淋头-ESFR 型-闭式-下垂型",如图 2.69 所示。

②布置喷头。单击"系统"选项卡"卫浴和管道"面板中的"喷头工具",在"属性"窗口选择"喷淋头-ESFR 型-闭式-下垂型",在⑦~⑨轴的位置布置喷头,管道点号如图 2.70 所示。

③绘制喷淋支管。打开"1F-喷淋"平面视图,单击"系统"选项卡"卫浴和管道"面板中的"管道"工具,在"属性"窗口选择"热浸镀锌钢管"管道类型,选择"自动喷淋系统"系统类型,选项栏位置直径选择"25 mm","中间高程"设置为"2 800 mm",绘制 6—5 管段。

④选择 5 点处的 90°弯头,单击 5—4 管段方向的"+"号,使它变成 T 型三通接头,如图 2.71 所示。单击三通接头,用鼠标右键单击三通接头的小正方形,在弹出的对话框中选择"绘制管道",将"直径"修改成"32 mm","中间高程"为"2 800 mm",绘制 5—4 管段。到达 4 点后,将"直径"修改为"25 mm",直接绘制 4—7 管段。

⑤将喷头与支管连接。选中喷头,单击"修改|喷头"选项卡"布局"面板中的"连接到"工具,拾取喷淋横支管,连接喷头与支管,如图 2.72 所示。

图 2.69

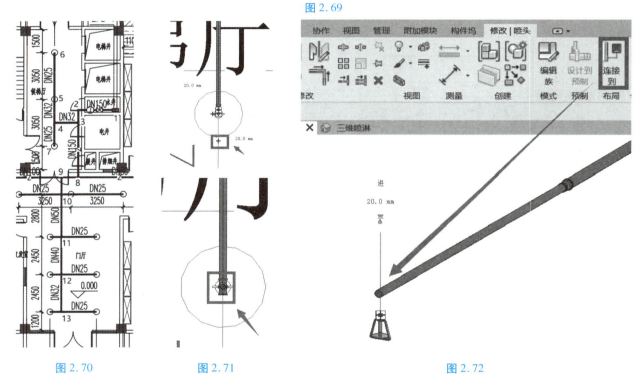

图 2.70 　　　　　 图 2.71 　　　　　　　　 图 2.72

⑥用相似的方法先把⑦～⑨轴的支管绘制出来,并且与喷头相连接绘制后如图 2.73 所示。

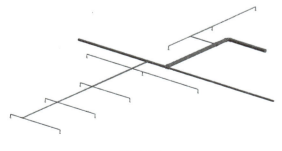

图 2.73

⑦绘制喷淋立管 ZP-1。选中 1—3 管段,在 1 点处单击鼠标右键,如图 2.74 所示,在弹出的对话框中选择"绘制管道"命令,"直径"为"150.0 mm","中间高程"修改为"6400.0 mm"后,单击"应用"。切换到三维视图

当中,选择立管与干管相连接的90°弯头,并单击竖直方向的"+",如图2.75所示。变成三通接头后,单击选中三通接头,用鼠标右键单击竖直方向上的小正方形,如图2.76所示,在弹出的对话框中选择"绘制管道"后,将"中间高程"修改为"-1000 mm"后单击"应用"。

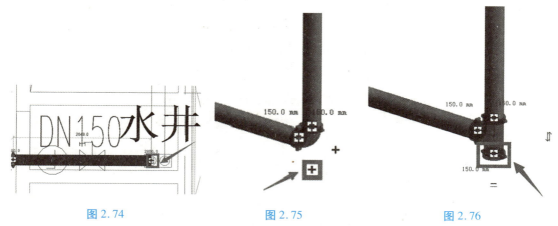

图 2.74　　　　　　　　　图 2.75　　　　　　　　　图 2.76

⑧放置水流指示器。1—3管段上有一个水流指示器,将视图切换到"1F-喷淋"视图中,单击"系统"选项卡下的"管路附件",在"属性"窗口单击"编辑类型",弹出的"类型属性"对话框中单击"载入",打开"消防→给水和灭火→附件→水流指示器-100-150 mm-法兰式",如图2.77所示,将"类型"选择为"150 mm",如图2.78所示,设置好后放在1—3管段上。

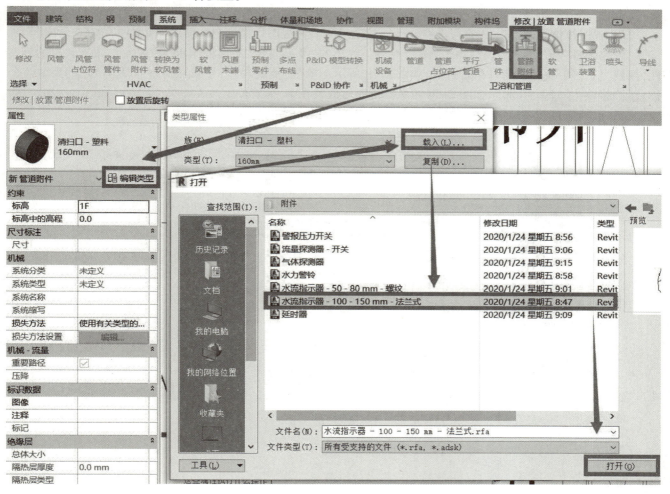

图 2.77

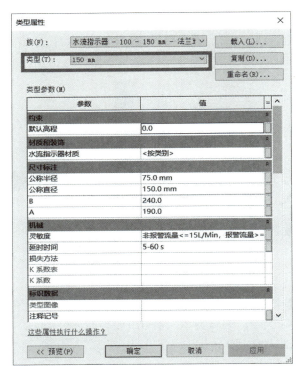

图 2.78

⑨放置遥控信号阀。1—3 管段上有一个遥控信号阀。将视图切换到"1F-喷淋"视图中,单击"系统"选项卡下"管路附件",在"属性"窗口单击"编辑类型",弹出的"类型属性"对话框中单击"载入",载入教材的族文件,找到"信号阀-喷淋系统",单击打开,如图 2.79 所示。单击"复制"将信号阀复制一个"DN150"的类型,"公称直径"修改为"150.0 mm",如图 2.80 所示。修改后放置在 1—3 管段上。

⑩一层其他自动喷淋水管的绘制方法与上述相同,大家可自行绘制。

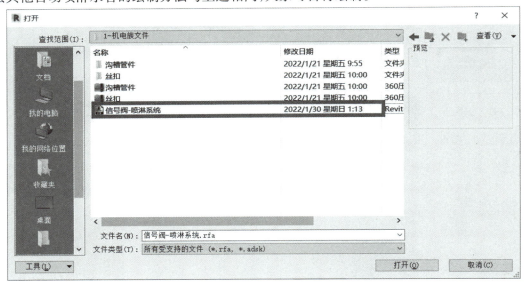

图 2.79

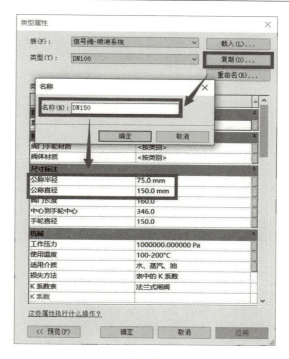

图 2.80

【实训项目】

项目一:现场参观教学楼建筑消防系统,了解本校校区内消防工程的情况,辨识消火栓系统与自动喷水灭火系统的设备型号及安装位置等。

项目二:完成其余楼层的消防水、喷淋水模型的建立。

本项目小结

1. 建筑消防给水系统根据使用灭火剂的种类和灭火方式可进行不同的分类:以水为灭火介质,可分为消火栓给水灭火系统、自动喷水灭火系统;其他使用非水灭火剂的固定灭火系统,如气体(CO_2、七氟丙烷等)灭火系统、泡沫灭火系统、干粉灭火系统。

2. 室内消火栓系统的类型按照建筑的高度、楼层、使用功能等不同分为多层建筑室内消火栓给水系统和高层建筑室内消火栓给水系统。多层建筑室内消火栓给水系统又分为不设消防水箱、消防水泵的室内消火栓给水系统,单设消防水箱的消火栓给水系统,设有消防水箱与消防水泵的室内消火栓给水系统。高层建筑室内消火栓给水系统按建筑高度分为不分区供水的室内消火栓给水系统、分区供水的室内消火栓给水系统;按管网的形式分为独立的室内消防给水系统、区域集中的室内消防给水系统。

3. 消火栓给水系统包括消火栓设备(包括消火栓或消防卷盘、水枪、消防水带、消火栓箱及消防报警按钮)、消防管道(干管、立管)和消防水源等。当室外给水管网的水压不能满足室内消防要求时,消火栓给水系统还应当设置消防增压稳压设备、消防水泵接合器、消防水箱和水池。

4. 自动喷水灭火系统一般包括消防水源(消防水池、消防水箱)、增压稳压设备(增压泵、稳压泵或气压罐)、供水管路、报警阀(湿式或干式)、水流报警装置(水力警铃、水流指示器和压力开关)、喷头(闭式或开式)、末端试水装置、消防水泵接合器等。

5. 系统管材应采用镀锌钢管,$DN \leqslant 100\,mm$ 时用螺纹连接,当管道与设备、法兰阀门连接时应采用法兰连接;$DN > 100\,mm$ 时管道均采用法兰连接或沟槽式连接(卡套式),管道与法兰的焊接处应进行防腐处理。

6.用 Revit 绘制建筑消防给水系统主要分为以下 5 步,第一步:链接 CAD 图纸;第二步:新建消防管材类型;第三步:绘制消火栓系统模型,包括绘制消火栓管道、放置消火栓箱;第四步:绘制自动喷淋系统模型,包括绘制喷淋管道、放置喷头;第五步:放置阀门仪表部件。

项目 **3** 建筑防排烟及
通风系统施工图识读与建模

【项目引入】

建筑物地下室是一个全封闭的空间,没有自然通风,怎样才能使地下室的空气产生对流,确保其空气质量达到卫生标准?当建筑物发生火灾时,火灾现场的致命因素是火势和有毒烟气。火势可以使用消防灭火装置扑灭和控制,但是有毒烟气如何排出,如何有效控制其对人体的伤害?通风排烟采用什么设备,施工图怎样表现?怎样将施工图的二维图形转成三维模型?这些问题都将在本项目中找到答案。

本项目主要以2号办公楼建筑防排烟、通风系统施工图为载体,介绍建筑防排烟、通风系统及其施工图,图纸内容如图3.1—图3.5所示。

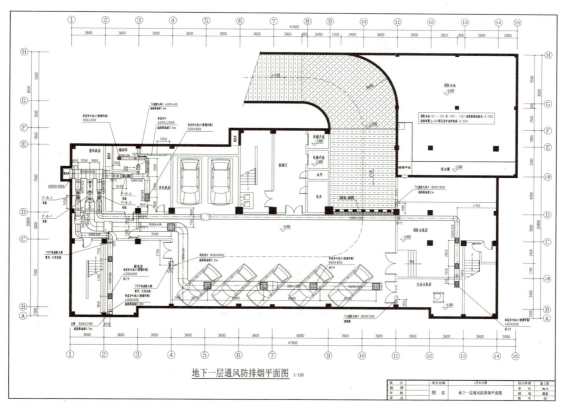

图 3.1　地下室一层通风与防排烟平面图

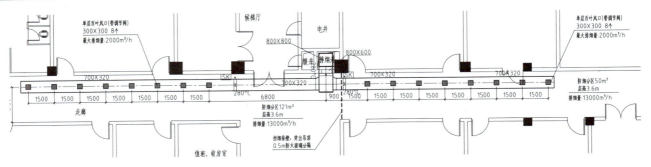

图 3.2 一层通风与防排烟平面图（局部截图）

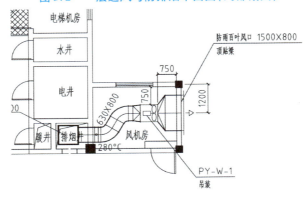

图 3.3 屋面通风与防排烟平面图（局部截图）

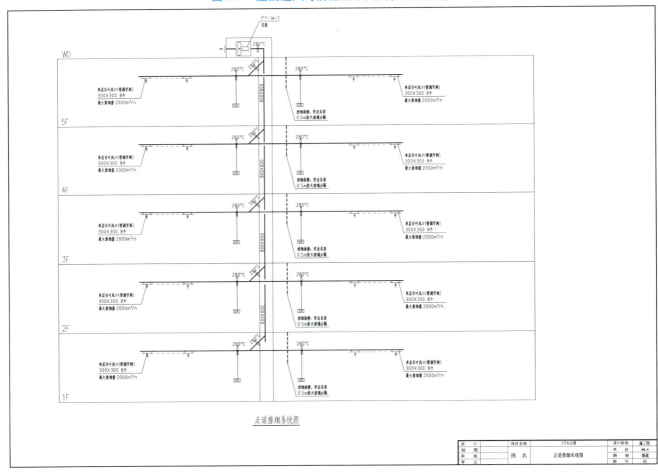

图 3.4 走道排烟系统图

排烟、排风、补风风机

设备编号	位置	服务区域	类型	数量	风机资料				电动机资料			安装方式	备注
					风量 (m3/h)	全压 (Pa)	风机效率 (%)	噪声 (dB)	电动机功率 (kW)	电力供应 (V/P/Hz)	转速 (rpm)		
P-B-1	-1层风机房	车库通风	高效混流风机	1	10000	450	80	83	4.0	380/3/50	1450	吊装	
PY-W-1	屋面风机房	走道	高温排烟风机	1	32000	900	80	88	11	380/3/50	1450	吊装	
P-B-2	-1层风机房	水泵房通风	高效混流风机	1	4000	420	80	89	1.1	380/3/50	1450	吊装	
P-B-3	-1层风机房	配电房通风	高效混流风机	1	4500	350	80	89	1.1	380/3/50	1450	吊装	
P-B-4	发电机房	发电机房通风	高效混流风机	1	4500	350	80	89	1.1	380/3/50	1450	吊装	
P-1	电梯机房、卫生间	电梯机房、卫生间	壁式排气扇	13	1200	50	80	65	0.1	220/1/50	600	吊装	入口设镀锌铁丝防护网，出口设防雨百叶
P-2	卫生间	卫生间	壁式排气扇	1	600	50	80	65	0.05	220/1/50	600	吊装	入口设镀锌铁丝防护网，出口设防雨百叶

图 3.5　排烟、排风、补风风机设备表

【内容结构】

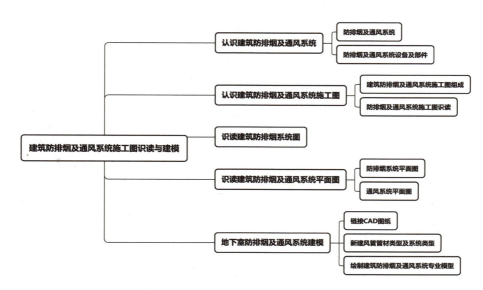

图 3.6　"建筑防排烟及通风施工图识读与建模"内容结构图

【建议学时】8 学时

【学习目标】

知识目标:熟悉建筑防排烟系统及通风系统的组成;了解火灾烟气设置范围及烟气控制的基本原则;熟练识读施工图。

技能目标:能对照实物和施工图辨别出建筑防排烟、通风系统各组成部分,并说出其作用;能根据建筑防排烟及通风系统施工图的内容建立防排烟及通风系统的三维模型。

素质目标:科学严谨、精益求精的职业态度,团结协作的职业精神;提高消防安全意识。

【学习重点】

1.防排烟、通风系统的组成及各个设备、部件的作用;

2.防排烟系统、通风系统的识图与建模。

【学习难点】

名词陌生,二维平面图转三维空间图

【学习建议】

1.本项目的火灾烟气设置范围及烟气控制的基本原则做一般了解,着重在防排烟、通风系统的组成及各个设备、部件的作用;以及识图与建模的内容。

2.如果在学习过程中有疑难问题,可以多查资料,多到施工现场了解材料与设备实物及安装过程,也可以通过施工录像、动画来加深对课程内容的理解。

3.多做施工图识读练习,并将图与工程实际联系起来。

【项目导读】

1.任务分析

图 3.1—图 3.5 是 2 号办公楼建筑防排烟系统、通风系统部分施工图,图中出现了大量的图块、符号、数据和线条,这些东西代表什么含义? 它们之间有什么联系? 这一系列的问题均要通过本项目的学习才能逐一解答。

2.实践操作(步骤/技能/方法/态度)

为了能完成前面提出的工作任务,我们需从解读防排烟系统、通风系统组成开始,然后到系统的设备、部件的认识,进而学会用工程语言来表示施工做法,学会施工图读图方法,最重要的是能熟读施工图、熟悉施工过程,为后续课程学习打下基础。

【知识拓展】

当高层建筑发生火灾时应如何逃生?

高层建筑发生火灾后,火势蔓延速度快,火灾扑救难度大,人员疏散困难。在高层建筑火灾中被困人员的逃生自救可以采用以下几种方法:

①尽量利用建筑内部设施逃生:利用消防电梯、防烟楼梯、普通楼梯、封闭楼梯、观景楼梯进行逃生;利用阳台、通廊、避难层、室内设置的缓降器、救生袋、安全绳等进行逃生;利用墙边落水管进行逃生。

②根据火场广播逃生。高层建筑一般装有火场广播系统,当某一楼层或某楼层一部位起火且火势已经蔓延时,不可惊慌失措盲目行动,应注意听火场广播和救援人员的疏导信号,从而选择合适的疏散路线和方法。

③自救、互救逃生。利用各楼层存放的消防器材扑救初起火灾,充分运用身边物品自救逃生(如床单、窗帘等)。对老、弱、病残、孕妇、儿童及不熟悉环境的人要引导疏散,共同逃生。

任务 3.1　认识建筑防排烟及通风系统

3.1.1　防排烟及通风系统

1)防排烟系统

烟气控制的主要目的是在建筑物内创造无烟或烟气含量极低的疏散通道或安全区,其实质是控制烟气合理流动,也就是使烟气不流向疏散通道、安全区和非着火区,而向室外流动。基于以上目的,通常采用隔断或阻挡、疏导排烟和加压防烟方法。

(1)隔断或阻挡

墙、楼板、门等都具有隔断烟气传播的作用。因此可采用防火分区和防烟分区将火灾限制在一定局部区域内(在一定时间内),不使火势蔓延。

①防火分区。防火分区是指采用防火墙、楼板、防火门或防火卷帘等分隔物人为划分出来的、能在一定时间内防止火灾向同一建筑的其余部分蔓延的局部空间。划分防火分区的目的在于有效地控制和防止火灾沿垂直方向或水平方向向同一建筑物的其他空间蔓延,减少火灾损失,同时为人员安全疏散、灭火扑救提供有利条件。

②防烟分区。防烟分区是指采用挡烟垂壁、隔墙或从顶板下突出不小于 500 mm 的梁等具有一定耐火性能的不燃烧体来划分的防烟、蓄烟空间。

挡烟垂壁是指用不燃烧材料制成,从顶棚下垂不小于 500 mm 的固定或活动的挡烟设施。挡烟垂壁起阻挡烟气的作用,同时可以增强防烟分区排烟口的吸烟效果。挡烟垂壁应采用非燃烧材料制作,如钢板、夹丝玻璃、钢化玻璃等。挡烟垂壁可采用固定式的也可以采用活动式的。当建筑物净空较高时,可采用固定式的,将挡烟垂壁长期固定在顶棚上,如图 3.7(a)所示;当建筑物净空较低时,宜采用活动式的挡烟垂壁,如图 3.7(b)所示。

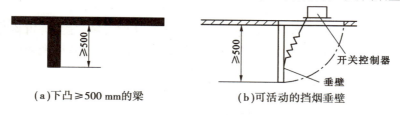

(a)下凸≥500 mm 的梁　　　　(b)可活动的挡烟垂壁

图 3.7　用梁和挡烟垂壁阻挡烟气流动

挡烟隔板是指设在屋顶内,能对烟和热气的横向流动造成阻碍的垂直分隔体。

(2)疏导排烟

利用自然作用力或机械作用力将烟气排至室外,称为排烟。建筑防排烟的任务是:

①就地排烟通风,以降低烟气浓度,将火灾产生的烟气在着火房间就地及时排出,在需要部位适当补充人员逃生所需空气;

②防止烟气扩散,控制烟气流动方向,防止烟气扩散到疏散通道,并减少向其他区域蔓延;

③保证人员安全疏散,保证疏散扑救用的防烟楼梯及消防电梯间内无烟,使着火层人员迅速疏散,为消防队员的灭火扑救创造有利条件。常用的建筑防烟、排烟方式如表 3.1 所示。

表 3.1　防烟、排烟方式

序号	防烟、排烟方式	适用部位
1	自然排烟(开窗)	房间、走道、防烟楼梯间及其前室、消防电梯间前室、合用前室、通行机动车的四类隧道
2	机械排烟	房间、走道、通行机动车的一～三类隧道
3	机械排烟、机械进风	地下室及密闭场所
4	机械加压送风(设置竖井正压送风)	防烟楼梯间及其前室、消防电梯间前室、合用前室

(3)加压防烟

加压防烟就是对房间(或空间)进行机械送风,以保证该房间(或空间)的压力高于周围房间,或在开启的门洞处造成一定风速,以避免烟气渗入或侵入。设置机械加压送风防烟系统,是为了在建筑物发生火灾时,提供不受烟气干扰的疏散线路和避难场所。民用建筑的下列部位应设置独立的机械加压送风防烟设施:

①不具备自然排烟条件的防烟楼梯间、消防电梯间前室或合用前室,如图 3.8 所示。

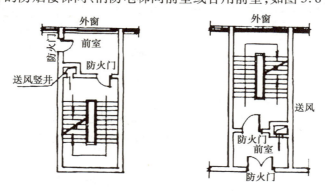

图 3.8　不具备自然排烟条件的防烟楼梯间及其前室示意图

②采用自然排烟措施的防烟楼梯间,其不具备自然排烟条件的前室。

③高层建筑的封闭避难层(间)。

④带裙房的高层建筑防烟楼梯间及其前室、消防电梯前室和合用前室,当裙房以上部分能采用可开启外窗自然排烟措施时,其裙房以内部分如不具备自然排烟条件的前室或合用前室,应设置局部正压送风系统。

2) 通风系统

建筑通风就是把建筑物室内被污染的空气直接或经过净化处理后排至室外,再将新鲜的空气补充进来,达到保持室内空气环境符合卫生标准要求的过程。可见,通风是改善空气条件的方法之一,它包括从室内排出污浊空气和向室内补充新鲜空气两个方面,前者称为排风,后者称为送风。实现排风和送风所采用的一系列设备、装置统称为通风系统。

通风系统可分为自然通风和机械通风,机械通风又可分为全面通风、局部通风和混合通风 3 种。采用哪种通风方式主要取决于有害物质产生和扩散范围的大小,有害物质面积大则采用全面通风,相反可采用局部和混合通风。

(1)自然通风

自然通风是依靠室内外空气温差所造成的热压,或利用室外风力作用在建筑物上所形成的压差,使室内外的空气进行交换,从而改善室内的空气环境。自然通风不需要动力,经济;但进风不能预处理,排风不能净化,可能污染周围环境,且通风效果不稳定。

(2)机械通风

依靠风机动力使空气流动的方法称为机械通风。机械通风的进风和排风可进行处理,通风参数可根据要求选择确定,可确保通风效果,但通风系统复杂,投资费和运行管理费用大。

①局部通风。局部通风利用局部气流,使局部工作地点不受有害物污染,形成良好的空气环境。局部通风又分为局部排风和局部送风两大类。

a.局部排风。局部排风是在集中产生有害物的局部地点,设置捕集装置,将有害物排走,以控制有害物向室内扩散,如图 3.9 所示。这是防毒、排尘最有效的通风方法。

b.局部送风。局部送风是向局部工作地点送风,使局部地带形成良好的空气环境。系统又分为系统式和分散式。系统式就是通风系统将室外空气送至工作地点,如图 3.10 所示;分散式借助轴流风扇或喷雾风扇,直接将室内空气吹向作业地带进行循环通风。

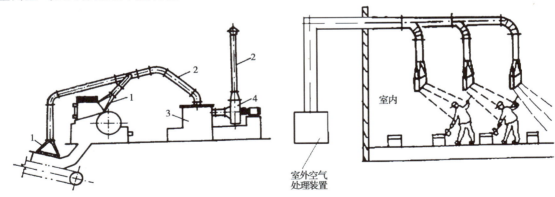

图 3.9　局部排风系统示意图　　　　　图 3.10　局部送风系统示意图

1—排风罩;2—风管;3—净化设备;4—风机局部

②全面通风。全面通风就是对房间进行通风换气,以稀释室内有害物,消除余热、余温,使之符合卫生标准要求,如图 3.11 和图 3.12 所示。全面通风按照具体实施方法又可分为全面排风法、全面送风法、全面排送风法和全面送、局部排风混合法等。

③事故通风。事故通风是对于有可能突然从设备或管道中逸出大量有害气体或燃烧爆炸性气体的房间,设事故排风系统,以便发生逸出事故时,从事故排风系统和经常使用的排风系统共同排风,尽快把有害物排到室外。事故通风系统的风机开关应设在便于开启的地点,排出有爆炸危害气体时,应考虑风机防爆问题。

④空气幕。空气幕是利用条状喷口送出一定速度、一定温度和一定厚度的幕状气流,用于隔断另一气流。空气幕主要用于公共建筑、工厂中经常开启的外门,以阻挡室外空气侵入;或用于防止建筑发生火灾时烟气向无烟区蔓延;或用于阻挡不干净空气、昆虫等进入控制区域。在寒冷的北方地区,大门空气幕使用很普遍,在空调建筑中,大门空气幕可以减少冷量损失。空气幕也经常简称为风幕。

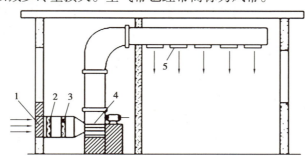

图 3.11　机械全面送风系统

1—百叶窗;2—空气过滤器;3—空气换热器;4—风机;5—送风口

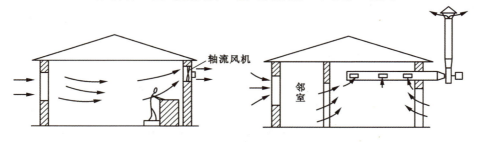

图 3.12　机械全面排风系统

【知识拓展】

厨房烟道返味怎么办?

1.建议在预埋烟道时在烟道孔处安装一个烟道止回阀,防止气体逆流,迫使烟气向烟道单向运动,这样可以有效地防止油烟倒流返味。

2.烟道止回阀是家庭的安全卫士,它可以有效阻止公共烟道中别人家排出的有毒废气和油烟倒灌进入自己家里,同时也可以防止蚊虫进入家中,保证家中空气卫生安全。

【学习笔记】

_____

_____

【想一想】防排烟系统、通风系统有哪些设备和部件?它们有什么作用?

3.1.2　防排烟及通风系统设备及部件

1)防排烟设备及部件

防火、防排烟设备及部件主要有防火阀、防排烟通风机等。防火阀是防火阀、防火调节阀、排烟防火阀的总称。防火阀的结构及其安装示意如图 3.13 和图 3.14 所示。

(1)防火阀

防火阀安装在通风、空调系统的送、回风管路上,平时呈开启状态,火灾时,当管道内气体温度达到 70 ℃时,易熔片熔断,阀门在弹簧力作用下自动关闭,起隔烟阻火作用。阀门关闭时,输出关闭信号。

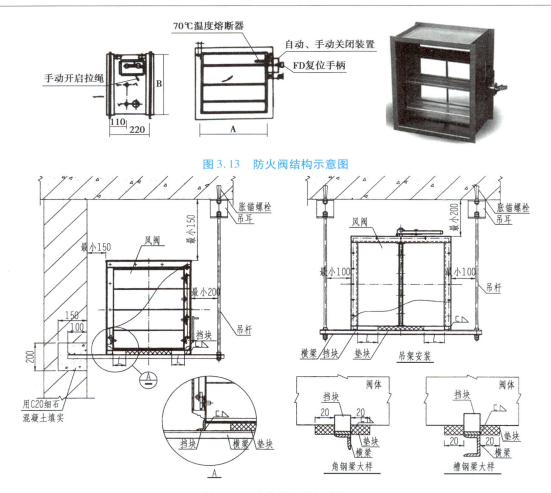

图 3.13　防火阀结构示意图

图 3.14　防火阀安装示意图

防火调节阀在防火阀的基础上多了一个风量调节的功能。

排烟防火阀安装在排烟系统管路上,平时呈开启状态,火灾时,当管道内气体温度达到 280 ℃时关闭,在一定时间内能满足耐火稳定性和耐火完整性要求,起隔烟阻火作用。

（2）防排烟通风机

防排烟通风机可采用通用风机,也可采用防火排烟专用风机,如图 3.15 所示。常用的防火排烟专用风机有 HTF 系列、ZWF 系列、W-X 型等类型。烟温较低时可长时间运转,烟温较高时可连续运转一定时间,通常有两挡以上的转速。

2）通风设备及部件

（1）通风机

通风机是为空气流动提供必需的动力以克服输送过程中阻力损失的设备。通风机根据作用原理不同,可分为离心式、轴流式和贯流式 3 种类型。通风工程中大量使用的是离心式和轴流式通风机,如图 3.16 和图3.17所示。此外,在特殊场所使用的还有高温通风机、防爆通风机、防腐通风机和耐磨通风机等。

图 3.15　防排烟通风机　　图 3.16　离心式通风机　　图 3.17　轴流式通风机

①离心式通风机。离心式通风机工作时,动力机(主要是电动机)驱动叶轮在蜗形机壳内旋转,空气经吸气口从叶轮中心处吸入,由于叶片对气体的动力作用,气体压力和速度得以提高,并在离心力作用下沿着叶道甩向机壳,从排气口排出。

②轴流式通风机。轴流式通风机叶轮安装在圆筒形外壳中,当叶轮由电动机带动旋转时,空气从吸风口进入,在风机中轴向流动经过叶轮的扩压器时压头增大,从出风口排出。通常电动机就安装在机壳内部。轴流风机产生的风压低于离心风机,以 500 Pa 为界分为低压轴流风机和高压轴流风机。

轴流风机与离心风机相比,具有产生风压较小,单级式轴流风机的风压一般低于 300 Pa;风机自身体积小、占地少;可以在低压下输送大流量空气;允许调节范围很小等特点。轴流风机多用于无须设置管道以及风道阻力较小的通风系统。

(2)进、排风装置

进风口、排风口按其使用的场合和作用的不同有室外进、排风装置和室内进、排风装置之分。

①室外进风装置。室外进风口是通风和空调系统采集新鲜空气的入口。根据进风室的位置不同,室外进风口可采用竖直风道塔式进风口,也可采用设在建筑物外围结构上的墙壁式或屋顶式进风口如图 3.18 所示。

②室外排风装置。室外排风装置的任务是将室内被污染的空气直接排到大气中去。室外排风通常是由屋面排出,一般的室外排风口应设在屋面以上 1 m 的位置,出口处应设置风帽或百叶风口,如图 3.19 所示。

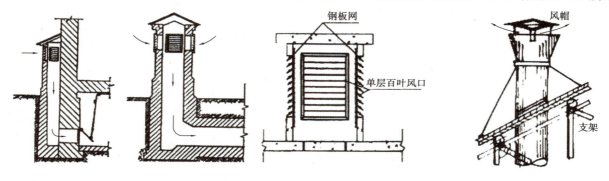

图 3.18　室外进风装置　　　　　　　　　　　　图 3.19　室外排风装置

③室内送、排风口。室内送风口是送风系统中风管的末端装置,室内排风口是排风系统的始端吸入装置。室内送风口的形式有多种,最简单的形式是在风管上开设孔口送风,根据孔口开设的位置有侧向送风口、下部送风口之分。常用的室内送风口还有百叶式送风口,对于布置在墙内或者暗装的风管可采用这种送风。百叶式送风口有单、双层和活动式、固定式之分,双层式不但可以调节方向也可以控制送风速度,如图 3.20 和图 3.21 所示。

图 3.20　单层百叶风口　　　　　　图 3.21　双层百叶风口

(3)风管

制作风管的材料有薄钢板、硬聚氯乙烯塑料板、玻璃钢、胶合板、纤维板、铝板和不锈钢板。利用建筑空间兼作风道的,有混凝土、砖砌风道。需要经常移动的风管,则大多用柔性材料制成各种软管,如塑料软管、橡胶管和金属软管。

最常用的风管材料是薄钢板,有普通薄钢板和镀锌薄钢板两种。两者的优点是易于工业化制作、安装方便、能承受较高的温度。镀锌钢板还具有一定的防腐性能,适用于空气湿度较高或室内比较潮湿的通风、空调系统。

玻璃钢、硬聚氯乙烯塑料风管适用于有酸性腐蚀作用的通风系统。它们表面光滑,制作也比较方便,因而得到了较广泛的应用。

砖、混凝土等材料制作的风管主要用于需要与建筑结构配合的场合。它节省钢材,经久耐用,但阻力较大。在体育馆、影剧院等公共建筑和纺织厂的空调工程中,常利用建筑空间组合成通风管道。这种管道的断面较大,可降低流速,减小阻力,还可以在风管内壁衬贴吸声材料,以降低噪声。

3)通风系统安装

(1)通风机的安装

通风机可以固定在墙上、柱上或混凝土楼板下的角钢支架上。此外,安装通风机时,应尽量使吸风口和出风口处的气流均匀一致,不要出现流速急剧变化的现象。对隔震有特殊要求的情况,应将风机安装在减震台座上。

管道风机的安装:

①管道风机通常安装在风道中间或墙洞中,如图 3.22 所示。

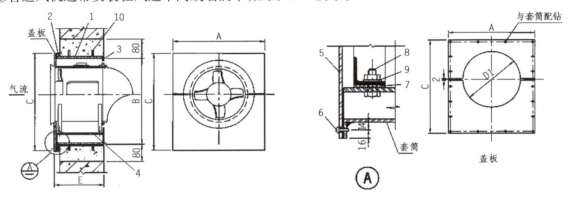

图 3.22　管道风机在墙洞中安装示意

1—筒体;2—法兰;3—前板;4—基座板;5—盖板;6—自攻螺钉;7—橡胶垫;8—带帽螺栓;9—弹簧垫圈;10—预埋件

②管道风机在混凝土墙(柱)上安装,如图 3.23 所示。

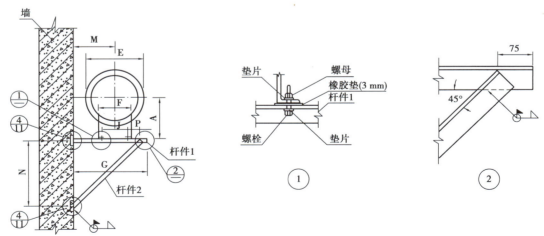

图 3.23　管道风机在混凝土墙(柱)上安装示意

③管道风机在屋顶上安装,如图 3.24 所示。

④管道风机在梁板下吊装,如图 3.25 所示。

⑤管道风机减震吊装,如图 3.26 所示。

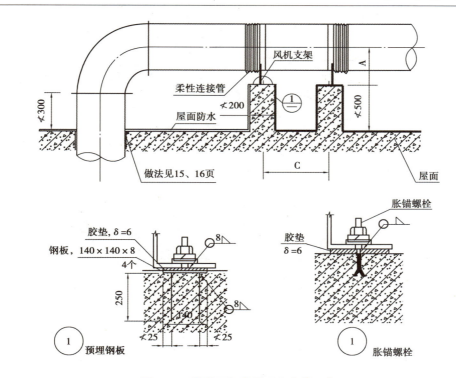

图 3.24 管道风机在屋顶上安装示意

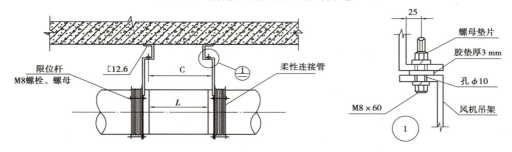

图 3.25 管道风机吊装示意

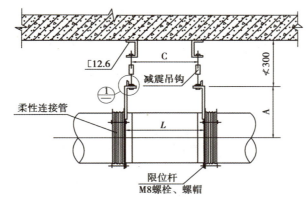

图 3.26 管道风机减震吊装示意

（2）风管制作安装

①风管接缝的连接方法有咬口连接和焊接连接。

②镀锌铁皮风管的连接方法有"C"形插条连接（图 3.27）和法兰连接。

③风管加固。矩形风管与圆形风管相比,自身强度低,当边长大于或等于 630 mm,管段长度在 1.2 m 以上时,均应采取加固措施,如图 3.28 所示。

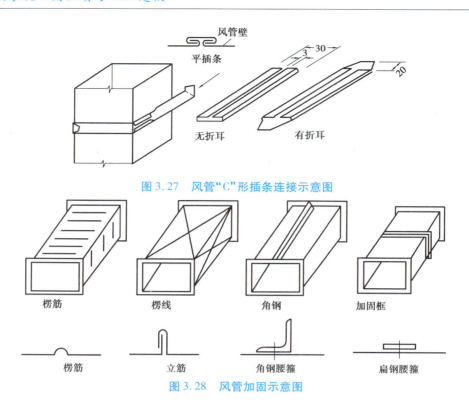

图 3.27　风管"C"形插条连接示意图

图 3.28　风管加固示意图

【知识拓展】

消防高温排烟风机与正压送风机的区别

消防排烟风机适用于高层建筑、地下建筑及隧道、烘房等通风换气或高温排烟,该风机能够在 280 ℃ 高温条件下运转 30 min 以上,能够保证介质温度在 100 ℃ 的条件下风机还能够连续运转 20 h/次不损坏,是消防排烟工程中使用最为广泛的一种消防风机,是理想的消防必备设备。

正压送风机则是一种向逃生楼道里送风的风机,该风机可以将室外的风压送往室内,主要用在逃生楼梯道,当建筑发生火灾后,该风机可以通过自身的运转给逃生的楼道内送风,并且还能够阻止火灾时产生的大量烟雾、一氧化碳等有毒气体到达楼体内,给人们的逃生争取时间。

【学习笔记】

【总结反思】

总结反思点	已熟知的知识或技能点	仍需加强的地方	完全不明白的地方
认识防排烟的手段			
认识通风系统的分类			
认识防排烟设备及部件			
认识通风设备及部件			
认识通风系统的安装			
在本次任务实施过程中,你的自我评价	□A. 优秀　□B. 良好　□C. 一般　□D. 需继续努力		

【关键词】通风机　防排烟风机　防火阀　排烟防火阀　风管　风口

任务 3.2　认识建筑防排烟及通风系统施工图

3.2.1　建筑防排烟及通风系统施工图组成

防排烟及通风系统施工图由图文与图纸两部分组成。图文部分包括图纸目录、设计施工说明、主要设备材料表。图纸部分包括防排烟及通风系统平面图、剖面图,防排烟系统图(轴测图)、原理图、详图等。

1)设计施工说明

设计施工说明主要包括防排烟及通风系统的建筑概况;通风系统采用的设计气象参数;房间的换气条件;防烟系统、排烟系统分别与电气消防报警系统的联动,风管系统和水管系统的一般规定、风管材料及加工方法、管材、支吊架及阀门安装要求、保温、减震做法、水管系统的试压和清洗等;设备的安装要求;防腐要求;系统调试和试运行方法和步骤;应遵守的施工规范等。

2)防排烟及通风系统平面图

防排烟及通风系统平面图包括建筑物各层的防排烟及通风系统平面图、空调机房平面图、制冷机房平面图、水泵房平面图等。

(1)系统平面图

系统平面图主要说明防排烟及通风系统的设备、风管的平面布置。

①风管系统包括风管系统的构成、布置及风管上各部件、设备的位置,并注明系统编号、送回风口的空气流向,一般用双线绘制。

②防烟、排烟、通风设备的轮廓和位置。

③尺寸标注包括各风管、设备、部件的尺寸大小、定位尺寸以及设备基础的主要尺寸,还有各设备、部件的名称、型号、规格等。

除上述之外,还应标明图纸中应用到的通用图、标准图索引号。

(2)防排烟及通风系统机房平面图

防排烟及通风系统机房平面图一般应包括防烟、排烟、通风等处理设备、风管系统、尺寸标注等内容。

①防烟、排烟、通风等处理设备应按产品样本要求或标准图集标注设备的型号、数量以及该设备的定位尺寸。

②风管系统包括与防烟、排烟、通风设备连接的送、排风管的位置及尺寸,用双线绘制。

3)防排烟及通风系统剖面图

剖面图与平面图对应,因此,剖面图主要有系统剖面图、机房剖面图等,剖面图上的内容应与平面图剖切位置上的内容对应一致,并标注设备、风管及配件的标高。

4)防排烟系统图

防排烟系统图应包括系统中设备、配件的型号、尺寸、定位尺寸、数量以及连接于各设备之间的管道在空间的曲折、交叉、走向和尺寸、定位尺寸等,并应注明系统编号。

施工图是设计、施工的语言,需按照国家规定的图例符号和规则来描述系统构成、设备安装工艺与要求,实现信息传送、表达及技术交流。

【想一想】防排烟及通风系统中的各设备、部件在施工图里是什么样子?

3.2.2 防排烟及通风系统施工图识读

1）防排烟及通风系统施工图的一般规定

（1）防排烟及通风系统施工图
防排烟及通风系统施工图的一般规定应符合《暖通空调制图标准》（GB/T 50114—2010）的规定。
（2）风管规格标注
风管规格对圆形风管用管径"φ"表示（如 φ200，表示管径为 200 mm）；对矩形风管用断面尺寸"宽×高"表示（如 400×120，表示宽×高为 400 mm×120 mm）。
（3）风管标高标注
标高对矩形风管为风管底标高，对圆形风管为风管中心标高。

2）防排烟及通风系统施工图常用图例

防排烟及通风系统施工图常用图例除第一单元图 0.6 所示外，其他图例如表 3.2 所示。

表 3.2　防排烟及通风系统施工图常用图例

序号	名称	图例	序号	名称	图例
		风管及配件			
1	送风管、新（进）风管		7	风管检查孔	
2	回风管、排风管		8	风管测定孔	
3	混凝土或砖砌风道		9	矩形三通	
4	异径风管		10	圆形三通	
5	天圆地方		11	弯头	
6	柔性风管		12	带导流片弯头	
		风阀及附件			
1	插板阀		9	送风口	
2	蝶阀		10	回风口	
3	手动对开式多叶调节阀		11	方形散流器	
4	电动对开式多叶调节阀		12	圆形散流器	
5	三通调节阀		13	伞形风帽	
6	防火（调节）阀		14	锥形风帽	
7	余压阀		15	筒形风帽	
8	止回阀				

续表

序号	名　称	图　例	序号	名　称	图　例
通风设备					
1	离心式通风机		2	轴流式通风机	

3）建筑防排烟及通风系统施工图读图要领

防排烟及通风系统施工图有其自身的特点,识读时要切实掌握各图例的含义,搞清系统,摸清环路,系统阅读,其方法与步骤如下:

①认真阅读图纸目录。根据图纸目录了解该工程图纸张数、图纸名称、编号等概况。

②认真阅读领会设计施工说明。从设计施工说明中了解工程总体概况及设计依据,了解系统的划分及设备布置等工程概况;还要认真阅读图例,了解各个图例所代表的含义。

③仔细阅读有代表性的图纸。在了解工程概况的基础上,根据图纸目录找出反映通风机房系统布置平面图,从总平面图开始阅读,然后阅读其他平面图。

④辅助性图纸的阅读平面图不能清楚、全面地反映整个系统情况,因此,应根据平面图的提示结合辅助图纸(如剖面图、详图)进行阅读。

对于防排烟系统,可配合防排烟系统图阅读。

⑤其他内容的阅读。在读懂整个系统的前提下,再回头阅读施工说明及设备材料明细表,了解系统的设备安装情况、零部件加工安装详图,从而把握图纸的全部内容。

【学习笔记】

_____

_____

【总结反思】

总结反思点	已熟知的知识或技能点	仍需加强的地方	完全不明白的地方
认识建筑防排烟及通风系统施工图常用图例与符号			
能解读施工图内线路文字标注的含义			
懂得防排烟及通风系统施工图组成			
在本次任务实施过程中,你的自我评价	□A.优秀　□B.良好　□C.一般　□D.需继续努力		

【关键词】图例　符号　组成　平面图　系统图

2号办公楼防排烟系统的组成及工作原理

任务3.3　识读建筑防排烟系统图

本任务以2号办公楼防排烟系统的走道排烟系统图(如图3.4)为载体进行读图练习。

本工程属于多层办公建筑,地上5层,地下1层,建筑高18.3 m,总建筑面积5 672 m²,地下建筑面积

1 029 m²。地下一层地坪为 -4.0 m,地上 5 层的层高均为 3.6 m。

①阅读设计总说明以及施工总说明,根据设计总说明的第 7 点可以了解到本工程 1～5 层走道采用机械排烟系统,排烟口为常闭多叶排烟口,外窗自然补风,当火灾发生时,打开着火层走道排烟口,即可联动屋面排烟风机排烟。排烟风机的控制方式有 3 种:现场手动启动方式、火灾自动报警联动自动开启方式、消防控制室手动开启方式。排烟风机入口处设有烟气温度超过 280 ℃时,自动关闭的排烟防火阀,同时联锁关闭对应的排烟风机。火灾时,排烟风机及其软接头能在 280 ℃时运行 30 min。封闭的楼梯、其余的房间采用自然排烟方式。根据施工总说明的第 1 点可知,本防排烟系统的各层水平段风管采用镀锌钢板,其厚度应满足规范要求。

②阅读排烟、排风、补风风机设备表(图 3.5),了解屋面排烟风机的编号、位置、服务区域、类型、数量、安装方式以及风机相关的技术经济指标;此外,还需要阅读相关的暖通图例,了解图例表达的设计与施工的意图。

③识读走道排烟系统图,从系统图中我们可以了解到每一层水平排烟管与排烟竖井的连接细节,以及排烟设备、排烟部件的位置,详细解读如图 3.29 所示。2 号办公楼的垂直排烟道(1～5 层)为 800 mm × 800 mm 的混凝土结构排烟竖井,1～5 层每层走道均设置有一根水平排烟管,这根排烟管上两边对称布置 8 个排烟口,为常闭多叶排烟口,两边各设置一个 280 ℃排烟防火阀,每层的水平排烟管均与混凝土结构排烟竖井连接,在每层的连接处设置了 1 个 280 ℃的排烟防火阀,排烟竖井至屋顶后,安装有 PY-W-1 屋顶排烟风机,排烟风机入口处设有 1 个 280 ℃排烟防火阀,1～5 层布置有挡烟垂壁,突出吊顶 0.5 m 防火玻璃分隔,划分防烟区域,图 3.30 为走道排烟系统模型图。

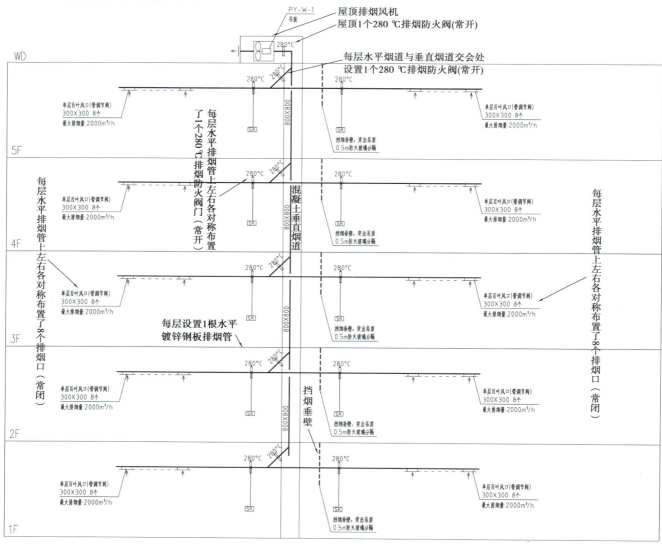

图 3.29　防排烟系统的走道排烟系统图概况

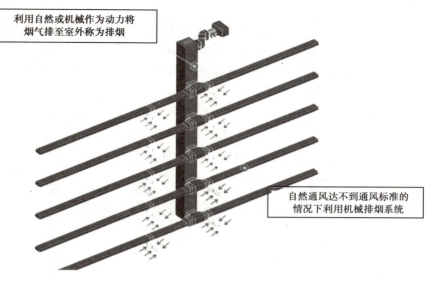

利用自然或机械作为动力将烟气排至室外称为排烟

自然通风达不到通风标准的情况下利用机械排烟系统

图 3.30　走道排烟系统模型

【学习笔记】

【总结反思】

总结反思点	已熟知的知识或技能点	仍需加强的地方	完全不明白的地方
认识防排烟系统图内容			
能解读施工图内线路文字标注的含义			
认识防排烟消防联动过程			
在本次任务实施过程中,你的自我评价	□A.优秀　　□B.良好　　□C.一般　　□D.需继续努力		

任务 3.4　识读建筑防排烟及通风系统平面图

3.4.1　防排烟系统平面图

本任务以 2 号办公楼一层防排烟及通风系统平面图为载体进行读图练习。在以防排烟走道系统图为线索的基础上,结合每一层的防排烟及通风系统的平面图深入阅读,进一步检查平面图设备、部件的布置是否与系统图一致。首先以一层防排烟通风平面图为例进行识读,局部截图如图 3.31 所示,从一层防排烟通风平面图可以了解到走道上布置了 1 根 700 mm × 320 mm 的镀锌钢板矩形排烟管,以中间的竖直排烟道为中轴线,排烟管左右两边分别对称布置 8 个 300 mm × 300 mm 的多叶排烟口(常闭),左右两边分别对称布置了 1 个 280 ℃排烟防火阀,还在突出吊顶 0.5 m 处利用防火玻璃做挡烟垂壁;图 3.32 是局部放大的排烟竖井平面图,图中可以了解到排烟竖井为 800 mm × 800 mm 的混凝土烟道,每层的竖直排烟道和水平排烟管之间用一段 800 mm × 600 mm 的镀锌钢板风管连接,在这段风管上设置了 1 个 280 ℃排烟防火阀,其余楼层的防排烟通风系统平面图的识读可以参照一层平面图;图 3.33 是屋面防排烟通风平面图的局部截图,从图上可以了解到排烟竖井与排烟机之间使用了一段 630 mm×800 mm 的水平风管连接,在这段风管上设置了 1 个 280 ℃排烟防火阀,还设置了两个天圆地方,天圆地方主要是为了风管的截面从圆形转换成矩形而使用的,排烟管的末端安装了一个室外排风口,为 1 500 mm×800 mm 的防雨百叶风口。本任务通过以防排烟走道排烟系统图为线索,对照平面图进行识读,了解了整个 2 号办公楼防排烟系统的脉络,以及防排烟系统烟道的布置情况,各个防排烟设备、部件的位置,为下一步的建模打下基础。

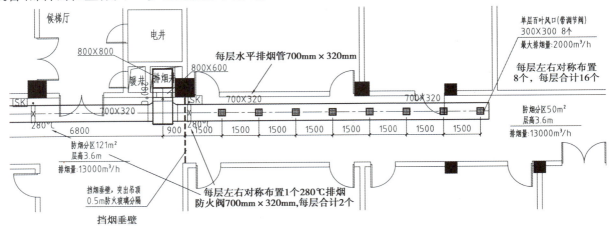

图 3.31　一层防排烟通风系统平面图局部截图

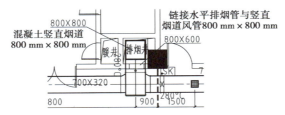

图 3.32　防排烟通风系统排烟井平面图

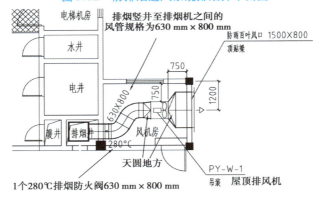

图 3.33　防排烟通风系统屋顶平面图局部截图

3.4.2　通风系统平面图

本任务以 2 号办公楼地下室防排烟及通风系统平面图为载体进行读图练习。

①阅读设计总说明以及施工总说明,根据设计总说明的第 4 点的第 3 小点可以了解到本工程设置机械通风的部位有车库、水泵房、电梯机房、变配电房、发电机房以及卫生间。根据施工总说明的第 1 点可知,本通风系统的风管采用镀锌钢板,其厚度应满足规范要求。

②阅读排烟、排风、补风风机设备表(图3.5),了解风机的编号、位置、服务区域、类型、数量、安装方式以及风机相关的技术经济指标;根据排烟、排风、补风风机设备表可知,地下室设置 P-B-1、P-B-2、P-B-3、P-B-4 共4 台高效混流排风机,其中 P-B-1 排风机安装在 -1 层风机房,负责车库通风换气,P-B-2 排风机安装在 -1 层风机房,负责水泵房通风换气,P-B-3 排风机安装在 -1 层风机房,负责配电房通风换气,P-B-4 排风机安装在 -1 层发电机房,负责发电机房通风换气,P-B-1 ~ P-B-4 的排风管在 -1 层的风机房汇成一条总的排风管,接入排风竖井,将气体排至室外(图3.34、图3.35)。此外,还需要阅读相关的暖通图例,了解图例表达的设计与施工的意图。

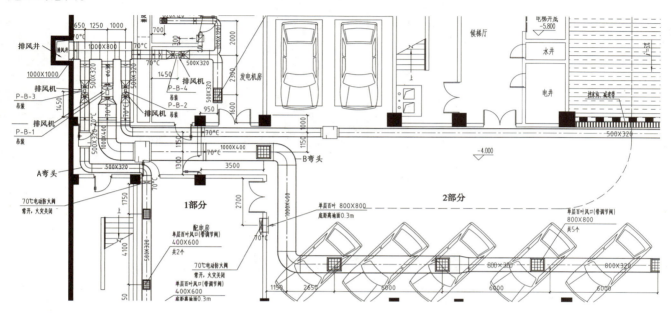

图 3.34　地下室通风系统通风机布置情况截图

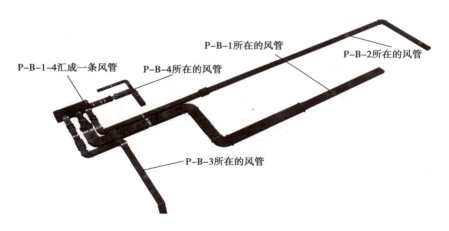

图 3.35　地下室通风系统通风机布置情况模型

③对每一根风管的规格和组成进行详细阅读。以 P-B-1 排风机所在的风管为例,讲解通风系统施工图的识读。P-B-1 排风机安装在 -1 层风机房,安装方式为吊装,负责车库通风换气,由于图幅有限,把这条风管分成 1 区和 2 区两张截图来详细讲解。从排气管的末端开始逐一识读(图3.36),排气管的末端是一段圆形的风管,规格为直径 630 mm,其上安装了 1 个直径 630 mm 的止回阀,防止气体倒流;接下来是 P-B-1 排风机,为了缓解风机工作时产生的震动,排风机的前后安装了帆布软接头;排风机之后是天圆地方,天圆地方主要供风管的截面从圆形转换成矩形使用;天圆地方之后的风管规格是 1 000 mm × 400 mm(图3.37 和图3.38),这段风管上有 3 个 90°弯头(在图3.34 中,分别以 A,B,C 表示),2 个 70 ℃的防火阀,1 个阻抗复合式消声器,消声器

的规格是 1 000 mm×400 mm,长度为 1 m;接下来的风管规格为 800 mm×320 mm(图 3.38),为了跟上一段风管 1 000 mm×400 mm 衔接,设置了 1 个大小头,规格为 1 000 mm×400 mm~800 mm×320 mm;整条风管总共安装了 5 个 800 mm×800 mm 的单层百叶风口(带调节阀)。本任务以 P-B-1 排风机所在的风管为例,讲解了这根排风管的规格,以及设备、部件的布置情况,为下一步建模打下基础。

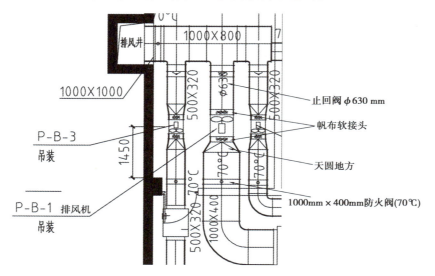

图 3.36　P-B-1 所在的风管局部截图

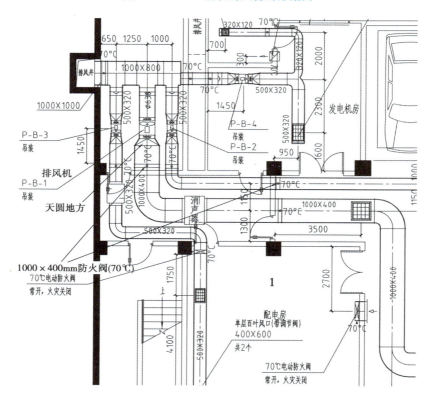

图 3.37　P-B-1 所在风管局部截图 1

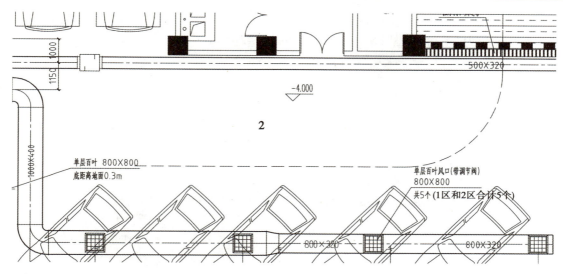

图 3.38　P-B-1 所在风管局部截图 2

【学习笔记】

【总结反思】

总结反思点	已熟知的知识或技能点	仍需加强的地方	完全不明白的地方
识读防排烟系统图			
识读防排烟平面图			
识读通风平面图			
在本次任务实施过程中,你的自我评价	□A. 优秀　　□B. 良好　　□C. 一般　　□D. 需继续努力		

【关键词】通风机　防排烟风机　防火阀　排烟防火阀　风管　风口　平面图　系统图

任务 3.5　地下室防排烟及通风系统建模

建模流程如图 3.39 所示。

图 3.39　建模流程图

3.5.1　链接 CAD 图纸

【操作步骤】

①链接 CAD 图纸。单击"视图"选项卡下"平面视图"选择"地下负一",单击"确定",如图 3.40 所示,将地下负一的楼层平面复制出来。将该"地下负一"的楼层平面中,属性窗口里的"规程"设置为"机械","子规程"设置为"通风",如图 3.41 所示。单击"插入"选项卡"链接"面板中的"链接 CAD"工具在"链接 CAD 格

式"窗口选择 CAD 图纸存放路径,选中拆分好的"地下一层通风防排烟平面图",勾选"仅当前视图",设置导入单位为"毫米",定位为"手动-中心",单击"打开",如图 3.42 所示。

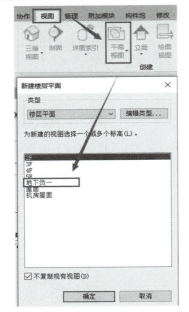

图 3.40   图 3.41

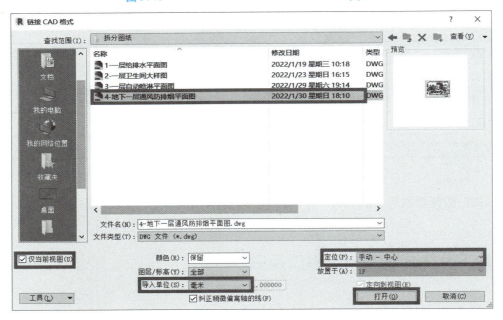

图 3.42

②对齐链接的 CAD 图纸。图纸导入后,单击"修改"选项卡"修改"面板中的"对齐"工具,如图 3.43 所示。移动鼠标到项目轴网①轴上单击鼠标左键选中①轴(单击鼠标左键,选中轴网后轴网显示为蓝色线),移动鼠标到 CAD 图纸轴网①轴上单击鼠标左键。按照上述操作可将 CAD 图纸纵向轴网与项目纵向轴网对齐。重复上述操作,将 CAD 图纸横向轴网和项目横向轴网对齐。

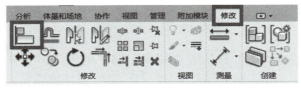

图 3.43

③将链接进来的 CAD 图纸锁定。单击鼠标左键选中 CAD 图纸,Revit 自动切换至"修改｜地下一层通风防排烟平面图.dwg"选项卡,单击"修改"面板中的"锁定"工具,将 CAD 图纸锁定到平面视图,如图 3.44 所示。至此,地下一层通风防排烟平面图 CAD 图纸的导入完成,结果如图 3.45 所示。

图 3.44

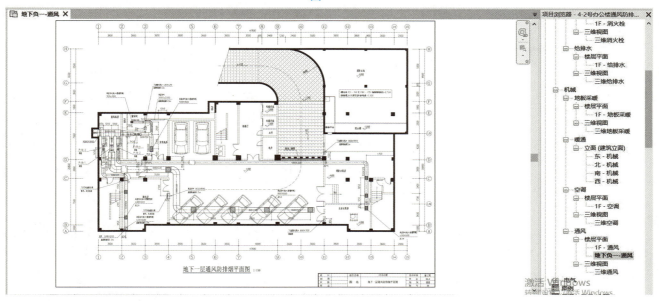

图 3.45

3.5.2　新建风管管材类型及系统类型

【操作步骤】

①新建风管管材类型。在"项目浏览器"窗口"机械"类别下打开"1F-通风"平面图,单击"系统"选项卡"HVAC"面板中的"风管"工具,在"属性"窗口选择矩形风管(半径弯头/T 形三通),单击"编辑类型",在"类型属性"窗口复制新建"排烟风管"管材类型,如图 3.46 所示。

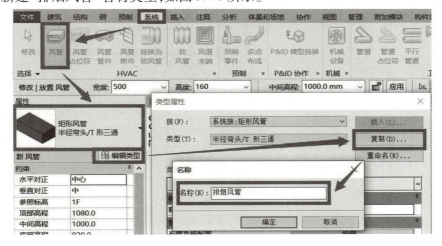

图 3.46

159

②新建风管系统类型。在"项目浏览器"窗口中展开"族"类别,在族类别中打开"风管系统",以"送风"为基础,单击鼠标右键复制新建"排烟系统"系统类型,如图 3.47 所示。

③设置通风系统过滤器。切换到"1F-通风"平面视图中,单击"属性"窗口的"可见性/图形替换"命令右边的"编辑"工具,在弹出的对话框中选择"过滤器"页签,选择"编辑/新建"按钮,如图 3.48 所示。在"过滤器"窗口单击左下角"新建"图标按钮新建"排烟系统",如图 3.49 所示。选择"排烟系统",在类别位置勾选"风口、风管、风管管件、风管附件",过滤条件选择"系统类型→等于→排烟系统"如图 3.50 所示,单击"确定"完成"排烟系统"过滤器添加。返回过滤器选项卡后,单击"添加"按钮,找到"排烟系统",单击"确定",将排烟系统添加到过滤器中,如图 3.51 所示。

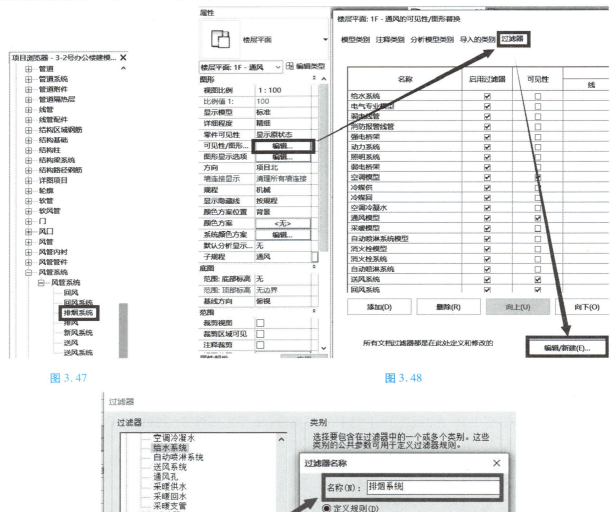

图 3.47

图 3.48

图 3.49

④给"排烟系统"设置颜色。单击"排烟系统"的"填充图案"选项,将"填充图案"设置为"实体填充",图案填充颜色为 RGB(128-064-064)棕色,单击"确定",再单击"确定",如图3.52所示,完成排烟系统过滤器的添加。

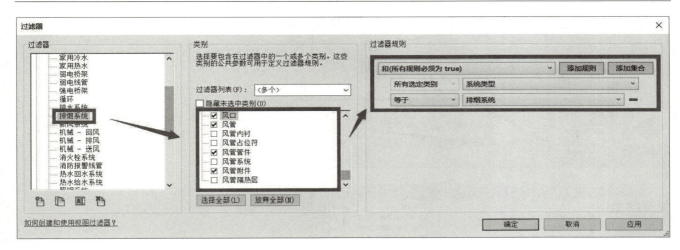

图 3.50

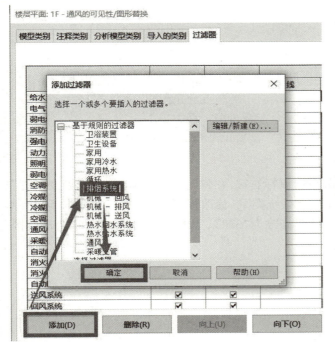

图 3.51

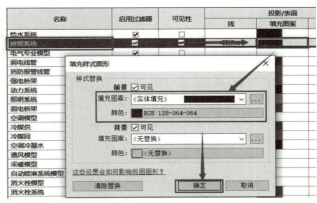

图 3.52

3.5.3　绘制建筑防排烟及通风系统专业模型

【操作步骤】

①放置高效混流风机。P-B-1 混流风机直径为 630 mm,P-B-2、P-B-3、P-B-4 混流风机直径为 400 mm。一层楼面结构标高为 -0.03 m,梁高最大为 700 mm,风管尽量贴梁底安装,所以风管到负一楼楼面的偏移量为 4.1 - 0.7 - 0.5 = 2.9(m)。接下来载入混流风机。单击"系统"选项卡下的"机械设备",在"属性"窗口中单击"编辑类型",单击"载入",打开"MEP→通风除尘→风机→混流风机",如图 3.53 所示。在"类型属性"对话框中选中型号为"4127-5745CMH"的风机,如图 3.54 所示,将其载入项目中后,将"属性"窗口的"标高中的高程"修改为"2900.0",如图 3.55 所示,将其放置在 P-B-2、P-B-3、P-B-4 的位置上。用同样的方法放置 P-B-1,其型号为"12264-16820 CMH","中间高程"也为"2900.0"。

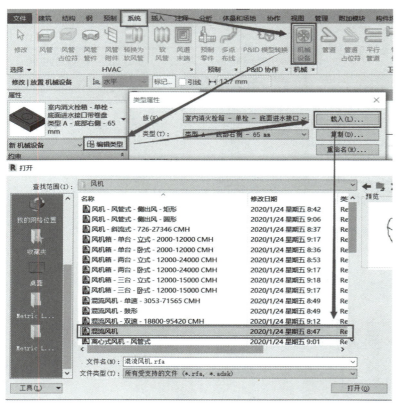

图 3.53

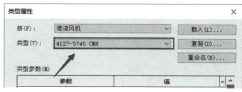

图 3.54

②绘制风管。单击选中 P-B-3,在端头的小正方形处单击鼠标右键,在弹出的对话框中选择"绘制风管",将"属性"窗口中的管道类型修改成"矩形风管 排烟风管","系统类型"修改成"排烟系统",如图 3.56 所示。将"修改|放置 风管"命令栏的"宽度"修改为"500","高度"修改为"320",如图 3.57 所示,选择"自动链接""继承高程"的绘制方式,绘制一段风管,如图 3.58 所示。

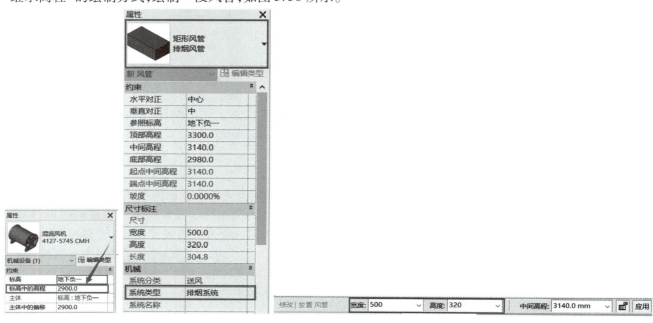

图 3.55   图 3.56   图 3.57

③绘制到图 3.59 所示位置后，将"修改｜放置 风管"命令栏的"宽度"修改为"500"，"高度"修改为"200"，"中间高程"修改为"300"，单击"应用"，如图 3.59 所示。

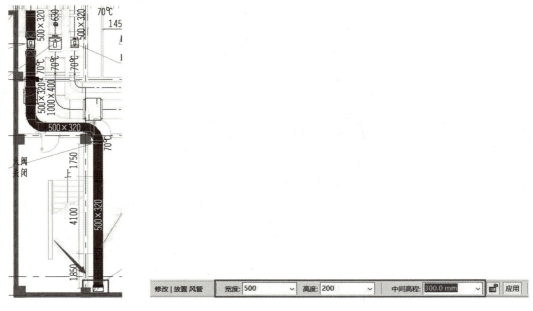

图 3.58   图 3.59

④绘制与 P-B-1 连接的风管。与 P-B-1 连接的风管一段为直径 630 mm 的圆形风管，另一段为矩形风管。单击风机 P-B-1，在上端的正方形处单击鼠标右键，选择"绘制风管"命令，在"属性"窗口中，将"风管类型"选择为"圆形风管"，"系统类型"选择为"排烟系统"，如图 3.60 所示。在"修改｜风管"选项中，将"直径"修改为"630"，如图 3.61 所示，绘制一段风管，如图 3.62 所示。

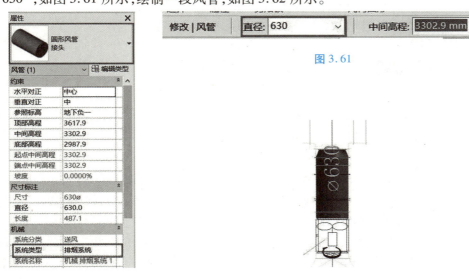

图 3.60   图 3.62

⑤单击风机 P-B-1，在下端的正方形处单击鼠标右键，选择"绘制风管"命令，在"属性"窗口中，将"风管类型"选择为"矩形风管-排烟风管"，"系统类型"选择"排烟系统"，如图 3.63 所示。在"修改｜放置 风管"栏将"宽度"修改为"1000"，"高度"修改为"400"，单击应用，如图 3.64 所示。绘制到 7 轴时，将"宽度"修改为"800"，"高度"修改为"320"，如图 3.65 所示。将与 P-B-1 连接的风管绘制完，如图 3.66 所示。

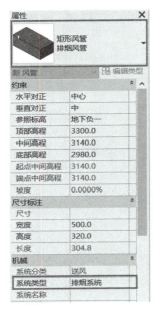

图 3.63

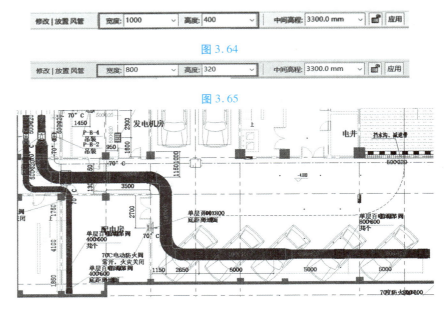

图 3.64

图 3.65

图 3.66

⑥绘制与 P-B-2 相连接的风管。与 P-B-2 相连接的矩形风管宽度为 500 mm,高度为 320 mm。单击风机 P-B-2,在风机上端的正方形处单击鼠标右键,选择"绘制风管"命令,在"属性"窗口中,将"风管类型"选择为"矩形风管 排烟风管","系统类型"选择"排烟系统",在"修改│放置 风管"栏将"宽度"修改为"500","高度"修改为"320",单击应用,将风机上部分的风管绘制出来。再单击风机 P-B-2,在风机下端的正方形处单击鼠标右键,选择"绘制风管"命令,在"属性"窗口中,将"风管类型"选择为"矩形风管排烟风管","系统类型"选择"排烟系统",在"修改│放置 风管"栏将"宽度"修改为"500","高度"修改为"320",单击应用,将风机下部分的风管绘制出来。绘制完毕后,如图 3.67 所示。

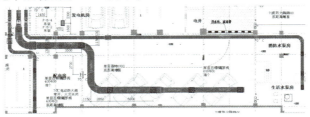

图 3.67

⑦绘制与 P-B-4 相连接的风管。与风机 P-B-4 相连接的风管宽度为 500 mm,高度为 320 mm。再单击风机 P-B-4,在风机左端的正方形处单击鼠标右键,选择"绘制风管"命令,在"属性"窗口中,将"风管类型"选择为"矩形风管 排烟风管","系统类型"选择"排烟系统",在"修改│放置 风管"栏将"宽度"修改为"500","高度"修改为"320",单击应用,将风机左部分的风管绘制出来。再选择风机右端的正方形,单击鼠标右键,选择"绘制风管"命令,在"属性"窗口中,将"风管类型"选择为"矩形风管 排烟风管","系统类型"选择"排烟系统",在"修改│放置 风管"栏将"宽度"修改为"500","高度"修改为"320",单击应用,将风机右部分的风管绘制出来,如图 3.68 所示。

⑧选中图 3.68 中的 90°弯头上方的"＋"号,将 90°弯头变成三通接头,如图 3.69 所示。选中该三通接头,单击"属性"窗口的"编辑类型",在弹出的对话框中单击"载入",打开"MEP→风管管件→矩形→Y 形三通"中的"矩形 Y 形三通-弯曲-过渡件-法兰",如图 3.70 所示,换三通接头后,如图 3.71 所示。单击 Y 形三通接头,在上方的正方形上单击鼠标右键,选择"绘制风管"命令,在"属性"窗口中,将"风管类型"选择为"矩形风管排烟风管","系统类型"选择"排烟系统",在"修改│放置 风管"栏将"宽度"修改为"300","高度"修改为"120",单击应用,将风机上部分的风管绘制出来,如图 3.72 所示。

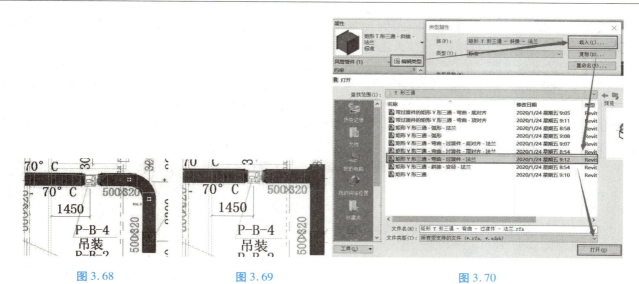

图 3.68　　　　　　图 3.69　　　　　　　　　图 3.70

⑨绘制图 3.73 所示的风管。单击"系统"选项卡下的"风管"命令,将"属性"窗口中"风管类型"选择为"矩形风管-排烟风管","系统类型"选择"排烟系统",在"修改|放置 风管"栏将"宽度"修改为"1000","高度"修改为"800","中间高程"修改为"3200",单击应用,将该管段绘制出来,如图 3.74 所示。

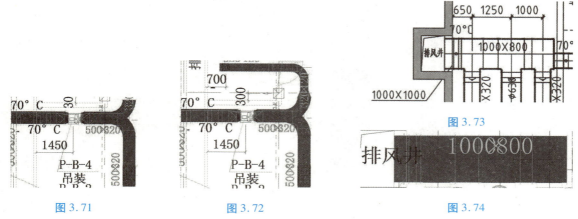

图 3.71　　　　　　图 3.72　　　　　　　　图 3.73

图 3.74

⑩放置 T 形三通接头。单击"系统"选项卡下"风管管件"命令,将"管件类型"修改为"矩形 T 形三通-斜接-法兰",如图 3.75 所示。并把三通接头放在与 3 个风机相连接的位置,如图 3.76 所示。单击选中第一个 T 形三通接头,单击接头下方的尺寸,将其修改成"500 × 320",如图 3.77 所示。其余两个 T 形三通接头的修改方式与它相同,都修改成与其连接风管的尺寸。

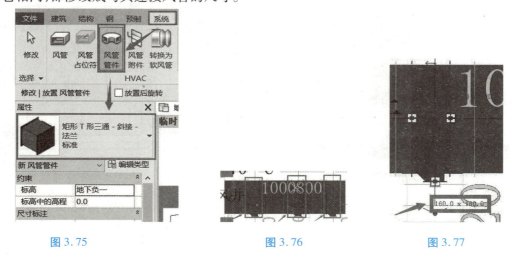

图 3.75　　　　　　　图 3.76　　　　　　图 3.77

165

⑪将 T 形三通的尺寸修改好之后,切换到三维视图中,将与 P-B-1、P-B-2、P-B-3、P-B-4 相连接的风管与 T 形三通接头的中心点对齐,风管拖曳与接头连接,连接后如图 3.78 所示。

⑫放置 70°防火调节阀。单击"系统"选项卡下"风管附件"命令,在"属性"窗口选择"编辑类型",在弹出的"类型属性"对话框中,单击"载入",打开"消防→防排烟→风阀"中的"防火阀-矩形-电动-70 摄氏度",如图 3.79 所示。在"类型属性"对话框中,将"尺寸标注"中的"风阀长度"修改为"100.0",单击确定,如图 3.80 所示。将防火调节阀放置在如图 3.82 所示位置,选中管道中心线,直接单击鼠标左键放置即可,图 3.81 中的防火调节阀不是全部,其余的放置方法相同。

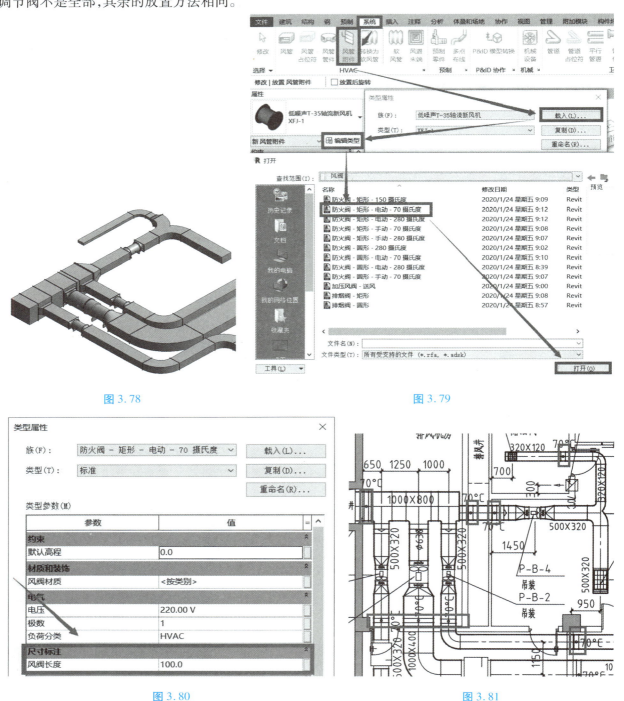

图 3.78

图 3.79

图 3.80

图 3.81

⑬放置风管止回阀。与风机 P-B-1 相连接的风管为圆形,与风机 P-B-2、P-B-3、P-B-4 相连接的风管为矩形,需要载入两种各类型的风管止回阀。单击"插入"选项卡的"载入族"命令,载入教材文件里的族"风管止

回阀-矩形""止回阀-圆形",单击"打开",如图 3.82 所示。单击"系统"选项卡下"构件"命令中的"放置构件",在"属性"窗口中找到"风管止回阀-矩形-标准",拾取与风机 P-B-2、P-B-3、P-B-4 相连接的风管中心线,单击鼠标左键,将止回阀放置上去,如图 3.83 所示。单击"系统"选项卡下"构件"命令中的"放置构件",在"属性"窗口中找到"止回阀-圆形",单击"编辑类型",复制一个名称为"D630"的止回阀,将"风管直径"修改为"630",单击"确定",并将该止回阀放在与风机 P-B-1 相连接的风管上,如图 3.84 所示。

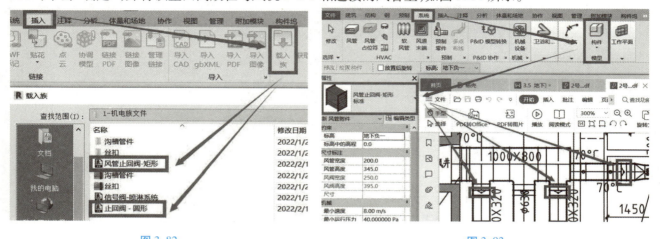

图 3.82 　　　　　　　　　　　　　　　　　　　图 3.83

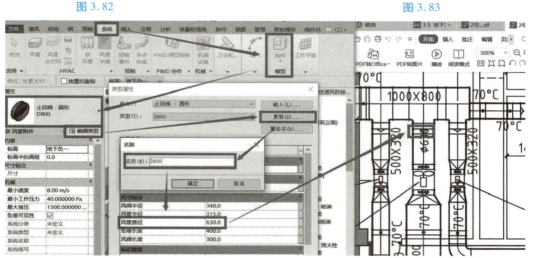

图 3.84

⑭放置消声器。单击"系统"选项卡下"风管附件"的命令,单击"属性"窗口的"编辑类型",单击"载入",打开"MEP→风管附件→消声器"文件夹中的"消声器-ZF 阻抗复合式",如图 3.85 所示。单击"编辑类型","复制"并重命名为"500×320",将"A"修改为"500","B"修改为"320",单击"确定",将消声器放到与 P-B-2 相连接的风管上,如图 3.86 所示。再将"消声器"复制并重命名为"1000×400",将"A"修改为"1000",将"B"修改为"400",并将此消声器放到与 P-B-1 连接的风管上。与 P-B-3 连接的风管上的消声器放置的方法相同。

⑮放置风口。将视图切换到"地下负一-通风"平面视图中,单击"系统"选项卡下"风道末端"命令,单击"属性"窗口的"编辑类型",在弹出的对话框中单击"载入",打开"MEP→风管附件→风口"文件夹中的"送风口-矩形-单层-可调",单击确定,如图 3.87 所示。在"类型属性"对话框中复制并重命名为"400×600",将"风管宽度"修改为"400",将"风管高度"修改为"600",单击确定,如图 3.88 所示,将风口安装在与风机 P-B-2 相连接的风管上(按照图中的位置放置即可)。放置时单击"修改|放置 风口装置"选项卡下的"风口安装到风管上"命令,如图 3.89 所示。并安到如图 3.90 所示的位置上。

⑯其余的风口,根据图纸中的尺寸复制并重命名好之后,按照相同的方法安装到图纸相对应的位置上即可。

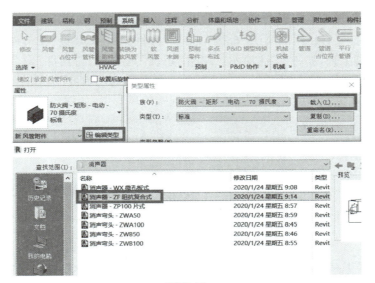

图 3.85

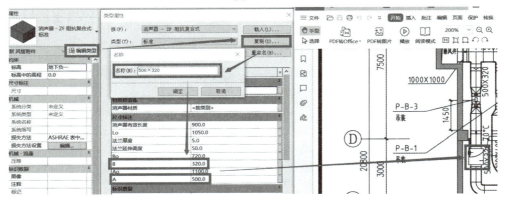

图 3.86

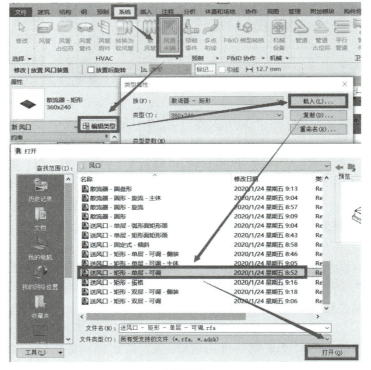

图 3.87

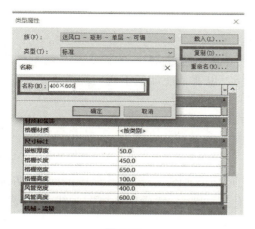

图 3.88

图 3.89

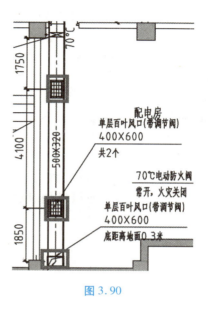

图 3.90

【学习笔记】

【总结反思】

总结反思点	已熟知的知识或技能点	仍需加强的地方	完全不明白的地方
掌握新建风管管材类型的方法			
掌握绘制风管的方法			
掌握放置风口的方法			
在本次任务实施过程中,你的自我评价	□A.优秀　□B.良好　□C.一般　□D.需继续努力		

【关键词】BIM 设备建模　建筑防排烟系统　通风系统

【实训项目】

项目一:实训现场参观本校实训楼的地下室停车场的通风系统,了解通风系统的组成,辨识通风系统的设备及部件名称。

项目二:完成其余楼层的防排烟及通风系统 BIM 建模。

本项目小结

1.建筑通风就是把建筑物室内被污染的空气直接或经过净化处理后排至室外,再将新鲜的空气补充进来,达到保持室内空气环境符合卫生标准要求的过程。通风系统可分为自然通风和机械通风,机械通风又可分为全面通风、局部通风和混合通风 3 种。

2.通风系统由通风机、通风管道、进排出风口及风阀组成。

3.凡建筑物高度超过 24 m 的高层民用建筑及其相连的且高度不超过 24 m 的裙房设有防烟楼梯及消防电梯时,均应进行防烟、排烟设计。其实质是控制烟气合理流动,也就是使烟气不流向疏散通道、安全区和非着火区,而向室外流动。

4.防排烟的措施通常采用隔断或阻挡、疏导排烟和加压防烟方法。

5.防火、防排烟设备及部件主要有防火阀、排烟阀及排烟风机等。

6.镀锌钢板风管接缝的连接方法有咬口连接和焊接连接。

7.防排烟及通风系统施工图包括设计施工说明、防排烟及通风平面图、防排烟及通风剖面图、防排烟系统图、详图、主要设备材料表等。读图时,首先阅读设计总说明,设备材料表;然后以系统图为线索,结合平面图、剖面图、详图深入阅读。

8.用 Revit 绘制建筑防排烟和通风系统主要分为以下 3 步,第一步:链接 CAD 图纸;第二步:新建风管管材类型及系统类型;第三步:绘制通风排烟专业模型,包括风机的放置、风管的绘制、风口的放置及阀门的放置。

项目 **4** 中央空调系统施工图识读与建模

【项目引入】

炎炎夏日,如何通过技术手段保证室内温度依旧凉爽?施工图如何识读?这些问题将在本项目中找到答案。本项目主要以 2 号办公楼的空调工程施工图为载体,介绍中央空调的组成及识图等内容,图纸内容如图4.1—图 4.4 所示。

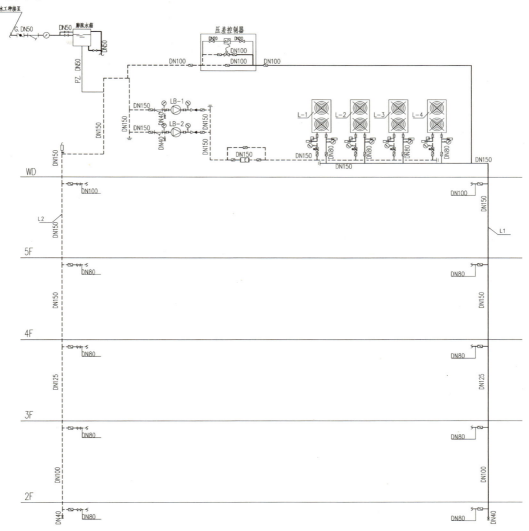

图 4.1　空调水系统图

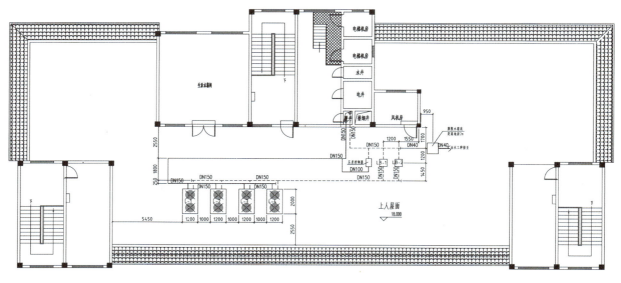

图 4.2　屋面层空调水管布置平面图

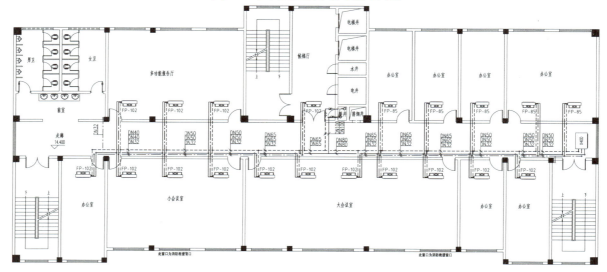

图 4.3　五层空调水管布置平面图

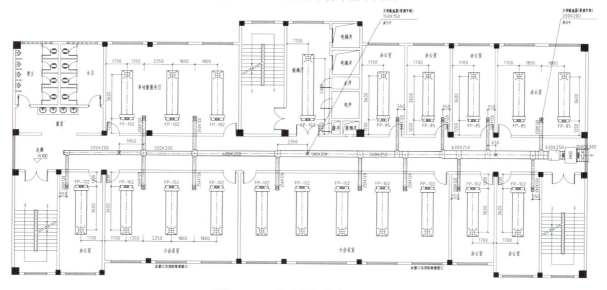

图 4.4　五层空调风管布置平面图

【内容结构】

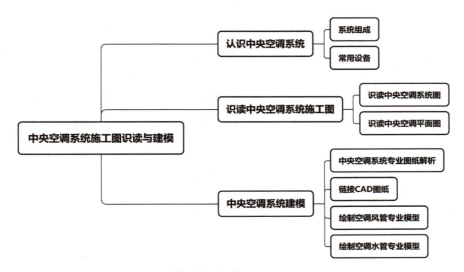

图 4.5 "中央空调施工图识读与建模"学习内容结构图

【建议学时】10 学时

【学习目标】

1.知识目标:了解空调系统的工作原理,熟悉中央空调的分类与组成,熟练识读空调工程施工图。

2.技能目标:能对照实物和施工图辨别出空调系统各组成部分,并说出其作用;能根据施工工艺要求将二维施工图转成三维空间图,具有空调工程 BIM 建模的初步能力。

3.素质目标:培养科学严谨、精益求精的职业态度、团结协作的职业精神。

【学习重点】

1.空调设备的名称及作用。

2.空调工程施工图的识读及 BIM 建模。

【学习难点】

二维平面图转三维空间图。

【学习建议】

1.在课堂教学中应重点学习施工图的识读要领和方法,掌握空调施工图图例及空调工程的主要设备。

2.学习中可以以实物、视频教学资源等手段,掌握空调识图和 BIM 建模的基本方法。

3.多做施工图识读练习,并将图与工程实际联系起来。

【项目导读】

1.任务分析

图 4.1—图 4.4 是 2 号办公楼空调工程系统图和部分平面图,图上的符号、线条和数据代表的是什么含义? 这一系列的问题将通过对本章内容的学习逐一解答。

2.实践操作(步骤/技能/方法/态度)

为了能完成前面提出的工作任务,我们需从解读中央空调系统的组成开始,进而学会用工程语言来表示施工做法,学会施工图读图方法,为中央空调系统的 BIM 建模打下基础。

任务 4.1　认识中央空调系统

空调系统按空气处理设备的设置情况分类可分为分散式空调、半集中式空调和集中式空调。集中式空调系统和半集中式空调系统,一般统称为中央空调系统。

4.1.1　系统组成

1)空调水系统

(1)水冷式中央空调系统

冷凝器的废热通过冷却水带走的中央空调机组,称为水冷式中央空调。水冷式中央空调系统最明显的特征是设置了冷却塔,其水系统的组成详见图 4.6。

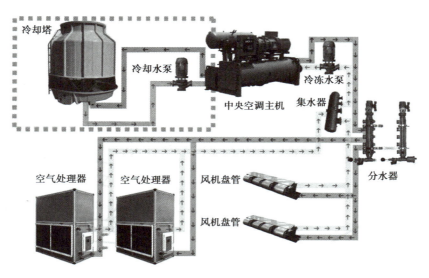

图 4.6　水冷式中央空调水系统组成示意图

①空调冷冻水系统。输送冷冻水的管路系统称为空调冷冻水系统,其作用是将空调机组制取的冷冻水送入空调末端设备的表冷器内,与被处理的空气进行热交换后,再回到冷水机组,由冷冻水泵、空调末端设备(包括新风机和风机盘管)、冷冻水供回水管、膨胀水箱及阀门仪表等组成。

②空调冷却水系统。输送冷却水的管路系统称为空调冷却水系统,其作用是将冷水机组冷凝器放出的热量带到冷却塔中散发到大气中,冷却水系统由冷却水泵、冷却塔、冷却水供回水管道及阀门仪表等组成。

③空调凝结水系统。凝结水是指水蒸气(气态水)经过冷凝过程形成的液态水,它从末端设备的集水盘流出,一般通过凝结水排水管排至室外。

(2)风冷式中央空调系统

风冷式中央空调又称风冷热泵型中央空调,其冷凝器采用强制空气对流的方式进行换热。风冷式中央空调水系统的组成详见图 4.7。

风冷式中央空调与水冷式中央空调相比,它具有如下优点:

①无需冷却塔。风冷式中央空调采用空气冷却方式,省去了冷却水系统必不可少的冷却塔、冷却水泵和管道系统,节约水资源,同时也节省了该部分投资和运营费用。

②节省建筑面积。风冷中央空调安装在室外,如屋顶、阳台等处,不占用有效建筑面积。

③冷热源合一。风冷中央空调更适用于同时采暖和制冷需求的用户,系统一次能源利用率可达 90%,节约了能源消耗,降低了用户成本。

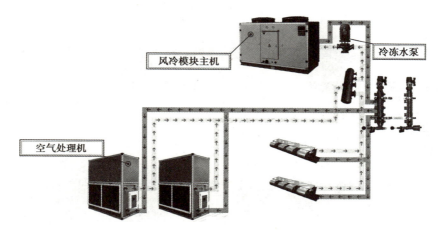

图 4.7　风冷式中央空调水系统组成示意图

2）空调风系统

空调房间的气流组织（又称为空气分布），是指合理地布置送风口和回风口，使得工作区（也称为空调区）内形成比较均匀而稳定的温湿度、气流速度和洁净度，以满足生产工艺和人体舒适的要求。空调风系统组成示意图如图 4.8 所示。

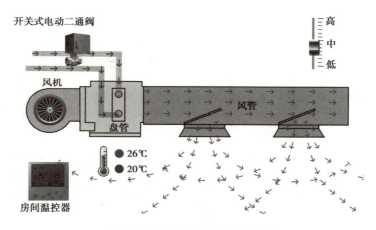

图 4.8　空调风系统工作示意图

3）空调控制系统

空调控制系统是控制室内温度、湿度、洁净度等参数的装置。调节方式分为人工和自动，控制手段包括敏感元件（如温度、湿度）、调节器、执行机构和调节机构等。空调控制系统的组成如图 4.9 所示。

①空调冷却水回水管上安装电动蝶阀，与机组可同开同关。

②空调冷冻水系统设有压差控制器，以保证空调主机的最小水量。

③空调机组冷冻水进水管上安装有比例积分控制阀，可根据负荷调节水量。

④风机盘管配有温控三速开关，温控开关的通断可控制风机盘管回水管上电动二通阀的开关，可根据温度调节水量。

⑤各房间在明显位置设置带有显示功能的房间温度测量仪表，并设具有温度设定及调节功能的温控装置，根据建筑负荷需求调节供冷与供热，维持室内温度在设定值。

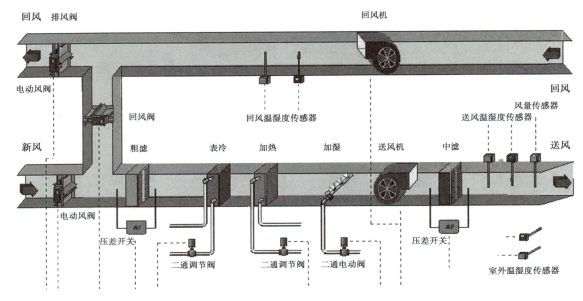

图 4.9　空调控制系统组成示意图

【知识拓展】

空调节能小知识

①细心调节室温。制冷时室温定高 1 ℃,制热时室温定低 2 ℃,均可省电 10% 以上,而人体几乎觉察不到温度的差别。

②定期清扫过滤网。灰尘会堵塞滤清器网眼,降低冷暖气效果,应半月左右清扫一次。

③尽量少开门窗。使用厚质、透光的小窗帘可以减少房内外热量交换,利于省电。

④勿挡住室外机的出风口,否则也会降低冷暖气效果,浪费电力。

⑤选择适宜出风角度。冷空气比空气重,易下沉,暖空气则相反。所以制冷时出风口向上,制热时出风口向下,调温效率大大提高。

⑥控制好开机和使用中的状态设定。开机时,设置高风,以最快达到控制目的;当温度适宜,改中、低风,减少能耗,降低噪声。

【学习笔记】

【想一想】家里的空调和冰箱是如何制冷的?

4.1.2　常用设备

1)空调主机

空调主机是相对于空调末端或者室内机来说的。空调主机主要是指大型空调的冷冻机组或者是多联机的室外机组。空调主机上有冷凝器、蒸发器、压缩机、膨胀阀及主机电控部件等。常用的空调主机如图 4.10 所示。

（a）水冷式空调主机　　　　　　　　　　　　　　（b）风冷式空调主机

图 4.10　空调主机

2）末端设备

末端设备是用于调节室内空气温度、湿度和洁净度的空气处理设备。之所以称为末端设备，是因为这些设备里面只有换热器、风机电机等，相对比较简单。

（1）风机盘管

风机盘管是由小型风机、电动机和盘管（空气换热器）等组成的空调系统末端装置之一。盘管内流过冷冻水或热水时与管外空气换热，使空气被冷却，除湿或加热来调节室内的空气参数。风机盘管广泛应用于宾馆、办公楼、医院、商业住房、科研机构。风机盘管一般由风机、冷凝水盘、进出水口及盘管（热交换器）组成，如图 4.11 所示。

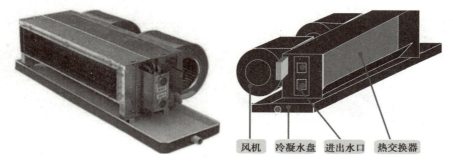

风机　　冷凝水盘　　进出水口　　热交换器

图 4.11　风机盘管

（2）空气处理机组

空气处理机是一种集中式空气处理设备，用于调节室内空气温度、湿度和洁净度。空气处理机组通过风管将冷风送到空调房间，分为落地式和吊顶式两种，一般多应用在不适合安装风机盘管的大范围公共区域。空气处理机组实物图如图 4.12 所示。

（a）吊顶式空调器　　　　　　　　　　　　（b）落地式空调组合柜

图 4.12　空气处理机组

（3）新风机

新风机是一种从室外抽取新风并通过风管将新风送入室内的末端设备。由于风机盘管没有新风口，所以需要新风机提供新风,经过新风机处理的新风通过新风管送入房间内。在大型建筑内,一般新风机组和风机盘管配合起来使用。新风机实物如图 4.13 所示。

图 4.13　新风机

3) 冷却塔

冷却塔一般应用于水冷式中央空调系统中,其作用是将挟带废热的冷却水在塔内与空气进行热交换,使废热传输给空气并散入大气中。冷却塔应安装在室外通风良好处,在高层民用建筑中,最常见的是安装在裙房或主楼屋顶。冷却塔实物如图 4.14 所示。

（a）圆形冷却塔　　　　　　　　　　　（b）方形冷却塔

图 4.14　冷却塔

4) 空调水泵

空调水系统上均需安装水泵,是空调水循环系统中的重要设备。空调水泵按用途来分,分为冷冻水泵和冷却水泵;按空调水泵的安装方式来分,分为卧式水泵和立式水泵。空调水泵实物如图 4.15 所示。

（a）卧式水泵　　　　　　　　（b）立式水泵

图 4.15　空调水泵

【知识拓展】

空调的发明者

空调的发明者威利斯·哈维兰·卡里尔,被称为"空调之父"。卡里尔 1876 年 11 月生于美国纽约州,24 岁在美国康奈尔大学毕业后,供职于制造供暖系统的布法罗锻冶公司。

1901 年夏季,纽约地区空气湿热,卡里尔想:充满蒸汽的管道可以使周围的空气变暖,那么将蒸汽换成冷水,使空气吹过水冷盘管,周围不就凉爽了;而潮湿空气中的水分冷凝成水珠,让水珠滴落,最后剩下的就是更冷、更干燥的空气了。基于这一设想,卡里尔通过实践,在 1902 年 7 月 17 日给萨克特·威廉斯印刷出版公司安装好了这台自己设计的设备,取得了较好的效果,世界上第一台空气调节系统由此产生。

值得一提的是,空调发明后的最初 20 年间,享受空调的对象一直是机器,而不是人,主要用于印刷厂、纺织厂。1915 年,卡里尔成立了制造空调设备的卡里尔公司(中国译名"开利公司")。1922 年,该公司研制出了具有里程碑地位的产品——离心式空调机,从此空调效率大大提高,调节空间空前增大,人成为空调服务的对象。

【学习笔记】

_____

_____

【想一想】 中央空调的末端设备为什么能吹出冷风?

【总结反思】

总结反思点	已熟知的知识或技能点	仍需加强的地方	完全不明白的地方
熟悉中央空调的分类与组成			
熟悉中央空调的主要设备			
在本次任务实施过程中,你的自我评价	□A. 优秀　　□B. 良好　　□C. 一般　　□D. 需继续努力		

【关键词】 中央空调　主要设备

任务 4.2　识读中央空调系统施工图

4.2.1　识读中央空调系统图

空调系统施工图常用图例如第一单元图 0.5 所示。

1)识读设计总说明

本工程采用集中空调系统,为舒适性空调,夏季供冷,冬季供暖。本次空调范围总冷负荷为 510 kW,总热负荷为 250 kW;单位建筑面积冷负荷指标为 90 W/m²;单位空调面积热负荷指标为 45 W/m²。

①空调冷热源系统。空调冷源采用 4 台模块式冷(热)水机组作为空调冷、热源;单体制冷量 130 kW,制热量 140 kW;总制冷量 520 kW;总制热量 560 kW。

②空调水系统。冷冻水供、回水温度为 7/12 ℃，热水供、回水温度为 45/40 ℃。冷冻水系统为二管闭式机械循环系统，采用膨胀水箱补水。冷冻水系统采用同程布置。

③空调风系统。空调采用新风 + 风机盘管方式，送风方式为上送上回的方式。

④凝结水排放。凝结水水平干管设计坡度不小于 5‰，坡向水流方向，排至厕所或机房地漏。

2）识读空调系统图

2号办公楼空调水系统识图

（1）识读空调水系统图

从设计总说明我们可以了解到，这是一栋 5 层楼的办公室，采用集中空调系统。空调冷源采用 4 台模块式冷水机组，冷冻水采用闭式机械循环系统，同程式布置，用膨胀水箱补水，供水温度为 7 ℃，回水温度为 12 ℃。

从图 4.16 可以看出，空调水系统图上主要有以下的设备：

①空调主机：一共有 4 台，其作用是为末端设备提供冷冻水；

②冷冻水泵：一共有 2 台，其作用是让冷冻水循环起来；

③压差控制器：其作用是保证空调主机的最小水量；

④膨胀水箱：用于冷冻水系统补水及容纳多余的水；

⑤冷冻水供水管和回水管：其作用是为末端设备输送冷冻水。

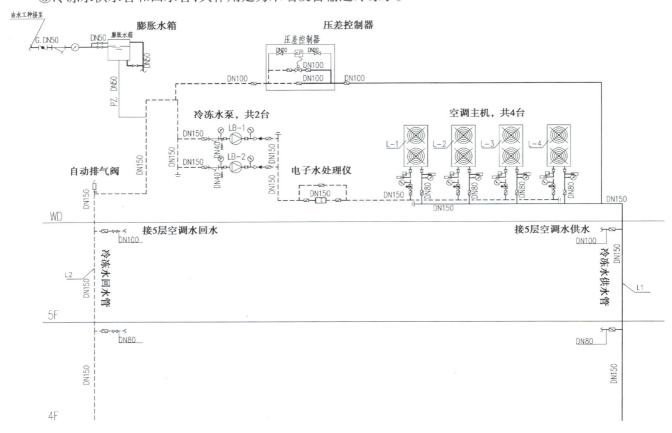

图 4.16　空调水系统图

（2）识读空调主机接管示意图

从图 4.17 可以看出，与空调主机相接的管道上主要有以下设施：

①水流开关，用于保护主机，当冷冻水流量过小时，空调主机在水流开关的作用下会自动关闭；

②温度计，用于观测水温；

③压力表，用于观测系统水压；

④电动蝶阀,用于实现与空调主机同开同关;

⑤橡胶软接头,用于机组的避震;

⑥蝶阀,用于手动控制水流;

⑦空调冷冻水供水管和回水管。

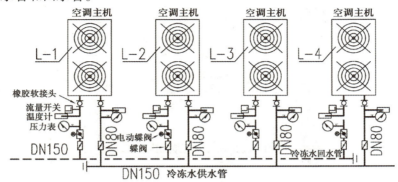

图 4.17　空调主机接管示意图

（3）识读冷冻水泵接管示意图

冷冻水泵是让冷冻水循环运行的重要设备,在安装水泵时,连接水泵的管道上通常会安装蝶阀、Y 形过滤器、泄流阀、压力表、橡胶软接头、止回阀等,其接管示意图详见图 4.18。

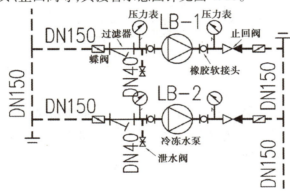

图 4.18　冷冻水泵接管示意图

（4）识读电子水处理器接管示意图

电子水处理器是利用电子元器件产生的高频交变电磁场,让水在经过水处理器时,物理性能发生改变,无法形成水垢,从而达到防垢的目的。另外电子式水处理器在水中形成的活性氧自由基能氧化微生物的细胞膜,破坏微生物的歧化酶,达到杀菌灭藻的目的。电子水处理仪实物图及其接管示意图详见图 4.19。

（a）实物图　　　　　　　　　　　（b）接管示意图

图 4.19　电子水处理器接管示意图

（5）识读压差控制器接管示意图

压差调节装置由压差控制器、电动执行机构、调节阀、测压管以及旁通管道等组成,其工作原理是压差控制器通过测压管对空调系统的供回水管的压差进行检测,根据其结果与设定压差值的比较,输出控制信号由电动执行机构通过控制阀杆的行程或转角改变调节阀的开度,从而控制供水管与回水管之间旁通管道的冷冻水流量。压差控制器接管示意图如图 4.20 所示。

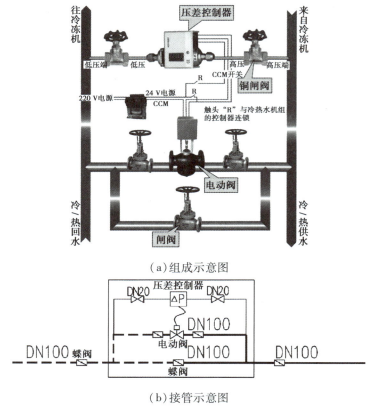

（a）组成示意图

（b）接管示意图

图 4.20　压差控制器接管示意图

（6）识读新风机和风机盘管接管示意图

新风机和风机盘管冷冻水进出水管道上均装有橡胶软接头、截止阀、电动二通阀、Y 形过滤器、压力表、温度计等。房间内设温控器和三速开关，通过电动二通阀调节冷冻水流量，以达到调节室内温度的目的。末端设备接管示意图如图 4.21、图 4.22 所示。

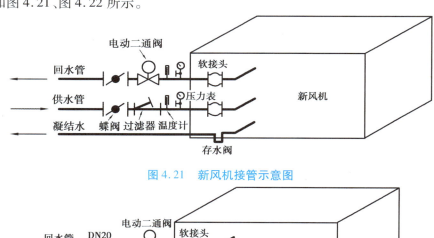

图 4.21　新风机接管示意图

图 4.22　风机盘管接管示意图

（7）识读膨胀水箱接管示意图

膨胀水箱是空调水系统中的重要部件，在冷冻水系统中容纳系统水的膨胀量，同时还起定压和为系统补水的作用。膨胀水箱的进水管为自来水管，通过水箱内的浮球阀可以控制水箱的水位，其接管示意图如图

4.23所示。

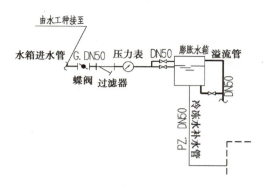

图 4.23　膨胀水箱接管示意图

4.2.2　识读中央空调平面图

2号办公楼空调
风系统识图

识读平面图时可先粗看系统图,对空调管道的走向建立大致的空间概念,然后对照平面图与系统图来识读。

1)识读屋面层空调水管平面布置图

从屋面层空调水管平面图(图4.24)可以看出,屋面层安装有空调主机、压差控制器、冷冻水泵、膨胀水箱、冷冻水供水管、冷冻水回水管。本空调工程采用4台风冷式模块机组并联运行,安装在屋顶的一个平台上,冷水管L1为供水管,L2为回水管。进入每台风冷机组的供回水管道为DN80,系统供回水主管为DN150,在供回水管之间装有一个压差控制器,以便调节供回水的压力差。屋顶上还设有膨胀水箱,用以补充冷冻水或排出多余的冷冻水。冷冻水为闭式循环,同程式布置。供回水主管L1和L2从屋顶沿暖井垂直敷设至一层,每层的冷冻水供回水干管在暖井处与供回水主管相接。由于冷冻水在楼层中采用同程式,供、回水干管中的水流方向相同(顺流),经过每一环路的管路总长度相等,供水管道管径沿水流方向逐渐变小,而回水管沿水流方向逐渐变大。

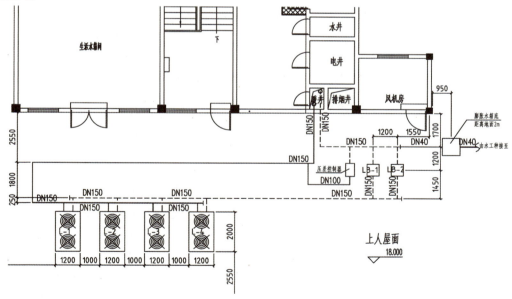

图 4.24　屋面空调设备布置平面图

2)识读五层空调水管平面布置图

从五层空调水平面布置图(图4.25)可知,大会议室、小会议室和多功能报告厅安装有风机盘管FP-102,

183

在办公室内安装有风机盘管 FP-85,在走廊上安装有新风机 X40D。风机盘管的供回水管及凝结水管管径为 DN20,新风机的供回水管管径均为 DN50,凝结水管为 DN32。

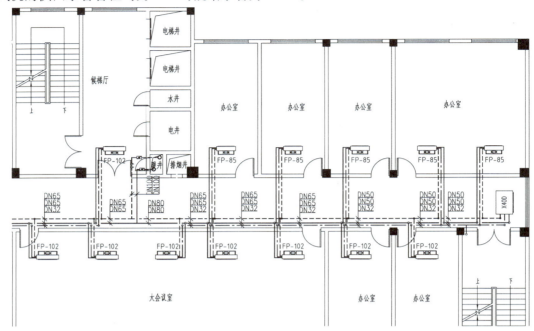

图 4.25　五层空调水局部平面图

3)识读五层空调风平面图

从五层空调风平面图(图 4.26)可知,本层采用的是风机盘管加新风机半集中式的空气处理方式。新风通过防水百叶风口从室外引入,在新风机内降温处理后通过新风管送入空调房间。新风支管上的方形散流器均带有调节阀,以便调整新风的分配。房间采用顶送顶回的气流组织方式,风机盘管将室内空气处理后通过送风管道和方形散流器送入房间内,回风则从风机盘管的回风箱进入。

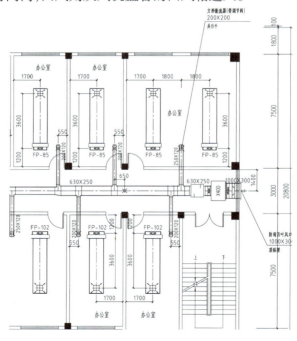

图 4.26　五层空调风局部平面图

【知识拓展】

甲类病毒流行期间中央空调使用要求

在使用中央空调通风系统前,运行管理部门应了解中央空调通风系统的类别、供风范围、新风取风口等情况。另外,定期对过滤器、风口、空气处理机组等设备和部件进行清洗、消毒或更换,同时按以下要求使用空调:

①采用全新风方式运行的集中空调通风系统。在关闭回风阀,采用全新风运行的情况下可以使用。集中空调通风系统所属场所(楼宇)每天启用前或关闭后,多运行 1 h。

②装有空气净化消毒装置并保证该装置有效运行的集中空调通风系统。运行中只要严格遵循产品使用说明操作,保障运行效果符合国家卫生标准要求就可以使用。

③风机盘管加新风的空调系统,能确保各个房间之间独立通风的也可以使用,用的时候应该尽量开最大的新风。

【学习笔记】

_____

_____

【想一想】中央空调的末端设备为什么能吹出冷风或热风?

【总结反思】

总结反思点	已熟知的知识或技能点	仍需加强的地方	完全不明白的地方
熟悉通风空调常用的图例			
识读空调水系统图			
识读空调水和空调风平面图			
在本次任务实施过程中,你的自我评价	□A. 优秀　　□B. 良好　　□C. 一般　　□D.需继续努力		

【关键词】中央空调　系统图　平面图

任务4.3　中央空调系统建模

下面将以第一层的中央空调风管平面布置图和水管平面布置图为例,讲解中央空调系统建模的方法和过程。

4.3.1　中央空调系统专业图纸解析

①新风机、风机盘管的型号信息如表4.1、表4.2所示。

表 4.1　吊顶空调机、新风机性能参数表

序号	图中代号	设备形式	冷量（kW）	风量（m³/h）	机外余压（Pa）	供电要求		冷却盘管			噪声 dB(A)	数量（台）	备 注
						功率（W）	电压（V）	空气进口温度 t（℃）		水量（m³/h）			
								干球	湿球				
1	X30D	吊顶式新风机	24	3 000	250	1.1	380	34	28	4.1	55	4	
2	X40D	吊顶式新风机	30	4 000	250	1.5	380	34	28	5.2	60	1	

注：空调机组配比例积分电动调节阀（含温控器、风管式温度传感器）、平衡阀及控制箱。控制箱应满足机组风机与比例积分电动调节阀联锁启阀及国家规范、标准的要求。

表 4.2　风机盘管性能参数表

序号	图中代号	设备形式	冷量（kW）	风量（m³/h）	机外余压（Pa）	供电要求		冷却盘管			噪声 dB(A)	数量（台）	备 注
						功率（W）	电压（V）	空气进口温度 t（℃）		水量（m³/h）			
								干球	湿球				
1	FP-34	卧式暗装	2 550	340	30	39	220	27	19.5	0.44	40		风量、冷量均为高挡值
2	FP-51	卧式暗装	3 550	510	30	53	220	27	19.5	0.61	40	7	
3	FP-68	卧式暗装	4 330	680	30	72	220	27	19.5	0.74	42	5	
4	FP-85	卧式暗装	5 200	850	30	83	220	27	19.5	0.89	44	82	
5	FP-102	卧式暗装	6 100	1 020	30	107	220	27	19.5	1.05	45	35	
6	FP-136	卧式暗装	8 200	1 360	30	142	220	27	19.5	1.41	45	37	
7	FP-170	卧式暗装	9 800	1 700	30	183	220	27	19.5	1.63	48	8	
8	FP-204	卧式暗装	11 190	2 040	30	217	220	27	19.5	1.97	48	9	

注：配电动二通阀（含温控器）、平衡阀、风量、冷量均为高挡值；配回风箱；出厂时厂家应按设计要求整定电动阀与平衡阀，确保各机组总水压降一致。表中性能为高挡时的数据。

②建模流程解析。建模流程如图 4.27 所示。

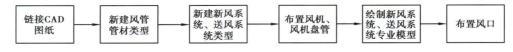

图 4.27

4.3.2　链接 CAD 图纸

【操作步骤】

①链接 CAD 图纸。将视图切换到"空调"子规程下的"1F-空调"平面视图中。单击"插入"选项卡"链接"面板中的"链接 CAD"工具在"链接 CAD 格式"窗口选择 CAD 图纸存放路径，选中拆分好的"一层空调风管布置平面图"，勾选"仅当前视图"，设置导入单位为"毫米"，定位为"手动-中心"，单击"打开"，如图 4.28 所示。

②对齐链接的 CAD 图纸。图纸导入后，单击"修改"选项卡"修改"面板中的"对齐"工具。移动鼠标到项目轴网①轴上单击鼠标左键选中①轴（单击鼠标左键，选中轴网后轴网显示为蓝色线），移动鼠标到 CAD 图纸轴网①轴上单击鼠标左键。按照上述操作可将 CAD 图纸纵向轴网与项目纵向轴网对齐。重复上述操作，将 CAD 图纸横向轴网和项目横向轴网对齐。

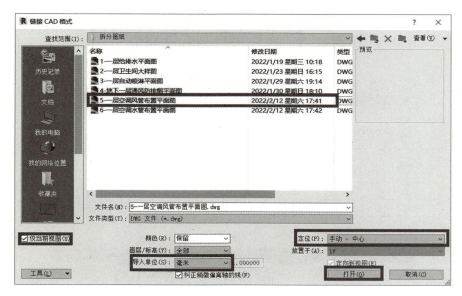

图 4.28

③将链接的 CAD 图纸锁定。单击鼠标左键选中 CAD 图纸,Revit 自动切换至"修改│一层空调风管布置平面图.dwg"选项卡,单击"修改"面板中的"锁定"工具,将 CAD 图纸锁定到平面视图。至此,地下一层通风防排烟平面图 CAD 图纸的导入完成,结果如图 4.29 所示。

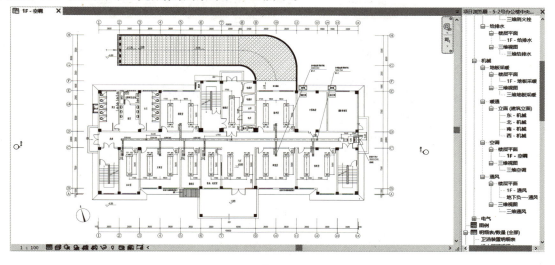

图 4.29

4.3.3 绘制空调风管专业模型

【操作步骤】

①放置新风机。由于教材提供的样板文件中已经设置好"新风管""送风管""新风系统""送风系统",直接放置风机绘制风管即可。由图 4.30 可知,与新风机 X30D 相连接的进风口尺寸为"1000×300",出风口尺寸为"500×160"(一层空调风管布置平面图没有写出尺寸,尺寸可参照二层空调风管布置平面图),与新风机 X30D 连接的冷凝水尺寸为"DN32",冷冻水供水、冷冻水回水管的尺寸为"DN40"。单击"系统"选项卡下"机械设备",在"属性"窗口中,单击"编辑类型",在弹出的对话框中单击"载入",打开"吊装式新风机",如图 4.31 所示。在"类型属性"对话框中复制并重命名为"X30D",将"送风口宽度"改为"500","送风口高度"改为"160","出口直径""进口直径"均改为"40","冷凝水管半径"改为"16",单击"确定",如图 4.32 所示。将修改好之后的 X30D 放置在图纸指定位置上后,单击 X30D,在"属性"窗口中,将"标高中的高程"修改为"2800",如图 4.33 所示。

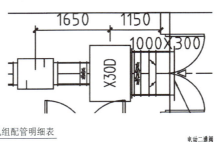

空气处理机组配管明细表

图中代号	冷冻水接管 规格(mm)	冷凝水接管 规格(mm)	冷冻水电动 二通阀(mm)
X30D	DN40	DN32	DN40
X40D	DN50	DN32	DN50

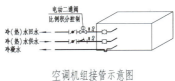

空调机组接管示意图

图 4.30

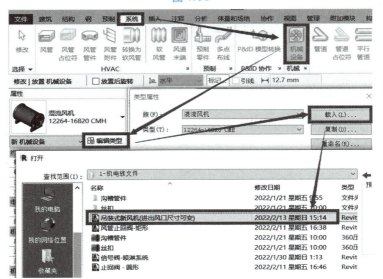

图 4.31

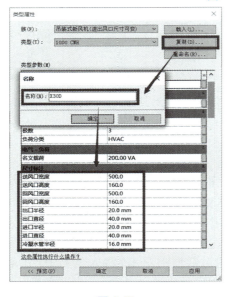

图 4.32

图 4.33

②绘制与 X30D 相连接的新风管。单击新风机 X30D,选中右侧的小正方形,单击鼠标右键,在弹出的对话框中选择"绘制风管"命令,并将"管道类型"修改成"矩形风管 回风管","系统类型"修改为"回风系统",如

图4.34 所示。在"修改|风管"选项栏将"宽度"修改为"1000","高度"修改为"300",单击应用,如图4.35 所示,并绘制到端头。再单击新风机 X30D,选中左侧的小正方形,单击鼠标右键,再弹出的对话框中选择"绘制风管"命令,并将"管道类型"修改成"矩形风管 新风管","系统类型"修改为"新风系统",如图4.36 所示。在"修改|风管"选项栏将"宽度"修改为"500","高度"修改为"160",单击应用,如图4.37 所示。将该风管从 1点绘制到 2 点(图4.38),将"宽度"修改为"250","高度"修改为"120",向下弯折。单击弯折后自动生成的90°弯头,再单击左边的"＋"号,将弯头变成 T 形三通接头,如图4.39 所示。再单击 T 形三通接头,右键单击左边的小正方形,在弹出的对话框中选择"绘制风管",无须修改宽度、高度,绘制到 3 点后停止绘制。

图4.34

图4.35

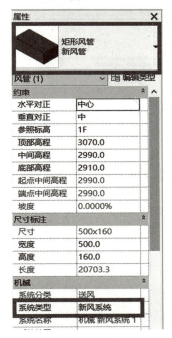

图4.36

图4.37

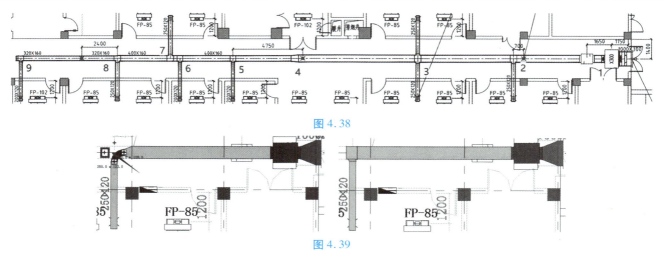

图 4.38

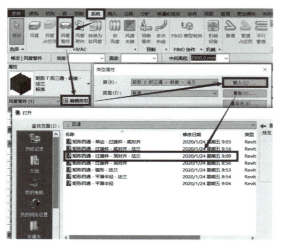

图 4.39

③载入四通接头。单击"系统"选项卡下"风管管件"命令,在"属性"窗口中单击"编辑类型",在弹出的对话框中单击"载入",打开"MEP→风管管件→矩形→四通"文件夹中的"矩形四通-过渡件-顶对齐-法兰",如图4.40所示。载入项目中后,在属性窗口中,将"标高中的高程"修改为"2900",如图4.41所示。将其放置在3点的位置上。

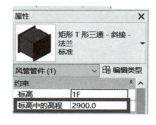

图 4.40   图 4.41

④修改四通接头个尺寸。单击四通接头,此时4个接口出现了不同的尺寸,单击尺寸,把它修改成与之相连接的风管的尺寸,如图4.42所示。切换到三维视图中,将四通接头的中心点与2—3管段的中心线对齐,并用拖曳的方法将风管与四通接头连接起来。

⑤其余的风管按照相同的方法绘制即可,遇到尺寸变化的位置,注意修改风管的高度及宽度后再继续往下绘制,绘制完毕后如图4.43所示。

图 4.42   图 4.43

⑥放置方形散流器。由暖施图-12可知新风管尺寸不行,风口的型号大小也不一样,如图4.44所示,其中尺寸为"200×200"的新风口有5个,尺寸为"150×150"的新风口有6个,分布如图4.45所示,图中红色正方形表示尺寸为"200×200"的新风口,蓝色圆形表示尺寸为"150×150"的新风口。单击"系统"选项卡下"风道末端"命令,在"属性"窗口单击"编辑类型",在弹出的对话框中单击"载入",打开"MEP→风管附件→风口"文件夹中"散流器-方形",如图4.46所示。在"类型属性"对话框中单击复制重命名"150×150"的散流器,并将散流器的长度和宽度修改为"150",单击确定,如图4.47所示。放置散流器时,单击"修改|放置 风口装置"选项卡下的"风口 安装到风管上"命令,如图4.48所示,并将"150×150"的散流器放置到指定位置上。"200×200"的散流器放置方法相同。

新风支管	新风口(方形散流器 带调节阀)
250×120	200×200
200×120	150×150

图4.44

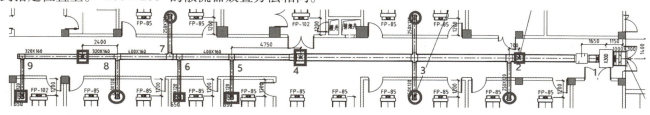

图4.45

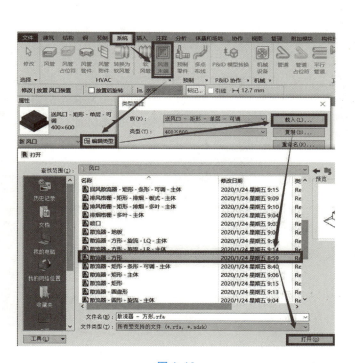

图4.46

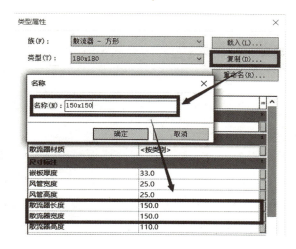

图4.47

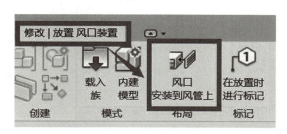

图4.48

⑦放置风机盘管。风机盘管的尺寸信息如图4.49所示。单击"系统"选项卡下"机械设备",单击"属性"窗口的"编辑类型",在弹出的对话框中单击"载入",打开"MEP→空气调节→风机盘管→带回风箱的风机盘管-吊顶卧式暗装-底部回风",如图4.50所示。单击"复制"并重命名为"FP-102",单击"确定"后,"送风口宽度"修改为"840.0","送风口高度"修改为"120.0",单击"确定",如图4.51所示。放置时将"属性"窗口中的"标高中高程"修改为"2900",如图4.52所示,并放置在图纸中指定的位置上。单击"属性"窗口的"编辑类型",复制并重命名一个"FP-85"的风机,将修改"送风口宽度"为"720.0",修改"送风口高度"为"120.0",单击"确定"。放置时将"属性"窗口中的"标高中高程"修改为"2900",放置在图纸中指定的位置。

风机盘管配置一览表(适用带回风箱风机盘管)

风机盘管规格	冷冻水供水、回水管径		电动二通阀 一台	门铰式百页风口 (带滤阀)	双层百页风口 (接侧送风口)	送风管截面(接下送风口)		方形散流器规格(喉部)	
	一台	二台				第一段	第二段	一个	两个
FP-34	DN20	DN20	DN20	450X250	480X120	480X120	—	240X240	
FP-51	DN20	DN20	DN20	450X250	480X120	480X120	—	240X240	
FP-68	DN20	DN25	DN20	600X250	600X120	600X120	—	270X270	
FP-85	DN20	DN25	DN20	700X250	720X120	720X120	—	300X300	
FP-102	DN20	DN25	DN20	800X250	840X120	840X120	—	330X330	
FP-136	DN20	DN32	DN20	1000X250	1080X120	1080X120	—	360X360	
FP-170	DN20	DN32	DN20	1200X250	1200X120	1200X120	630X120	420X420	300X300
FP-204	DN20	DN40	DN20	1400X250	1440X120	1440X120	800X120	450X450	330X330
FP-238	DN20	DN40	DN20	1600X250	1650X120	1650X120	1000X120	500X500	360X360

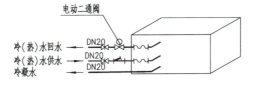

风机盘管接管示意图

图 4.49

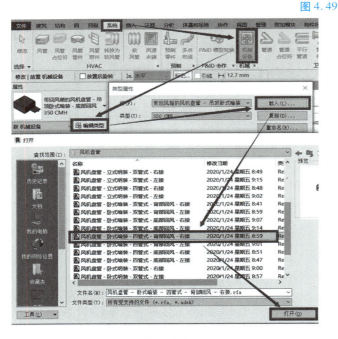

图 4.50

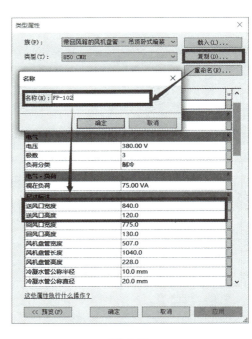

图 4.51

⑧绘制送风管。单击风机盘管"FP-102",用鼠标右键单击"出"反向上的小正方形,在弹出的命令栏选择"绘制风管"命令,将"属性"窗口的"风管类型"选择为"矩形风管 送风管","宽度"设置为"840.0","高度"设置为"120.0","系统类型"为"送风系统",如图 4.53 所示,沿着图纸的方向,将风管绘制出来。与"FP-85"连接的风管宽度为 720 mm,高度为 120 mm,用同样的方法绘制即可,绘制后如图 4.54 所示。

图 4.52

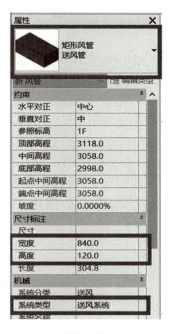

图 4.53

图 4.54

⑨放置方形散流器。由图 4.49 可知,与风机盘管"FP-102"连接的方形散流器尺寸为"330×330",与风机盘管"FP-85"连接的方形散流器尺寸为"300×300"。单击"系统"选项卡下"风道末端"命令,在"属性"窗口选择"散流器-方形",单击"编辑类型",复制并重命名为"330×330",将"风管宽度"修改为"330",单击"确定",如图 4.55 所示。放置时,单击"修改|放置 风口装置"选项卡下的"风口安装到风管上"的命令,如图 4.56 所示,将"330×330"方形散流器安装到"FP-102"上。与风机盘管"FP-85"连接的方形散流器"300×300"放置的方法相同。

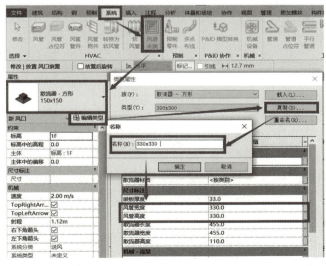

图 4.55

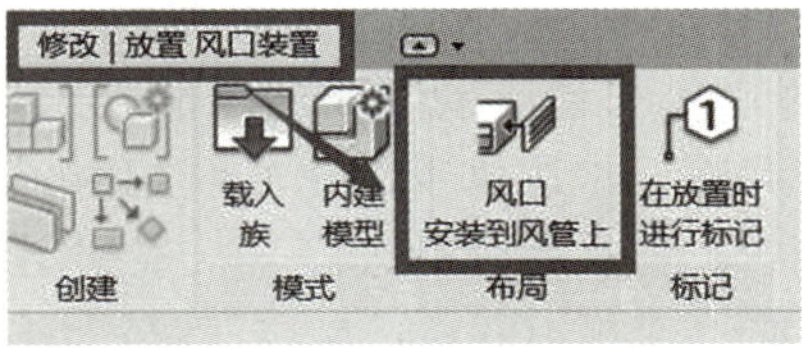

图 4.56

4.3.4 绘制空调水管专业模型

①载入图纸。将视图切换到"1F-空调"平面视图中。单击"插入"选项卡下"链接 CAD"命令,打开教材拆分好的图纸"一层空调水管布置平面图",勾选"仅当前视图","导入单位"设置为"毫米","定位"为"手动-中心",单击"打开"。放置到"1F-空调"平面视图中后,使用"修改"选项卡下"对齐"的命令,将轴网对齐之后锁定图纸。

②绘制冷凝水管。单击选中新风机"X30D",选择如图 4.57 所示的出水口,单击鼠标右键,在弹出的命令栏中选择"绘制管道"命令,将"属性"窗口的"管道类型"选择为"热浸镀锌钢管","系统类型"为"空调冷凝水","直径"为"32mm",如图 4.58 所示。沿着图纸的方向将空调冷凝水绘制到风机盘管 FP-85 的空调冷凝水连接口处。切换到三位视图中,将风机盘管 FP-85 的空调冷凝水出水口中心点与新风机 X30D 空调冷凝水的中心线相对齐后,用拖曳管道的方法,将其连接起来。所有冷凝水管连接后如图 4.59 所示。

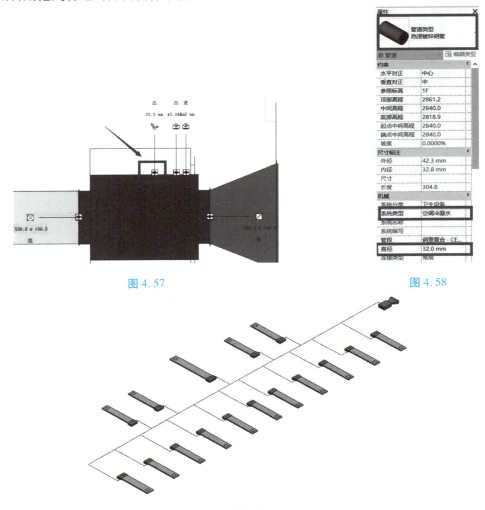

图 4.57   图 4.58

图 4.59

③绘制空调冷冻水供水管。单击选中新风机"X30D",选择如图 4.60 所示的出水口,单击鼠标右键,在弹出的命令栏中选择"绘制管道"命令,将"属性"窗口的"管道类型"选择为"热浸镀锌钢管","系统类型"为"冷媒供","直径"为"50 mm",如图 4.61 所示。沿着图纸的方向将空调冷冻水供水管绘制到风机盘管 FP-85 的空调冷冻水供水管连接口处。切换到三位视图中,将风机盘管 FP-85 的空调冷冻水供水口中心点与新风机 X30D 空调冷冻水供水管的中心线相对齐后,用拖曳管道的方法,将其连接起来。所有空调冷冻水供水管连接后如图 4.62 所示,绘制的过程中,根据图纸中管径的变化设置管道直径的大小。绘制到"暖井"处需要绘制一根立管,向下弯折 100 mm 左右,管径大小为 40 mm,切换到三维视图中,将 90°弯头变成三通接头,再绘制向上的立管,管径大小为 100 mm。

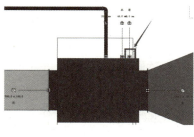

图 4.60　　　　　　　　　　　图 4.61

④绘制空调冷冻水回水管。单击选中新风机"X30D",选择如图 4.62 所示的出水口,单击鼠标右键,在弹出的命令栏中选择"绘制管道"命令,将"属性"窗口的"管道类型"选择为"热浸镀锌钢管","系统类型"为"冷媒回","直径"为"50 mm",如图 4.63 所示。沿着图纸的方向将空调冷冻水回水管绘制到风机盘管 FP-85 的空调冷冻水回水管连接口处。切换到三位视图中,将风机盘管 FP-85 的空调冷冻水回水口中心点与新风机 X30D 空调冷冻水回水管的中心线对齐后,用拖曳管道的方法,将其连接起来。所有空调冷冻水回水管连接后如图 4.64 所示,绘制的过程当中,根据图纸当中管径的变化设置管道直径的大小。绘制到"暖井"处需要绘制一根立管,向下弯折 100 mm 左右,管径大小为 40 mm,切换到三维视图中,将 90°弯头变成三通接头,再绘制向上的立管,管径大小为 100 mm。

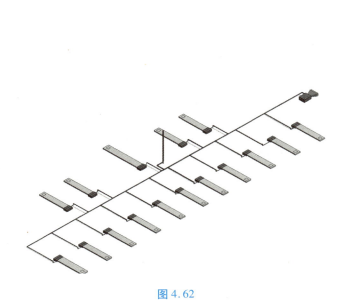

图 4.62　　　　　　　　　　　图 4.63

195

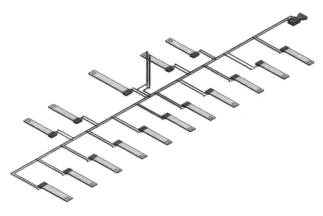

图 4.64

⑤放置平衡阀。单击"系统"选项卡下"管路附件"命令,单击"属性"窗口中的"编辑类型",在弹出的"类型属性"对话框中单击"载入",打开"MEP→阀门→平衡阀"文件夹中的"流量平衡阀-自力式-法兰式",单击"确定",如图 4.65 所示。在"类型属性"对话框中复制并重命名"DN80"的类型,将"公称直径"修改为"80.0 mm",单击确定,如图 4.66 所示,并将平衡阀安装在如图 4.67 所示的位置上。

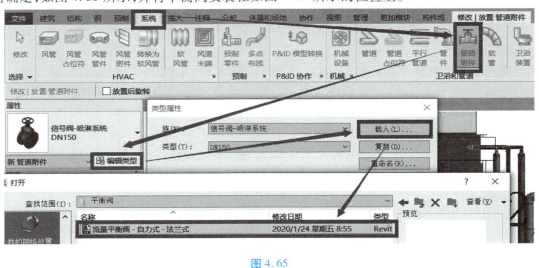

图 4.65

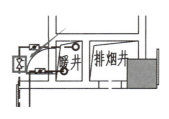

图 4.66   图 4.67

⑥放置蝶阀。冷冻水回水管、冷冻水供水管上均有蝶阀。单击"系统"选项卡下"管路附件"命令,单击"属性"窗口中的"编辑类型",在弹出的"类型属性"对话框中单击"载入",打开"MEP→阀门→蝶阀"文件夹中的"蝶阀-D941 型-电动式-法兰式",单击"确定",如图 4.68 所示。载入项目后,放置在如图 4.69 所示的位置上。

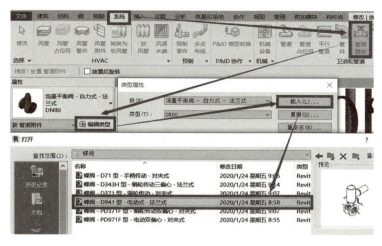

图 4.68　　　　　　　　　　　　　　　　　　图 4.69

【学习笔记】

_____

_____

【总结反思】

总结反思点	已熟知的知识或技能点	仍需加强的地方	完全不明白的地方
了解链接 CAD 图纸的方法			
掌握绘制空调风管的方法			
掌握绘制空调水管的方法			
掌握放置风机盘管及风口的方法			
在本次任务实施过程中,你的自我评价	□A.优秀　　□B.良好　　□C.一般　　□D.需继续努力		

【关键词】BIM 设备建模　中央空调系统　空调水管　空调风管

本项目小结

1.空调即空气调节,就是采用一定的技术手段,在某一特定空间内,对空气的温度、湿度、洁净度及空气流动速度等参数进行调节和控制,以满足人体舒适或工艺要求的过程。

2.空调系统按空气处理设备的设置情况分类可分为分散式空调、半集中式空调及集中式空调。集中式和半集中式空气调节系统,一般统称为中央空调系统。

3.中央空调系统一般由被空调的对象、空气处理设备、空气输送设备和分配设备、冷(热)源设备及空调控制系统等组成。

4.制冷主机主要分为压缩式制冷机、吸收式制冷机、蒸汽喷射式制冷机和半导体制冷器。现代制冷机以蒸气压缩式制冷机和吸收式制冷机应用最广。

5.空气处理设备是用于调节室内空气温度、湿度和洁净度的设备,俗称末端设备。常用的末端设备有风机盘管、新风机、柜式空调器及组合式空调器等。

6.空调水系统按其功能分为冷冻水系统、冷却水系统和凝结水排放系统。

7.空调冷冻水由冷冻水泵、冷冻水管、集水器和分水器、膨胀水箱及除污器等组成。

8.空调冷却水系统由冷却水泵、冷却水管、冷却塔和除污器等组成。

9.目前空调房间的气流分布有两大类:顶(上)部送风系统、下部送风系统(包括置换通风系统、工位与环境相结合的调节系统和地板下送风系统)。

10.用 Revit 绘制中央空调系统主要分为以下 3 步,第一步:链接 CAD 图纸;第二步:绘制空调风管专业模型,包括放置新风机、绘制新风管、放置风机盘管、绘制送风管、放置方形散流器;第三步:绘制空调水管专业模型,包括绘制冷凝水管、绘制空调冷冻水供水管、绘制空调冷冻水回水管、放置阀门仪表。

项目 **5** 建筑变配电
系统施工图识读与建模

【项目引入】

人们的生活、工作都离不开电,那么电从哪里来?是怎么输送的?在建筑设备的变配电系统中有哪些设备?施工图中怎么表现?怎样将二维图形转成三维模型?这些问题都将在本项目中找到答案。

本项目将以2号办公楼变配电系统施工图为载体,介绍建筑变配电系统组成、施工图及其系统建模内容,图纸节选见图5.1—图5.9。

(四)变配电系统

1. 高压配电系统

(1)变电所10kV母线为单母线分段接线,10kV配电设备采用金属铠装手车式开关柜,高压断路器采用真空开关器。真空断路器采用弹簧储能操作机构,操作电源采用交流220V。

(2)继电保护及信号装置的设置:本工程10kV电源系统为中性点不接地系统。10kV进出线的继电保护采用综合保护继电器实现,进线设过流及速断保护。变压器设过流、速断和高温报警、超高温跳闸保护。

(3)电能计量:本工程采用高压计量方式,在变电所内设高压计量柜,动力设备用电采用低压计量,设低压计量柜。

2. 变压器的选择

(1)本工程总变压器容量为400KVA。在地下室方设置配电房,内设一台400KVA干式变压器供所有负荷用电。

(2)变压器选用D、Yn11型环氧树脂浇注干式变压器柜,外壳防护等级IP20,带强迫风冷。

3. 低压配电系统

(1)低压采用单母线分段接线,低压配电装置采用抽出式低压开关柜。

(2)低压主进断路器设过载长延时、短路短延时保护,联络断路器设过载长延时、短路短延时、短路瞬时保护。其他低压出线断路器设过载长延时、短路瞬时脱扣器。

(3)本工程在变配电所低压侧设功率因数集中自动补偿装置,电容器采用自动循环投切方式,要求补偿后的功率因数不小于0.9。要求所有LED灯,气体放电灯均在就地加高效高品质节能电感镇流器和就地补偿电容,补偿后的功率因数不小于0.9。

4. 自备柴油发电机系统

为保证二级负荷用电,本设计在地下室设发电机房,内设一柴油发电机组103kW(常用)/116kW(备用)作为应急电源。

八、设备安装

1. 变压器选用SCB10干式变压器,带强制风冷系统,并设温度监测及报警装置,并配有防护等级不低于IP20的金属保护罩,施工时金属外壳应可靠接地。干式变压器的安装参照国标图集99D201-2的相关页次及生产厂家提供的样本进行施工。

2. 高压开关柜选用KYN型手车式开关柜;直流屏采用免维护铅酸电池组成套配;信号屏与配套;低压开关柜采用MNS(BWL3)抽出式,母线选密集型铜母线(4+1);其安装参照国标图集17D201-4的相关页次及生产厂家提供的样本说明安装。

3. 自启动柴油发电机组参照国标图集15D202相关页次及生产厂家提供的样本说明安装。由厂家配套提供相应的消音装置及减振装置(此部分未在平面图中表示)。

4. 配电室,机房,竖井内的照明配电箱,控制箱均为明装,其余暗装,应急照明配电箱箱体,消防专用配电箱均应。

九、电缆导线的选型及敷设

1. 10kV电源电缆由供电部门决定。高压电缆选用YJV22铜芯电力电缆。

2. 低压电缆,一般负荷选用交联电缆。消防负荷选用交联耐火电缆。

3. 电缆桥架采用防火型封闭式电缆桥架。电缆明敷于桥架上,敷设在同一桥架内的一、二级负荷的双电源用隔板隔开。

4. 双电源互投箱出线采用耐火导线或电缆,至污水泵出线选用防水电缆,穿SC管暗敷;其余支线出线均采用WDZ-BYJ-450V/750V导线。

5. 普通控制线为KVV型。消防控制线为NHKVV型。

6. 所有暗敷的消防管线,保护层的厚度均应大于30mm。明敷时应涂防火涂料保护。

7. 火灾时使用的所有应急照明的线路,采用耐火型电缆(WDZN-YJV-1KV)或导线(WDZN-BYJ)。

图5.1 电气施工设计总说明

	一次结线图			
	高压开关柜编号	1AH	2AH	3AH
	高压开关柜型号	KYN44A-12	KYN44A-12	KYN44A-12
	高压开关柜二次原理图	厂家按国家标准配置	厂家按国家标准配置	厂家按国家标准配置
	高压开关柜方案号	23	66	05
	回路编号	G101-1		WH1
	用途	电源进线	计量	变压器1TM
柜内主要元件	真空断路器	VEP-12T0625 630A 25kA		VEP-12T0625 630A 25kA
	高压熔断器　RN2-10 1A	1	1	
	电压互感器JDZ-10, 10/0.1KV, 0.5级	1		
	电压互感器JDZ-10, 10/0.1KV, 0.2级		1	
	电流互感器 LZZBJ10-10, 0.5级	2(50/5)		2(50/5)
	电流互感器 LZJC-10, 0.2S级		2(50/5)	
	接地开关　　JN15-10 I 25KA			1
	带电显示装置　GSN2-10/T	1	1	1
	智能型综合继电保护装置　SPAJ140C	瞬时速断,过电流保护		瞬时速断,过电流及接地保护,温度保护
	电动操作机构(厂家配套)	1		1
	避雷器　　HY5WZ-17/50	3		3
	计量表计	多功能表	多功能表	多功能表
	指示灯　AD11 25/41-8GE DC220V	红绿各一		红绿各一
	母线　　　　630A			
	变压器容量(kV·A)	400		400
	计算电流(A)	23.1		23.1
	电缆规格	YJV22-8.7/15KV, 3x70mm²		YJV22-8.7/15KV 3x70mm²
	柜宽×柜深×柜高(mm)	800×1500×2200	800×1500×2200	800×1500×2200
备注		手车与Q1联锁 防止带负荷拉车		手车与Q2联锁 防止带负荷拉车

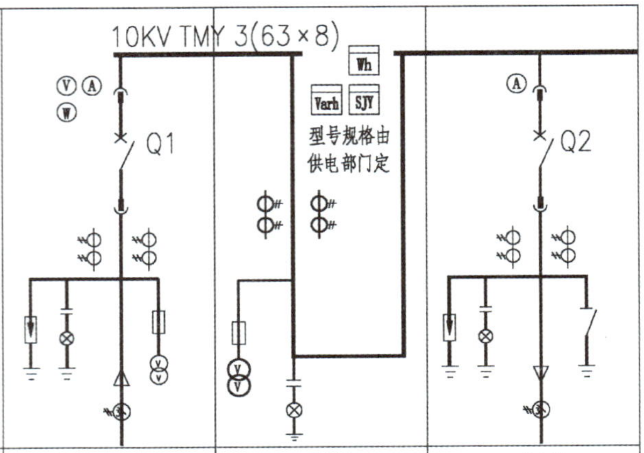

图 5.2　10 kV 高压配电系统图

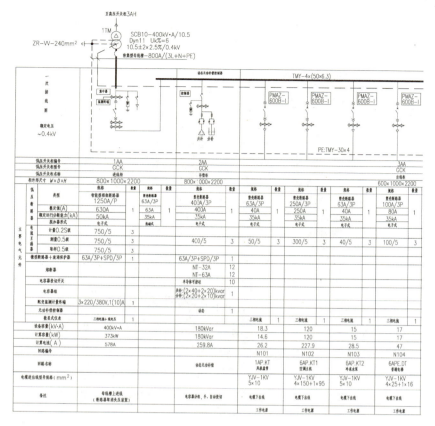

图5.3　低压配电系统图一(节选)

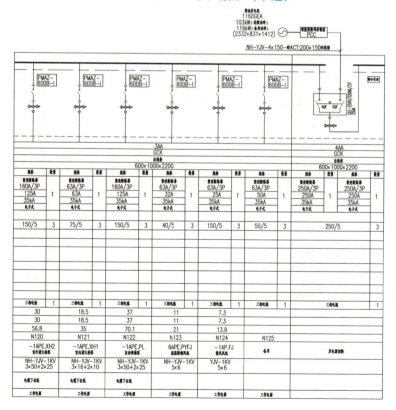

图5.4　低压配电系统图二(节选)

TMY-4×(30×4)

PMAZ-600B-I	PMAZ-600B-I	PMAZ-600B-I	PMAZ-600B-I	PMAZ-600B-I	PMAZ-600B-I	PMAZ-600B-I	PMAZ-600B-I	PMAZ-600B-I	PMAZ-600B-I	PMAZ-600B-I	PMAZ-600B-I

5AA GCK 出线柜 600×1000×2200　　　　　6AA GCK 出线柜 600×1000×2200

规格	数量	规格	数量	规格	数量	规格	数量	规格	数量	规格	数量	规格	数量	规格	数量	规格	数量	规格	数量	规格	数量	规格	数量
塑壳断路器 63A/3P 32A 35kA 电子式	1	塑壳断路器 63A/3P 32A 35kA 电子式	1	塑壳断路器 63A/3P 16A 35kA 电子式	1	塑壳断路器 63A/3P 16A 35kA 电子式	1	塑壳断路器 63A/3P 50A 35kA 电子式	1	塑壳断路器 63A/3P 50A 35kA 电子式	1	塑壳断路器 160A/3P 125A 35kA 电子式	1	塑壳断路器 63A/3P 63A 35kA 电子式	1	塑壳断路器 160A/3P 125A 35kA 电子式	1	塑壳断路器 63A/3P 32A 35kA 电子式	1	塑壳断路器 63A/3P 25A 35kA 电子式	1	塑壳断路器 63A/3P 50A 35kA 电子式	1
40/5	3	40/5	3	20/5	3	20/5	3	50/5	3	50/5	3	150/5	3	75/5	3	150/5	3	40/5	3	150/5	3	50/5	3
三相电流	1	三相电流	1	三相电流	1	三相电流	1	三相电流	1	三相电流	1	三相电流	1	三相电流	1	三相电流	1	三相电流	1	三相电流		三相电流	
10		10		3		2.2		20		20		30		18.5		37		11					
8		8		3		2.2		16		16		30		18.5		37		11					
14.3		14.3		5.7		4.2		28.5		28.5		56.8		35		70.1		21					
NB114		NB115		NB116		NB117		NB118		NB119		NB120		NB121		NB122		NB123		NB124		NB125	
1APE.XK 消防控制室		1APE.JS 计算机房		6AE.WY1、6AE.WY2 屋面消防稳压泵		-1APE.WY 室外消火栓稳压泵		备用		备用		-1APE.XH2 室外消火栓泵		-1APE.XH1 室外消火栓泵		-1APE.PL 自动喷淋泵		6APE.PYFJ 高温排烟风机		备用		备用	
NH-YJV-1KV 5×6		YJV-1KV 5×6		NH-YJV-1KV 5×6		NH-YJV-1KV 5×6						NH-YJV-1KV 3×50+2×25		NH-YJV-1KV 3×16+2×10		NH-YJV-1KV 3×50+2×25		NH-YJV-1KV 5×6					
电缆下出线		电缆下出线		电缆下出线		电缆下出线						电缆下出线		电缆下出线		电缆下出线		电缆下出线					
备用电源		备用电源		备用电源		备用电源		备用电源		备用电源		备用电源		备用电源		备用电源		备用电源					

图 5.5　低压配电系统图三（节选）

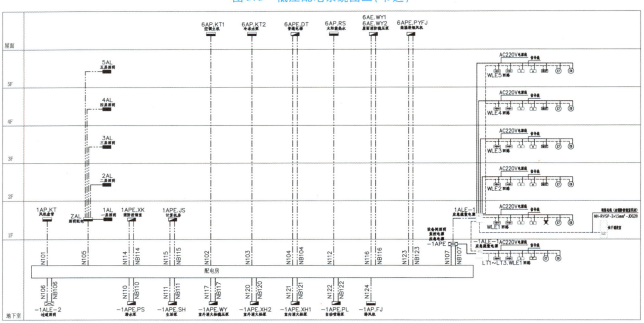

图 5.6　配电干线图

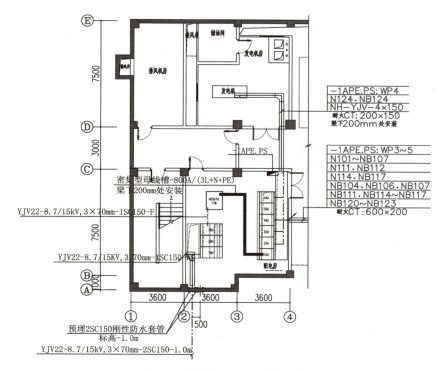

图 5.7　地下室变配电房平面图

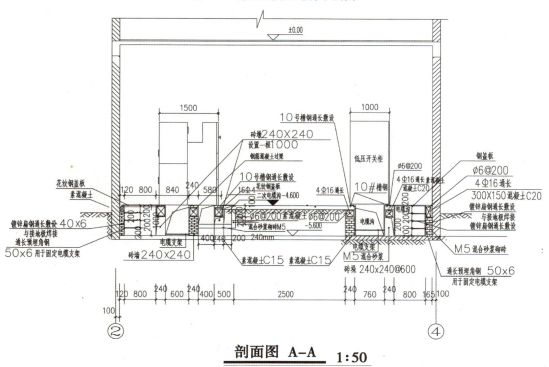

剖面图 A-A　1:50

图 5.8　变配电房 A—A 剖面图

注：本材料表仅供参考，不做购买使用。

序号	图例	名称	规格		单位	数量	备注
31		PC管	PC20、25、32		m	按实计	
30		紧定式钢管	JDG16、20、25、32		m	按实计	
29		钢管	SC40、50、65		m	按实计	
28		电力电缆	YJV-1kW	4×95+1×50mm	m	按实计	
27		电力电缆	YJV-1kW	4×120+1×70mm	m	按实计	
26		电力电缆	YJV-1kW	4×70+1×35mm	m	按实计	
25		电力电缆	YJV-1kW	4×50+1×25mm	m	按实计	
24		电力电缆	YJV-1kW	4×35+1×16mm	m	按实计	
23		电力电缆	YJV-1kW	4×25+1×16mm	m	按实计	
22		电力电缆	YJV-1kW	5×10mm	m	按实计	
21		电力电缆	WDZ-YJV-1kW	5×10mm	m	按实计	
20		电力电缆	WDZ-YJV-1kW	3×25+2×16mm	m	按实计	
19		电力电缆	WDZ-YJV-1kW	4×50+1×25mm	m	按实计	
18		电力电缆	WDZ-YJV-1kW	4×150+1×95mm	m	按实计	
17		电力电缆	WDZ-YJV-1kW	4×70+1×35mm	m	按实计	
16		电力电缆	WDZ-YJV-1kW	4×150+1×95mm	m	按实计	
15		电力电缆	WDZ-YJV-1kW	5×10mm	m	按实计	
14		电力电缆	WDZ-YJV-1kW	3×50+2×16mm	m	按实计	
13		高压电力电缆	YJV22-8.7/15kV	3×70mm	m	按实计	
12		槽式电缆桥架	防火型封闭式100×50		m	按实计	
11		槽式电缆桥架	防火型封闭式200×100		m	按实计	
10		槽式电缆桥架	防火型封闭式250×100		m	按实计	
9		槽式电缆桥架	防火型封闭式300×100		m	按实计	
8		槽式电缆桥架	防火型封闭式400×150		m	按实计	
7		槽式电缆桥架	防火型封闭式500×150		m	按实计	
6		密集型母线槽	CCX1-800A/4-IP40			按实计	
5		排烟管				按实计	
4		柴油发电机组	116DGEA	配PCC智能型数码控制屏	套	1	
3		低压配电柜	GCK抽屉柜		套	6	见系统图
2		高压开关柜	KYN44A-12 12kV 630A		套	3	见系统图
1		干式变压器	SCB10-400/10 D yn11 AN/AF IP20		台	1	带风冷系统

图 5.9　变配电系统主要设备材料表

【内容结构】

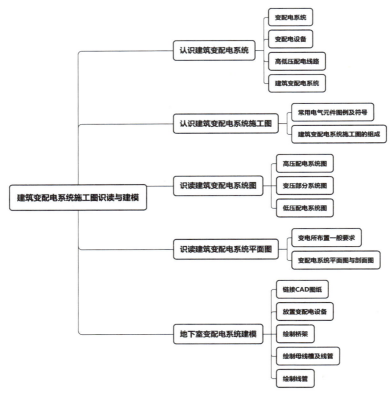

图 5.10　"建筑变配电系统施工图识读与建模"内容结构图

【建议学时】20学时

【学习目标】

知识目标:熟悉建筑供配电系统的组成,电力负荷的电压等级;了解低压配电系统的配电方式;理解配电线路型号规格所代表的含义;熟练识读施工图。

技能目标:能对照实物和施工图辨别出建筑变配电系统各组成部分,并说出其名称及作用;能说出施工图内包含的信息,并对照系统图、平面图说出高低压线路走向;能根据地下室变配电施工图内容建立变配电系统的三维模型。

素质目标:科学严谨、精益求精的职业态度;团结协作、乐于助人的职业精神,极强的敬业精神和责任心,诚实、豁达,能遵守职业道德规范的要求;提高安全用电、节约用电的意识。

【学习重点】

1. 变配电设备、线路的型号规格及安装内容;
2. 变配电系统施工图识读与建模。

【学习难点】

名词陌生,平面图与系统图的对应,二维平面图转三维空间图。

【学习建议】

1. 本项目原理性的内容做一般性了解,着重在电器设备认识、施工图识读与建模内容。
2. 如果在学习过程中遇到疑难问题,可以多查资料,多到施工现场了解实际过程,也可以通过微课、动画等来加深对疑难问题的理解。
3. 多做施工图识读与建模练习,并将图与工程实际联系起来。

【项目导读】

1. 任务分析

图5.1—图5.9是2号办公楼建筑变配电系统部分施工图,图中出现大量的图块、符号、数据和线条,这些东西代表什么含义? 它们之间有什么联系? 图上所示的电器设备是如何安装的? 这一系列的问题均要通过本项目的学习才能逐一解答。

2. 实践操作(步骤/技能/方法/态度)

为了能完成前面提出的工作任务,我们需从解读变配电系统组成开始,然后到系统的构成方式、设备与材料的认识,施工工艺与下料,进而学会用工程语言——施工图来表示施工做法,学会施工图读图方法,最重要的是能熟读施工图、熟悉建模的方法,为后续施工、计价等课程学习打下基础。

【知识拓展】

中国电力事业发展迅猛,发电量居世界第一

电是一种能量,它是由其他形式的能量,比如水能、热能、机械能、原子能等转换而来的,转换一般由发电厂(站)来完成。中国主要是火力发电,因为中国煤炭储量世界第一,有足够的发展火电的条件。其次是水力发电,主要在南方和西南,例如世界上最大的水利枢纽工程——三峡工程。三峡水电站(图5.11)总装机1 820万kW,年发电量846.8亿kW·h,是世界上最大的水力发电站。再次是核电,核电的规模会逐渐扩大。最后是风力,主要在新疆。此外还有新能源的再生能源,比如植物性发电、潮流发电、地热发电,如在西

2号办公楼通风系统识图

藏的羊八井就有地热电站。

请思考:三峡水电站年发电量是 846.8 亿 kW·h,假如一个普通家庭一天用电 5 kW·h,三峡电站可同时供多少普通家庭一年的用电?

对于一个 38 万人口的小城市(平均一户 4 人)来说,三峡水电站一年可同时供多少个这样的小城市用电?

图 5.11　三峡水电站

任务 5.1　认识建筑变配电系统

电路组成

5.1.1　变配电系统

1)电力系统

为了提高供电的安全性、可靠性、连续性、运行的经济性,并提高设备的利用率,减少整个地区的总备用电容量,常将发电厂、电力网和电力用户连成一个整体,这样组成的统一整体称为电力系统。典型电力系统示意图如图 5.12 所示。

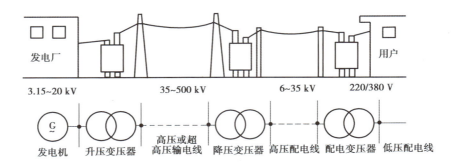

图 5.12　电力系统示意图

从图 5.12 可以了解到,输送用户的电能经过了以下几个环节:发电→升压→高压送电→降压→10 kV 高压配电→降压→0.38 kV 低压配电→用户。

①发电厂。发电厂是将一次能源(如水力、火力、风力、原子能等)转换成二次能源(电能)的场所。我国

目前以火力和水力发电为主。

②电力网。电力网是电力系统的有机组成部分,包括变电所、配电所及各种电压等级的电力线路。

变电所与配电所是为实现电能的经济输送和满足用电设备对供电质量的要求而设置的。变电所是接收电能、变换电压和分配电能的场所,可分为升压变电所和降压变电所两大类,配电所没有电压变换能力。

电力线路是输送电能的通道。在相距较远的发电厂与电能用户之间,要用各种不同电压等级的电力线路将发电厂、变电所与电能用户联系起来,使电能输送到用户。

③电力用户。电力用户也称电力负荷。在电力系统中,所有消耗电能的用电设备均称为电力用户。电力用户按其用途可分为动力用电设备、工艺用电设备、电热用电设备、照明用电设备等。

从输电的角度来讲,电压越高则输送的距离越远,传输的容量越大。在交流电压等级中,通常将 1 kV 及以下称为低压,1 kV 以上、35 kV 及以下称为中压,35 kV 以上、220 kV 以下称为高压,330 kV 及以上、1 000 kV 以下称为超高压,1 000 kV 及以上称为特高压。目前我国常用的交流电压等级有:0.22 kV、0.38 kV、6.3 kV、10 kV、35 kV、110 kV、220 kV、330 kV、500 kV、1 000 kV。我国规定了民用电的线电压为 0.38 kV,相电压 0.22 kV,交流电的工作频率为 50 Hz。

【想一想】电源的形式有交流、直流之分,交流电源又有单相和三相之分,那么一栋单体建筑的配电通常采用什么形式的电源? 电压是多少? 家用电器的用电电压是多少?

【知识拓展】

构皮滩水电站

位于贵州省余庆县乌江干流河段的构皮滩水电站(图 5.13),是国家"十五"计划重点工程,这个电站的主要任务是发电,兼顾航运、防洪以及其他综合利用,正常蓄水位达 630 m,地下电站装机容量 5×600 MW,保证出力 746.4 MW,年平均发电量 96.82 亿 kW·h。2021 年投入试运行的构皮滩水电站通航工程,创造了 6 项世界之最,被业界专家称为"升船机博物馆":

①世界上首座采用三级升船机方案的通航建筑物;

②世界上通航水头最高的通航建筑物——最高通航水头 199 m;

③世界上水位变幅最大的通航建筑物——上游水位变幅 40 m;

④世界上提升高度最大的垂直升船机——第二级提升高度 127 m;

⑤世界上规模最大、提升力最大的下水式升船机——第一、第三级 500 t 下水式升船机,主提升力 18 000 kN;

⑥ 世界上规模最大的通航渡槽——三级升船机之间通航水深 3 m,通航渡槽最大墩高超过 100 m。

整个工程采用三级垂直升船机方式,由上下游引航道、三级垂直升船机和两极中间渠道组成。线路总长 2 306 m,最高通航水头 199 m,设计代表船型为 500 t 级机动驳。该水电站实现通航之后,贵州的货运就可以从水路上通往长江,进入大海。

图 5.13　构皮滩水电站

2)低压配电系统

低压配电系统,是指从终端降压变电所的低压侧到民用建筑内部低压设备的电力线路,其电压一般为 380/220 V,配电方式有放射式、树干式、混合式,如图 5.14 所示。

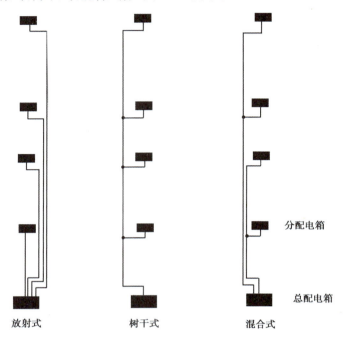

分配电箱

总配电箱

放射式　　　树干式　　　混合式

图 5.14　低压配电方式分类示意图

放射式由总配电箱直接供电给分配电箱,可靠性高,控制灵活,但投资大,一般用于大型用电设备、重要用电设备的供电。

树干式由总配电箱采用一回干线连接至各分配电箱,节省设备和材料,但可靠性较低,在机加工车间中使用较多,可采用封闭式母线配电,灵活方便且比较安全。

混合式也称为大树干式,是放射式与树干式相结合的配电方式,其综合了两者的优点,一般用于高层建筑的照明配电系统。

在低压配电系统中,我国广泛采用中性点直接接地系统,从系统中引出中性线(N)、保护线(PE)或保护中性线(PEN)。

低压配电系统的接地形式有 3 种:TT 系统、TN 系统、IT 系统,其中 TN 系统又分为 TN-C 系统、TN-C-S 系统、TN-S 系统,如图 5.15 所示。

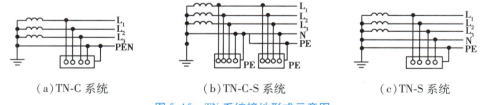

（a）TN-C 系统　　　（b）TN-C-S 系统　　　（c）TN-S 系统

图 5.15　TN 系统接地形式示意图

3)用电负荷分级及对电源的要求

在电力系统上,用电设备消耗的电功率称为用电负荷。根据用电负荷对供电可靠性的要求及中断供电所造成的损失或影响程度,可将用电负荷分为三级。

①一级负荷,指中断供电将造成人身伤害,或造成重大损坏重大影响,或影响重要用电单位的正常工作,或造成人员密集的公共场所秩序严重混乱的用电负荷。一级负荷应由双重电源供电,当一个电源发生故障

时,另一个电源不应同时受到损坏。

②二级负荷,指中断供电将造成较大损坏较大影响,或影响较重要用电单位的正常工作,或造成人员密集的公共场所秩序混乱的用电负荷。对于二级负荷,应遵从有关规范的要求供电,一般采用双回路电源在负荷端配电箱处切换。

③三级负荷,不属于一级和二级用电负荷的均为三级负荷。三级负荷采用单电源单回路供电。

4)交流电路

电路就是电流经过的路径,通常由 4 个部分组成:电源、用电器、控制及保护电器、连接导体。电路图及电路接线图如图 5.16、图 5.17 所示,只有组成闭合电路,电路里有电流流过,电能才能转化为其他形式的能。

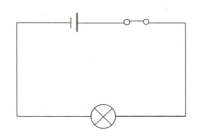
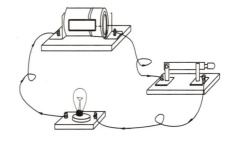

图 5.16　电路图　　　　　　　　　图 5.17　电路接线图

①电源,即电能的来源,有直流和交流之分,在建筑配电系统中常用交流电源。交流电源的形式有单相、三相,其中单相又分为单相两线制、单相三线制,三相分为三相四线制和三相五线制。

②用电器,是将电能转换为其他形式能量的装置,比如图 5.17 中的灯泡,就是将电能转换成光能,电动机就是将电能转换成机械能。任何用电器在实现能量转换过程中都有一定的承受能力,超过这个限度,用电器就会发生故障,这个限度称为用电器的额定功率。

③控制及保护电器,最简单的控制电器就是开关,起通断电路的作用。保护电器,就是当电路出现故障时,可以立即将电路切断或将故障限制在一定范围之内。

④连接导体,上述 3 个组成部分需要用导线连接成闭合回路,才能实现电能的传输和分配。为减少线路上损耗及节约成本,连接导体一般选用金属铜或铝。

【技能训练】

电灯接线实训

干电池、纽扣开关、灯泡,用红、蓝色线连接成闭合的电路,实现一个开关控制一盏灯;一个开关控制两盏灯;两个开关控制两盏灯。要求灯泡发光,电线使用正确。

电源　　　　　　　　负载　　　　　　　　开关　　　　　　　　导线

【知识拓展】

中国电力工程的"世界之最"

1."疆电外送"——昌吉—古泉 ±1 100 千伏特高压直流输电工程

昌吉—古泉 ±1 100 千伏特高压直流输电工程是目前世界上电压等级最高、输送容量最大、输送距离最远、技术水平最先进的特高压输电工程。线路起自新疆昌吉,终至安徽古泉,途经新疆、甘肃、宁夏、陕西、河南、安徽 6 省,全长 3 293 km。昌吉—古泉 ±1 100 千伏特高压直流输电线路局部如图 5.18 所示。

图 5.18　昌吉—古泉 ±1 100 千伏特高压直流输电线路

2. 张北可再生能源柔性直流电网试验示范工程

张北可再生能源柔性直流电网试验示范工程是世界上首个柔性直流电网工程,也是世界上电压等级最高、输送容量最大的柔性直流工程。

柔性直流输电是当今电网科技领域的前沿技术,具有可控性好、运行方式灵活、适用场合多等显著优势,在偏远地区和海上新能源并网、异步电网互联、城市供电等应用领域具有独特优势。张北可再生能源柔性直流电网试验如图 5.19 所示。

图 5.19　张北可再生能源柔性直流电网试验

3. 青海—河南 ±800 千伏特高压直流输电工程

青海—河南 ±800 千伏特高压直流输电工程是我国"十三五"能源、电力发展规划明确的特高压多端直流示范工程和西电东送重点工程,身兼多项世界第一:世界上容量最大的特高压多端直流输电工程;世界上首个送端采用常规直流、受端采用柔性直流的特高压混合直流输电工程。青海—河南 ±800 千伏特高压直流输电线路局部如图 5.20 所示。

图 5.20　青海—河南 ±800 千伏特高压直流输电线路

4. 托克托电厂

托克托电厂是世界上最大的火力发电基地,也是我国"西部大开发"和"西电东送"的重点工程,未来,电装机总容量将达到 6 600 MW。托克托电厂概貌如图 5.21 所示。

图 5.21 托克托电厂概貌

【学习笔记】

【想一想】建筑变配电系统中有哪些电气设备及材料?

高低压设备
与配电房

5.1.2 变配电设备

1)高压配电设备

(1)高压断路器(QF)

高压断路器是一种开关电器,在电力系统中起着控制与保护作用,户内高压真空断路器如图 5.22 所示。

高压真空断路器 ZN10-10/300-750 型号的含义是:户内(N)真空断路器(Z),设计序号为 10、额定电压 10 kV、额定电流300 A、额定开断电流 750 kA。

(2)高压隔离开关(QS)

高压隔离开关主要用来隔离高压电源,以保证安全检修,因此其结构特点是断开后具有明显可见的断开间隙。户内式 GN19 系列隔离开关如图 5.23 所示。

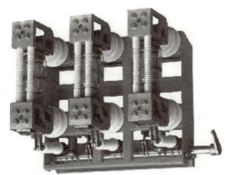

图 5.22 户内高压真空断路器图

图 5.23 隔离开关

(3)高压负荷开关(QL)

高压负荷开关具有简单的灭弧装置,主要用在高压侧接通或断开正常工作的负荷电流,但不能切断短路电流,它必须和高压熔断器配合使用。真空负荷开关如图5.24所示。

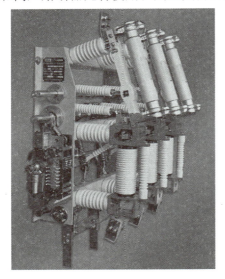

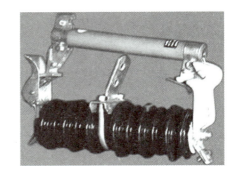

图 5.24　真空负荷开关　　　　图 5.25　高压熔断器

高压负荷开关型号的含义如下:

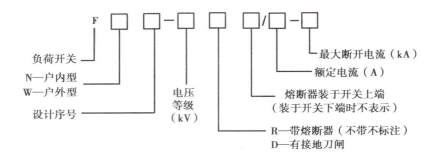

F □ □—□ □ □/□-□

负荷开关
N—户内型
W—户外型
设计序号
电压等级（kV）
R—带熔断器（不带不标注）
D—有接地刀闸
熔断器装于开关上端（装于开关下端时不表示）
额定电流（A）
最大断开电流（kA）

图 5.26　阀型避雷器

（4）高压熔断器（FU）

高压熔断器主要元件是一种易于熔断的熔断体,简称熔体,当通过的电流达到或超过一定值时,熔体熔断切断电源,从而起保护作用。高压熔断器如图5.25所示。

（5）避雷器

在打雷时,雷电的高电压可能会沿着电力线路进入室内,对电器设备造成破坏,避雷器就是用来对变配电设备实行防雷保护的。阀型避雷器如图5.26所示。

避雷器型号的含义介绍如下:

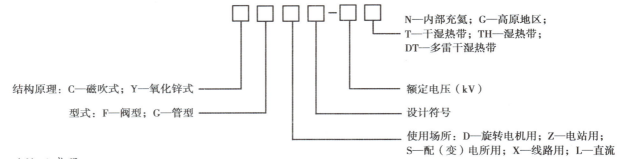

结构原理:C—磁吹式;Y—氧化锌式
型式:F—阀型;G—管型
使用场所:D—旋转电机用;Z—电站用;S—配（变）电所用;X—线路用;L—直流
设计符号
额定电压（kV）
N—内部充氮;G—高原地区;T—干湿热带;TH—湿热带;DT—多雷干湿热带

（6）互感器

互感器有电流互感器、电压互感器,亦称为仪用变压器,其主要作用是将大电流、大电压降为仪表能提供测量仪表和继电保护装置用的电流与电压。全封闭式电流互感器如图5.27所示,电压互感器如图5.28所示。

图5.27　全封闭式电流互感器　　　图5.28　电压互感器

电流互感器、电压互感器型号的含义说明如下：

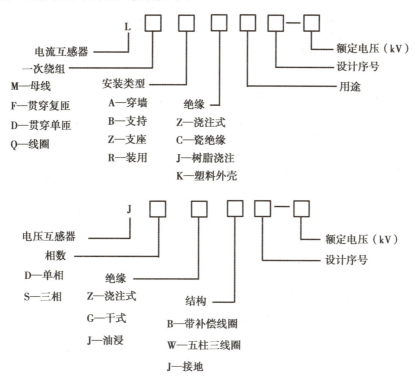

（7）支持绝缘子和穿墙套管安装

支持绝缘子用于变配电装置中，作为导电部分的绝缘和支持的作用。高压户内支持绝缘子外形如图5.29所示。

高压穿墙套管及穿墙板是高低压引入（出）室内或导电部分穿越建筑物或其他物体时的引导元件，如图5.30所示。

图5.29　高压户内支持绝缘子

图5.30　高压穿墙套管

开关柜与自备
电源安装

(8)高压开关柜(AH)

高压开关柜也称高压配电柜,是按照一定的接线方案将高压设备(如开关设备、监察测量仪表、保护电器及操作辅助设备等)组装而成的高压成套配电装置,作电能接收、分配的通断和监视保护之用。

高压开关柜有固定式和手车式之分,如图 5.31 所示,开关柜一般都安装在槽钢或角钢制成的基础型钢底座上。

(a)固定式   (b)手车式

图 5.31   高压开关柜

【知识拓展】

张家口的风点亮了北京的灯

绿色冬奥是北京 2022 年冬奥会的一个重要理念。把张家口的风转化为清洁电力并入冀北电网再输向北京、延庆、张家口 3 个赛区,这些电力不仅点亮了一座座奥运场馆,也点亮了北京的万家灯火。

2)变压器

变压器是变配电系统最重要的设备,它利用电磁原理将电力系统中的电压升高或降低,以利于电能的输送、分配和使用。在建筑变配电系统中主要是将电网送来的高压电降为用户能使用的低压电,常用的变压等级为 10/0.4 kV。

变压器工作
原理与安装

变压器按照结构形式不同可分为油浸式和干式,如图 5.32 所示。油浸式与干式相比,具有较好的绝缘和散热性能,价廉,但不宜用于易燃、易爆场所。因此,安装在一、二类高低层主体建筑内的变压器应选用节能型干式变压器,变压器器身通常坐落在基础槽钢上。

变压器的型号用汉语拼音字母和数字表示,其排列顺序如下:

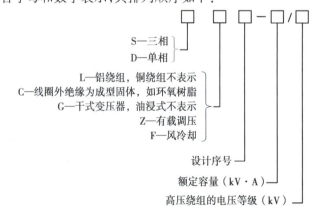

- S—三相
- D—单相
- L—铝绕组,铜绕组不表示
- C—线圈外绝缘为成型固体,如环氧树脂
- G—干式变压器,油浸式不表示
- Z—有载调压
- F—风冷却
- 设计序号
- 额定容量(kV·A)
- 高压绕组的电压等级(kV)

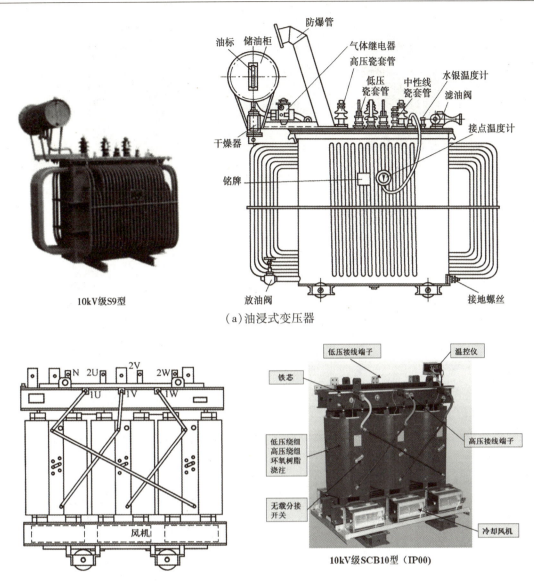

（a）油浸式变压器

10kV级S9型

（b）干式变压器

10kV级SCB10型（IP00）

图 5.32　变压器

【想一想】根据能量守恒原理,变压器在变压的同时,电流也发生了变化,10 kV 降为 0.4 kV 的变压器,其电流怎么变化？ 变压器设备顶上的接线端子,截面大的端子是低压端子还是高压端子？

3）低压配电设备

（1）低压断路器（QF）

低压断路器又称自动空气开关、低压空气开关,能带负荷通断电路,又能在短路、过负荷和失压时自动跳闸,如图 5.33 所示。

低压断路器按照用途可分为:配电用断路器、电机保护用断路器、照明用断路器、漏电保护用断路器等等。

漏电断路器是在断路器上加装漏电保护器件,当低压线路或电气设备上发生人身触电、漏电和单相接地故障时,漏电断路器可快速自动切断电源,保护人身和电气设备的安全,避免事故扩大。漏电保护型的空气断路器在原有代号上加上字母 L,表示是漏电保护型的。如 DZl5L-60 系列漏电断路器。漏电断路器外形如图 5.34所示。

（a）塑壳式断路器　　（b）微型断路器　　（c）万能式断路器

图 5.33　低压断路器

图 5.34　漏电断路器　　　　　　　　图 5.35　CJ20 系列交流接触器

（2）交流接触器（CJ）

交流接触器作为线路或电机的远距离频繁通断之用。CJ20 系列接触器,是全国统一设计的产品,如图 5.35所示。

（3）低压开关柜（AA）

低压开关柜是按一定线路方案用低压设备组装而成的低压成套配电装置。按断路器是否可以抽出可以分成固定式（GGL、GGD）、抽出式（BFC、GCL、GCK、GCS）两种类型,如图 5.36 所示。低压开关柜的安装同高压开关柜。

   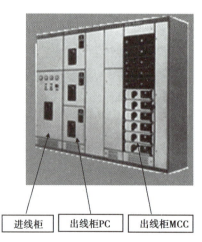

进线柜　　出线柜　　　　固定柜柜体　　　　抽屉柜柜体　　　进线柜　出线柜PC　出线柜MCC

（a）GGD 型低压固定式开关柜　　　　　　　　　（b）GCS 型低压抽出式开关柜

图 5.36　低压开关柜

【技能训练】

识读图 5.3,说说变压器型号规格 SCB10-400 KVA/10.5 表示的含义。

4)柴油发电机组(G)

一、二级电力负荷对供电可靠性要求较高,需要自备电源。建筑配电的自备电源常为柴油发电机组。柴油发电机组主要由柴油机、发电机和控制屏三大部分组成,以柴油机为动力,拖动工频交流同步发电机组成发电设备。要求在市电停电后10~15 s内自动启动,作应急备用电源。

柴油发电机组通常坐落在混凝土基础上,基础上需安装机组地脚螺栓孔,采用二次灌浆,其安装示意图及实物图如图5.37所示。

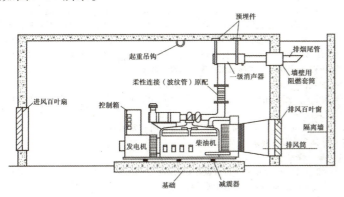

图5.37 柴油发电机组安装示意图及实物图

【学习笔记】

【想一想】高压设备接收的电能量如何传递到低压设备?采用什么媒介?

5.1.3 高低压配电线路

在变配电系统中,高压开关柜与变压器的电气连接可以用硬母线或电力电缆。变压器到低压配电柜、高压开关柜之间、低压配电柜之间的电气连接一般采用硬母线,而从低压配电柜出线到变电所室外后,可以用电力电缆、母线槽进行低压配电。

矩形母线制作与安装

1)母线

(1)裸母线

裸母线是变配电装置的连接导体,一般为硬母线,材质有硬铝母线 LMY、硬铜母线 TMY。如:TMY-4(100×10),表示三相四线硬铜母线,每相一片,每片宽100 mm,高10 mm。其安装示意图如图5.38所示。

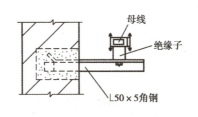

(a)水平安装母线

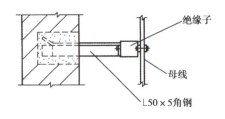

（b）垂直安装母线

图 5.38　裸母线水平、垂直方向安装图示

母线穿墙时,需进行穿墙套管和穿墙隔板的安装,如图 5.39 所示。母线与电缆、变压器连接如图 5.40 所示。

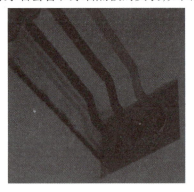

母线安装

图 5.39　穿墙隔板安装做法

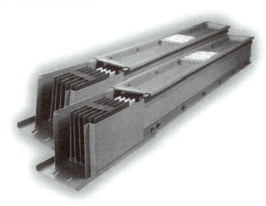

图 5.40　母线与电缆、变压器连接图　　　　图 5.41　封闭（插接）式母线槽

（2）封闭（插接）式母线槽

母线槽安装

封闭（插接）式母线槽是把铜（铝）排用绝缘板夹在一起,并用空气绝缘或缠包绝缘带绝缘,再置于优质钢板的外壳内,母线的连接采用高强度的绝缘板隔开各导电排,以完成母线的插接,然后用覆盖环氧树脂的绝缘螺栓紧固,以确保母线连接处的绝缘可靠。封闭（插接）式母线槽如图 5.41 所示。

【想一想】开关柜内的电气连接常用母线,柜外的电气连接常用什么?

【知识拓展】

某翻斗车违规
作业触电事故

唯有遵章守纪,才能保证安全

2021 年,某工地一辆解放牌大型翻斗自卸车,违规在电力设施保护区内作业。在修路卸料的过程中,自卸车箱体支起,与 10 千伏高压线路接触,司机抓住车门欲下车时被电击中身亡。事故详情请扫描二维码了解。

2) 电线

电线是电气设备的连接导体,一般由导电芯及绝缘层构成,单根电线结构如图 5.42 所示,三相四线制铜芯电线如图 5.43 所示(黄色、绿色、红色代表火线,浅蓝色代表零线)。

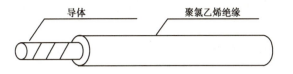

图 5.42 单根电线结构图   5.43 三相四线制铜芯电线

导电芯常用的金属材料有铝和铜。因为铜金属的导电性能、机械强度等均比铝金属好,所以建筑配电常用铜芯电线。对于临时用电场所,考虑到成本等原因,一般用铝芯电线。对于住宅建筑,设计规范规定,电线及电缆必须采用铜芯电线。电线外皮包裹着绝缘材料,常见的绝缘材料有塑料(PE、PP、PS、PVC 等)、橡胶等。

BV 表示带 PVC 塑料绝缘层的铜芯电线,BLV 表示带 PVC 塑料绝缘层的铝芯电线,电线属于国家标准电工产品,大小用导电芯的截面积(mm^2)来衡量。BV 标称截面有:1,1.5,2.5,4,6,10,16,25,35,50,70,95,120,185,240,300 mm^2;BLV 标称截面有:2.5,4,6,10,16,25,35,50,70,95,120,185,240,300 mm^2。

各种线的型号含义说明如下:

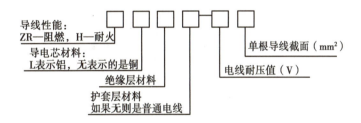

3) 电力电缆

(1)电缆基本结构

电缆是一种特殊的导线,它是将一根或数根绝缘导线组合成线芯,外面再加上密闭的包扎层加以保护。其基本结构一般是由导电线芯、绝缘层和保护层 3 个部分组成,如图 5.44 所示。

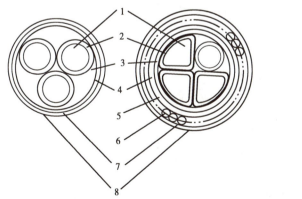

图 5.44 电缆结构图

1—导体;2—绝缘(PVC);3—填充;4—包带;5—内护套;6—钢丝铠装;7—外护套;8—标志

①导电线芯。导电线芯是用来输送电流的,通常由铜或铝的多股绞线做成,比较柔软,易弯曲。我国制造的电缆线芯的标称截面有:1,1.5,2.5,4,6,10,16,25,35,70,95,120,150,185,240,300,400,500,625,800 mm^2。芯数有:单芯、双芯、三芯、四芯、五芯;线芯形状有:圆形、半圆形、扇形和椭圆形。

②绝缘层。绝缘层的作用是将导电线芯与相邻导体以及保护层隔离,用以抵抗电力电流、电压、电场对外界的作用,保证电流沿线芯方向传输。

低压电力电缆的绝缘层一般有橡胶绝缘、塑料绝缘、纸绝缘等。

③保护层。保护层分内护层和外护层两部分。内护层用来保护电缆的绝缘不受潮湿和防止电缆浸渍剂的外流及轻度机械损伤,外护层是用来保护内护层的,包括铠装层和外被层。

电缆的敷设方式有直接埋地敷设、穿管敷设、电缆沟敷设、电缆桥架敷设,以及用支架、托架、悬挂方法敷设等。

（2）电缆型号与名称

我国电缆产品的型号采用汉语拼音字母组成,有外护层时则在字母后加上两个阿拉伯数字,常用电缆型号中字母的含义及排列顺序如表 5.1 所示。

电缆型号
规格判别

表5.1　电缆型号组成与含义

性　能	类　别	绝缘种类	线芯材料	内护层	其他特征	外护层	
						第一个数字	第二个数字
ZR—阻燃 NH—耐火	电力电缆不表示 K—控制电缆 Y—移动式软电缆 P—信号电缆 H—市内电话电缆	Z—纸绝缘 X—橡皮 V—聚氯乙烯 Y—聚乙烯 YJ—交联聚乙烯	T—铜（省略） L—铝	Q—铅护套 L—铝护套 H—橡套 (H)F—非燃性橡套 V—聚氯乙烯护套 Y—聚乙烯护套	D—不滴油 F—分相铅包 P—屏蔽 C—重型	2—双钢带 3—细圆钢丝 4—粗圆钢丝	1—纤维护套 2—聚氯乙烯护套 3—聚乙烯护套

例如:YJV$_{22}$-4×95,表示一根电力电缆,交联聚乙烯绝缘,导电芯为铜芯,内护层为聚氯乙烯护套,双钢带铠装,外被层聚氯乙烯护套,4 根导电芯,每根导电芯截面 95 mm^2。电缆结构及名称对应如图 5.45 所示。

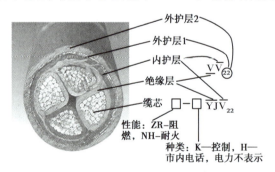

图 5.45　电缆结构与名称对应图

建筑电气工程宜优先选用交联聚乙烯绝缘电缆,代替聚氯乙烯电缆。

（3）电力电缆分支与连接

电力电缆用来输送和分配大功率电能。无铠装的电缆适用于室内、电缆沟内、电缆桥架内和穿管敷设,但不可承受压力和拉力。钢带铠装电缆适用于直埋敷设,能承受一定的正压力,但不能承受拉力。预制分支电力电缆,是由电缆生产厂家根据设计要求在制造电缆时直接从主干电缆上加工制作出分支电缆,如图 5.46 所示。电力电缆的分支还可以采用绝缘穿刺线夹形式,无须截断主电缆,无须剖开电缆内部的绝缘层,不破坏电缆的机械性能和电气性能即可在电缆的任意位置做分支,操作简易,应用广泛。绝缘穿刺线夹如图 5.47 所示。

电力电缆施工

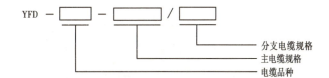

举例：1.TN-C系统：YFD-ZR-YJV-（3×50+1×25）/（3×16+1×10）
2.TN-S系统：YFD-ZR-YJV-（4×50+1×25）/（3×16+1×10）

图5.46　预制分支电力电缆

电缆头制作安装

图5.47　绝缘穿刺线夹

电缆敷设完毕后各线段必须连接为一个整体。电缆线路两个首末端称为终端,中间的接头则称为中间接头,其主要作用是确保电缆密封、线路畅通。电缆头按制作安装材料可分为干包式、热缩式、冷缩式和环氧树脂浇注式等,电缆接头如图5.48—图5.50所示。

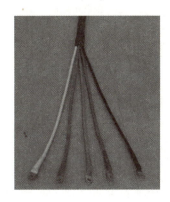
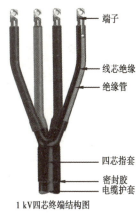

端子

线芯绝缘
绝缘管

四芯指套
密封胶
电缆护套

1 kV四芯终端结构图

图5.48　冷缩式电缆中间接头　　图5.49　干包式电缆终端头　　图5.50　热缩式电缆终端头

【知识拓展】

管廊介绍

塑料绝缘电力电缆制造的基本工艺流程

1.铜、铝单丝拉制。电线电缆常用的铜、铝杆材,在常温下,利用拉丝机通过一道或数道拉伸模具的模孔,使其截面减小、长度增加、强度提高。

2.单丝退火。铜、铝单丝在加热时,以再结晶方式来提高单丝的韧性、降低单丝的强度。

3.导体的绞制。为提高电力电缆柔软度,便于敷设安装,导电线芯采取多根单丝绞合而成。

4.绝缘挤出。塑料绝缘层主要采用挤包实心型,挤出的塑料有偏心度、光滑度、致密度等技术要求。

5.成缆。对于多芯电缆,一般需要将其绞合为圆形。成缆时要杜绝异形绝缘线芯翻身而致电缆扭弯,并防止绝缘层被划伤。大部分电缆在成缆时伴随完成填充及绑扎。

6.内护层。为了保护绝缘线芯不被铠装疵伤,需要对绝缘层进行适当的保护。

7.装铠。敷设在地下的电缆,工作中可能承受一定正压力作用,可选择内钢带铠装结构。

8.外护套。用于提高电线电缆的机械强度、防化学腐蚀、防潮、防水浸入、阻止电缆燃烧等。一般根据电缆的不同要求利用挤塑机直接挤包而成。

【想一想】建筑变配电系统有哪些组成部分？一般是什么设备？

5.1.4　建筑变配电系统

1)建筑变配电系统的组成

当建筑内电气设备的用电负荷量达到一定数值或对供电有特殊要求时,一般需高压供电,并设立变电所,将高压变为 380/220V 低压,向用户或用电设备配电。变电所的类型很多,建筑内的变电所大多采用 10kV 降 0.4 kV 的变电所。

对供电可靠性要求高的建筑,可以采用两路电源独立供电,当线路、变压器、开关设备发生故障时能自动切换,使供电系统能不间断地供电。最常见的高压进线方案是一路来自发电厂或系统变电站,另一路来自邻近的高压电网。如图 5.51 所示为一种两路 10 kV 进线的电气系统图,该系统的电力取自 10 kV 电网,经变电装置将电压降至 0.4 kV,供各分系统用电。(＝T1、＝T2)为变压器,(＝WL1、＝WL2)为 0.4 kV 汇流排,(＝WB1、＝WB2)为配电装置。如果无法得到两路 10 kV 进线,可以考虑自备柴油发电机组发电或其他备用电源配电。

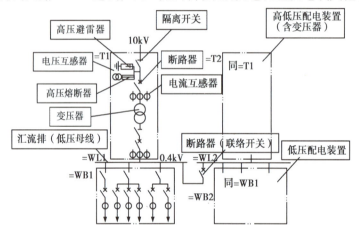

图 5.51　两路 10 kV 高压进线电气系统图

在变配电系统中,目前广泛采用三相干式变压器,高压侧电压为 10 kV,低压侧电压为 0.4/0.23 kV。10 kV 电源经隔离开关、断路器引至变压器。高压侧电压互感器用于电压的测量,高压熔断器用于电压互感器的短路保护,避雷器用于变压器高压侧的防雷保护,电流互感器用于电流的测量。

变压器低压侧通过低压隔离开关和断路器与低压母线相连,开关起隔离作用,具有明显的断开点,断路器可带负荷分合电路,并在短路或过载时起保护作用。电流互感器用于每一分回路的电流测量。两组母线之间用一断路器作为联络开关,在其中一台变压器发生故障时,能自动切换。

目前我国的建筑变配电系统一般由以下环节构成:高压进线→10 kV 高压配电→变压器降压→0.38 kV 低压配电、低压无功补偿。

按照电能量的传送方向,10 kV 建筑变配电系统的组成如图 5.52 所示。

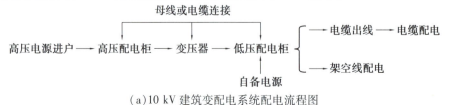

(a)10 kV 建筑变配电系统配电流程图

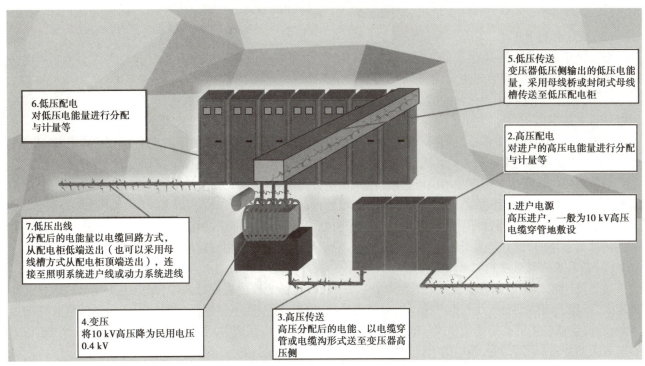

（b）建筑变配电系统组成示意图

（c）建筑变配电系统组成实物图

图 5.52 10 kV 建筑变配电系统组成图

2）高层民用建筑配电系统

高层建筑和普通民用建筑的划分在于建筑楼层的层数和建筑物的高度。一般规定：10 层及 10 层以上的住宅建筑或高度超过 24m 的其他民用建筑属于高层建筑。根据防火规范的规定，19 层及以上或建筑高度在 50m 以上的高层建筑称为一类高层，10 至 18 层或者建筑高度为 24~50m 的高层民用建筑称为二类高层。

（1）供电电源

高层民用建筑用电负荷与一般民用建筑相比，在设备配置上，生活方面有生活电梯、无塔送水泵和空调机组等；消防方面有消防水泵、电梯、通风排烟机、火灾自动报警与联动系统等；照明方面增设事故照明和疏散指示照明，高层民用建筑对楼宇智能化要求也很高。

为了保证建筑供电的可靠性，一般采用两个 10 kV 的高压电源供电。如果当地供电部门只能提供一个高压电源，必须在高层建筑内部设立柴油发电机组作为备用电源。要求备用电源在市政电源发生故障时，至少能使高层民用建筑的生活电梯、事故照明、消防水泵、消防电梯及其他通信系统等仍能继续供电。

由于采用高压供电，因此必须在高层民用建筑中设置变电所。这种变电所可设在主体建筑内，也可设在裙房内，一般尽可能设在裙房内，以方便高压进线和变压器运输，对高层主体建筑的防火也有利。如果变电所设在主体建筑内，由于首层楼面往往用作大厅、商业用途等，变电所一般设在地下室，因此必须做好地下室的防火处理。

（2）低压配电方式

高层民用建筑低压配电系统应满足计量、维护管理、供电安全及可靠性的要求。一般宜将动力和照明分成两个配电系统，事故照明和防火、报警等装置应自成系统。

对于高层民用建筑中容量较大的集中负荷、重要负荷、大型负荷，采用放射式供电，从变压器低压母线向用电设备直接供电。

对于高层民用建筑中各楼层的照明、风机等均匀分布的负荷，采用分区树干式向各楼层供电。树干式配电分区的层数，可根据用电负荷的性质、密度、管理等条件来确定，对普通高层住宅，可适当扩大分区层数。

对消防用电设备应采用单独的供电回路，按照水平方向防火和垂直方向防火分区进行放射式供电。消防用电设备的主电源和备用电源，应在最末一级配电箱处自动切换。

高层民用建筑中的事故照明电源必须与工作照明电源分开，事故照明的用途有多种，有供继续工作用的，有供疏散标志用的，也有作为工作照明的一部分的，应根据不同用途选用相应配电方式。

（3）高层民用建筑室内配电线路的敷设

高层民用建筑的电源一般设在最底层，用电设备分布在各个楼层直到最高层，配电主干线垂直敷设且距离较大，再加上消防设备配线和电气主干线有防火要求，所以，除层数不多的高层住宅可采用导线穿管在墙内暗敷设外，层数较多的高层民用建筑一般都采用电气竖井配线，电气竖井就是在建筑物中从底层到顶层留下一定截面的井道。考虑到强弱电的干扰问题，强电井与弱电井应尽量分开设置。

竖井在每个楼层上设有配电小间，它是竖井的一部分，为了电气维修方便，每层均设向外开的小门。

竖井内配线一般有封闭式母线槽、电缆、电线穿管等 3 种形式。

高层民用建筑供配电示意图如图 5.53 所示。

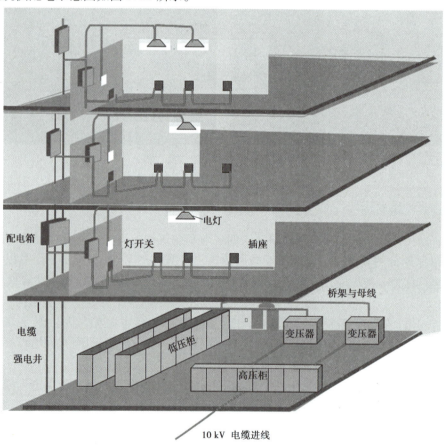

图 5.53 高层民用建筑供配电示意图

【知识拓展】

安全用电常识

①拆开的、断裂的或裸露的带电接头,必须及时用绝缘物包好,并放在人们不易碰到的地方。

②在工作中要尽量避免带电操作,尤其是手湿的时候。

③当有几个人进行电工作业时,如其中一人需接通电源,则应在接通电源前通知其他人。

④不要依赖绝缘来防范触电,因为绝缘体的性能有时也不太稳定。

⑤如果发现高压线断落,不要靠近,至少要保持8~10 m的距离,并及时报告有关部门。

⑥如发现电气故障和漏电起火,要立即切断电源开关。在未切断电源以前,不要用水或酸、碱泡沫灭火器灭火。

⑦如发现有人触电,应马上切断电源或用干木棍等绝缘物将电线从触电者身上挑开,使触电者及时脱离电源。如触电者呼吸停止,应立即施行人工呼吸,并马上送医院抢救。

【学习笔记】

_____

_____

【总结反思】

总结反思点	已熟知的知识或技能点	仍需加强的地方	完全不明白的地方
认识电力系统及交流电路			
认识高低压开关柜、变压器、柴油发电机组			
熟悉高低压配电线路及其型号规格的含义			
认识建筑变配电系统组成			
在本次任务实施过程中,你的自我评价	□A.优秀　　□B.良好　　□C.一般　　□D.需继续努力		

【关键词】电力系统　设备　线路　建筑变配电系统

任务5.2　认识建筑变配电系统施工图

施工图是设计、施工的语言,需按照国家规定的图例符号和规则来描述系统构成、设备安装工艺与要求,实现信息传送、表达及技术交流。

5.2.1　常用电气元件图例及符号

1)图例

图例就是在电气施工图中,表示一个设备或概念的图形、记号或符号。常用的电气元件图例及其文字符号和图形符号如表5.2所示。

表5.2　变配电系统电气元件图例及其文字符号和图形符号

元件名称	图形符号	文字符号	元件名称	图形符号	文字符号
变压器		T	热继电器		KB
断路器		QF	电流互感器①		TA
负荷开关		QL	电压互感器②		TV
隔离开关		QS	避雷器		F
熔断器		FU	移相电容器		C
接触器		QC			

注：①3 个符号分别表示单个二次绕组；1 个铁芯、2 个二次绕组；2 个铁芯、2 个二次绕组的电流互感器。
　　②2 个符号分别表示双绕组和三绕组电压互感器。

2）文字符号与标注

在电气施工图中,常用线型、字母表示线路形式及敷设要求,常用图线形式及应用、线路敷设方式及文字符号、线路敷设部位及文字符号如表5.3—表5.5 所示。

表5.3　常用图线型式及应用

图线名称	图线形式	图线应用	图线名称	图线形式	图线应用
粗实线		电气线路,一次线路	点划线		控制线
细实线		二次线路,一般线路	双点划线		辅助围框线
虚　线		屏蔽线路,机械线路			

表5.4　线路敷设方式及文字符号

敷设方式	文字符号	敷设方式	文字符号
焊接钢管	SC	桥架	CT
紧定式钢管	JDG	金属线槽	MR
扣压式钢管	KBG	塑料线槽	PR
硬塑料管	PC	直埋敷设	DB
半硬塑料管	FPC	电缆沟敷设	TC
塑料波纹管	KPC	混凝土排管	CE
金属软管	CP	钢索	M

表5.5　线路敷设部位及文字符号

敷设部位	文字符号	敷设部位	文字符号
沿或跨梁(屋架)敷设	BC	暗敷设在墙内	WC
暗敷设在梁内	BC	沿顶棚或顶板内敷设	CE
沿或跨柱敷设	CLE	暗敷设在屋面或顶板内	CC
暗敷设在柱内	CLC	吊顶内敷设	SCE
沿墙面敷设	WE	地板或地面暗敷设	F

线路的文字标注基本格式为:ab—c(d×e+f×g)i—jh

其中:

a——线缆编号; b——型号; c——线缆根数;

d——线缆线芯数; e——线芯截面(mm^2); f——PE、N 线芯数;

g——线芯截面(mm^2); i——线路敷设方式; j——线路敷设部位;

h——线路敷设安装高度(m)

上述字母无内容时则省略该部分。

【学习笔记】

_____

_____

【想一想】认识了图例及其符号,建筑变配电系统施工图包括哪些内容?

5.2.2　建筑变配电系统施工图的组成

建筑变配电系统施工图主要包括说明性文件、系统图、平面图、安装详图及剖面图、大样图等。

(1)说明性文件

①图纸目录:内容包括序号、图纸名称、图纸编号、图纸张数等。

②设计说明(施工说明):主要阐述建筑特点、变配电系统的设计依据、工程要求和施工原则、电气安装标准、安装方法、工程等级、工艺要求及有关设计的补充说明等。

③图例设备材料表:主要包括该项目变配电工程所涉及的设备和材料的图形符号和文字代号、名称、型号、规格和数量,供设计概算、施工预算及设备订货时参考。

(2)系统图

系统图是表现变配电系统的配电方式、变配电设备型号规格、电能分配与控制、电能传送方式及情况的图纸,通常包括高压配电系统图、低压配电系统图等。

(3)平面图

平面图是变配电设备与线路的平面布置图,通常在建筑平面图基础上绘出电气设备安装的平面位置,并标注线路敷设方法等的图样。

(4)安装详图及剖面图、大样图

安装详图在现场常被称为安装配线图,主要用来表示电气设备、电器元件和线路的安装位置、配线方式、接线方式、配线场所等,一般与系统图、平面图等配套使用,详图多采用全国通用标准图集。

为清晰地表明变配电设备及其连接线路的相对位置及施工做法,通常还要绘制剖面图、大样图。

【学习笔记】

_____

_____

【总结反思】

总结反思点	已熟知的知识或技能点	仍需加强的地方	完全不明白的地方
认识建筑变配电系统施工图常用图例与符号			
能解读施工图内线路文字标注的含义			

续表

总结反思点	已熟知的知识或技能点	仍需加强的地方	完全不明白的地方
懂得建筑变配电系统施工图组成			
在本次任务实施过程中,你的自我评价	□A. 优秀　　□B. 良好　　□C. 一般　　□D. 需继续努力		

【关键词】图例　符号　组成　平面图　系统图

任务 5.3　识读建筑变配电系统图

5.3.1　高压配电系统图

1)图纸概貌

2 号办公楼的二级负荷有电梯、消火栓泵、喷淋泵、防排烟风机、排污泵、生活供水设备、消防值班室计算机房、安防用电、应急与疏散照明等,总容量 195.02 kW;其余的均为三级负荷,总容量为 268.32 kW。

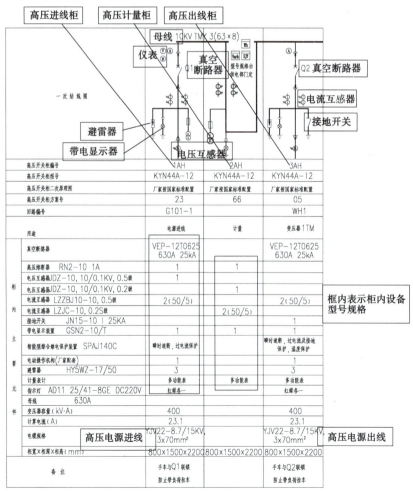

图 5.54　高压配电系统图概况

由于取用两回独立 10 kV 电源有困难,本工程采用一路 10 kV 市政电源引入,采用电缆 YJV$_{22}$-8.7/15,3×70 mm^{2}穿 SC150 钢管埋地进入本建筑物地下室的变配电房,过墙时预埋刚性防水钢套管。

高压部分一共有 3 台高压配电柜,与入户高压电源连接的是高压进线柜 1AH,用于高压计量的是高压互感器柜或称为高压计量柜 2AH,与变压器连接的是高压出线柜 3AH,图 5.2 的高压配电部分系统图概况如图 5.54 所示。

按照电能量传递方向,按进线端到出线端的顺序来识读高压配电系统图,熟悉高压侧各设备和线路的代号、型号规格及其含义。2 号办公楼高压配电系统识图流程如图 5.55 所示。

图 5.55　高压配电系统图识读流程

2)设备配置分析

①高压进线。采用一回市政 10 kV 高压进线,进线回路编号为 G101-1,型号规格为 YJV$_{22}$-8.7/15 kV,3×70 mm^2(三相三线制高压电源)。

②高压进线柜 1AH。高压进线接入进线柜 1AH,柜子型号为 KYN44 A-12(户内型移开式 44A 型,电压 12 kV),方案号为 23,柜子尺寸 800 mm×1 500 mm×2 200 mm(宽×深×高)。

柜内装有 1 台真空断路器 Q1,用于通断高压进户电源,型号为 VEP-12T0625/630A 25kA,电动操作(电动操作机构由厂家配套)。

1AH 柜内还有高压熔断器(RN2-10,1 A)、电压互感器(JDZ-10,10/0.1 kV,0.5 级)、电流互感器(LZZBJ10-10,0.5 级)、避雷器(HY5WZ-17/50)各 1 组;设 1 套带电显示装置(GSN2-10/T);柜面板上带多功能计量表计(电流表、电压表、功率表),设指示灯(AD11,25/41-8GE,DC220 V)红绿各 1 个,手车与进线断路器 Q1 联锁,防止带负荷拉车。

③高压计量柜 2AH。高压电源经进线柜控制后引至 2AH,用于测量电量,柜子型号为 KYN44A-12(户内型移开式 44A 型,电压 12 kV),方案号为 66,柜子尺寸 800 mm×1 500 mm×2 200 mm(宽×深×高)。

柜内装有高压熔断器(RN2-10,1A)、电压互感器(JDZ-10,10/0.1 kV,0.2 级)、电流互感器(LZJC-10,0.2S 级)各 1 组;设 1 套带电显示装置 GSN2-10/T;柜面板上带多功能计量表计(有功电度表、无功电度表、数显表,仪表型号规格由供电部门确定)。

④高压配电柜(出线柜)3AH。高压电从 2AH 引入 3AH,柜子型号为 KYN44 A-12(户内型移开式 44A 型,电压 12 KV),方案号为 05,柜子尺寸 800 mm×1 500 mm×2 200 mm(宽×深×高)。

柜内装有 1 台真空断路器 Q2,用于通断高压出线电源,型号为 VEP-12T0625/630A 25 kA,电动操作(电动操作机构由厂家配套)。

3AH 柜内还有电流互感器(LZZBJ10-10,0.5 级)、避雷器(HY5WZ-17/50)、接地开关(JN15-10,25 kA)各 1 组;设 1 套带电显示装置(GSN2-10/T);柜面板上带多功能计量表计(电流表),设指示灯(AD11,25/41-8GE,DC220V)红绿各 1 个,手车与出线断路器 Q2 联锁,防止带负荷拉车。

⑤高压母线。三台高压柜之间采用 10 kV 三相三线的硬铜母线 TMY63×8 进行电气连接。

⑥高压出线。从 3AH 引出线回路编号为 WH1,型号规格为 YJV$_{22}$-8.7/15 kV,3×70 mm^2(三相三线制高压电源),电缆穿管埋地,将高压电源引至变压器 1TM。

3)高压系统备注

①高压侧主结线采用单母线分段运行方式,交流操作,电源进线柜及各出线柜均装设一套 SPAJ 智能型综合维电保护装置,综合继电保护装置安装在开关柜上。

②电源进线设过流保护及电流延时速断保护,出线柜设过流保护及电流速断保护,变压器侧设单相接地

信号装置、超温跳闸及报警装置。各继电保护、控制信号均由柜上的智能型综合继电保护装置实现。继电保护应符合国家相关标准。

③计量柜上电流互感器的变比由当地供电部门设定。各开关柜均具有"五防"功能,即防止误分、误合断路器;防止带负荷分、合隔离开关或带负荷推入、拉出金属封闭(铠装)式开关柜的手车隔离插头;防止带电挂接地线或合接地开关;防止带接地线或接地开关合闸;防止误入带电间隔。

【学习笔记】

_____

_____

【想一想】按照电能量传递方向,高压配电系统将电能传给了谁?

5.3.2　变压部分系统图

1)图纸概貌

2号办公楼的变配电系统只有1台将10 kV高压降为0.4 kV的变压器,高压电源从3AH高压柜引来,降压后电源采用密集型母线槽引至低压进线柜1AA,图5.3中变压器部分系统图概况如图5.56所示。

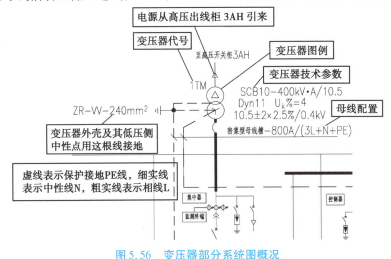

图5.56　变压器部分系统图概况

2)设备配置分析

(1)变压器1TM

变压器SCB10-400kV·A/10.5,表示采用10系列的干式变压器,额定容量400 kV·A,高压侧电压10.5 kV(允许±2×2.5%的电压波动),低压侧0.4 kV。

△/Y连接表示变压器的三相原边绕组(高压线圈)采用△连接,三相副边绕组(低压线圈)采用Y连接,Dyn11表示连接组别,简称11点钟。$U_k\% = 4$是变压器的短路电压百分比值,这是变压器主要性能指标之一,它的大小对变压器的正常运行和事故运行有着重要的作用,在一定的额定电流下,短路电压越小,短路阻抗也越小。

(2)接地

变压器高压侧电源是三相三线制,经降压后转换成能提供民用电电压标准的380/220 V三相四线制。根据规范要求,变压器低压侧绕组Y连接的中性点须工作接地,变压器的外壳须保护接地,工作接地与保护接地共用接地装置,并从接地点引出PE线,进而形成三相五线制低压电源,接地线采用ZR-W-240 mm²-SC80-F。

(3)低压引出

降压后形成的低压三相五线制电源,采用密集型母线槽-800A/(3L + N + PE)引至低压进线柜1AA,800A

表示母线槽能通过的电流。

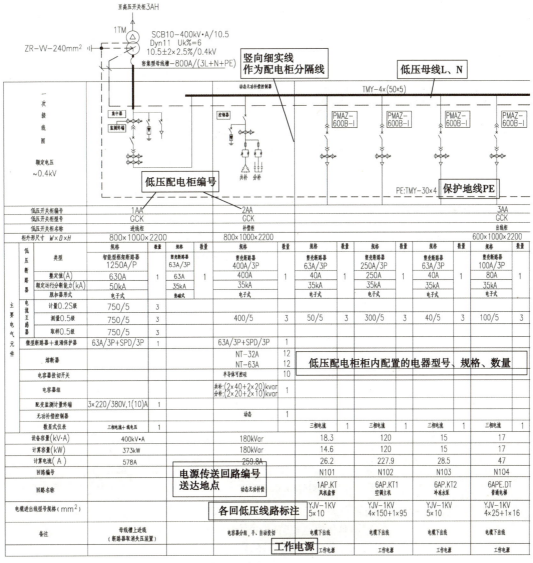

【学习笔记】

【想一想】10 kV电压经变压器降为0.4 kV后,电能量传给的下一环节是什么?

5.3.3　低压配电系统图

1)图纸概貌

(1)配电系统图

按照电能量传递方向,按进线端到出线端的顺序识读低压配电系统图,熟悉低压各设备和线路的代号、型号规格及其含义。图5.3—图5.5的低压配电部分系统图概况如图5.57所示。2号办公楼低压配电系统识图流程如图5.58所示。

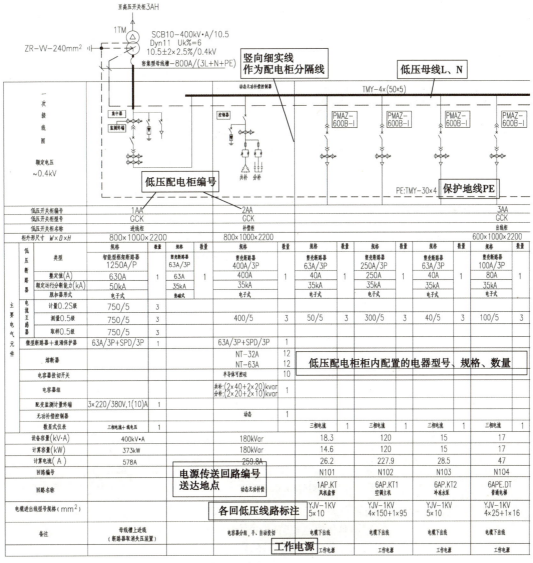

(a)低压配电柜1AA、2AA、3AA

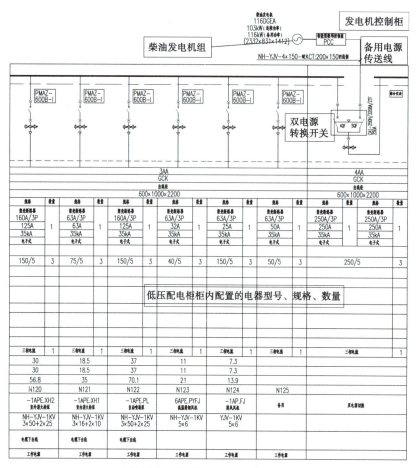

（b）低压配电柜(备用电源联络柜)4AA

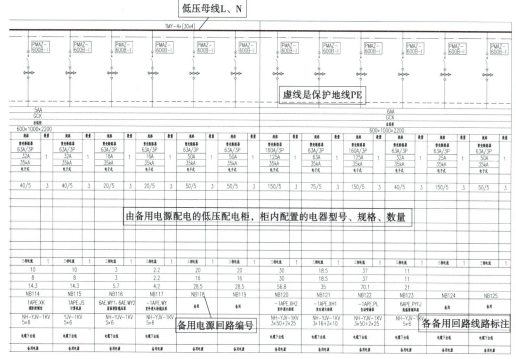

（c）低压配电柜(备用电源柜)5AA、6AA

图 5.57　低压配电部分系统图概况

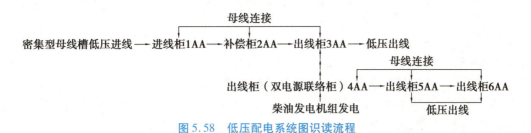

图 5.58　低压配电系统图识读流程

（2）配电干线图

各回路干线从地下室配电房的低压配电柜出线,按照图纸规定的敷设方式将电能送达各楼层的动力、照明配电箱。为便于清晰看图,现将图 5.6 的配电干线图分解成 3 个部分,各部分概况如图 5.59 所示。

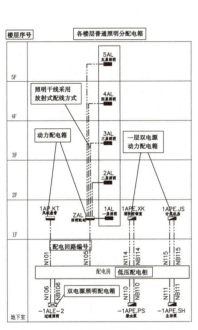

分地下室与各楼层照明、动力配电干线

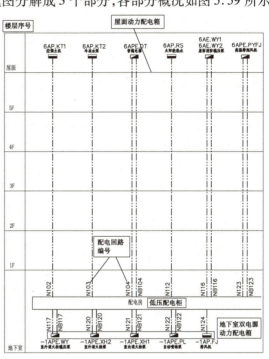

（b）部分地下室与屋面动力配电干线

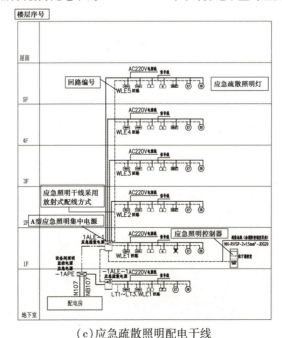

（c）应急疏散照明配电干线

图 5.59　配电干线图概况

2)设备配置分析

(1)低压配电系统

低压配电系统采用三相五线制电源,共有 6 台低压配电柜(AA),型号为 GCK,其中 1 台进线柜,1 台无功补偿电容器柜,4 台出线柜(其中含 1 台联络柜)。总共编号有 42 个低压回路,其中留作备用的回路有 9 个,需要双回路配电的用电点 13 个,占用 26(2×13)个回路,单回路配电的有 7 个。

低压配电系统另设柴油发电机组发电提供备用低压电源,以满足重要负荷的双电源要求。

1AA:低压进线柜,接收从变压器低压侧传来的电能,内设智能型框架低压断路器(壳架等级额定电流 1 250 A,整定电流 800 A,分段能力 50 kA)、电流互感器 1 000/5 A、数显式仪表、微型断路器及浪涌保护器。电源经断路器控制后传到 2AA 无功功率补偿柜。

2AA:本工程采用低压集中自动补偿方式,使补偿后的功率因数大于 0.9(荧光灯就地补偿,补偿后的功率因数大于 0.9)。柜内设塑壳式断路器、电流互感器、微型断路器及浪涌保护器、熔断器、电容器组,补偿后的电能用硬铜母线(三相火线 L 及零线 N 规格是 50×5,地线 PE 规格是 30×4)传到 3AA。

3AA:低压出线柜,出线以放射式配电方式将电能送至各用电设备,回路编号分别是 N101~N107(N108、N109 为备用回路,不引出线路)、N110~N117(N118、N1119 为备用回路,不引出线路)、N120~124,均采用电力电缆从配电柜柜下出线,经电缆沟后,沿耐火桥架走至电气竖井、地下室相应用电点,如图 5.3、图 5.4 所示。

4AA:双电源切换柜,如图 5.4 所示。低压母线分段运行,设自投自复联络断路器,当市政电源停电时,柴油发电机组自启动发电。自投时自动断开非消防负荷,以保证任何情况下都能使重要负荷获得双电源。

5AA、6AA:低压出线柜,出线以放射式配电方式将重要负荷的备用电源送至各用电设备,回路编号分别是 NB104、NB106、NB107、NB110、NB111、NB114~NB117、N120~123,均采用电力电缆从配电柜柜下出线,经电缆沟后,沿耐火桥架走至电气竖井、地下室相应用电点,如图 5.5 所示。

(2)配电干线

过道照明、应急疏散照明、水泵、消防控制室、计算机房、电梯、排烟风机等重要负荷的电源从各自低压配电柜出线(3AA 与 5AA 或 6AA),采用双电源放射式配线方式配电到各用电点,在最末一级配电箱处设双电源自投自复装置。正常情况下由市政电源配电,当发生火灾等异常情况时,重要设备由柴油发电机组发电提供的备用电源配电。

普通照明电源从 3AA 低压配电柜出线,采用单电源送达总配电箱 ZAL,再以放射式配电方式将电能送达各楼层照明分配电箱 *AL(*,阿拉伯数字,表示楼层号)。中央空调的风机盘管、主机、冷冻水泵、太阳能热水、地下室排风机等其他用电设备采用单电源配电,电源线从 3AA 低压配电柜送出。

【学习笔记】

【总结反思】

总结反思点	已熟知的知识或技能点	仍需加强的地方	完全不明白的地方
认识高压配电系统图内容			
认识变压部分图面内容			
认识低压配电系统图内容			

续表

总结反思点	已熟知的知识或技能点	仍需加强的地方	完全不明白的地方
能解读施工图内线路文字标注的含义			
懂得配电柜内配置设施的作用			
在本次任务实施过程中,你的自我评价	□A. 优秀　　□B. 良好　　□C. 一般　　□D. 需继续努力		

【关键词】系统图　高压　变压器　低压　干线

任务 5.4　识读建筑变配电系统平面图

5.4.1　变电所布置一般要求

1)10 kV 变电所位置选择

10 kV 变电所位置选择,应符合下列要求:

①深入或靠近负荷中心;

②进出线方便;

③设备吊装、运输方便;

④不应设在对防电磁辐射干扰有较高要求的场所;

⑤不宜设在多尘、多水雾或有腐蚀性气体的场所,当无法远离时,不应设在污染源的下风侧;

⑥不应设在厕所、浴室、厨房或其他经常有水并可能漏水场所的正下方,且不宜与上述场所相邻;如果相邻,相邻隔墙应做无渗漏、无结露等防水处理;

⑦变电所为独立建筑物时,不应设置在地势低洼和可能积水的场所。

变电所可设置在建筑物的地下层,但不宜设置在最底层。变电所设置在建筑物地下层时,应根据环境要求降低湿度及增设机械通风等。当地下只有一层时,尚应采取预防洪水、消防水或积水从其他渠道浸泡变电所的措施。

民用建筑宜按不同业态和功能分区设置变电所,当供电负荷较大,供电半径较长时,宜分散设置;超高层建筑的变电所宜分设在地下室、裙房、避难层、设备层及屋顶层等处。

2)变电所型式与布置

10 kV 变电所按其变压器及高低压开关设备放置位置不同可分为:室内型、半室内型、室外型,另外还有组合式变电所(或称箱式变电所)。

对于大多数有条件的建筑物,应将变电所设置在室内,这样可以有效地消除事故隐患,提高供电系统的可靠性。室内变电所主要由 3 部分组成:高压配电室、变压器室、低压配电室,在满足安全、可靠、方便等规范要求的前提下,建筑室内变电所的 3 个组成部分可以共用一室,但需进行区域划分。

高压配电室是安装高压配电设备的房间,其布置取决于高压开关柜的数量与型式,间高度一般为 4 m 或 4.5 m。变压器室是安装变压器的房间,其结构形式取决于变压器的型式、容量、安装方向、进出线方位及电气主接线方案等。低压配电室是安装低压开关柜的房间,低压开关柜有单列布置和双列布置,房间高度一般为 4 m 左右。2 号办公楼变电所平面布置图如图 5.7 所示。

【学习笔记】

【想一想】2 号办公楼变电所平面布置图里面有什么内容？

5.4.2　变配电系统平面图与剖面图

1）图纸概貌

变配电系统平面图就是将变电所的高低压设备、变压器、配电线路等进行合理详细的平面布置（包括安装尺寸）的图纸，一般是基于电气设备的实际尺寸，在建筑平面图的基础上按一定比例绘制的。2 号办公楼地下室变配电房平面图（图 5.7）的概况如图 5.60 所示。

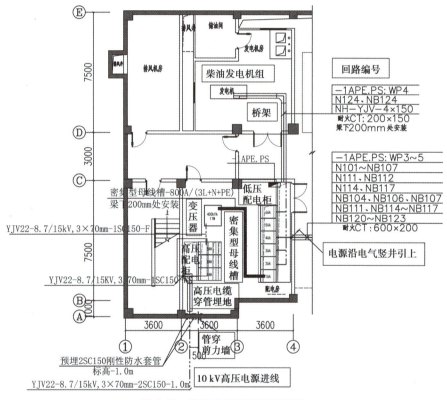

图 5.60　变配电系统平面图概况

2）设备平面布置分析

2 号办公楼属于多层办公建筑，地上五层，地下一层，建筑高 18.3 m，总建筑面积 5 672 m²，地下建筑面积 1 029 m²。地下一层地坪标高为 −4.0 m，地上五层的层高均为 3.6 m，变配电所设置在地下室。

从前面对 2 号办公楼配电系统图的分析已经了解到，本工程采用一路 10 kV 高压电源与 116 kW 柴油发电机组发电配合供电，高压进线采用电缆埋地敷设，有 3 台高压配电柜，1 台干式变压器，6 台低压配电柜。从地下室变配电房平面图可以看出，本变配电所高压、变压器、低压共用一室，但进行了区域划分，柴油发电机组位于变配电房的北面。

识读变配电系统平面图，按照电能量传递方向，从高压进线端看到低压出线端，将每一环节发生的设备线路型号规格、安装的平面位置、走向等解释清楚，2 号办公楼变配电系统平面图识图流程如图 5.61 所示。

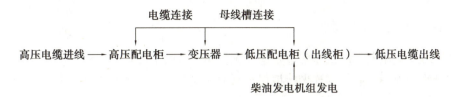

图 5.61　变配电系统平面图识图流程

①高压电缆进线。本建筑为南北朝向,高压电源采用电缆 YJV_{22}-8.7/15,3 × 70 mm² 穿 SC150 钢管,从建筑物的南面Ⓐ轴交②轴附近,埋地进入本地下室的变配电房,埋深 1 m,穿过剪力墙时预埋刚性防水钢套管。进到户内后,高压电缆穿管埋地继续向北行进,送达高压配电柜 1AH 下方。

②高压配电柜。1AH、2AH、3AH 沿南北方向呈一字排开,落地安装。高压电源进入 1AH,从 3AH 底部采用电缆 YJV_{22}-8.7/15,3 × 70 mm² 穿 SC150 钢管引出,埋地向北行进引向变压器 1TM。

③变压器。变压器将 10 kV 高压降为 0.4 kV 低压,低压电源经密集型母线槽从变压器顶部,在梁底架设到低压配电柜 1AA。

④低压配电柜与低压出线。1AA ~ 6AA 沿南北方向呈一字排开,落地安装。低压电源进入进线柜 1AA,经补偿柜 2AA 的无功功率补偿后,低压电源采用三相五线制硬铜母线传送至 3AA 进行分配,3AA 分配后的工作电源各回路,采用电缆沿柜下沟、柜后电缆沟一并引至Ⓑ、Ⓒ轴之间交④轴的墙上,一层以上的电源回路沿耐火桥架引上至各楼层用电点,地下室本层的电源回路沿耐火桥架在梁底敷设送至本层各用电点。

本项目的消防用电、电梯、应急照明等二级负荷,由柴油发电机组发电配给的备用电源回路,经 5AA、6AA 的分配后,与工作电源各回路并行送达相应用电点。

⑤柴油发电机组。发电机房位于变配电房北面,发电产生的备用电源采用耐火电缆 NH-YJV-4 × 150(三相四线制),沿耐火桥架 CT-200 × 150,在梁底敷设至 4AA 联络柜。当市政电源停电时,柴油发电机组自启动发电提供重要设备所需的备用电源。

柴油发电机组坐落在钢筋混凝土基础上,柴油发电机房要设隔音、防震、排烟措施,做好储油间的防火措施。

变配电房设备与线路三维空间布局情况如图 5.62 所示。

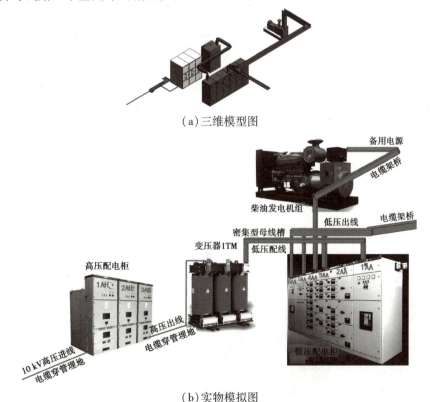

(a)三维模型图

(b)实物模拟图

图 5.62　变配电房三维空间布局情况图

3）变配电房 A—A 剖面图与材料表

读图 5.8 可以发现，变压器，高、低压配电柜应与预留 10#槽钢牢固焊接，下设柜下沟，柜后设带单侧支架的电缆沟，支架需全程用 40×6 扁钢焊连做接地保护。变配电房剖面图概况如图 5.63 所示。

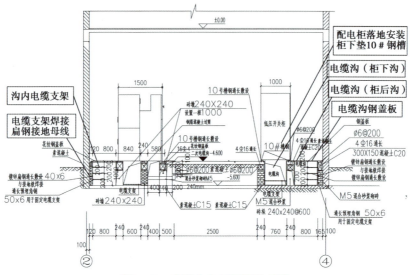

图 5.63　变配电房剖面图概况图

变配电系统主要设备及材料型号规格、用量等信息如图 5.9 所示。

【学习笔记】

【总结反思】

总结反思点	已熟知的知识或技能点	仍需加强的地方	完全不明白的地方
了解变电所布置要求			
识读建筑变配电系统平面图			
熟悉变配电安装要求			
在本次任务实施过程中，你的自我评价	□A. 优秀　　□B. 良好　　□C. 一般　　□D. 需继续努力		

【关键词】变电所　布置　平面图　剖面图

任务 5.5　地下室变配电系统建模

地下室变配电系统建模流程如图 5.64 所示。

图 5.64　地下室变配电系统建模流程

5.5.1　链接 CAD 图纸

【操作步骤】

①新建地下一层平面视图。单击"视图"选项卡下"平面视图"下拉菜单的"楼层平面",如图 5.65 所示。在弹出的"新建楼层平面"对话框中取消勾选"不复制现有视图",选中"地下负一"楼层平面,单击"确定",如图 5.66 所示。将"属性"窗口中的"规程"改为"电气","子规程"改为"动力","视图名称"改为"地下负一-变配电",如图 5.67 所示。

图 5.65　　　　　　　　　图 5.66　　　　　　　　　图 5.67

②链接 CAD 图纸。将视图切换到"动力"子规程下的"地下负一-变配电"平面视图中。单击"插入"选项卡"链接"面板中的"链接 CAD"工具,在"链接 CAD 格式"窗口选择 CAD 图纸存放路径,选中拆分好的"配电房接线平面图",勾选"仅当前视图",设置导入单位为"毫米",定位为"手动-中心",单击"打开",如图 5.68 所示。

图 5.68

③对齐链接的 CAD 图纸。图纸导入后,单击"修改"选项卡"修改"面板中的"对齐"工具。移动鼠标到项目轴网①轴上,单击鼠标左键选中①轴(单击鼠标左键,选中轴网后轴网显示为蓝色线),移动鼠标到 CAD 图纸轴网①轴上单击鼠标左键。按照上述操作可将 CAD 图纸纵向轴网与项目纵向轴网对齐。重复上述操作,将 CAD 图纸横向轴网和项目横向轴网对齐。

④锁定链接的 CAD 图纸。单击鼠标左键选中 CAD 图纸,Revit 自动切换至"修改│配电房接线平面图.

dwg"选项卡,单击"修改"面板中的"锁定"工具,将 CAD 图纸锁定到平面视图。至此,配电房接线平面图 CAD 图纸的导入,结果如图 5.69 所示。

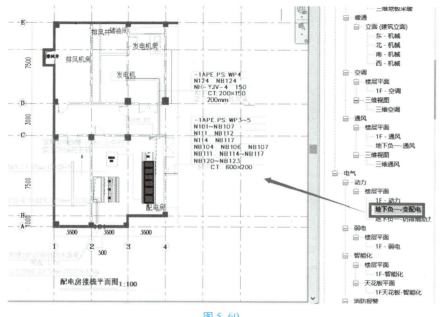

图 5.69

5.5.2 放置变配电设备

【操作步骤】

①放置高压配电柜 1AH、2AH、3AH。由图 5.2 可知,高压配电柜的尺寸均为 800 mm × 1 500 mm × 2 200 mm。将视图切换到"地下负一-变配电"平面视图当中,单击"系统"选项卡下"电气设备"命令,单击"属性"窗口的"编辑类型",单击"载入",打开"MEP→供配电→配电设备→箱柜"文件夹中的"高压开关板-进线和馈电线",如图 5.70 所示。在"类型属性"对话框中,将"默认高程"修改为"640","开关板宽度"修改为"1500.0","开关板长度"修改为"800.0","开关板高度"修改为"2200.0",如图 5.71 所示,并将该高压配电柜放置在图纸中相应的位置,放置后如图 5.72 所示。

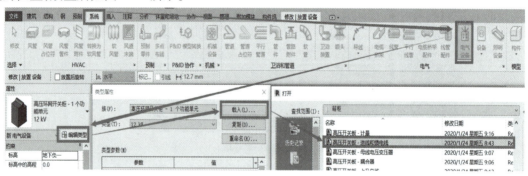

图 5.70

②放置变压器 1TM。将视图切换到"地下负一-变配电"平面视图,单击"系统"选项卡下"电气设备"命令,单击"属性"窗口的"编辑类型",单击"载入",打开教材配套的族文件中的"干式变压器、温控器(恢复)",如图 5.73 所示,将干式变压器放在图中相应的位置上。

③放置柴油发电机组。将视图切换到"地下负一-变配电"平面视图,单击"系统"选项卡下"电气设备"命令,单击"属性"窗口的"编辑类型",单击"载入",打开"MEP→供配电→配电设备→发电机和变压器"文件夹中的"柴油发电机",如图 5.74 所示,将柴油发电机放在图中相应的位置上。

图 5.71

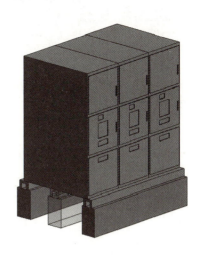

图 5.72

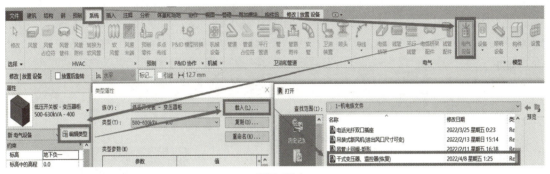

图 5.73

5.5.3　绘制桥架

【操作步骤】

①将视图切换到"地下负一-变配电"平面视图,单击"系统"选项卡下的"电缆桥架"命令,在"属性"选项栏中将桥架类型修改为"带配件的电缆桥架 耐火",将"宽度"修改为"200.0 mm",将"高度"修改为"150.0 mm","中间高程"修改为"3200.0 mm",单击"应用",并将电缆桥架从 A 点绘制到 B 点,并弯折至 C 点,在 BC 弯折处,将 90°接头修改成三通接头,并继续往右边绘制。单击绘制好的电缆桥架 ABC 段,将 A 点的高程修改为"1 200",单击应用,C 点的高程修改为"2800",单击"应用",如图 5.75 所示。

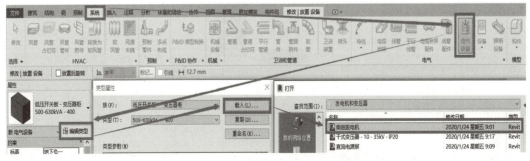

图 5.74

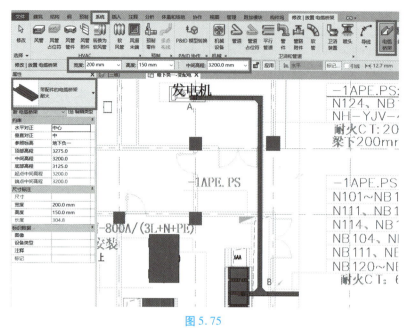

图 5.75

②将视图切换到"地下负一-变配电"平面视图,单击"系统"选项卡下的"电缆桥架"命令,在"属性"选项栏中将桥架类型修改为"带配件的电缆桥架 耐火",将"宽度"修改为"200 mm",将"高度"修改为"150 mm","中间高程"修改为"-1 000.0 mm",单击"应用",并将电缆桥架从 A 点绘制到 B 点,并弯折至 C 点,如图 5.76 所示。

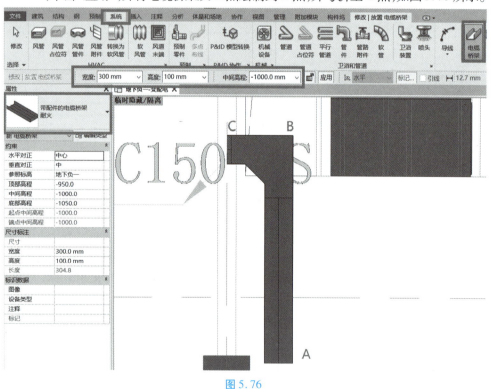

图 5.76

5.5.4 绘制母线槽及线管

【操作步骤】

①绘制水平段母线槽。将视图切换到"地下负一-变配电"平面视图中,单击"系统"选项卡下"构件"命令,单击"属性"窗口中的"编辑类型",在弹出的"类型属性"对话框中单击"载入",打开教材配套的族文件中"封闭式母线槽-水平段",如图 5.77 所示。将母线槽沿着 ABCD 段绘制,如图 5.78 所示。

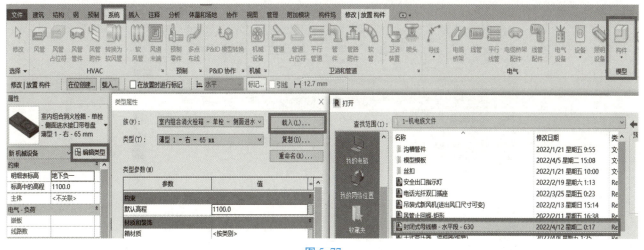

图 5.77

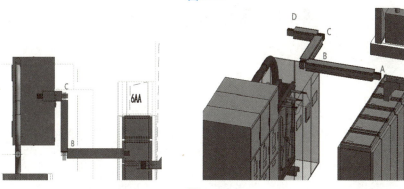

图 5.78

②绘制竖直段母线槽。将视图切换到三维视图，单击"系统"选项卡下"构件"命令，单击"属性"窗口中的"编辑类型"，在弹出的"类型属性"对话框中单击"载入"，打开教材配套的族文件中"封闭式母线槽-垂直段"，在三维视图中，将垂直段母线槽 AB、CD 绘制出来，绘制完成后如图 5.79 所示。

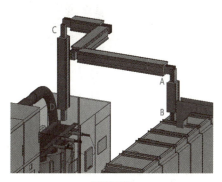

图 5.79

5.5.5　绘制线管

【操作步骤】

①将视图切换到"地下负一-变配电"平面视图，单击"系统"选项卡下的"线管"命令，将"属性"窗口中的线管类型修改为"带配件的线管 动力"，将"直径（公称尺寸）"修改为"150 mm"，"中间高程"修改为"-1000.0 mm"，单击"应用"，并绘制 ABC 段线管，绘制到 C 点后，将高程修改为"640 mm"，单击应用，如图 5.80 所示。

②将视图切换到"地下负一-变配电"平面视图，单击"系统"选项卡下的"线管"命令，将"属性"窗口中的线管类型修改为"带配件的线管 动力"，将"直径"修改为"150.0 mm"，"中间高程"修改为"360.0 mm"，单击"应用"，并绘制 AB 段线管，绘制到 8 点后，将高程修改为"2400 mm"，单击应用，再继续绘制 BC 段，绘制到 C

点后,将高程修改为"1500 mm",单击"应用",如图5.81所示。

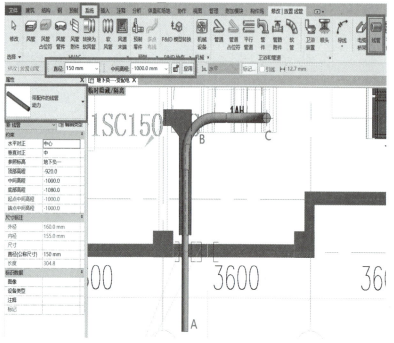

图 5.80

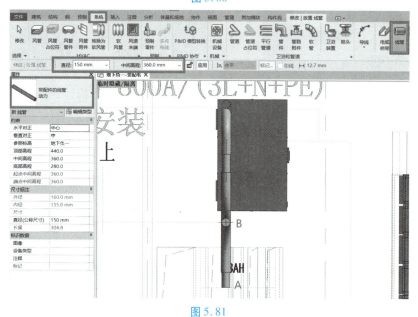

图 5.81

③绘制好后的变配电房模型如图5.82所示。

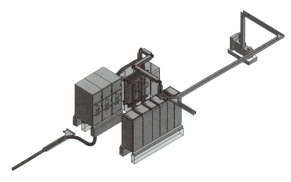

图 5.82

【实训项目】

项目一:现场参观变配电所,了解本校校区内高低压配电情况,辨识设备与线路型号规格。

项目二:绘制其余楼层的电缆桥架、放置配电设备、绘制线管。

本项目小结

1.电力系统由发电厂、电力网以及电力用户组成。目前我国常用的交流电压等级有 0.22 kV、0.38 kV、6.3kV、10kV、35 kV、110 kV、220 kV、330 kV、500 kV、1 000 kV。我国规定了民用电的线电压为 0.38 kV,相电压为 0.22 kV,交流电的工作频率为 50 Hz。

2.用电负荷按照供电可靠性及中断供电时造成的损失或影响程度,可分为一级负荷、二级负荷及三级负荷。低压配电系统的配电方式有放射式、树干式、混合式。

3. 建筑变配电系统一般由以下环节构成:高压进线→10 kV 高压配电→变压器降压→0.38 kV 低压配电、低压无功补偿。变配电设备主要有高压设备、变压器、低压设备、柴油发电机组等,设备之间的连接通常采用母线、母线槽、电缆电线等。

4.施工图是设计、施工的语言,需按照国家规定的图例符号和规则来描述系统构成、设备安装工艺与要求,来实现信息传送、表达及技术交流。建筑变配电系统施工图主要包括说明性文件、系统图、平面图、安装详图及剖面图、大样图等。

5.高压配电系统图识图流程:高压进线→高压进线柜→高压计量柜→高压配电柜(出线柜)→高压出线;变压器系统图识图流程:高压侧→低压侧;低压配电系统图识图流程:低压进线→进线柜→补偿柜→出线柜→低压出线。

6.变配电所通常由高压配电室、电力变压器室和低压配电室等 3 部分组成,建筑室内变配电所的 3 个组成部分可以共用一室,但需进行区域划分。室内电气设备安装均需考虑电气基础。柴油发电机组坐落在钢筋混凝土基础上,柴油发电机房要设隔音防震排烟措施,做好储油间的防火措施。

7.绘制 BIM 设备模型时,需平面图、系统图结合,设置好类型、偏移量以及放置的位置,将构件放置在正确的位置。

8.用 Revit 绘制建筑变配电系统主要分为以下 5 步,第一步:链接 CAD 图纸;第二步:放置变配电设备;第三步:绘制桥架;第四步:绘制母线槽;第五步:绘制线管。

项目 6 建筑照明配电系统施工图识读与建模

【项目引入】

每天回到家,按下开关,明亮的灯光随之亮起,各种家用电器也工作起来,房间内的开关、灯具、插座等是怎么连接起来的? 是怎么安装的? 这些问题都将在本项目中找到答案。

本项目主要以 2 号办公楼照明配电系统施工图为载体,介绍建筑照明系统组成、施工图及其系统建模内容,图纸节选如图 6.1—图 6.9 所示。

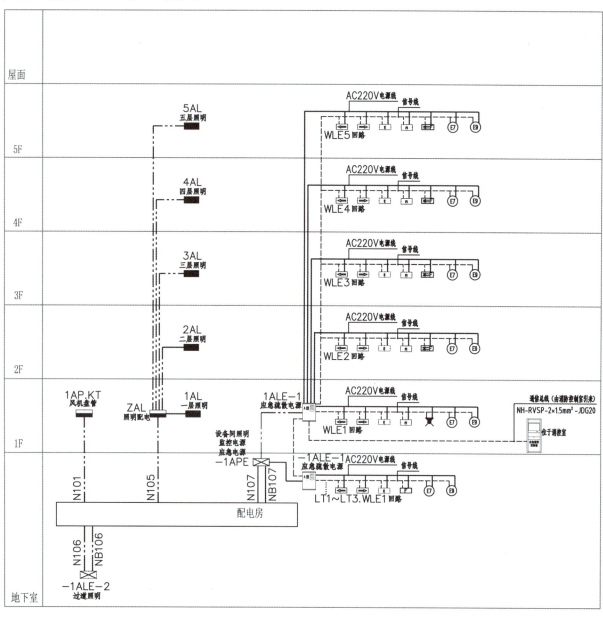

图 6.1 照明配电干线图

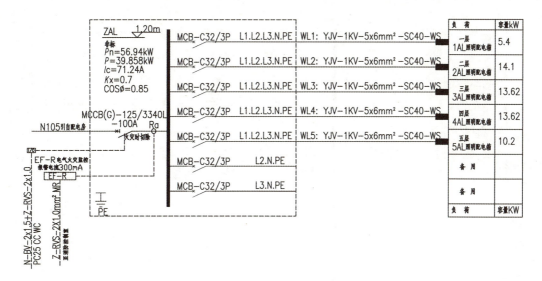

负荷	容量kW
一层 1AL照明配电箱	5.4
二层 2AL照明配电箱	14.1
三层 3AL照明配电箱	13.62
四层 4AL照明配电箱	13.62
五层 5AL照明配电箱	10.2
备用	
备用	
负荷	容量KW

图6.2　ZAL总照明配电箱系统图

负荷	容量W
负一层 车库照明	300
负一层 车库插座	800
负一层 车库插座	400
一层 办公照明	400
一层 办公照明	400
一层 办公插座	1000
一层 办公插座	400
一层 办公插座	600
一层 办公插座	400
一层 办公插座	600
备用	
备用	
负荷	容量W

图6.3　1AL照明配电箱系统图

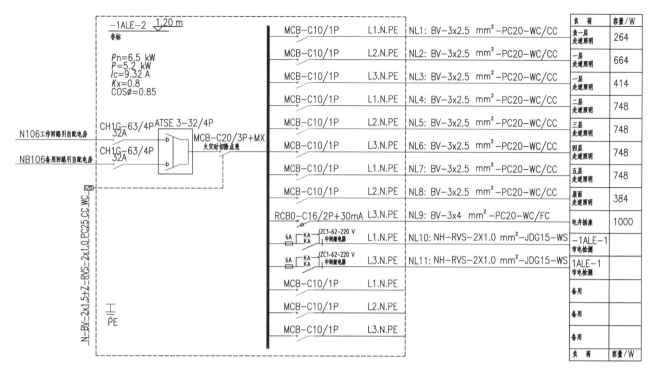

负荷	容量/W
负一层 走道照明	264
一层 走道照明	664
一层 走道照明	414
二层 走道照明	748
三层 走道照明	748
四层 走道照明	748
五层 走道照明	748
屋面 走道照明	384
电井插座	1000
−1ALE−1 市电检测	
1ALE−1 市电检测	
备用	
备用	
备用	
负荷	容量/W

图 6.4 −1ALE-2 过道照明配电箱系统图

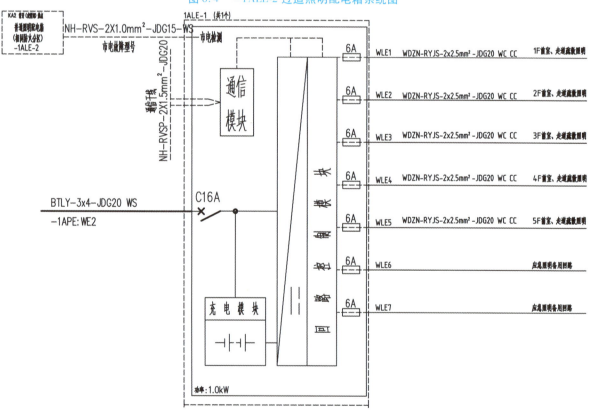

图 6.5 1ALE-1 应急照明配电箱系统图

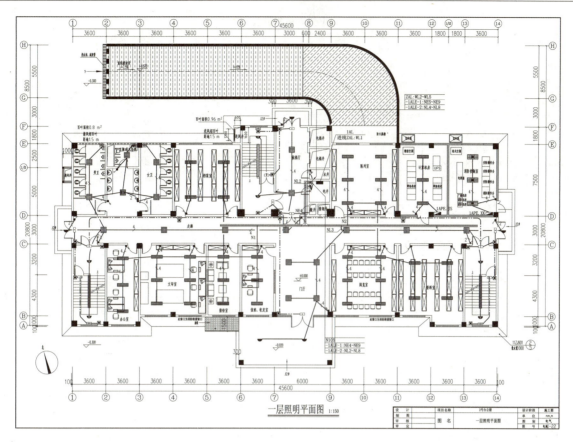

图 6.6 一层照明平面图

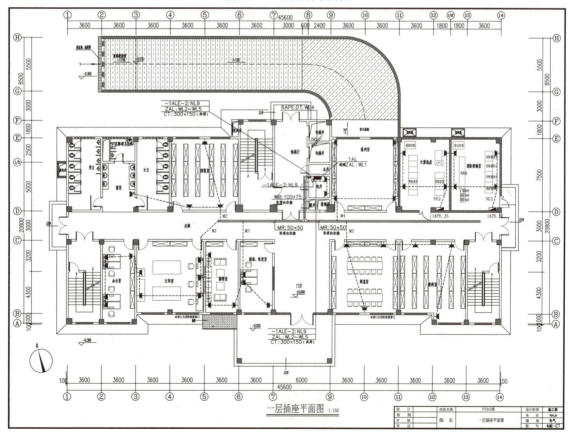

图 6.7 一层插座平面图

电气设备材料表

序号	图例	名称	规格	单位	数量	备注
1		走道照明配电箱	详系统图	台	1	详系统图
2		照明配电箱	详系统图	台	9	详系统图
3		双电源切换箱	详系统图	台	2	详系统图
4		动力照明、配电、控制箱	详系统图	台	6	详系统图
5		屏、台、箱、柜	详系统图	台	3	详系统图
6		多种电源配电箱	详系统图	台	15	详系统图
7		箱、屏、柜	详系统图	台	7	详系统图
8		14W 三管高效节能格栅 LED 灯	LED ～220V 3×14W	盏	55	嵌入吊顶
9		带蓄电池的双管格栅 LED 灯	LED ～220V 2×24W 应急时间不小于3小时	盏	3	嵌入吊顶
10		28W 双管高效节能格栅 LED 灯	LED ～220V 2×28W	盏	201	嵌入吊顶
11		吸顶灯	LED ～220V 1×14W	盏	7	吸顶
12		隔爆灯	LED ～220V 1×14W	盏	1	吸顶
13		井道灯	电梯厂家自理	盏	按实计	
14		紫外消毒灯	90W	盏	4	
15		自带蓄电池的单管高效节能 LED 灯	LED ～220V 1×24W 应急时间不小于3h	盏	12	嵌入吊顶
16		墙上座灯	LED ～220V 1×14W	盏	12	底边距地2.5m墙上明装
17		带人体感应开关的吸顶灯	LED ～220V 1×24W	盏	44	吸顶
18		28W 单管高效节能 LED 灯	LED ～220V 1×28W	盏	15	底边距地2.5m吊装
19		清扫插座	～220V 16A	个	2	底边距地0.3m墙上暗装
20		空调插座	～220V 16A	个	2	底边距地2.5m墙上暗装
21		烘手器插座	～220V 16A	个	9	底边距地1.3m墙上暗装
22		地面插座	～220V 16A	个	30	
23		安全型二三孔暗装插座	～220V 10A	个	269	底边距地0.3m墙上暗装
24		双控开关	～220V 10A	个	4	底边距地1.3m墙上暗装
25		风机盘管温控开关	～220V 10A	个	75	底边距地1.3m墙上暗装
26		三联开关	～220V 10A	个	55	底边距地1.3m墙上暗装
27		四联开关	～220V 10A	个	13	底边距地1.3m墙上暗装
28		开关	～220V 10A	个	36	底边距地1.3m墙上暗装
29		双联开关	～220V 10A	个	23	底边距地1.3m墙上暗装
30		风机盘管	详暖施图	台	75	
31		排气扇	详暖施图	台	15	
32		水位仪	详水施图	台	7	

图 6.8　电气设备材料表一

应急疏散设备材料表

序号	图形符号	名称	规格	类型	数量	单位	安装方式	功能参数	备注
1		应急照明控制器	600×600×1800	主控	1	台	消控室-靠地安装	远程监控、消防联动、火灾信息中心接入、人机操作、故障查询等	型号：8N8100
2		A型应急照明集中电源	500×220×690-1kW (1kW)；T>30min，IP30	区域控	2	台	底边距地1.5米或以系统图注明为准	故障上报、故障显示应急供电及控制、调检	型号：8N8136-1kW
3		集中电源疏散照明灯（A型 整体）	非持续型 1×7W/DC36V Φ>400lm，LED光源	A型	4	盏	底边距地2.3m壁装	应急照明、调检、强制亮灯	不带蓄电池
4		集中电源疏散照明灯（A型 吸顶）	非持续型 1×7W/DC36V Φ>980lm，LED光源	A型	72	盏	于走道、楼梯间等人员通行场所、吸顶安装	应急照明、调检、强制亮灯	不带蓄电池
5		集中电源疏散照明灯（A型 吸顶）	非持续型 1×9W/DC36V Φ>980lm，LED光源	A型	7	盏	于走道、楼梯间等人员通行场所、吸顶安装	应急照明、调检、强制亮灯	不带蓄电池
6		疏散出口标志灯	持续型 LED光源 1W/DC36V，配不燃灯罩	A型	39	个	底边距门洞0.2m暗装	调检、常亮、频闪	不带蓄电池
7		疏散方向标识	持续型 LED光源 1W/DC36V，配不燃灯罩	A型	37	个	底边距地0.5m壁挂	调检、常亮、频闪	不带蓄电池
8		楼层显示灯	持续型 LED光源 1W/DC36V，配不燃灯罩	A型	21	个	底边距地2.2m壁挂	调检、常亮	不带蓄电池
9		双面多信息复合标志灯	持续型 LED光源 1W/DC36V，配不燃灯罩	A型	12	个	底边距地2.2m壁挂	调检、常亮	不带蓄电池

图 6.9　电气设备材料表二

【内容结构】

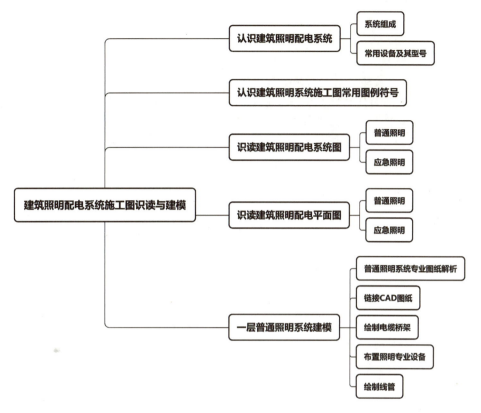

图 6.10　"建筑照明配电系统施工图识读与建模"内容结构图

【建议学时】20 学时

【学习目标】

　　知识目标:熟悉建筑照明配电系统的组成、常用设备的规格型号;理解常用图例;熟练识读施工图。

　　技能目标:能对照实物和施工图,辨别出建筑照明配电系统各组成部分,并说出其名称及作用;能说出施工图包含的信息,并对照系统图、平面图说出照明线路走向;能根据施工图内容建立照明配电系统的三维模型。

　　素质目标:培养科学严谨、细心、精益求精的职业态度;培养团结协作、乐于助人的职业精神;培养极强的敬业精神和责任心,诚信、豁达,能遵守职业道德规范的要求;增强安全用电、节约用电的意识。

【学习重点】

　　1.照明配电设备、线路的型号规格及安装内容。

　　2.照明配电系统施工图识读与建模。

【学习难点】

　　名词陌生,平面图与系统图的对应,二维平面图与三维空间图的转换。

【学习建议】

　　1.本项目原理性的内容做一般性了解,着重在电器设备认识、施工图识读与建模内容。

　　2.如果在学习过程中遇到疑难问题,可以多查资料,多到施工现场了解实际过程;也可以通过微课、动画等加深对疑难问题的理解。

3.多做施工图识读与建模练习,并将施工图与工程实际联系起来。

【项目导读】

1.任务分析

图6.1—图6.9是2号办公楼建筑照明系统部分施工图,图中出现了大量的图块、符号、数据和线条,这些东西代表什么含义? 它们之间有什么联系? 图上所代表的电器设备是如何安装的? 这一系列的问题均要通过本项目的学习才能逐一解答。

2.实践操作(步骤/技能/方法/态度)

为了能完成前面提出的工作任务,我们需从解读照明配电系统组成开始,然后到系统的构成方式、设备与材料的认识,施工工艺与下料,进而学会用工程语言——施工图来表示施工做法,学会施工图读图方法,最重要的是熟读施工图、熟悉建模的方法,为后续施工、计价等课程的学习打下基础。

【知识拓展】

中国电网建设历程中的第一

序号	年份/年	项 目
1	1954	我国第一条自行设计施工的跨省长距离 220 千伏输电线路——松东李线建成
2	1956	我国自行设计施工的第一座 220 千伏变电站——虎石台变电站建成投运
3	1972	我国自主建设的第一条 330 千伏输电工程——刘家峡—天水—关中线投运
4	1981	我国第一条 500 千伏超高压输电线路——河南平顶山至湖北武昌输变电工程竣工
5	1989	我国第一条 ±500 千伏超高压直流输电工程——葛洲坝至上海直流输电工程单极投入运行
6	2005	我国第一个 750 千伏输变电示范工程正式投运
7	2009	1000 千伏晋东南—南阳—荆门特高压交流试验示范工程投入运行,是当时世界上运行电压最高、技术水平最先进、我国拥有自主知识产权的交流输变电工程
8	2011	世界上首个 ±660 千伏电压等级的直流输电工程——宁东—山东 ±660 千伏直流输电工程双极建成投运
9	2011	世界上电压等级最高的智能变电站——国家电网 750 千伏陕西洛川变电站顺利建成投运
10	2012	世界上输送容量最大、送电距离最远、电压等级最高的直流输电工程——苏南 ±800 千伏特高压直流工程投入运行
11	2015	世界上电压等级最高、输送容量最大的真双极柔性直流输电工程——厦门 ±320 千伏柔性直流输电科技示范工程正式投运
12	2016	淮东—皖南 ±1 100 千伏特高压直流输电工程开工,刷新了世界电网技术的新高度,开启了特高压输电技术发展的新纪元,对于全球能源互联网的发展具有重大示范作用
13	2017	榆横—潍坊 1000 千伏特高压交流输变电工程完成试运行并正式投运,是当时建设规模最大、输电距离最长的特高压交流工程

【想一想】平时使用的电是怎样从户外进入户内的?

任务6.1　认识建筑照明配电系统

6.1.1　系统组成

按照电能量传送方向,建筑电气照明配电系统由以下几部分组成:进户线→总配电箱→干线→分配电箱→支线→照明用电器具,如图6.11所示。

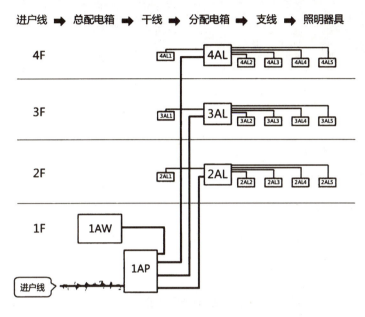

图6.11　建筑电气照明系统的组成

1)进户线

由建筑室外进入室内配电箱的电源线称为进户线,通常有架空进户、电缆埋地进户两种方式。一栋单体建筑一般是一处进户,当建筑物长度超过60 m或用电设备特别分散时,可考虑两处或两处以上进户。一般情况下应尽量采用电缆埋地进户方式。

2)总配电箱

总配电箱是本栋单体建筑连接电源、接收和分配电能的电气装置。配电箱内装有总开关、分开关、计量设备、短路保护元件和漏电保护装置等。总配电箱数量一般与进户处数相同。

3)分配电箱

分配电箱是连接总配电箱和用电设备、接收和分配分区电能的电气装置。配电箱内装有总开关、分开关、计量设备、短路保护元件和漏电保护装置等。对于多层建筑可在某层设总配电箱,并由此引出干线向各层分配电箱配电。

4)干线

干线是指连接总配电箱与分配电箱之间的线路,作用是将电能输送到分配电箱。对于多层建筑,一般按层分区,干线在配电间或电井内沿墙明敷(图6.12)或在墙内暗敷,从底层垂直敷设到顶层。

图 6.12　干线穿管沿墙明敷设

5)支线

照明支线又称照明回路,是指从分配电箱到用电器具这段线路,即将电能直接传递给用电设备的配电线路。

6)照明用电器具

干线、支线将电能送到用电末端,其用电器具包括灯具以及控制灯具的开关、插座、电铃和风扇等。

【知识拓展】

家庭安全用电有哪些措施?

①不要购买"三无"假冒伪劣家用产品。
②使用家电时,应有完整可靠的电源线插头。对有金属外壳的家用电器都要采用接地保护。
③不能在地线上和零线上装设开关和保险丝。禁止将接地线接到自来水、煤气管道上。
④不要用湿手接触带电设备,不要用湿布擦抹带电设备。
⑤不要私拉乱接电线,不要随便移动带电设备。
⑥检查和修理家用电器时,必须先断开电源。
⑦家用电器的电源线破损时,要立即更换或用绝缘布包扎好。
⑧家用电器或电线发生火灾时,应先断开电源再灭火。

【学习笔记】

_____

_____

【想一想】建筑照明配电系统有哪些电气设备及材料?

6.1.2　常用设备及其型号

1)进户线

架空进户导线必须采用绝缘电线,直埋进户电缆需采用铠装电缆,非铠装电缆必须穿管,进户线缆材料如图 6.13 所示,具体型号规格含义详见表 5.1、表 5.4。

常用线材

导体　　聚氯乙烯绝缘

图 6.13　进户线缆材料

2)配电箱

低压配电箱根据用途不同可分为电力配电箱和照明配电箱,它们在民用建筑中用量很大。按产品划分有定型产品(标准配电箱)、非定型成套配电箱(非标准配电箱)及现场制作组装的配电箱。

(1)电力配电箱(AP)

电力配电箱亦称动力配电箱。普遍采用的电力配电箱主要有 XL(F)-14、XL(F)-15、XL(R)-20、XL-21 等型号。电力配电箱型号含义如图 6.14 所示。XL-21 型电力配电箱外形如图 6.15 所示。

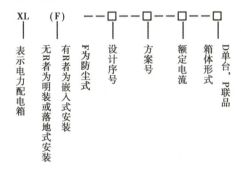

图 6.14　电力配电箱型号含义　　　　图 6.15　XL-21 型电力配电箱外形

(2)照明配电箱(AL)

照明配电箱内主要装有控制各支路用的开关、熔断器,有的还装有电度表、漏电保护开关等。常见照明配电箱实物图如图 6.16 所示。

(a)PZ20系列照明配电箱　(b)配电器照明配电箱　(c)防爆照明配电箱　(d)双电源手动切换箱

图 6.16　照明配电箱实物图

(3)其他系列配电箱

①插座箱。箱内主要装有自动开关和插座,常见插座箱如图 6.17 所示。

②计量箱。箱内主要装有电度表、自动开关或熔断器、电流互感器等。常见计量箱如图 6.18 所示。

配电箱的安装方式有明装和暗装两种,其中明装配电箱有落地式和悬挂式,悬挂式配电箱安装时一般箱底距地 2 m。安装采用嵌入式时,暗装配电箱箱底一般距地 1.5 m。不论是明装还是暗装配电箱,其导线进出配电箱时必须穿管保护。安装示意如图 6.19 所示。

照明配电箱安装

255

（a）插座箱

（b）防爆防腐电源插座箱

图 6.17　插座箱

（a）封闭悬挂式　　　　　　　　　　（b）嵌入暗装式

图 6.18　计量箱

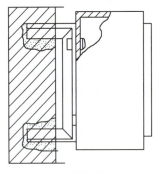

（a）悬挂式

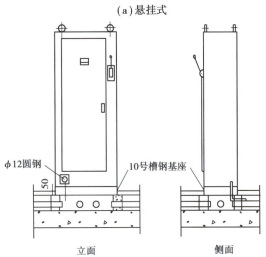 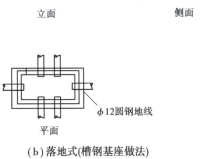

立面　　　　　　　侧面

平面

（b）落地式(槽钢基座做法)　　　　　（c）嵌入式

图 6.19　配电箱安装

3)支干线

照明支干线路敷设方式有桥架配线、线槽配线、导管配线,涉及的设备有电缆桥架、线槽、配管、配线等。

(1)电缆桥架

电缆桥架即架设电缆的桥架,在电气图中一般用 CT 表示。电缆桥架可分为槽式、托盘式和梯架式 3 种结构,如图 6.20 所示。电缆桥架常由支架、托臂和安装附件等组成,如图 6.21 所示。建筑物内电缆桥架可以独立架设,也可以敷设在各种建(构)筑物和管廊支架上。

图 6.20　电缆桥架的 3 种结构

图 6.21　电缆桥架现场图

(2)线槽

线槽分为金属线槽和塑料线槽。

①金属线槽。金属线槽的材料有钢板、铝合金,如图 6.22 所示。金属线槽的配线用符号 MR 表示。金属线槽在不同位置的连接示意如图 6.23 所示。

图 6.22　金属线槽

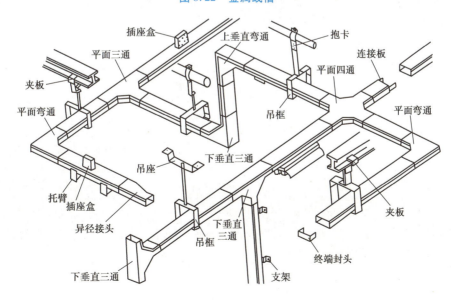

图 6.23　金属线槽在不同位置的连接示意

②塑料线槽。塑料线槽适用于正常环境的室内场所,特别是潮湿及酸碱腐蚀的场所,但在高温和易受机械损伤的场所不宜使用。塑料线槽的配线用符号 PR 表示。塑料线槽的配线示意如图 6.24 所示。

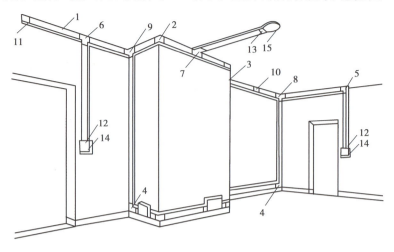

图 6.24　塑料线槽的配线示意

1—直线线槽;2—阳角;3—阴角;4—直转角;5—平转角;6—平三通;7—顶三通;8—左三通;9—右三通;
10—连接头；11—终端头;12—开关盒插口;13—灯位盒插口;14—开关盒及盖板;15—灯位盒及盖板

(3)导管配线

将绝缘导线穿在管内进行敷设,称为导管配线。导管配线安全可靠,可避免腐蚀性气体的侵蚀和机械损伤,更换导线方便。

电气工程管
内穿线

管材有金属管(钢管 SC、紧定式薄壁钢管 JDG、扣压式薄壁钢管 KBG、可挠金属管 LV、金属软管 CP 等,如图 6.25 所示)和塑料管(硬塑料管 PC、刚性阻燃管 PVC、半硬塑料管 FPC,如图 6.26所示)两大类,BV、BLV 导线穿管管径选择如表 6.1 所示。

图 6.25　金属管

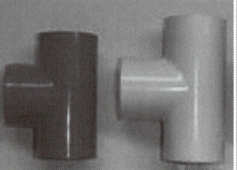
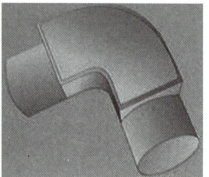

图 6.26　塑料管

表 6.1　BV、BLV 导线穿管管径选择表

导线截面 /mm²	PVC 管(外径/mm)							焊接钢管(内径/mm)							电线管(外径/mm)						
	导线数/根							导线数/根							导线数/根						
	2	3	4	5	6	7	8	2	3	4	5	6	7	8	2	3	4	5	6	7	8
1.5	16	16	16	16	16	20	20	15	15	15	15	15	20	20	16	16	16	16	19	19	25
2.5	16	16	16	16	16	20	20	15	15	15	15	20	20	20	16	16	16	16	19	19	25
4	16	16	16	20	20	20	20	15	15	15	20	20	20	20	16	16	19	25	25	25	25
6	16	16	20	20	25	25	25	15	15	20	20	20	25	25	19	19	25	25	25	32	32
10	20	20	25	25	32	32	32	20	20	25	25	25	32	32	25	25	25	32	32	38	38
16	25	25	32	32	40	40	40	25	25	25	32	32	32	40	25	32	38	38	38	38	51
25	32	32	32	40	40	40	50	25	32	32	32	40	50	50	32	38	51	51	51	51	51
35	32	40	40	50	50	50	50	32	32	32	32	40	50	50	38	51	51	51	51	51	51
50	40	40	40	50	50	50	60	32	40	50	50	50	65	65	51	51	51	51	51	51	51
70	50	50	50	60	60	60	80	50	50	50	50	65	65	80	51						
95	50	50	60	60	80	80	80	50	50	65	65	80	80	80							
120	50	50	60	80	80	80	100	50	50	65	65	80	80	80							

注:管径为 51 mm 的电线管一般不用,因为管壁太薄,弯曲后易变形。

摘自《建筑安装工程施工图集 3:电气工程》。

4)照明用电器具

照明用电器具　　吸顶灯安装　　建筑电气照明工程施工

(1)灯具

灯具有一般灯具、装饰灯具、荧光灯、工厂灯、医院灯具、路灯、航空障碍灯等多种形式,部分灯具实物图如图 6.27 所示。

(a)吊灯

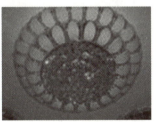
(b)吸顶灯

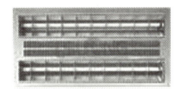
(c)隔栅式荧光灯

(d)天棚灯

(e)追光灯

(f)医院无影灯

图 6.27　灯具实物图

（2）灯具开关

灯具开关用来实现对灯具通电断电的控制。灯具开关按产品形式分类有拉线式（图 6.28）、跷板式（图 6.29）、节能式（图 6.30）以及其他形式等；按控制方式来分有单控、双控、三控等，单、双控开关接线示意如图 6.31 所示；按安装方式分类有明装、暗装、密闭、防爆型等。

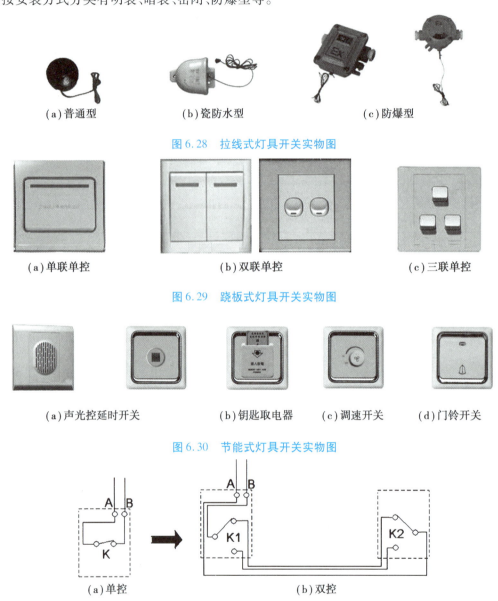

（a）普通型　　　　（b）瓷防水型　　　　（c）防爆型

图 6.28　拉线式灯具开关实物图

（a）单联单控　　　　　　（b）双联单控　　　　　　（c）三联单控

图 6.29　跷板式灯具开关实物图

（a）声光控延时开关　　（b）钥匙取电器　　（c）调速开关　　（d）门铃开关

图 6.30　节能式灯具开关实物图

（a）单控　　　　　　　　　　（b）双控

图 6.31　单、双控开关接线示意图

（3）插座

插座有单相、三相之分，单相插座有两孔、三孔、多孔；三相插座一般是四孔，按安装方式分类，插座有明装、暗装、密闭、防爆型等，插座实物图如图 6.32 所示。

（4）电铃与风扇

电铃（图 6.33）的规格可按直径分为 100,200,300 mm 等；也可按号牌箱分为 10,20,30 号等。风扇（图 6.34）可分为吊扇、壁扇、轴流排气扇等。

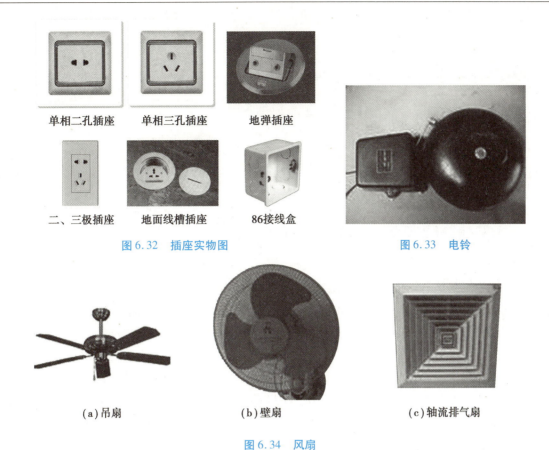

图 6.32　插座实物图

单相二孔插座　　单相三孔插座　　地弹插座

二、三极插座　　地面线槽插座　　86接线盒

图 6.33　电铃

(a)吊扇　　　　　(b)壁扇　　　　　(c)轴流排气扇

图 6.34　风扇

【知识拓展】

我国市电标准电压为何采用 220 V?

电对我们每个人来说是非常重要的,生活中,几乎人人离不开电。然而电力也是困扰每一个国家的难题,有些国家受到发电量的困扰,有些国家则受到电力输送的困扰。中国是全球电力覆盖面最广的国家,做到了村村通电,实现了 14 亿人口人人有电用的目标。要知道,发电、输电可不是一件简单的事,在我国,居民用电的电压一般是 220 V,而美国和日本都是 110 V。

我国选用 220 V 作为市电标准是非常明智的,主要是因为:

①传输相同的电量,在传输损耗相同的情况下,使用的导线截面积要小一倍,这可是个惊人的数字。

②传输耗电小,减少了能量损耗,这个原理和超高压输电一样。

③考虑实际线路干扰和损耗,高电压传输的距离更远。

④220 V 的市电是 50 Hz,与 110 V 频率是 60 Hz 相比,电动机功率体积比更小,能节约很多制造电机的材料。

【总结反思】

总结反思点	已熟知的知识或技能点	仍需加强的地方	完全不明白的地方
认识建筑照明配电系统			
系统组成			
常用设备及其型号			
在本次任务实施过程中,你的自我评价	□A.优秀　□B.良好　□C.一般　□D.需继续努力		

【关键词】照明　线槽　配管　配电箱

【想一想】我们平时所见到的电灯、配电箱、管线等如何在图纸上表达?

任务6.2　认识建筑照明系统施工图常用图例符号

建筑照明系统施工图是电气照明设计的最终表现,是电气照明工程施工的主要依据。图中采用了规定的图例、符号、文字标注等,用于表示实际线路和实物。因此对建筑照明系统施工图的识读应首先熟悉有关图例符号和文字标记,其次还应了解有关设计规范、施工规范及产品样本。

1)常用图例

常用图例详见建筑电气与智能化系统常用图形符号(图0.7)及表6.2。线路敷设方式文字符号见表5.4,线路敷设部位文字符号见表5.5,线路的文字标注含义参见项目5相关内容,在此不详述。

表6.2　照明系统常用图例二

图形符号	含义	图形符号	含义
	由此引上		引上又引下
	由下引来		由上下引来
	由上引来		由下引来又引上
	由此引下		由上引来又引下

2)灯具标注

灯具标注是在灯具旁按相关规定标注灯具数量、型号、灯具中的光源数量和容量、悬挂高度和安装方式等。灯具光源按发光原理分为热辐射光源(如白炽灯和卤钨灯)和气体放电光源(如荧光灯、高压汞灯、金属卤化物灯)。

照明灯具的标注格式为:

$$a - b\frac{c \times d \times L}{e}f$$

其中　a——同一平面内,同种型号灯具的数量;

　　　b——灯具型号;

　　　c——每盏照明灯具中光源的数量;

　　　d——每个光源的额定功率,W;

e——安装高度,m,当吸顶或嵌入安装时用"—"表示;

f——安装方式;

L——光源种类(常省略不标)。

灯具安装方式代号如下:

线吊—SW、链吊—CS、管吊—DS、吸顶—C、嵌入—R、壁式—W、嵌入壁式—WR、柱上式—CL、支架上安装—S、顶棚内—CR、座装—HM。

例如:

$$5 - T5ESS\frac{2 \times 28}{2.5}CS$$

表示 5 盏 T5 系列直管型荧光灯,每盏灯具中装设 2 只功率为 28 W 的灯管,灯具的安装高度为 2.5 m,灯具采用链吊式安装。

同一房间内的多盏相同型号、相同安装方式和相同安装高度的灯具,可以只标注一处。

3)导线标注

配电线路的导线标注详见项目 5 下相关内容(5.1.3 小节)。

【知识拓展】

电灯在中国是什么时候普及的?

1882 年 7 月 26 日,上海的一台发电机开始转动起来,点亮了 15 盏电灯。这是上海文明史上的重要时刻,也是中国电灯历史的新纪元。从那以后,中国的大地上亮起了电灯。

1949 年后,电灯在中国并没有普及,只是在个别城市才有。农村以及广大偏远地区普及电灯是在十一届三中全会以后。

【总结反思】

总结反思点	已熟知的知识或技能点	仍需加强的地方	完全不明白的地方
认识建筑照明系统施工图常用图例符号			
常用图例			
灯具标注			
在本次任务实施过程中,你的自我评价	□A.优秀　　□B.良好　　□C.一般　　□D.需继续努力		

【学习笔记】

_____

_____

【关键词】图例　标注　敷设方式

【想一想】一栋楼的照明配电系统是如何在图纸上体现出来的?

任务 6.3 识读建筑照明配电系统图

2号办公楼电气
照明系统识图

6.3.1 普通照明

1) 图纸概貌

工程总体概况:地下一层,地上五层,局部六层为出屋面楼梯间,建筑高度 18.3 m。照明采用放射式及树干式相结合的供电方式。

按电能量传递方向看系统图,从电源端看到设备端,对于电气照明系统图,按进户线→总配电箱→干线→分配电箱→支线出线→各用电器具的顺序看图。

2 号办公楼电气照明配电系统有普通照明系统和应急照明系统,如图 6.35 所示。普通照明系统进户线从配电柜 3AA 处引出,通过回路(编号 N105),送入 ZAL 总照明配电箱,从 ZAL 总照明配电箱送出五回干线(WL1 ~ WL5),分别送至一层至五层 5 个楼层的照明分配电箱,如图 6.36 所示。

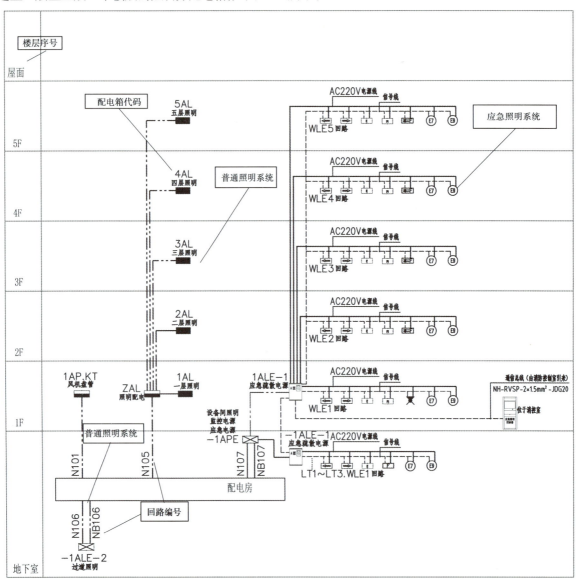

图 6.35 照明配电干线标注图

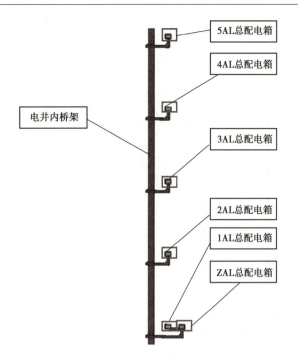

图 6.36　普通照明干线立体图

各配电箱的代号及其安装的楼层位置:AL 表示照明配电箱。总配电箱 ZAL 安装在 1 楼;各楼层分箱分别用 ∗ AL 表示,"∗"指楼层数,比如 1AL,表示安装在一楼的楼层照明分配电箱,以此类推。因此 5 个楼层照明分配电箱分别是 1AL、2AL、3AL、4AL、5AL。

2)设备配置分析

总照明配电箱 ZAL 内部的电器配置如图 6.2 所示,照明分配电箱内部的电器配置见各分配电箱系统图。以照明分配电箱 1AL 系统图为例。从照明总配电箱 ZAL:WL1 引来主干线电缆 YJV-1kV-5 ×6 mm²,沿墙明敷至 1AL,经配电箱的分配,共送出 10 个回线,分别供给负一层、一层照明和插座,其中,第一个 N1、M1、M2 回路负责负一楼的照明和插座,第二个 N1、N2、M1 ~ M5 回路负责一层的办公照明和办公。插座回路配电箱的安装高度为 1.5 m。系统图配置如图 6.37 所示。

【知识拓展】

断路器的选择原则有哪些?

①首先根据额定电压选,额定电压要一致。

②断路器的额定电流要大于等于所用电路的额定电流。

③断路器的额定开断电流要大于等于所用电路的短路电流。

④根据环境条件选,如海拔、温度、湿度,选择符合要求的断路器。

⑤根据品牌选质量、性价比较高的断路器。

⑥对特殊开断情况,进行断路器校验。

【学习笔记】

_____

_____

【想一想】图纸中除了普通照明,还有什么类型的照明?

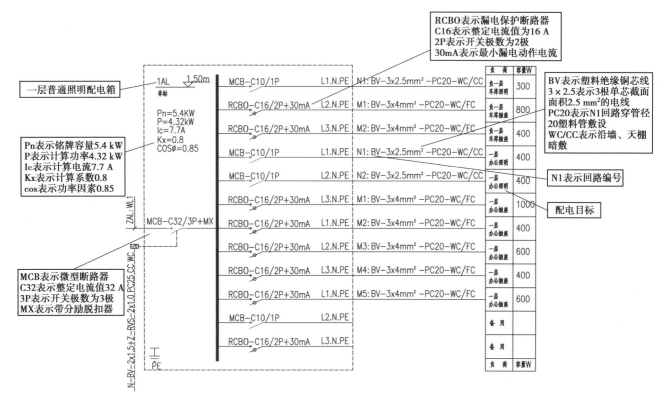

图 6.37　1AL 照明分配电箱系统图

6.3.2　应急照明

1)图纸概貌

工程总体概况:本项目消防应急照明和疏散指示系统安装集中于控制型系统进行设计。应急照明控制器设置在消控室内。建筑内消防应急照明和灯光疏散指示标志灯的电源为市政电源＋柴油发电机电源＋集中电源蓄电池组。

按电能量传递方向看系统图,从电源端看到设备端,即按进户线→总配电箱→干线→分配电箱→支线出线→各用电器具的顺序。

从配电干线图(图 6.1)可知,从 3AA 配电柜处引出,N106、NB106 干线回路送至过道照明配电箱－1ALE-2,N107、NB107 干线回路送至－1APE 箱,然后继续引出回路送至应急照明配电箱 1ALE-1。

从－1ALE-2 过道照明配电箱系统图(图 6.4)可知,该系统图采用双回路进线,即从配电柜 3AA 箱引入两回路电源(N106、NB106),电源经－1ALE-2 配电箱分配后,送出 11 回线,其中,NL10、NL11 分别送至地下室－1ALE-1 及一层 1ALE-1 应急照明配电箱。

2)设备配置分析

以应急照明配电箱 1ALE-1 为例,该系统采用双电源供电,即从－1ALE-2: NL11 及－1APE: WE2 引入两回路电源,经 1ALE-1 配电箱分配后,送出 5 回路,分别送至各楼层前室、走道疏散照明灯具,如图 6.38 所示。

【知识拓展】

发生火灾时怎么办?

①发生火灾时一定要镇定,火灾初期往往火势不大,是扑灭火灾、避免较大损失的最好时机,在保证自身安全的情况下先断电,后灭火,确定断电以后,用灭火器灭火,同时准备使用消防水带,一旦灭火器无法控制火势,要立即打开消火栓灭火。

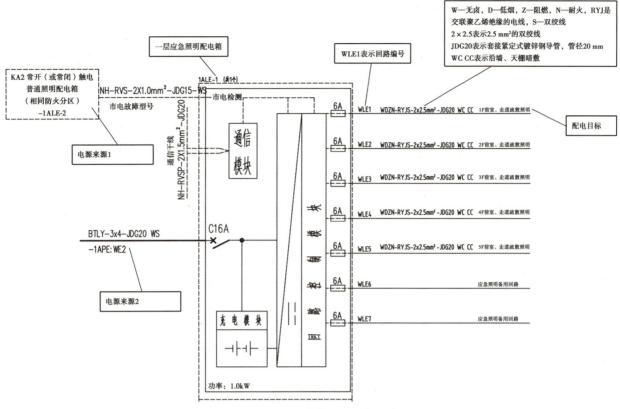

图6.38　1ALE-1 应急照明配电系统图

②会报火警：记住火警电话119。在拨打报警电话时，要沉着冷静，不要慌张，要讲清姓名、电话、住址，起火的地点和部位、火势情况、着火的物质等。

③会紧急疏散逃生自救：当发生火灾事故时，要及时疏散，撤离火灾现场，听从组织人员的指挥，不慌张，避免出现踩踏、拥堵事故。在通过浓烟区时，要用湿毛巾堵住鼻嘴呼吸，尽量沿着地面通过。

④如果有避难层或疏散楼梯，可先进入避难层或由疏散楼梯撤到安全地点。如果楼层已着火燃烧，但楼梯尚未烧断，火势并不十分猛烈时，可披上用水浸湿的衣被，从楼上快速冲下。

⑤多层建筑火灾，如楼梯已经烧断，或者火势已相当猛烈时，可利用房屋的阳台、落水管或竹竿等逃生。如各种逃生的路线被切断，应退居室内，关闭门窗。有条件时可向门窗上浇水，以延缓火势蔓延。同时，可向室外扔出小东西，在夜晚则可向外打手电，发出求救信号。

⑥如生命受到严重威胁，又无其他自救办法时，可用绳子或床单撕成条状连接起来，一端紧拴在牢固的门窗或其他重物上，再顺着绳子或布条滑下。

【总结反思】

总结反思点	已熟知的知识或技能点	仍需加强的地方	完全不明白的地方
识读建筑照明配电系统图			
普通照明			
应急照明			
在本次任务实施过程中，你的自我评价	□A. 优秀　　□B. 良好　　□C. 一般　　□D. 需继续努力		

【学习笔记】

_____

_____

【关键词】照明　应急　系统图　断路器

【想一想】如何在图纸中判断照明器具的安装位置?

任务6.4　识读建筑照明配电平面图

6.4.1　普通照明

1)图纸概貌

普通照明平面图是按国家规定的图例和符号,画出进户点、配电线路及室内的灯具、开关、插座等电气设备的平面位置及安装要求。照明线路采用单线画法。

对于普通照明系统平面图,按进户线→总配电箱→干线→分配电箱→支线出线→各用电器具的顺序看图。

看平面图前须懂得电器图例代表的含义,进而熟悉电器、管线安装的平面位置,2 号办公楼普通照明图例如图 6.8 所示。

2)设备平面布置分析

从照明分配电箱 1AL 系统图可知,配电箱出来的 N1、N2、M1 ~ M5 回路通过过道上的金属线槽敷设至各个办公室,然后通过管线接至办公室内用电器具,其中 N1、N2 接普通灯具,M1 ~ M5 接插座。

从一层照明平面图(图 6.6)可知,普通照明系统总配电箱 ZAL 及照明配电箱 1AL 安装在⑧/⑨轴交Ⓓ轴电井墙上。安装高度为底边距地 1.5 m。

灯具分布如下:

N1 回路

收发、值班室:3 盏双管高效节能格栅灯、1 个三联开关;

接待室:3 盏双管高效节能格栅灯、1 个三联开关;

文印室:6 盏双管高效节能格栅灯、2 个三联开关;

办公室:3 盏双管高效节能格栅灯、1 个三联开关;

档案室:4 盏双管高效节能格栅灯、2 个双联开关。

N2 回路

陈列室:6 盏双管高效节能格栅灯、2 个三联开关;

阅览室:6 盏双管高效节能格栅灯、2 个三联开关;

资料室:4 盏双管高效节能格栅灯、2 个双联开关。

从一层插座平面图(图 6.7)可知,插座分布如下:

M1 回路

文印室:5 个插座;

办公室:5 个插座。

M2 回路

档案室:3 个插座;

前室:1 个插座。

M3 回路

值班、收发室:3 个插座;

接待室:3 个插座。

M4 回路

陈列室:4 个插座。

M5 回路

阅览室:3 个插座;

资料室:3 个插座。

平面图上的图例含义如图 6.39、图 6.40 所示。

平面图识读

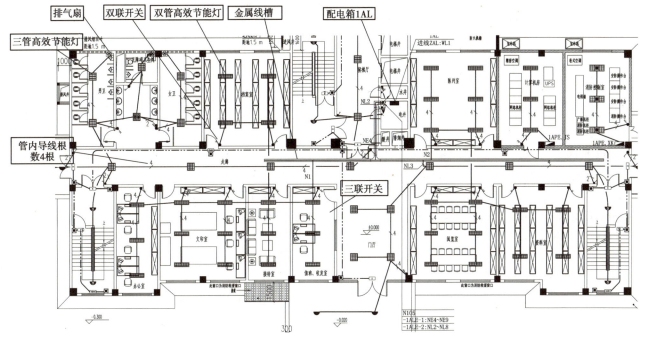

图 6.39　一层普通照明平面图标注

3)设备与线路三维空间布局分析

下面以 1AL 配电箱为例,说明管线走向。

从 1AL 照明配电箱系统图(图 6.37)可知,N1、N2 回路:BV-3 × 2.5 mm²,PC20,WC/CC,即采用 3 根 2.5 mm²的塑料绝缘铜芯线(一火一零一地),穿管径 20 mm 的硬塑料管沿墙、天棚暗敷设,配电目标为一层办公照明。M1 ~ M5 回路:BV-3 × 4.0 mm²,PC20,WC/FC,即采用 3 根 4.0 mm²的塑料绝缘铜芯线(一火一零一地),穿管径 20 mm 的硬塑料管沿墙、地板暗敷设,配电目标为一层办公插座。

从一层照明平面图(图 6.39)可知,N1 回路配电目标是值班室、接待室、文印室、办公室、档案室灯具。

N1 具体走向:从 1AL 配电箱顶部出管,沿金属线槽垂直敷设引上,至天棚后,在天棚内沿线槽水平方向,由北向南行至过道,沿过道由东向西,行至⑥/⑦轴间,由线槽敷设变为穿管敷设,水平拐进值班室,接第一盏格栅灯后,分为两路,一路继续接剩余两盏灯。另一路由东向西进入接待室,接灯,再次分为 3 路,其中一路继续连接接待室的另外两盏灯,另一路继续由东向西接至文印室、办公室的灯具,第三路由南向北敷设,接档案室的 4 盏灯泡。

N2 回路配电的目标是陈列室、阅览室、资料室灯具。

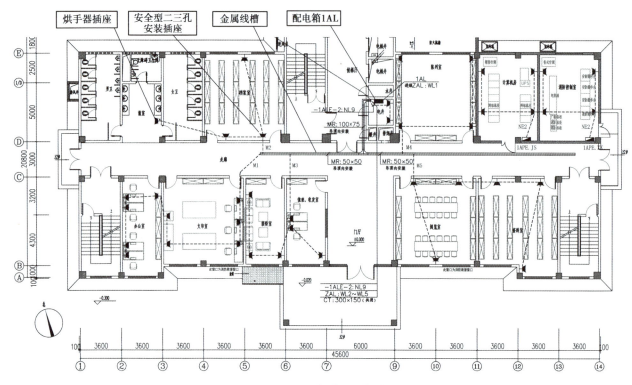

图 6.40　一层插座平面标注图

N2 具体走向：从 1AL 配电箱顶部出管，沿线槽垂直敷设引上，至天棚后，在天棚内沿桥线槽水平方向，由北向南行至过道，沿过道由西向东，行至⑨/⑩轴间，由桥架敷设变为穿管敷设，拐向北面陈列室接第一套格栅灯后，继续接剩余灯具。在第二盏灯处引出一路，由北向南水平敷设至阅览室，接第一套灯后，分为 3 路，其中两路接房间内的另外 5 盏灯，另外一路，由西向东敷设进入资料室，接资料室的 4 盏灯。

N1、N2 回路三维图如图 6.41 所示：

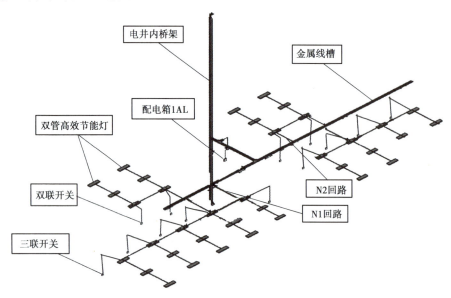

图 6.41　N1、N2 回路三维图

从一层插座平面图（图 6.40）可知，M1 回路配电目标为文印室、办公室插座。

M1 具体走向：从 1AL 配电箱顶部出管，沿金属线槽垂直敷设引上，至天棚后，在天棚内沿线槽水平方向，由北向南行至过道，沿过道由东向西，行至⑤/⑥轴间，由线槽敷设变为穿管敷设，水平拐进文印室，在文印室门口处，从天棚垂直向下引至地板，在地板水平敷设至第一个插座底部，

2号办公楼电气插座识图

270

垂直向上接第一个插座,然后经过倒管重新垂直引下地板,水平敷设至第二个插座底部,垂直向上接第二个插座,然后又由倒管至第三个插座,以此类推,直至接完文印室、办公室的所有插座。

M2 回路配电目标为档案室、前室。

M2 具体走向:从 1AL 配电箱顶部出管,沿金属线槽垂直敷设引上,至天棚后,在天棚内沿线槽水平方向,由北向南行至过道,沿过道由东向西,行至⑤/⑥轴间,由线槽敷设变为穿管敷设,水平拐进档案室,在档案室门口处,从天棚垂直向下引至地板,在地板水平敷设至第一个插座底部,垂直向上接第一个插座,然后用两处倒管重新垂直引下地板,其中一处倒管水平敷设至窗户边的插座底部,垂直向上接插座,另外一处倒管水平敷设至另一门口处插座底部,垂直向上接插座,然后又倒管接至前室的烘手器插座。

M3 回路配电目标为值班室、接待室。

M3 具体走向:从 1AL 配电箱顶部出管,沿金属线槽垂直敷设引上,至天棚后,在天棚内沿线槽水平方向,由北向南行至过道,沿过道由东向西,行至⑥轴,由线槽敷设变为穿管敷设,水平拐进值班室,在值班室墙边,从天棚垂直向下引至地板,在地板水平敷设至第一个插座底部,垂直向上接第一个插座,然后经过倒管重新垂直引下地板,水平敷设至第二个插座底部,垂直向上接第二个插座,然后用两处倒管重新垂直引下地板,其中一处倒管水平敷设至窗户边的插座底部,垂直向上接插座,另外一处倒管水平敷设至接待室的一个插座底部,垂直向上接插座,以此类推,直至接完接待室。

M4 回路配电目标为陈列室。

M4 具体走向:从 1AL 配电箱顶部出管,沿金属线槽垂直敷设引上,至天棚后,在天棚内沿线槽水平方向,由北向南行至过道,沿过道由西向东,行至⑨轴,由线槽敷设变为穿管敷设,水平拐进陈列室,在陈列室门口处,从天棚垂直向下引至地板,在地板水平敷设至第一个插座底部,垂直向上接第一个插座,然后用两处倒管重新垂直引下地板,其中一处倒管水平敷设至窗户边的插座底部,垂直向上接插座,另外一处倒管水平敷设至另一门口处插座底部,垂直向上接插座,然后又由倒管接至最后一个插座。

M5 回路配电目标为阅览室、资料室。

M5 具体走向:从 1AL 配电箱顶部出管,沿金属线槽垂直敷设引上,至天棚后,在天棚内沿线槽水平方向,由北向南行至过道,沿过道由西向东,行至⑨/⑩轴间,由线槽敷设变为穿管敷设,水平拐进阅览室,在阅览室门口处,从天棚垂直向下接第一个插座,然后用两处倒管再垂直引下地板,其中一处倒管水平敷设至窗户边的插座底部,垂直向上接插座,另外一处倒管水平敷设至另一门口处插座底部,垂直向上接插座,然后又倒管至第三个插座,以此类推,直至接完阅览室、资料室的所有插座。

M1～M5 回路三维图如图 6.42 所示:

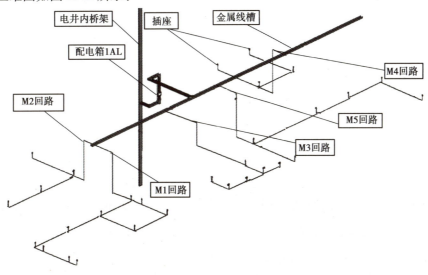

图 6.42 M1～M5 回路三维图

各段线路的导电根数一般图纸已表明,未表明的一般是 3 根。如图纸有误,也可自行判断各段导电根数。

【知识拓展】

灯具瓦数的选择

客厅在房屋总面积中占有很大的比例,因此灯的瓦数要高一些,如果客厅面积在 20 ~ 30 m²,则需使用 60 ~ 80 W 的灯具;卧室要求光线柔和,瓦数一般偏低,10 ~ 15 m² 的卧室建议使用 25 ~ 38 W 的灯具;厨房应选择亮度充足的灯具,3 ~ 5 m² 的厨房推荐使用 8 ~ 13 W 的 LED 灯。

此外,考虑到灯具对光效的影响(比如灯罩等吸光、挡光作用),可能需要将计算数值乘以扩大系数 1.1 ~ 1.5。较大的空间需要增加其他辅助光源,不宜用单一主灯,那么主灯的瓦数可以降低。选购灯泡瓦数未必正好符合计算值,则实际选用结果可以偏差 15%。

【学习笔记】

_____

_____

【想一想】发生火灾时,普通照明灯会继续工作吗?

6.4.2　应急照明

1)图纸概貌

应急照明与普通照明的平面图设计类似,按国家规定的图例和符号,画出各设备平面位置及安装要求。应急照明平面图采用单线画法。

对于应急照明系统平面图,按照电能量的传递方向看图。

看图前需懂得平面图中电器图例代表的含义,进而熟悉电器、管线安装的平面位置,2 号办公楼应急照明图例如图 6.8、图 6.9 所示。

2)设备平面布置分析

在应急照明平面图中,常布置的设备有应急照明配电箱、管线、应急灯具等。

以一层应急照明平面图(图 6.43)为例:应急配电箱 1ALE-1 安装在⑧/⑨轴交Ⓓ轴的电井墙上,安装高度为底边距地 1.5 m。从 1ALE-1 应急照明配电箱出来的线路,通过穿管敷设至各层过道、前室应急灯。

应急灯种类主要有集中电源疏散照明灯、楼层显示灯、疏散出口指示灯、疏散方向指示灯等。应急灯的安装方式可在图例表中查出。

平面图上的图例含义如图 6.43 所示。

3)设备与线路三维空间布局分析

下面以 1ALE-1 箱的 WLE1 为例,说明管线走向。

从 1ALE-1 系统图可知,WLE1 从 1ALE-1 配电箱顶引出,采用 WDZN-RYJS-2 × 2.5 mm² 线,穿 JDG20(紧定式钢管),沿墙、天棚暗敷设,至一层的前室、走廊应急照明等,如图 6.38 所示。

从图 6.43 可知,WLE1 具体走向:从 1ALE-1 配电箱顶部出管,沿线槽垂直敷设引上,上至天棚后,在天棚内穿管敷设,沿水平方向,连接第一盏集中电源疏散照明灯Ⓔ9,然后分成两路,其中一路向北连接到疏散照明灯🗼的上部,垂直向下连接灯具,另一路向南水平敷设,连接疏散照明灯Ⓔ7,在Ⓔ7处又分为 3 路,一路连接至①轴至②轴之间的楼梯应急灯,一路向南水平敷设至⑦轴的 ▭ 上方,垂直向下接 ▭,然后重新垂直向上敷设至天棚,继续水平敷设至下一盏灯,直至接完门厅处的灯具。第三路则连接至⑬轴和⑭轴之间的楼梯应急灯。

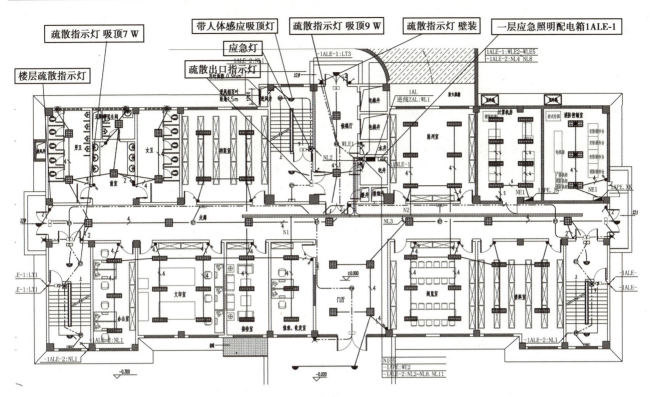

图6.43 一层应急照明平面标注图

【知识拓展】

应急灯的工作原理是什么?

应急灯是应急照明用的灯具,消防应急照明系统主要包括事故应急照明、应急出口标志及指示灯,是在发生火灾时正常照明电源切断后,引导被困人员疏散或展开灭火救援行动而设置的。

应急灯内部有两套供电系统,一套是内部的电瓶给照明灯供电;一套是外接电源给照明灯供电的同时给电瓶充电,另外有电源转换机构,当外接电源断开(停电)的时候,线路会切换到电瓶供电的方式。这样可以在应急灯电源断开的时候应急灯依然保持照明状态。

【总结反思】

总结反思点	已熟知的知识或技能点	仍需加强的地方	完全不明白的地方
识读建筑照明配电平面图			
普通照明			
应急照明			
在本次任务实施过程中,你的自我评价	□A. 优秀 □B. 良好 □C. 一般 □D. 需继续努力		

【学习笔记】

【关键词】普通照明 应急 平面图 走向

任务 6.5　一层普通照明系统建模

6.5.1　普通照明系统专业图纸解析

普通照明系统的建模,需对图纸进行全面解析,以一层普通照明系统为例为例,需熟练掌握 1AL 照明配电箱系统图(图 6.3)电气设备材料表(图 6.8、图 6.9)的含义,以便进行建模。

建模流程如图 6.44 所示。

图 6.44　建模流程

6.5.2　链接 CAD 图纸

【操作步骤】

①链接 CAD 图纸。将视图切换到"照明"子规程下的"1F-照明"平面视图中。单击"插入"选项卡下"链接"面板中的"链接 CAD"工具,在"链接 CAD 格式"窗口选择 CAD 图纸存放路径,选中拆分好的"一层照明平面图",勾选"仅当前视图",设置导入单位为"毫米",定位为"手动|中心",单击"打开",如图 6.45 所示。

图 6.45

②对齐链接的 CAD 图纸。图纸导入后,单击"修改"选项卡下"修改"面板中的"对齐"工具,如图 6.46 所示。移动鼠标到项目轴网①轴上,单击鼠标左键选中①轴(单击鼠标左键,选中轴网后轴网显示为蓝色线),移动鼠标到 CAD 图纸轴网①轴上,单击鼠标左键。按照上述操作可将 CAD 图纸纵向轴网与项目纵向轴网对齐。重复上述操作,将 CAD 图纸横向轴网和项目横向轴网对齐。

③将链接进来的 CAD 图纸锁定。单击鼠标左键选中 CAD 图纸,Revit 自动切换至"修改|一层照明平面图.dwg"选项卡,单击"修改"面板中的"锁定"工具,将 CAD 图纸锁定到平面视图,如图 6.47 所示。至此,地下一层通风防排烟平面图 CAD 图纸的导入完成,结果如图 6.48 所示。

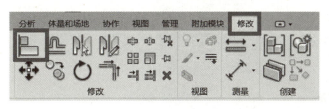

图 6.46

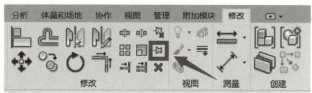

图 6.47

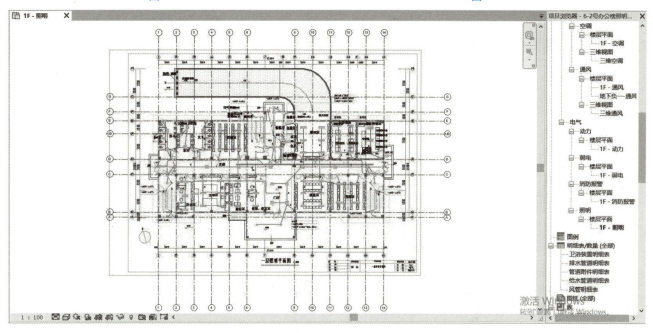

图 6.48

6.5.3　绘制电缆桥架

【操作步骤】

①单击"系统"选项卡下的"电缆桥架"命令,在"属性"窗口中选择"带配件的电缆桥架",将"宽度"设置为"200.0mm","高度"设置为"100.0mm","中间高程"设置为"2700.0",从 1 点绘制到 2 点,再绘制 3 点到 4点,如图 6.49 所示。

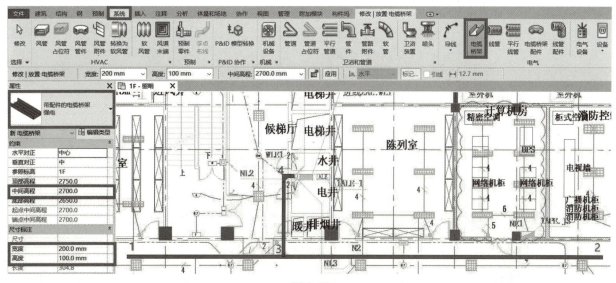

图 6.49

②此时 1—2 桥架与 3—4 桥架并未连接上,单击"修改"选项卡下的"修剪/延伸单个图元"命令,如图 6.50

所示,先选中 1—2 桥架,再单击选中 3—4 桥架,便能将两个桥架连接起来,连接后系统会自动生成桥架三通。

图 6.50

6.5.4　布置照明专业设备

【操作步骤】

①绘制墙体。由于建模过程中,大部分开关、插座需要附着在墙体上,我们需在模型中将墙体绘制出来。单击"建筑"选项卡下的"墙"命令,在"属性"窗口中单击"编辑类型",在弹出的"类型属性"对话框中,单击"编辑",如图 6.51 所示。在"编辑部件"对话框中,将"结构"层设置为"玻璃"材质,如图 6.52 所示,设置好之后单击"确定"。放置时,在"修改｜放置 墙"选项栏中,将放置方式选择为"高度",连接到"2F","定位线"选择"核心层中心线",如图 6.53 所示。设置好之后,按照图纸中墙体的位置,将墙体绘制出来。

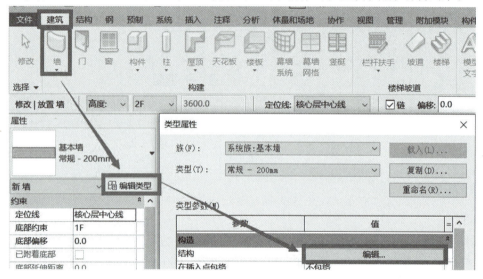

图 6.51

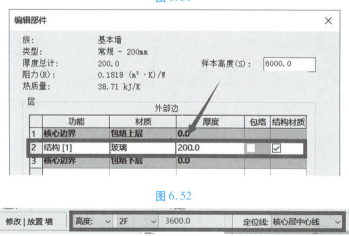

图 6.52

图 6.53

②新建天花板平面。由于灯具需要安装在天花板上,我们需要在模型中新建一个天花板平面。单击"视图"选项卡下的"平面视图"命令、下拉菜单中的"天花板投影平面",如图 6.54 所示。在弹出的"新建天花板

平面"对话框中选中"1F"单击"确定",如图 6.55 所示。打开"项目浏览器",选中刚新建的天花板平面"1F",如图 6.56 所示。在"属性"窗口中,将"规程"修改为"电气","子规程"修改为"照明",如图 6.57 所示。在"属性"窗口中,将"标识数据"栏中的"视图名称"修改为"1F-照明",如图 6.58 所示。

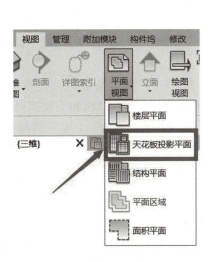

图 6.54

图 6.55

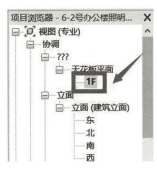

图 6.56

图 6.57

图 6.58

图 6.59

　　③绘制天花板平面。单击"建筑"选项卡下的"天花板"命令,如图 6.59 所示。在"属性"窗口中,将"自标高的高度偏移"设置为"2600.0",如图 6.60 所示。在"修改|放置 天花板"选项卡中,选择"绘制天花板"命令,如图 6.61 所示。在"修改|创建天花板边界"选项卡中,"绘制"面板下,选择"拾取线"的方式绘制天花板边界,如图 6.62 所示。将天花板边界选择好之后(为一个闭合的形状),单击"√",即完成天花板平面的绘制。

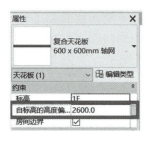

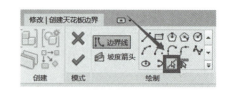

图 6.60 　　　　　　图 6.61 　　　　　　图 6.62

④链接 CAD 图纸。参照之前的步骤,将"一层照明平面图"链接到"1F-照明"天花板平面中来,并将图纸对齐后锁定。

⑤放置 14 W 三管高效节能格栅 LED 灯。单击"系统"选项卡下的"照明设备"命令,单击"属性"窗口中的"编辑类型",在弹出的对话框中单击"载入",打开"MEP→照明→室内灯→导轨和支架式灯具"文件夹中的"三管防水式灯具",如图 6.63 所示。单击"类型属性"对话框,复制并重命名为"14 W 三管高效节能格栅 LED 灯",将宽度及长度均修改为"598.0",单击确定,如图 6.64 所示。放置时,将"修改｜放置 设备"选项栏中放置的方式选择为"放置在面上",如图 6.65 所示。设置好后,将灯按照图纸的位置放置。

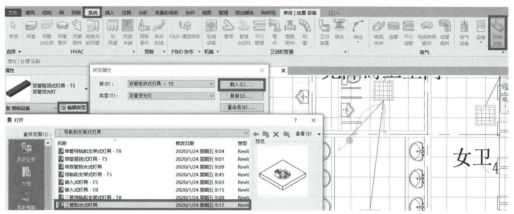

图 6.63

图 6.64

图 6.65

⑥放置28 W双管高效节能格栅LED灯。单击"系统"选项卡下的"照明设备"命令,单击"属性"窗口中的"编辑类型",在弹出的对话框中单击"载入",打开"MEP→照明→室内灯→导轨和支架式灯具"文件夹中的"双管吸顶式灯具-T8",如图6.66所示。单击"类型属性"对话框,复制并重命名为"28 W双管高效节能格栅LED灯",将宽度修改为"323.0","长度"修改为"1198.0",单击确定,如图6.67所示。放置时,将"修改|放置 设备"选项栏中放置的方式选择为"放置在面上",如图6.68所示。设置好后,将灯按照图纸的位置放置。

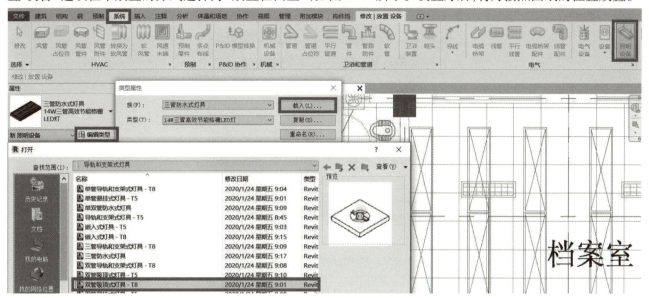

图6.66

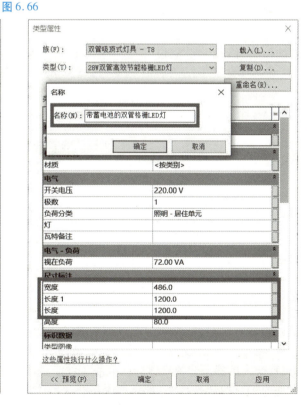

图6.67　　　　　　　　　　　　　　图6.68

⑦放置带蓄电池的双管格栅LED灯。单击"系统"选项卡下的"照明设备"命令,单击"属性"窗口中的"编辑类型",以"28 W双管高效节能格栅LED灯"为基准复制并重命名一个灯具,名为"带蓄电池的双管格栅LED灯",并把"宽度"修改成"486.0","长度"修改成"1200.0",单击确定,如图6.69所示。放置时,将"修改|放置 设备"选项栏中放置的方式选择为"放置在面上",设置好后,将灯按照图纸的位置放置。

图 6.69

⑧放置集中电源疏散照明灯。单击"系统"选项卡下的"照明设备"命令,单击"属性"窗口中的"编辑类型",在弹出的对话框中单击"载入",打开"MEP→照明→特殊灯具"文件夹中的"安全照明灯",如图 6.70 所示。放置时,将"修改│放置 设备"选项栏中放置的方式选择为"放置在面上",将灯按照图纸的位置放置。

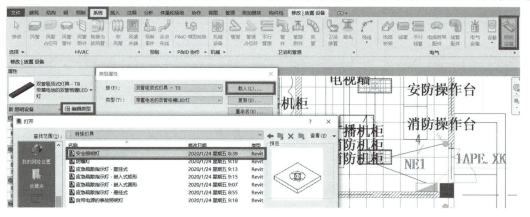

图 6.70

⑨放置吸顶灯。单击"系统"选项卡下的"照明设备"命令,单击"属性"窗口中的"编辑类型",在弹出的对话框中单击"载入",打开"MEP→照明→室内灯→环形吸顶灯"文件夹中的"吸顶灯-扁圆",如图 6.71 所示。放置时,将"修改│放置 设备"选项栏中放置的方式选择为"放置在面上",将灯按照图纸的位置放置。

⑩放置带人体感应开关吸顶灯。单击"系统"选项卡下的"照明设备"命令,单击"属性"窗口中的"编辑类型",以"吸顶灯-扁圆"为基准,复制并重命名为"带人体感应开关吸顶灯",如图 6.72 所示。放置时,将"修改│放置 设备"选项栏中放置的方式选择为"放置在面上",将灯按照图纸的位置放置。

⑪放置疏散出口标志灯。由电气设备材料表二(图 6.9)可知,疏散出口标志安装方式为底边距门洞 0.2 m 暗装,结合建施图可知,安装高度应为距地 2 300 mm。单击"系统"选项卡下的"照明设备"命令,单击"属性"窗口中的"编辑类型",在弹出的对话框中单击"载入",打开教材提供的族文件夹中的"安全出口指示灯",如图 6.73 所示。放置时将"修改│放置 设备"选项栏中放置的方式选择为"放置在垂直面上",如图 6.74 所示。

将"属性"窗口中"标高中的高程"修改为"2300",如图6.75所示。设置完毕后,将指示灯按照图纸放置到指定位置上。

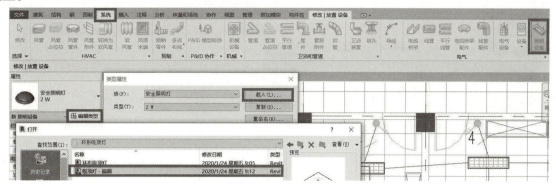

图 6.71

图 6.72

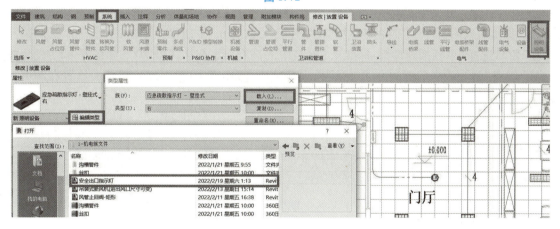

图 6.73

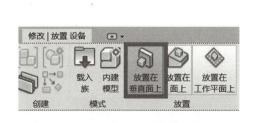

图 6.74

图 6.75

⑫放置疏散方向标识。由电气设备材料表二(图6.9)可知,疏散出口标志安装方式为距地0.5 m壁挂。单击"系统"选项卡下的"照明设备"命令,单击"属性"窗口中的"编辑类型",在弹出的对话框中单击"载入",打开"MEP→照明→特殊灯"文件夹中的"应急疏散指示灯-壁挂式",如图6.76所示。放置时将"修改│放置 设备"选项栏中放置的方式选择为"放置在垂直面上",如图6.77所示。将"属性"窗口中"标高中的高程"修改为"500",如图6.78所示。设置完毕后,将指示灯按照图纸放置到指定位置上。

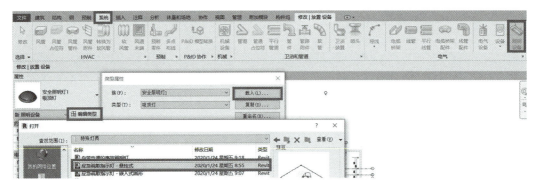

图 6.76

图 6.77

图 6.78

⑬放置开关。照明平面图中的开关图例如图 6.79 所示。单击"插入"选项卡下的"载入族"命令,打开"MEP→供配电→终端→开关"文件夹中"双联开关-暗装""三联开关-暗装""单联开关-暗装",如图 6.80 所示。打开教材提供的族库文件中"四联开关""双联开关",如图 6.81 所示。单击"系统"选项卡下"设备"命令,在"属性"窗口选择"单相插座暗装-标准","标高中的高程"设置为"1300.0",如图 6.82 所示,放置时将"修改│放置 设备"选项栏中放置的方式选择为"放置在垂直面上",设置好之后将开关放置在图中指定位置上,其余开关放置方式相同。

	双控开关	~220V 10 A	个	4	底边距地1.3 m墙上暗装
	风机盘管温控开关	~220V 10 A	个	75	底边距地1.3 m墙上暗装
	三联开关	~220V 10 A	个	55	底边距地1.3 m墙上暗装
	四联开关	~220V 10 A	个	13	底边距地1.3 m墙上暗装
	开关	~220V 10 A	个	36	底边距地1.3 m墙上暗装
	双联开关	~220V 10 A	个	23	底边距地1.3 m墙上暗装

图 6.79

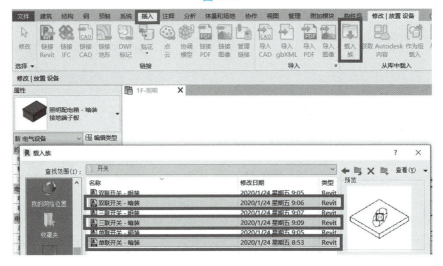

图 6.80

282

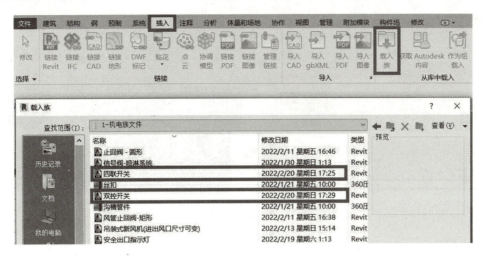

图 6.81

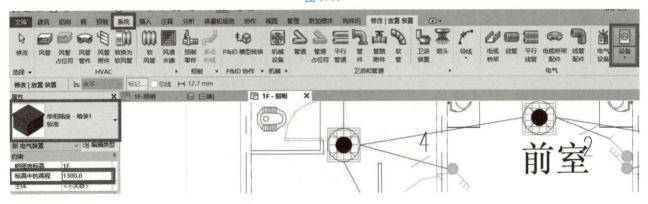

图 6.82

⑭放置照明配电箱。由 1AL 照明配电箱系统图(图 6.3)可知,照明配电箱 1AL 的安装高度为距地 1.5 m。一般情况下,配电室、机房、竖井内的照明配电箱、控制箱为明装。单击"系统"选项卡下的"电气设备"命令,单击"属性"窗口的"编辑类型",单击"载入",打开"MEP→供配电→配电设备→箱柜"文件夹中的"照明配电箱-明装",如图 6.83 所示。安装时,将"属性"窗口的"标高中的高程"修改为"1500",如图 6.84 所示。将照明配电箱放在指定的位置上。

图 6.83   图 6.84

⑮安装应急照明集中电源。由电气设备材料表二(图 6.9)可知,A 型应急照明集中电源的代号为"1ALE-1",安装方式为"距地 1.5 m,明装。单击"系统"选项卡下的"电气设备"命令,在"属性"窗口单击"编辑类型",在弹出的对话框单击"载入",打开""MEP→供配电→配电设备→箱柜"文件夹中的"应急照明箱",如图 6.85 所示。安装时,将"属性"窗口的"标高中的高程"修改为"1500",如图 6.86 所示。将照明配电箱放在指定的位置上。

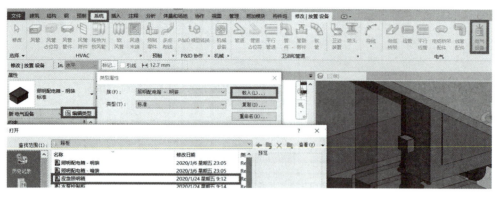

图 6.85   图 6.86

6.5.5 绘制线管

①添加线管管径尺寸。通过图纸可知线管直径为 PC20,需要在 Revit 软件中添加 PC20 的尺寸。单击"管理"选项卡"设置"面板中的"MEP 设置",下拉选项中的"电气设置"工具,如图 6.87 所示。单击选中"电气设置"窗口中的"线管设置"类别下的"尺寸",单击"新建尺寸",在"添加线管尺寸"窗口中添加尺寸,具体数值如图 6.88 所示。

图 6.87

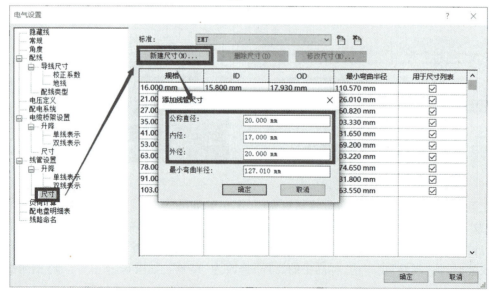

图 6.88

②绘制一层照明办公系统线管 N2。线管 N2 的走向如图 6.89 所示。单击"系统"选项卡下的"线管"命令,将"直径"修改成"20.0","中间高程"修改为"2600.0mm",如图 6.90 所示。将"属性"窗口里的类型修改为"带配件的线管-照明",如图 6.91 所示。先绘制从桥架伸出来的 1—2 段线管,再绘制 3—4—5 段线管,系统会自动生成 T 形三通接头,如图 6.92 所示。选中"T 形三通接头",单击左边的"＋"变成四通接头,如图 6.93 所示。从四通接头绘制一根线管至三联开关处,如图 6.94 所示。选择线管端头的小正方形,单击鼠标右键,在弹出来的对话框中选择"绘制线管"命令,将"中间高程"修改成"1300.0",单击应用。绘制后的一层照明办公系统线管 N2 如图 6.95 所示。其余照明系统线管的绘制方式相同。

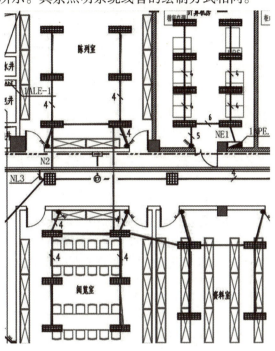

图 6.89

图 6.90

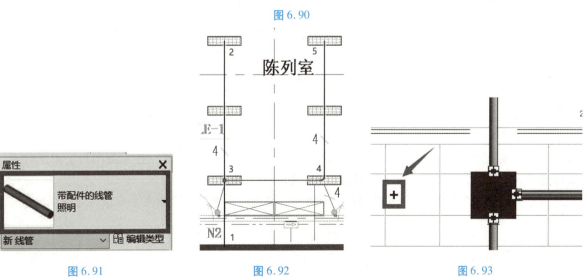

图 6.91　　　　　　　　　图 6.92　　　　　　　　　图 6.93

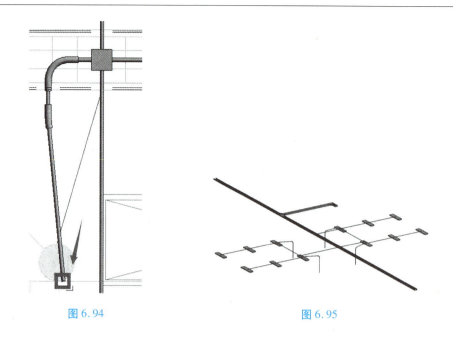

图 6.94   图 6.95

【实训项目】

项目一:参观本校教学楼,列表写出建筑物普通照明系统相关设备,并绘制简单的平面布置图。
项目二:参观本校教学楼,列表写出建筑物应急照明系统相关设备,并绘制简单的平面布置图。
项目三:参观本校教学楼,根据所掌握的知识,对教学楼普通照明及应急照明进行建模。

本项目小结

1.电气照明是通过电光源把电能转换为光能,在夜间或自然采光不足的情况下提供明亮的视觉环境,以满足人们工作、学习和生活的需要。

2.按照电能量传送方向,建筑电气照明配电系统由以下几部分组成:进户线→总配电箱→干线→分配电箱→支线→照明用电器具。

3.电气照明工程施工内容主要有配管配线、照明配电箱安装、照明灯具安装、灯具开关及插座安装、电铃与电风扇安装等分项工程。施工时应按照规定的施工程序进行。

4.灯具安装方式主要有吊式安装、吸顶式安装、壁式安装、嵌入式安装及其他装饰性灯具安装。灯具安装应牢固可靠,安装高度符合要求。

5.安装灯具开关及插座时,应先把底盒(开关盒或插座盒)固定好,可明装也可暗埋,再把灯具开关、插座接好线后,用螺钉固定在底盒上。同一建筑物内的开关及插座安装高度应一致,且控制有序不错位。暗装的开关及插座面板应紧贴墙面,四周无缝隙,安装牢固,表面光滑整洁,无碎裂、无划伤,装饰帽齐全。

6.照明配电箱的安装主要有明装和暗装两种方式。

7.建筑照明系统图纸包括说明、系统图、平面图、详图、主要设备材料表等。读系统图与平面图时,一般按电能量传送方向来阅读,系统图都应与平面图对照阅读,并熟悉线路相关设备。

8.照明系统建模按照图纸解析→链接 CAD 图纸→绘制电缆桥架→布置照明专业设备等顺序进行。

项目 **7** 建筑动力配电系统施工图识读与建模

【项目引入】

现代建筑里,有许多由电动机提供动力来带动生产机械而工作的设备,比如电梯、水泵、空调、新风机、排风机等,但是这些建筑动力设备的配电系统包含什么设备,施工图怎么表现? 怎样将动力配电系统施工图的二维图形转成三维模型? 这些问题都将在本项目中找到答案。

本项目将以2号办公楼地下一层风机配电、屋面层电梯配电施工图为载体,介绍建筑动力配电系统组成、施工图及其系统建模内容,图纸节选如图7.1—图7.5所示。

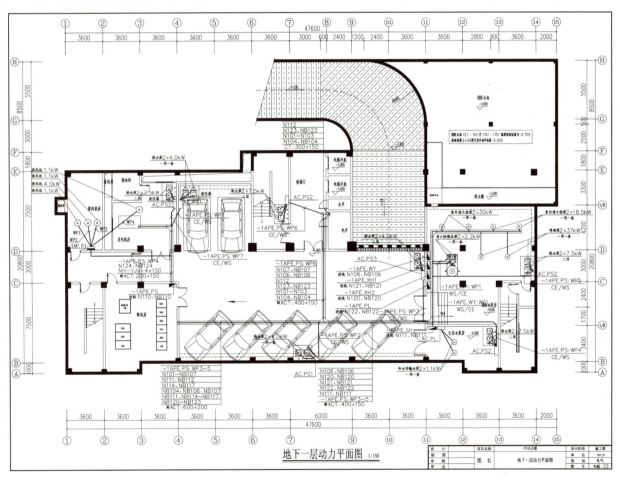

图 7.1 地下一层动力平面图

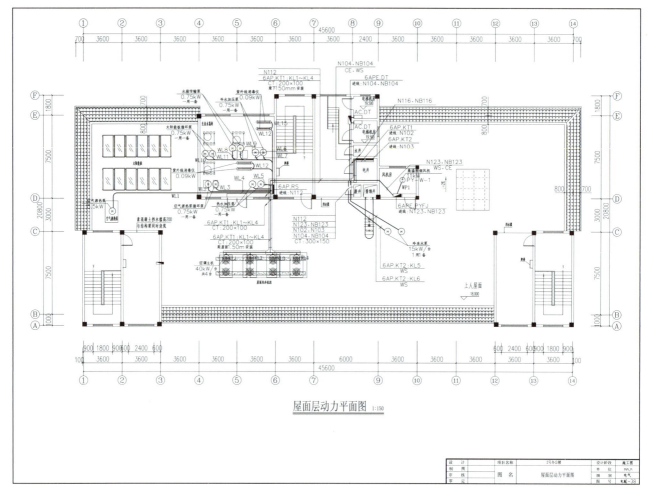

图 7.2 屋面层动力平面图

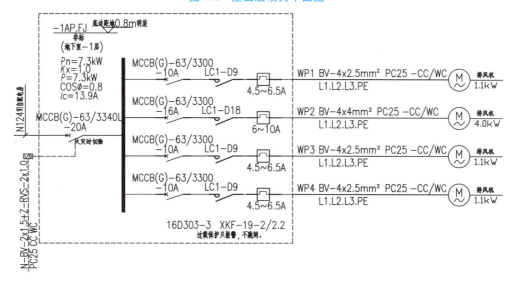

图 7.3 地下一层风机配电系统图

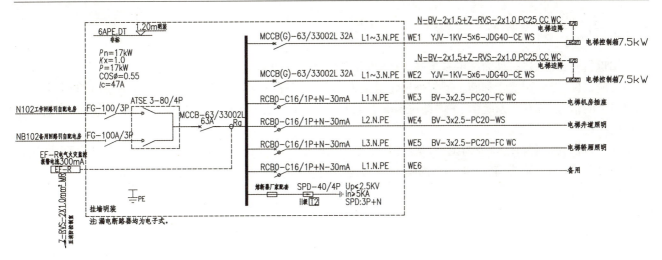

图 7.4　屋面层电梯配电箱系统图

五、动力配电及控制

1. 本工程低压配电系统采用放射式与树干式相结合的方式。对于大容量负荷或重要负荷如：冷冻站、水泵房、电梯机房、消防值班室、等采用放射式供电；对于一般负荷采用树干式与放射式相结合的供电方式。

2. 消防负荷及重要负荷：消防水泵、排烟风机、正压风机、消防电梯、消防中心，生活水泵、排水泵、弱电机房、客梯电力等采用双电源供电并在末端互投。

图 7.5　动力配电及控制说明

【内容结构】

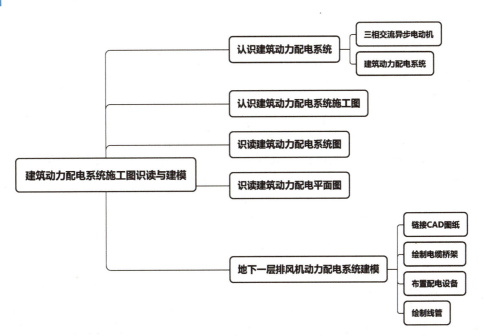

图 7.6　"建筑动力配电系统施工图识读与建模"内容结构图

【建议学时】8 学时

【学习目标】

知识目标:熟悉建筑动力配电系统组成;理解配电线路型号规格所代表的含义;熟练识读施工图。

技能目标:能对照实物和施工图辨别出建筑动力配电系统各组成部分,并说出其名称及作用;能说出施工图内包含的信息,并对照系统图、平面图说出动力配电线路走向;能根据地下室风机配电施工图内容建立排风机配电系统的三维模型。

素质目标:家国情怀,热爱祖国;科学严谨、精益求精的职业态度;团结协作、乐于助人的职业精神;极强的敬业精神和责任心,诚信、豁达,能遵守职业道德规范的要求;提高安全用电、节约用电的意识。

【学习重点】

动力配电系统施工图识读与建模。

【学习难点】

名词陌生,平面图与系统图的对应,二维平面图转三维空间图。

【学习建议】

1. 本项目原理性的内容做一般性了解,重点在电器设备认识、施工图识读与建模内容。

2. 如果在学习过程中遇到疑难问题,可以多查资料,多到施工现场了解实际过程,也可以通过微课、动画等加深对疑难问题的理解。

3. 多做施工图识读与建模练习,并将施工图与工程实际联系起来。

【项目导读】

1. 任务分析

图 7.1—图 7.3 是 2 号办公楼楼地下室排风机配电系统施工图,图中出现了大量的图块、符号、数据和线条,这些东西代表什么? 它们之间有什么联系? 图上所代表的电器设备是如何安装的? 这一系列的问题均要通过本项目的学习逐一解答。

2. 实践操作(步骤/技能/方法/态度)

为了能完成前面提出的工作任务,我们需从认识电动机开始,了解其构造、使用与安装要求,进而了解建筑动力配电系统的类别、系统构成,熟读施工图,熟悉建模的方法,为后续施工、计价等课程学习打下基础。

【知识拓展】

中国电机发展史

中国电机的生产和应用起步很晚,但发展迅速。1949 年全国总装机 184.83 万 kW,全国仅有为数不多的电机修理厂;1958 年,上海电机厂造出世界上第一台双水内冷发电机。20 世纪 70 年代初开始研究和应用直线电机;80 年代应用步进电机;90 年代在重工业上应用大功率电机……中华人民共和国成立 70 多年来,我国电机工业从小到大、从弱变强、从落后走向先进,不少产品进入"百万量级",这是一个巨大的进步。在相当一段时期内,百万千瓦级超临界火电机组、百万千瓦级水轮发电机组、百万伏电压等级特高压输变电设备、百万千瓦级核电设备,都是世界先进水平。可以说,新中国成立以来,我国电机工业取得的成绩举世瞩目,已进入世界先进行列,发展速度在世界电机工业发展史上也是最快的。

任务 7.1 认识建筑动力配电系统

7.1.1 三相交流异步电动机

建筑物内电梯、水泵、风机、空调等动力设备都是由电动机带动的。

电动机,就是将电能转换成机械能的动力设备,其外形如图7.7所示,按所需电源不同有交流电动机和直流电动机之分。交流电动机按工作原理不同又分为同步电动机和异步电动机。异步电动机按其相数分为单相电动机和三相电动机。建筑电气的动力设备普遍使用三相交流异步电动机,家用电器的电冰箱、洗衣机、电风扇等则使用单相交流异步电动机。

生产机械

电动机

图 7.7 电动机外形图

1)三相交流异步电动机结构和工作原理

（1）三相交流异步电动机的基本结构

三相交流异步电动机主要由静止的部分——定子和旋转的部分——转子组成,定子和转子之间由气隙分开。根据异步电动机的工作原理,这两部分主要由铁芯(磁路部分)和绕组(电路部分)构成,它们是电动机的核心部件。图7.8为三相交流异步电动机结构示意图。

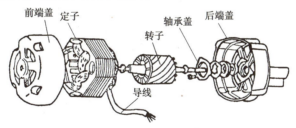

前端盖 定子 轴承盖 后端盖
转子
导线

图 7.8 三相交流异步电动机结构示意图

①定子。定子由定子铁芯、定子绕组、机座和端盖等组成。机座的主要作用是支撑电机各部件,因此应有足够的机械强度和刚度,通常用铸铁制成。三相交流异步电动机定子结构示意图如图7.9所示。

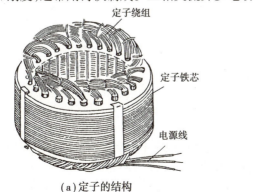
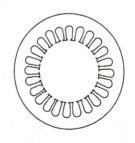

定子绕组
定子铁芯
电源线

（a）定子的结构 （b）构成定子铁芯的硅钢片形状

图 7.9 三相交流异步电动机定子结构示意图

②转子。转子由转子铁芯、转子绕组和转轴构成,如图 7.10 所示。转子绕组是一根根铜条的称为鼠笼式电动机,是一匝匝线圈的称为绕线式电机。

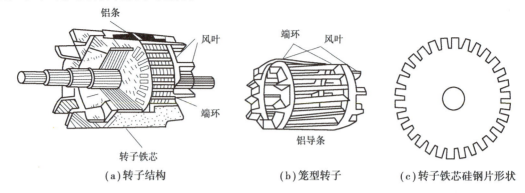

(a)转子结构　　　　　　　(b)笼型转子　　　　　(c)转子铁芯硅钢片形状

图 7.10　三相交流异步电动机转子结构示意图

③其他部件。三相交流异步电动机的其他部件还有机壳、前后端盖、风叶等。

（2）三相交流异步电动机的工作原理

异步电动机属于感应电动机。三相交流异步电动机通入三相交流电流之后,将在定子绕组中产生旋转磁场,此旋转磁场将在闭合的转子绕组中感应出电流,从而使转子转动起来。图 7.11 为三相交流异步电动机工作原理示意图。

由于转子转速与同步转速间存在一定的差值,因此将这种电动机称为异步电动机。又因为异步电动机是以电磁感应原理为工作基础的,所以异步电动机又称为感应电动机。

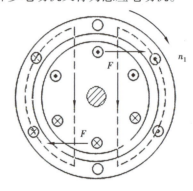

图 7.11　三相交流异步电动机工作原理图示意

【知识拓展】

法拉第——站在巨人肩膀上的伟大物理学家

1821 年法拉第完成了第一项重大的电发明。在这两年之前,奥斯特已发现如果电路中有电流通过,它附近的普通罗盘的磁针就会发生偏移。法拉第从中得到启发,认为假如磁铁固定,线圈就可能会运动。根据这种设想,他成功地发明了一种简单的装置。在装置内,只要有电流通过线路,线路就会绕着一块磁铁不停地转动。事实上法拉第发明的就是第一台电动机,是第一台用电流使物体运动的装置,虽然装置简陋,但它却是今天世界上使用的所有电动机的"祖先"。

2）电动机的使用

（1）启动

电动机接通电源启动后,转速不断上升直至达到稳定转速这一过程称为启动。在电动机接通电源的瞬间,即转子尚未转动时,定子电流即启动电流一般是电动机额定电流的 4~7 倍。启动电流虽然很大,但启动时间很短,而且随着电动机转速的上升电流会迅速减小,故对容量不大且不频繁启动的电动机影响不大,但是对于容量大的电动机则需要采用适当的启动方法以减小启动电流,比如 30 kW 的消火栓泵,通常采用 Y-△降压启动。

（2）制动

在生产中,常要求电动机能迅速而准确地停止转动,所以需要对电动机进行制动。鼠笼式电动机常用的电气制动方法有反接制动和能耗制动。

（3）反转

只要改变接入三相交流异步电动机电源的相序,即可改变旋转磁场方向,就可以改变电动机旋转方向,实现电动机反转。

（4）调速

三相交流异步电动机的转速跟接入的电源频率 f、旋转磁场的磁极对数 p 以及转差率 s 有关,调节其中任意一个参数,均会使转速发生变化。电梯电动机的调速方法有电动机转子串电阻的调压调速、改变定子极对数的变极调速、改变定子电压及频率的变压变频调速,其中变压变频调速是电梯最常用的调速方法。

（5）铭牌

在每台三相交流异步电动机的机座上都有一块铭牌,铭牌上标注有电动机的额定值,它是我们选用、安装和维修电动机的依据。绕线式三相交流异步电动机 YR180L-8 铭牌如表 7.1 所示。

表 7.1　绕线式三相交流异步电动机(YR180L-8)铭牌

型　号	YR180L-8	功　率	11 kW	频　率	50 Hz
电　压	380 V	电　流	25.2 A	接　线	△
转　速	746 r/min	效　率	86.5%	功率因数	0.77
定　额		绝缘等级	B	质　量	kg
标准编号		出厂日期			
					×××电机厂

①额定功率 P_N:电动机在额定电压下运行时,轴上输出的机械功率(kW)。

②额定电压 U_N:电动机额定电压下运行时,加在定子绕组上的线电压(V)。

③额定电流 I_N:电动机在额定电压和额定频率下,输出额定功率时,定子绕组中的线电流(A)。

④接线:电动机在额定电压下,定子三相绕组应采用的连接方法,一般有三角形(△)和星形(Y)两种。

⑤额定频率 f_N:电动机所接的交流电源的频率,我国电力网的频率规定为 50 Hz。

⑥额定转速 n_N:电动机在额定电压、额定频率和额定输出功率的情况下,电动机的转速(r/min)。

⑦绝缘等级:电动机绕组所用的绝缘材料的绝缘等级,它决定了电动机绕组的允许温升。

⑧定额(工作方式):电动机的运行状态。根据发热条件可分为连续工作、短时工作、断续工作等 3 种方式。

⑨温升:在规定的环境温度下,电动机各部分允许超出的最高温度。通常规定的环境温度是 40 ℃,如果电动机铭牌上的温升为 70 ℃,则允许电动机的最高温度可达到 110 ℃。

3) 电动机的安装

电动机的安装程序是:电动机设备拆箱点件→安装前的检查→基础施工→安装固定及校正→电动机的接线→控制、保护和起动设备安装→试运行前的检查→试运行及验收。

设备拆箱点件后检查电动机是否完好、附件及备件是否齐全无损伤,一切正常后即可进行电动机的基础施工。

电动机底座的基础一般用混凝土浇筑或用砖砌筑,其基础形状如图 7.12 所示。

电动机的基础尺寸应根据电动机基座尺寸确定。基础高出地面的高度 $H = 100 \sim 150$ mm,基础长和宽应超出电机底座边缘 $100 \sim 150$ mm。预埋在电动机基础中的地脚螺栓埋入长度为螺栓长度的 10 倍左右,人字开口的长度是埋深长度的 1/2 左右,也可用圆钩与基础钢筋固定。

电动机的基础施工完毕后,便可安装电动机。电动机用吊装工具吊装就位,使电动机基础孔口对准并穿入地脚螺栓,然后用水平仪找平,用地脚螺栓固定电动机的方法如图 7.13 所示。

注意:电动机外壳保护接地(或接零)必须良好。

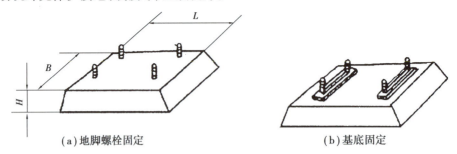

(a)地脚螺栓固定   (b)基底固定

图 7.12　电动机底座的基础

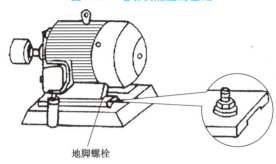

地脚螺栓

图 7.13　用地脚螺栓固定电动机

固定好电动机后,即可根据铭牌及说明书要求进行电动机的接线,安装控制、保护和起动设备,开展试运行前的检查,最后试运行及验收。

【知识拓展】

电气作业安全管理措施

电气作业安全管理措施的内容很多,主要可以归纳为以下几个方面:

①管理机构和人员。设置专人负责电气安全工作,动力部门或电力部门也应有专人负责用电安全工作。

②规章制度。安全操作规程、电气安装规程、运行管理和维修制度,以及其他规章制度都与安全有直接的关系。

③电气安全检查。电气设备长期带"病"运行、电气工作人员违章操作是发生电气事故的重要原因,必须建立一套科学、完善的电气安全检查制度,并严格执行。

④电气安全教育。

⑤安全资料。安全资料是做好安全工作的重要依据,应注意收集和保存。

【学习笔记】

_____

_____

【想一想】电源怎样送达建筑动力设备的电动机?

7.1.2　建筑动力配电系统

1）消防用电设备配电

①消防动力包括消火栓泵、喷淋泵、正压送风机、防排烟机、消防电梯、防火卷帘门等。由于建筑消防系统在应用上的特殊性，因此要求其供电系统要绝对安全可靠，并便于操作与维护。根据我国消防法规规定，消防系统供电电源应分为工作电源和备用电源，并按不同的建筑等级和电力系统有关规定确定供电负荷等级。一类高层建筑的消防用电应按一级负荷处理；二类高层建筑的消防用电应按二级负荷处理。为加大备用电源容量，确保消防系统不受停电事故影响，还应配备柴油发电机组。

②消防系统的供配电系统应由变电所的独立回路和备用电源（柴油发电机组）的独立回路，在负载末端经双电源自动切换装置供电，以确保消防动力电源的可靠性、连续性和安全性。消防设备的配电线路可采用普通电线电缆，应穿金属管、阻燃塑料管或金属线槽敷设配电线路。明敷或暗敷均须采取必要的防火、耐热措施。

2）空调动力设备配电

①在高层建筑的动力设备中，空调设备是最大的一类动力设备，这类设备容量大、种类多，包括空调制冷机组（或冷水机组、热泵）、冷却水泵、冷冻水泵、冷却塔风机、空调机、新风机、风机盘管等。

②空调制冷机组（或冷水机组、热泵）的功率很大，因此其配电可采用从变电所低压母线直接引到机组控制柜的方式。

③冷却水泵、冷冻水泵的台数较多且留有备用，多数采用减压启动。一般采用两级放射式配电方式，从变电所低压母线引来一路或几路电源到泵房动力配电箱，再由动力配电箱引线至各个泵的起动控制柜。

④空调机、新风机的功率大小不一，分布范围较广，可采用多级放射式配电；在容量较小时亦可采用链式配电或混合式配电，应根据具体情况灵活考虑。风机盘管为 220 V 单相用电设备，数量多、单机功率小，可采用类似照明灯具的配电方式，一回路可以接若干个风机盘管或由插座供电。

3）电梯配电

①电梯分为客梯、自动扶梯、观景电梯、货梯及消防电梯等，是建筑内重要的垂直运输设备，所以必须安全可靠。由于运输的轿厢和电源设置在不同的地点，虽然单台电梯的功率不大，但为确保电梯的安全及电梯间互不影响，所以每台电梯宜由专用回路以放射式方式配电，并应装设单独的隔离电器和短路保护电器。电梯轿厢的照明电源、轿顶电源插座和报警装置的电源，可从电梯的动力电源隔离电器前取得，但应另外装设隔离电器和短路保护电器。电梯机房及滑轮间、电梯井道及底坑的照明和插座线路，应与电梯分别配电。

②对于电梯的负荷等级，应符合现行有关规范的规定，并按负荷分级确定电源及配电方式。电梯的电源一般引至机房电源箱，自动扶梯的电源一般引至高端地坑的扶梯控制箱，消防电梯应符合消防设备的配电要求。

4）给水排水装置配电

建筑内除消防水泵外，还有生活水泵、排水泵及加压泵等。生活水泵大都集中设置于泵房，一般从变压所低压母线引出单独电源送至泵房动力配电箱，以放射式配电至各泵的控制设备；而排水泵位置比较分散，可采用放射式配电至各泵的控制设备。

5）动力配电系统及装置

（1）动力配电系统组成

动力配电系统一般采用放射式配线方式，一台电动机就是一个独立的回路。按照电能量传递方向，动力配电系统通常由以下部分组成:配电柜送来动力配电线路→动力配电箱→配电线路→控制箱→配电支线→用电设备(电动机),有些系统将配电箱与控制箱合二为一,可以简化成:动力配电线路→电源控制箱→配电线路→用电设备(电动机)。

(2)动力配电装置

①动力配电装置(箱或柜)内一般有断路器、熔断器、交流接触器、热继电器、按钮、指示灯和仪表等。电气器件的额定值由动力负荷的容量决定,配电箱的尺寸由电气器件的大小确定。配电箱(或柜)有铁制、塑料等类型,一般分为明装、暗装或半暗装。

②为方便操作,配电箱中心距地面的高度宜为 1.5 m。动力负荷容量大或台数较多时,应采用落地式配电柜或控制台,设槽钢电气基础,并在柜底留沟槽以便管路的敷设与连接。配电柜有柜前操作、维护,靠墙设立的,也有柜前操作、柜后维护。一般要求柜前有大于 1.8 m 的操作通道,柜后应有不小于 0.8 m 的维修通道。

【知识拓展】

触电急救

触电的抢救关键是"快"。触电事故发生后,首先应设法切断电源。若配电箱距离较近,可以立即拉闸;若配电箱距离较远或一时找不到配电箱,则可以用绝缘工具将电源线切断;当电线跌落在触电者身上或被压在身下时,可用干燥的衣服、手套、绳索、木板等绝缘物作为工具拉开触电者或挑开电线,使触电者脱离电源。但在使触电者脱离电源的过程中,必须特别注意抢救者自身的安全。

触电者脱离电源后,需积极进行抢救。若触电者失去知觉,但仍能呼吸,应立即抬到空气流通、温暖舒适的地方平卧,并解开衣服,同时速请医生诊治。若触电者已停止呼吸和心跳,这种情况可能是假死,此时不要随意翻动触电者,不要随意使用强心剂,最有效的方法是人工呼吸和胸外心脏按压。如果呼吸和心跳均没有时,需口对口呼吸和胸外按压交替进行。

【学习笔记】

_____

_____

【总结反思】

总结反思点	已熟知的知识或技能点	仍需加强的地方	完全不明白的地方
了解三相交流异步电动机结构与原理			
了解电动机的使用与安装要求			
懂得建筑动力配电设备的内容			
熟悉建筑动力配电系统组成及其装置			
在本次任务实施过程中,你的自我评价	□A. 优秀　　□B. 良好　　□C. 一般　　□D. 需继续努力		

【关键词】电动机　动力设备　配电系统

任务7.2 认识建筑动力配电系统施工图

1)常见图例

在建筑动力配电系统施工图中,需按照国家制图标准与规范要求,用规定的图例来表示一个设备或概念的图形、记号或符号。常用的电气元件图例文字符号如表7.2所示。图线形式及应用、线路标注等同建筑变配电系统及电气照明系统。

表7.2 建筑动力配电系统电气元件图例及文字符号

元件名称	图形符号	文字符号	元件名称	图形符号	文字符号
单电源动力配电箱		AP	柴油发电机组		G
双电源动力配电箱		APE	电源控制盘	智能型数码控制盘 PCC	PCC
控制箱		AC	风机盘管		
电动机	(M)	M	风机盘管的调速开关		
液位指示器	(1s)				

2)动力配电系统施工图的组成

动力配电系统施工图主要包括以下内容:

①设计说明。包括供电方式、电压等级、主要线路敷设方式、接地及图中未能表达的各种电器安装高度、工程主要技术数据、施工和验收要求以及有关事项等。

②主要材料设备表。工程所需的主要设备、管材、导线等名称、型号、规格、数量等。

③配电系统图。标注动力配电系统的配电方式,主要电气器件,如断路器、熔断器、交流接触器、热继电器等的名称、型号、规格及数量;从主干线至各分支回路的回路数;主干线路及主要分支线路的型号规格、配管及敷设方式等信息,这些也可在系统中附材料表和说明。

④电气动力平面图。内容包括动力设备的标注以及在平面图上的位置、图纸比例、各种配电线路的走向、动力设备接地的安装方式以及在平面图上的位置。

⑤详图。包括柜、盘的布置图和某些电气部件的安装大样图,对安装部件的各部位注有详细尺寸,一般是在没有标准图可选用并有特殊要求的情况下才绘制的图。

⑥标准图。通用性详图,一般采用国家和地方编制的标准图集,有具体图形和详细尺寸,便于制作安装。

在动力配电系统设计时,应分别绘制动力配电系统图、电动机控制原理图和动力配电平面图。

3)动力配电系统施工图识读方法

读懂动力配电系统施工图,是正确施工与工程预算的基础,读图时应注意以下几点:

①熟悉图例符号,搞清图例符号所代表的含义。常用电气设备工程图例及文字符号可参见国家相关标准或图上备注。

②尽可能结合该电气动力工程的所有施工图和资料一起阅读,尤其要读懂配电系统图和电气平面图。一般来说,先阅读设计说明,以了解设计意图和施工要求等;然后阅读配电系统图,以初步了解工程全貌;再阅读电气平面图,以了解电气工程的全貌和局部细节;最后阅读电气工程详图、加工图及主要材料设备表等。

读图时,一般按电能量传递方向,即变配电所→低压配电柜→动力配电线路→动力配电箱→室内干线→控制箱→支线及各回路→用电设备(电动机)这个顺序来阅读;在熟悉本项目配电干线图基础上,可以按动力配电线路→动力配电箱→配电干线→控制箱→配电支线→用电设备(电动机)这个顺序来读图,如果动力系统将配电箱与控制箱合二为一,则可以简化顺序为:动力配电线路→配电控制箱→配电线路→用电设备(电动机)。

每读到一个环节,系统图都应与平面图对照阅读,并及时将该环节发生的设备型号规格及安装地点,线路型号规格、连接关系、安装地点及敷设方式弄明白,为后续施工与预算打下基础。

③熟悉施工流程与工艺。在读图的同时要熟悉施工工艺,加深对图面含义的理解,同时还要了解土建、其他设备工种的施工要求,以便施工时密切配合。

【学习笔记】

_____

_____

【总结反思】

总结反思点	已熟知的知识或技能点	仍需加强的地方	完全不明白的地方
熟悉动力配电系统施工图的常用图例及文字符号			
熟悉动力配电系统施工图的组成及其内容			
熟悉动力配电系统施工图的识读方法			
在本次任务实施过程中,你的自我评价	□A. 优秀　　□B. 良好　　□C. 一般　　□D. 需继续努力		

【关键词】图例　施工图　识读　方法

任务 7.3　识读建筑动力配电系统图

1)图纸概貌

2 号办公楼的动力设备主要集中在地下一层及屋面层,下面我们就从动力配电干线入手,以地下一层的排风机与屋面层的电梯为例介绍动力配电系统图的识读。

(1)配电干线

从 2 号办公楼配电干线图(图 5.6)中分离出动力配电部分得到动力配电干线图,如图 7.14 所示。

动力负荷置于地下一层的有潜水泵、生活泵、室外消火栓稳压泵、室外消火栓泵、室内消火栓泵、自动喷淋泵、排风机;置于各楼层的有风机盘管(配电箱放在一层);置于屋面层的有空调主机、冷冻水泵、电梯、太阳能热水、屋面消防稳压泵、排烟风机。

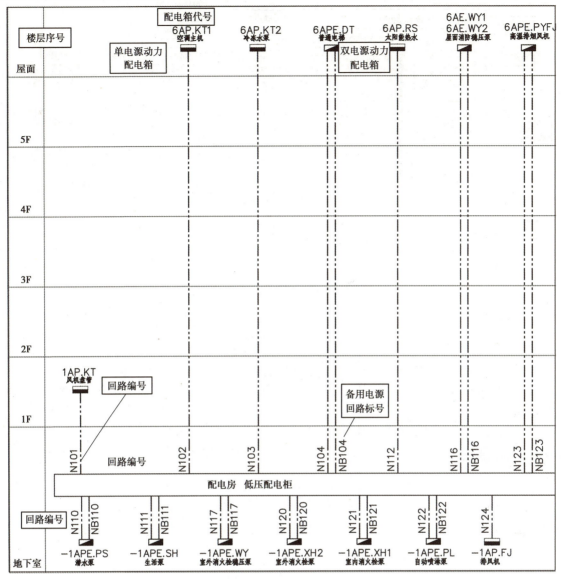

图 7.14　动力配电系统干线图

其中是三级负荷的有空调主机、冷冻水泵、风机盘管、排风机,采用单电源配电,其余的均为二级负荷,采用双电源配电。

(2)动力配电箱

动力设备都需要组成动力配电系统,包括电源线路、配电箱(控制箱)、配电线路、动力设备。电源线路来自变配电房的低压配电柜,其配置已经显示在干线图中,配电箱(控制箱)及其配置、配电线路标注、电源送达地点等相关信息则需要用配电箱系统图来表达。

2 号办公楼地下一层风机配电箱系统图如图 7.15 所示,屋面层电梯配电箱系统图如图 7.16 所示。

2) 设备配置分析

(1)动力设备配电总体情况

通过分析动力配电系统干线图(图 7.14),可以得到 2 号办公楼动力配电系统详细信息,如表 7.3 所示。从表中信息不难发现,所有动力设备配电线路均采用耐压 1 kV,五芯交联聚乙烯绝缘、聚氯乙烯护套(YJV)的铜芯电力电缆(三相五线制)。对于重要的二级负荷,要采用双回路电源配电,消防设备的电力电缆还须采用耐火型(NH)。

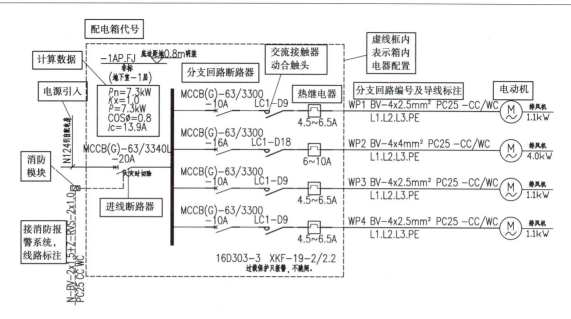

图 7.15 地下一层风机配电箱系统图

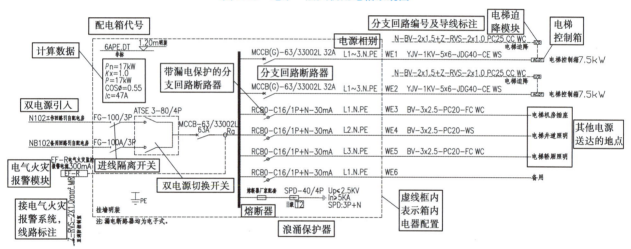

图 7.16 屋面层电梯配电箱系统图

表 7.3 2号办公楼动力配电系统详细信息表

序号	回路编号	配电线路标注	送达配电箱代号	送达设备及地点
1	N101	YJV-1kV,5×10	1AP. KT	风机盘管,一层
2	N102	YJV-1kV,4×150+1×95	6AP. KT1	空调主机,屋面层
3	N103	YJV-1kV,5×10	6AP. KT2	冷冻水泵,屋面层
4	N104、NB104	YJV-1kV,4×25+1×16	6APE. DT	电梯,屋面层
5	N110、NB110	YJV-1kV, 4×70+1×35	−1APE. PS	潜水泵,配电给地下 一层所有排水泵
6	N111、NB111	YJV-1kV,5×6	−1APE. SH	生活水泵,地下一层
7	N112	YJV-1kV,5×6	6AP. RS	太阳能热水,屋面
8	N116、NB116	NH-YJV-1kV,5×6	6AE. WY1、6AE. WY2	消防稳压泵,屋面层
9	N117、NB117	NH-YJV-1kV,5×6	−1APE. WY	消火栓稳压泵,地下一层
10	N120、NB120	NH-YJV-1kV,3×50+2×25	−1APE. XH2	室外消火栓泵,地下一层

续表

序号	回路编号	配电线路标注	送达配电箱代号	送达设备及地点
11	N121、NB121	NH-YJV-1kV，3×16+2×10	-1APE.XH1	室内消火栓泵，地下一层
12	N122、NB122	NH-YJV-1kV，3×50+2×25	-1APE.PL	喷淋泵，地下一层
13	N123、NB123	NH-YJV-1kV，5×6	6APE.PYFJ	排烟风机，屋面层
14	N124	YJV-1kV，5×6	-1AP.FJ	排风机，地下一层

（2）排风机与电梯设备配电

①风机配电系统图分析。地下室风机电源来自变配电房低压柜3AA的N124回路，采用YJV-1kV-5×6的电力电缆沿桥架引来，送达风机配电箱-1AP.FJ，配电箱安装在地下室，底边距地0.8 m明装。

配电箱内一共安装有5个（1主4分）通断电能的塑壳式断路器MCCB（G）、4个热继电器、4个交流接触器。箱内还装有一个消防报警系统模块，用于火灾时切断主断路器。

从配电箱送出4个回路WP1、WP2、WP3、WP4，均为三相四线制，采用2.5 mm^{2}塑料绝缘铜芯线（BV），穿硬塑料管（PC），沿天棚、墙暗敷设（CC/WC）至风机电动机（M）的接线盒。

②电梯配电系统图分析。屋面层电梯的工作电源来自变配电房低压柜3AA的N104回路，备用电源来自低压柜5AA的NB104回路，主备电源均采用YJV-1kV-4×25+1×16电力电缆沿桥架引来（主备电源应分置于桥架两侧，中间用防火隔板隔开），送达电梯配电箱6APE.DT，配电箱安装在屋面层，底边距地1.2 m明装。

配电箱内一共安装有2个隔离开关FG，1套双电源切换开关ATSE3，7个（1主6分）通断电能的断路器，其中主断路是器塑壳式MCCB、2个分断路器是塑壳式MCCB（G）、4个分断路器是带漏电保护的微型断路器RCBO-C16、1组熔断器、1套浪涌保护器。箱内还装有电气火灾监控报警模块，用于发生电气火灾时的报警。

从配电箱送出6个回路WE1～WE6，其中WE1、WE2为三相五线制，采用电缆YJV-1kV-5×6，穿管径40 mm的紧定式钢管，沿天棚、墙明敷设（CE/WS）送达电梯控制箱，另设置电梯迫降控制功能；WE3、WE4、WE5为单相三线制，采用电线BV-3×2.5，穿硬塑料管PC20敷设送达电梯机房插座、井道照明、轿厢照明。电梯底坑通常还需配插座，供潜水泵及其他移动电器使用。井道照明灯具（灯具电压一般为安全电压）安装，要求在井道距顶及距地0.5 m处各一套，井道中间段每隔不超过7 m装一套。

【学习笔记】

_____

_____

【总结反思】

总结反思点	已熟知的知识或技能点	仍需加强的地方	完全不明白的地方
认识动力配电干线系统图内容			
认识动力配电箱系统图内容			
能解读施工图内图例、线路文字标注的含义			
在本次任务实施过程中，你的自我评价	□A.优秀　□B.良好　□C.一般　□D.需继续努力		

【关键词】干线　系统图　配电箱　配置

任务 7.4　识读建筑动力配电平面图

1）图纸概貌

动力配电平面图就是将动力配电系统的配电线路、配电箱、动力设备等进行合理详细的平面布置（包括安装尺寸）的图纸，一般是在建筑平面图的基础上按一定比例逐层绘制。2 号办公楼的动力设备主要集中在地下一层及屋面层。下面我们就以地下一层与屋面层为例介绍动力配电平面图的识读。

图 7.1、图 7.2 的概况如图 7.17、图 7.18 所示，地下一层排风机配电平面与屋面层电梯配电平面概况如图 7.19、图 7.20 所示。

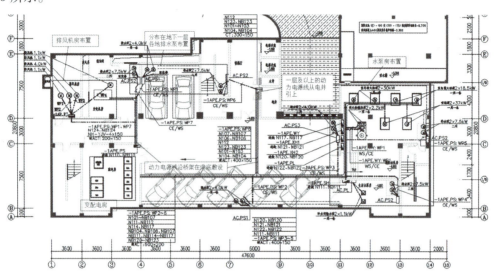

图 7.17　地下一层动力配电平面图概况

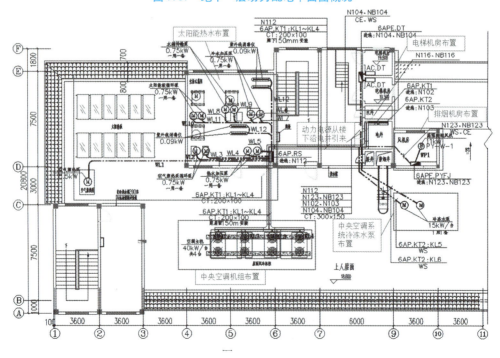

图 7.18　屋面层动力配电平面图概况

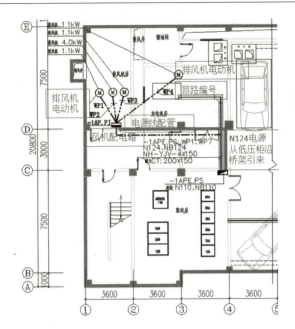

图 7.19　地下一层排风机配电平面图概况

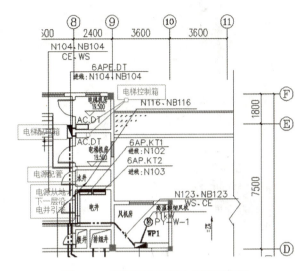

图 7.20　屋面层电梯配电平面图概况

2)设备平面布置分析

(1)地下一层与屋面层动力配电平面

从前面对 2 号办公楼动力配电干线图的分析已经了解到,动力负荷主要分布在地下一层与屋面层,平面图的识读顺序一般按照电能量传递方向从电源端看到设备端,即:低压配电柜送来动力配电线路→动力配电箱→配电线路→控制箱→配电支线→用电设备(电动机),或者动力配电线路→电源控制箱→配电线路→动力设备(电动机)。读图过程中要了解线路走向、敷设方式及安装材料的型号、规格,配电箱与用电设备安装的平面位置等,为正确施工及预算打下基础。

地下一层。2 号办公楼动力配电线路均从变配电房沿桥架引出,在④轴交ⓒ轴附近,地下一层排风机及潜水泵配电箱送出的北面排水泵电源线路,沿桥架在梁底拐向北面;其余动力电源线路在①/⑧轴线上从西向东沿桥架在梁底敷设,行至⑧轴时,其中的一层、屋面层及候梯厅排水泵的动力电源线路拐向北面,行至⑧轴交①/ⓓ轴附近,一层与屋面层的动力电源线进入电井沿桥架往楼上引,候梯厅排水泵的动力电源线路改成穿管引至配电箱 AC. PS2;其剩余动力线路继续在①/⑧轴线上向东行进,行至⑪轴时,生活泵及南面排水泵电源线路从桥架引出改成穿管引至各配电箱;消火栓泵、喷淋泵、稳压泵及泵房排水泵的电源线路在⑪轴交①/ⓓ轴附近,一部分沿桥架拐向北面接配电箱,配电箱出线再接电动机,另一部分改成穿管接配电箱,配电箱出线再接电动机。

屋面层。沿电井引上屋面层的有中央空调主机、冷冻水泵、电梯、太阳能热水、排烟风机等电源线路。空调主机、冷冻水泵配电箱装在电井内,电梯配电箱装在⑧轴交ⓔ轴墙上,太阳能热水配电箱装在⑥轴交ⓓ轴墙上,排烟风机配电箱装在ⓓ轴交⑨、⑩轴之间的墙上,与地下一层敷设方式相同,线路沿桥架敷设,出桥架后改成穿管引至配电箱或用电设备(电动机)。

(2)地下一层排风机配电平面

了解排风机的电源配置后,接下来就可以到地下一层平面图上找出配电箱、线路、风机等安装的平面位置了,如图 7.19 所示。

N124 回路电力电缆,沿桥架从④轴交ⓒ轴的配电房低压出线口引来,到达ⓓ轴时电缆从桥架中引出,改穿管引至①、②轴之间交ⓓ轴的墙上,与配电箱 −1AP-FJ 相连。配电箱输出 4 个回路 WP1 ~ WP4,各回路分别穿管配至电动机接线盒完成排风机的配电。

地下一层排风机设备与配电线路三维空间布局情况如图 7.21 所示。

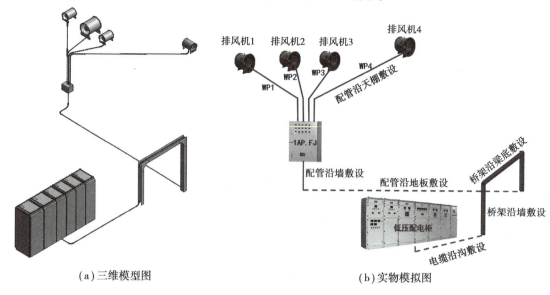

（a）三维模型图　　　　　　　（b）实物模拟图

图 7.21　地下一层排风机三维空间布局情况图

（3）屋面层电梯配电平面

了解电梯的电源配置后,接下来就可以到屋面层平面图上找出配电箱、线路、控制箱等安装的平面位置了,如图 7.20 所示。

N104、NB104 双电源回路的电力电缆,沿桥架在电井内引至屋面层,在⑧轴交①轴附近从电井引出,改穿管引至⑧轴之间交Ⓔ轴的墙上,与配电箱 6APE. DT 相连。配电箱输出 2 个回路,WE1、WE2 分别穿管配至电梯控制箱 AC. DT,输出的 WE3 ~ WE5 配至电梯机房插座、井道照明、轿厢照明,电器安装与线路敷设由电梯厂家现场定位安装。

【学习笔记】

_____

_____

【总结反思】

总结反思点	已熟知的知识或技能点	仍需加强的地方	完全不明白的地方
熟悉建筑常见动力设备的一般安装地点			
熟悉平面图需要识读的内容			
识读建筑动力配电系统平面图			
在本次任务实施过程中,你的自我评价	□A. 优秀　□B. 良好　□C. 一般　□D. 需继续努力		

【关键词】动力　配电　平面图

任务 7.5　地下室排风机动力配电系统建模

建模流程如图7.22所示。

图7.22　地下室排风机动力配电系统建模流程

7.5.1　链接 CAD 图纸

【操作步骤】

①新建地下一层平面视图。单击"视图"选项卡下"平面视图",下拉菜单的"楼层平面",如图7.23所示。在弹出的"新建楼层平面"对话框中取消勾选"不复制现有视图",选中"地下负一"楼层平面,单击"确定",如图7.24所示。将"属性"窗口中的"规程"改为"电气","子规程"改为"动力","视图名称"改为"地下负一-防排烟动力",如图7.25所示。

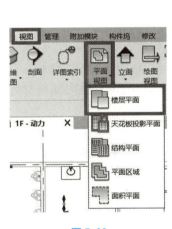

图7.23

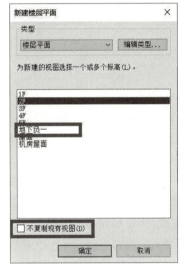

图7.24

图7.25

②链接 CAD 图纸。将视图切换到"动力"子规程下的"地下负一-防排烟动力"平面视图中。单击"插入"选项卡"链接"面板中的"链接 CAD"工具,在"链接 CAD 格式"窗口选择 CAD 图纸存放路径,选中拆分好的"地下一层动力平面图",勾选"仅当前视图",设置导入单位为"毫米",定位为"手动-中心",单击"打开",如图7.26 所示。

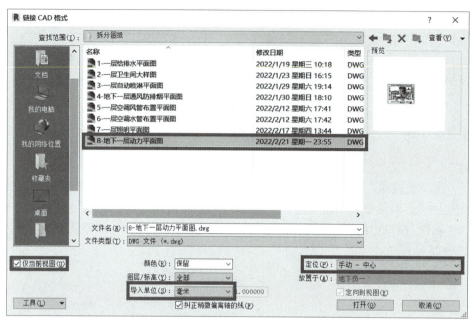

图 7.26

③对齐链接的 CAD 图纸。图纸导入后,单击"修改"选项卡"修改"面板中的"对齐"工具。移动鼠标到项目轴网①轴上单击鼠标左键选中①轴(单击鼠标左键,选中轴网后轴网显示为蓝色线),移动鼠标到 CAD 图纸轴网①轴上单击鼠标左键。按照上述操作可将 CAD 图纸纵向轴网与项目纵向轴网对齐。重复上述操作,将 CAD 图纸横向轴网和项目横向轴网对齐。

④将链接的 CAD 图纸锁定。单击鼠标左键选中 CAD 图纸,Revit 自动切换至"修改 | 地下一层动力平面图.dwg"选项卡,单击"修改"面板中的"锁定"工具,将 CAD 图纸锁定到平面视图。至此,地下一层动力平面图 CAD 图纸的导入完成,结果如图7.27 所示。

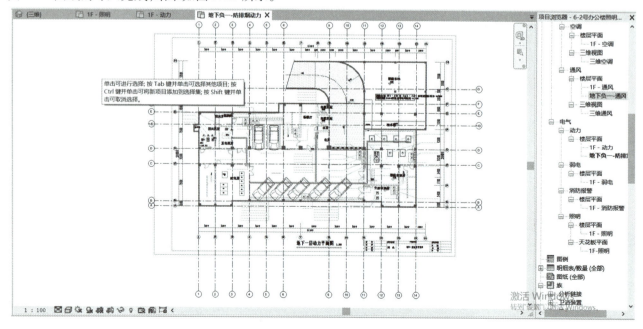

图 7.27

7.5.2　绘制电缆桥架

需要绘制的桥架如图 7.28 所示的 1—2 段,参照图 7.20 的(b)图可知,桥架 1 点和桥架 2 点都有立式桥架与其相连接,单击"系统"选项卡下的"电缆桥架"命令,在"属性"窗口中选择"带配件的电缆桥架-强电",将"宽度"设置为"200 mm","高度"设置为"150 mm","中间高程"设置为"2700.0mm",将桥架 1—2 段绘制出来,绘制到 2 点后,将中间高程设置为"640",单击"应用"。再单击桥架 1 点,将"中间高程"设置为"0.00",单击应用,如图 7.29 所示。

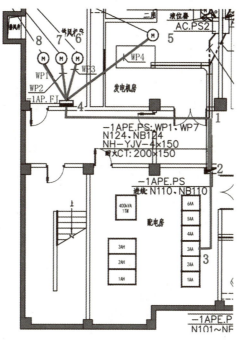

图 7.28

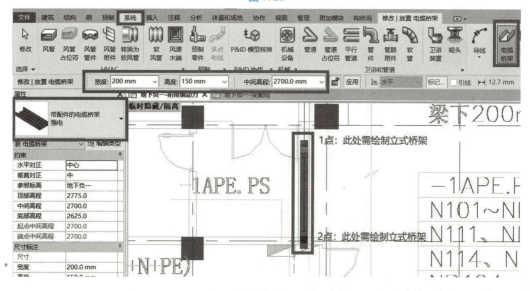

图 7.29

7.5.3　布置配电设备

【操作步骤】

①放置动力配电箱。地下室排风机动力配电系统的配电箱的位置如图 7.30 所示,由图 7.3 可知该动力配电箱安装高度为距离地面 0.8 m,明装。

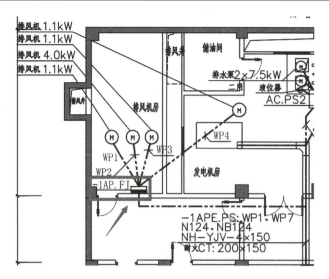

图 7.30

　　绘制配电箱之前,需要在墙体边缘绘制一个参照平面。单击"系统"选项卡下的"参照平面"命令,在风机动力配电箱的墙边缘绘制一个参照平面,如图 7.31 所示。单击"系统"选项卡下的"电气设备"命令,单击"属性"窗口的"编辑类型",在弹出的对话框中单击"载入",打开"MEP→供配电→配电设备→箱柜"文件夹里的"动力箱-380V-壁挂式",放置选择"放置在垂直面上",将"属性"窗口中"标高中的高程"改为"800.0",如图 7.32 所示。

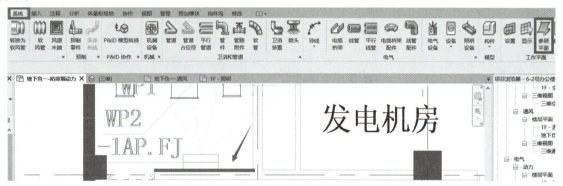

图 7.31

图 7.32

　　②放置低压开关柜。低压开关柜 1AA、2AA、3AA、4AA、5AA、6AA 的柜外形尺寸如图 7.33 所示。

低压开关柜编号	1AA	2AA	3AA	4AA	5AA	6AA
低压开关柜型号	GCK	GCK	GCK	GCK	GCK	GCK
低压开关柜名称	进线柜	补偿柜	出线柜	出线柜	出线柜	出线柜
柜外形尺寸 ($W \times D \times H$)	800×1 000×2 200	800×1 000×2 200	600×1 000×2 200	600×1 000×2 200	600×1 000×2 200	600×1 000×2 200

图 7.33

　　将视图切换到"地下负一-防排烟动力"平面视图当中,单击"系统"选项卡下的"电气设备"命令,单击"属性"窗口的"编辑类型",单击"载入",打开"MEP→供配电→配电设备→箱柜"文件夹中的"GCS 型低压配电柜-PC柜",如图 7.34 所示。

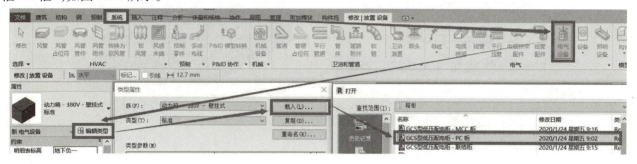

图 7.34

　　在"类型属性"对话框中,复制一个名为"1AA"的低压配电柜,将"默认高程"设置为"640.0 mm","开关板宽度"设置为"1000.0","开关板长度"设置为"800.0","开关板高度"设置为"2200.0",如图 7.35 所示,将1AA 低压配电柜放置在图纸中相应的位置上。以"1AA"为基准复制一个名为"2AA"的低压配电柜,其余参数不变,如图 7.36 所示。单击"属性"窗口的"编辑类型",复制一个名为"3AA"的低压配电柜,将"开关板长度"修改为"600.0",其余参数不变,如图 7.37 所示,将 3AA 放置在图中指定位置上。4AA、5AA、6AA 均以 3AA 为基准复制,并放置到指定位置中,放置后如图 7.38 所示。

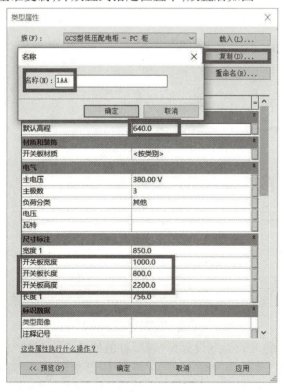

图 7.35

图 7.36

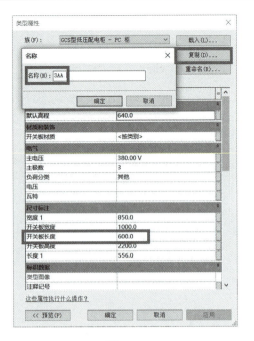

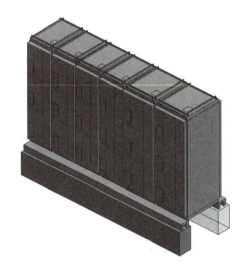

图 7.37   图 7.38

7.5.4　绘制线管

由图 7.3 可知,与 −1AP. FJ 连接的线管有 4 条,分别为 WP1、WP2、WP3、WP4,线管的直径均为 25 mm,线管与动力配电箱的连接情况如图 7.28 所示。

【操作步骤】

①新建线管直径。单击"管理"选项卡下的"MEP 设置",下拉菜单的"电气设置",如图 7.39 所示。在弹出的对话框中选择"线管设置",选项卡下的"尺寸"命令,单击"新建尺寸",按照图 7.40 设置尺寸大小,单击确定。

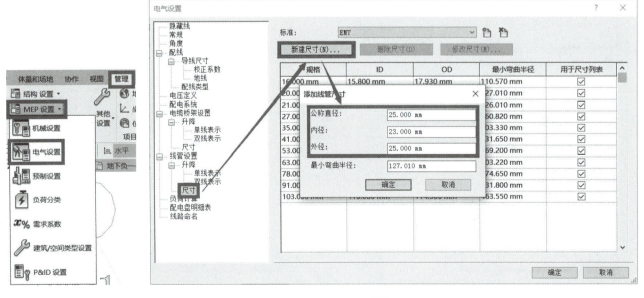

图 7.39   图 7.40

②单击"系统"选项卡下的"线管"命令,将"属性"窗口中的线管类型设置为"带配件的线管动力",将"修改丨放置 线管"选项栏的"直径"修改为"25 mm","中间高程"修改为"640 mm",先绘制 1—2 管段,绘制到 2 点后,将"中间高程"设置为"2 750 mm",单击"应用",接着立管绘制 1—2 段线管,绘制到 1 点后,将"中间高程"设置为"0.00 mm",单击"应用",再沿着地面绘制 1—4 线管,绘制到 4 点后,将"中间高程"修改为

"800mm"，与动力配电箱相连接，如图7.41所示。

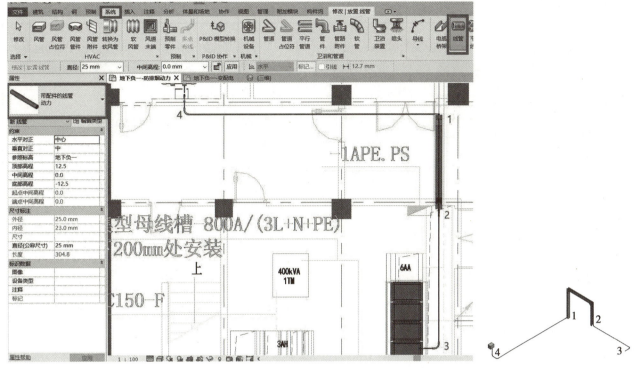

图7.41

③单击"系统"选项卡下的"线管"命令，将"属性"窗口中的线管类型设置为"带配件的线管 动力"，将"修改 | 放置 线管"选项栏的"直径(公称尺寸)"修改为"25 mm"，"中间高程"修改为"300 mm"，绘制5—4管段，绘制到4点后，将"中间高程"设置为"800.0"，单击应用。用相同的方法绘制6—4管段、7—4管段、8—4管段。绘制后的三维视图如图7.42所示。

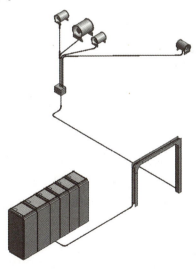

图7.42

【学习笔记】

【总结反思】

总结反思点	已熟知的知识或技能点	仍需加强的地方	完全不明白的地方
掌握绘制电缆桥架的方法			
掌握放置配电设备的方法			
掌握绘制线管的方法			
在本次任务实施过程中,你的自我评价	□A. 优秀　□B. 良好　□C. 一般　□D. 需继续努力		

【关键词】BIM 设备建模　动力　配电

【实训项目】

项目一:参观本校校区内水泵房,列表写出房内配置的设备及配电箱型号规格、配电线路敷设方式等信息,并绘制简单的平面布置图。

项目二:参观本校校区内地下室通风系统(或电梯配电系统、中央空调配电系统),列表写出系统内配置的设备及配电箱型号规格、配电线路敷设方式等信息,并绘制简单的配电系统图、平面布置图。

项目三:建立消火栓系统、排水泵系统、电梯用系统、消防电梯用系统、防火卷帘用系统、自动扶梯用系统的 BIM 模型。

本项目小结

1. 三相交流异步电动机主要由定子和转子组成,它利用电磁原理进行工作。异步电动机按其相数不同,可分为单相电动机和三相电动机。建筑施工现场普遍使用三相异步电动机,而电冰箱、洗衣机、电风扇等家用电器则使用单相异步电动机。电动机的工作条件与要求均在铭牌上表述。

2. 电动机的选用应根据铭牌标注的额定值。

3. 电动机的安装程序:电动机设备拆箱点件→安装前的检查→基础施工→安装固定及校正→电动机的接线→控制、保护和起动设备安装→试运行前的检查→试运行及验收。

4. 建筑动力设备通常有水泵、空调、电梯、排风机、排烟机等。动力配电系统一般采用放射式配线方式,通常由以下几部分组成:动力配电线路→动力配电箱→配电线路→控制箱→配电支线→用电设备(电动机),配电箱与控制箱合二为一的可以简化为:动力配电线路→电源控制箱→配电线路→用电设备(电动机)。

5. 电气动力施工图包括说明、系统图、平面图、详图、主要设备材料表等。读系统图与平面图时,一般按变配电所→低压配电柜→各配电线路→动力配电箱→配电线路→支线及各路用电设备这个顺序来阅读,每读到一个环节,系统图都应与平面图对照阅读,并及时将该环节发生的设备型号规格及安装地点,线路型号规格、连接关系、安装地点及敷设方式弄明白,为后续施工与预算打下基础。

6. 用 Revit 绘制建筑动力配电系统主要分为以下 4 步,第一步:链接 CAD 图纸;第二步:绘制桥架;第三步:布置配电设备;第四步:绘制线管。在绘制模型的过程当中,需要按图纸的要求载入相应的设备,设置好设备放置的高度,按照图纸所在的位置放置即可。

项目 **8** 建筑防雷接地 装置施工图识读与建模

【项目引入】

打雷闪电人们都不陌生,那么雷电是怎么形成的?有哪些危害?防雷接地装置主要由哪些部分构成?作用是什么?分别在施工图中怎么表现?这些问题都将在本项目中找到答案。

本项目将以2号办公楼防雷接地施工图为载体,介绍建筑防雷接地系统组成、施工图及其系统建模内容,图纸节选如图8.1—图8.6。

防雷接地设计总说明

1. 本工程防雷等级为三类。建筑物的防雷装置应满足防直击雷、侧击雷,防雷电感应及雷电波的侵入,并设置总等电位联结。

2. 在女儿墙顶设ϕ10镀锌圆钢作避雷带,高出屋面或女儿墙顶150mm;屋顶避雷带连接线网格不大于20m×20m或14m×16m。利用建筑物钢筋混凝土柱子或剪力墙内两根ϕ16以上主筋(若其主筋小于ϕ16时,采用四条主筋)通长焊接作为引下线,引下线均匀或对称布置,引下线间距不大于25m。所有外墙引下线在室外地面下1m处焊出一根40mm×4mm热镀锌扁钢,扁钢伸出室外,距外墙皮的距离不小于1m。

3. 接地极采用基础地梁内两根主钢筋焊连,要求通长焊接连成闭合回路,及由柱内引出的40mm×4mm镀锌扁钢接地极作为综合接地装置。本工程防雷接地、电气设备的保护接地等共用统一的接地极,要求接地电阻不大于1Ω(有M字为测量点),实测不满足要求时,增设人工接地极。

4. 引下线上端与避雷带焊接,下端与接地极焊接。建筑物四角的外墙引下线在室外地面上0.5m处设测试卡子。

5. 电缆竖井、电梯房均应预留接地抽头,并分别沿井壁敷设一条40mm×4mm热镀锌扁钢至井顶或电梯机房,该接地扁钢应与各层楼板钢筋网焊连。竖井内需接地的设备均用ZR-BV-10mm²与LEB连接。

6. 电梯机房内引下线:利用结构体内两根主筋(大于ϕ16)通长相互焊接引上至电梯机房,在机房地面上0.2m引出后用一条40mm×4mm镀锌扁钢在机房内距地0.2m作一圈接地装置。

7. 风机房、水泵房专用接地端子板:利用结构体内两根主钢筋(大于ϕ16)引出至风机室,在机房地面上0.2m处引出后用一条40mm×4mm镀锌扁钢在机房内距地0.2m作一圈接地装置。

8. 变配电室专用接地端子板:采用一条40mm×4mm热镀锌扁钢,下端与基础地极焊接,在地面上0.3m处沿房间四周墙壁敷设一条40mm×4mm热镀锌扁钢,在经过门洞处则暗埋于地面板内,并与接地装置焊接,作为电气设备接地母线。

9. 凡正常不带电,当以绝缘破坏有可能呈现电压的一切电气设备金属外壳均应可靠接地。所有靠外墙的金属窗户做防侧击雷措施。每层利用圈梁做均压环,所有金属门窗、栏杆等金属制品均做可靠接地。

10. 凡突出屋面的所有金属构件、金属通风管、金属屋面、金属屋架等均与避雷带可靠焊接。避雷带、引下线、接地装置三者须可靠焊接。

11. 本工程采用总等电位联结,在变配电间标高+0.3m处设总等电位联结端子板MEB,采用紫铜板制成,设于暗装端子箱内。将建筑物内电源PEN干线、电气接地母线、建筑物内的金属管道、可利用的金属构件等进行总等电位联结,并应在进入建筑物处接向总等电位联结端子板。总等电位联结线采用BV-1×25mm/PC32暗敷,总等电位联结均采用等电位卡子,禁止在金属管道上焊接。具体做法参见国标图集《等电位联结安装》02D501-2。

12. 过电压保护:在低压配电房低压进线柜内装第一级电涌保护器(SPD);有线电视系统引入端、电话引入端等处设过电压保护装置,过电压保护装置由运营商解决。弱电线路引入穿金属管保护并接地。

13. 本工程接地形式采用TN-S系统,电源电缆PEN线在进户处做重复接地,并与防雷接地共用接地板。所有电气装置正常不带电的金属部分(配电箱及插座箱外壳、各插座接地孔及金属灯具外壳等)应与PE线可靠焊接(连接)。在屋面最高处及转角处加装ϕ12mm×300mm,顶端打尖并镀锌的避雷短针。避雷短针与避雷带焊接。安装参见03D501-1有关页码。

14. 防雷接地所用钢材均为热镀锌钢材,做法参照国标图集02D501-2施工。

15. 接地装置应可靠焊接,钢筋的焊接长度应大于其直径的6倍,扁钢大于其宽度的2倍,铜芯线与圆钢或扁钢连接,须采用铜焊方式,所有焊接点及外露部分均应刷防锈漆及银粉漆各两道。

16. 钢筋与铜导线铜焊:先在车间拿一段40mm×4mm×200mm扁钢与铜芯塑料线,采用氧气、铜条、硼砂焊接,再拿到现场把扁钢与接地体钢筋电气焊接。

17. 须密切配合土建施工,过沉降缝处须做沉降缝处理。未详者按国标图集D501-1~4施工。

图8.1 防雷接地说明

序号	图例	名称	规格	备注	数量
1	MEB	总等电位端子箱	按国标02D501-2	底边距地0.3m墙上暗装	1
2	LEB	局部等电位端子箱	按国标02D501-2	底边距地0.5m墙上暗装	6
3		BV导线	BV,25		按实计
4		镀锌扁钢	-40×4/-40×5		按实计
5	⊣M	接地测试卡	详03D501-1有关页码	测量RCH用	4
6	▣	消控室接地盒 计算机室接地盒	80×80×80钢盒,底边离地0.3m暗装		2
7	⟙D	水泵房,风机房接地端子板	详防雷接地设计总说明第7点		11
8	⟙C	配电房、发电机房接地端子板	详防雷接地设计总说明第8点		5
9	⟋B	电梯接地抽头	详防雷接地设计总说明第6点		2
10	⟋A	电缆井接地抽头	详防雷接地设计总说明第5点		1
11	⟙	接地端子板	40×4热镀锌扁钢,距地0.5m		
12	⟋	引下线	利用钢筋混凝土内主钢筋焊连		8
13	LP	接闪带	∅10热镀锌圆 支高150mm安装		按实计
14	-----	接闪带	屋面梁上下两层主筋		按实计
15	○	避雷短针	∅12mm×300mm热镀锌圆短接闪杆, 顶端打尖屋面阳角处		按实计
16	E	接地体	利用基础圈梁最底部的两根钢筋可靠焊连		按实计
17	—··—	均压环	利用外墙圈梁或楼板内两条主筋焊连		按实计

图8.2 防雷接地设备材料表

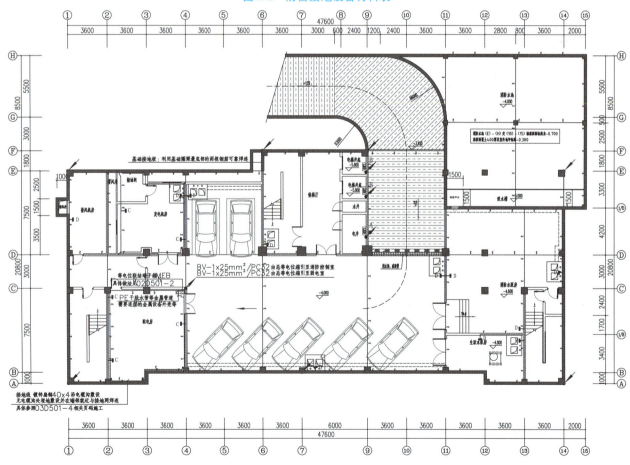

图8.3 地下一层防雷接地平面图

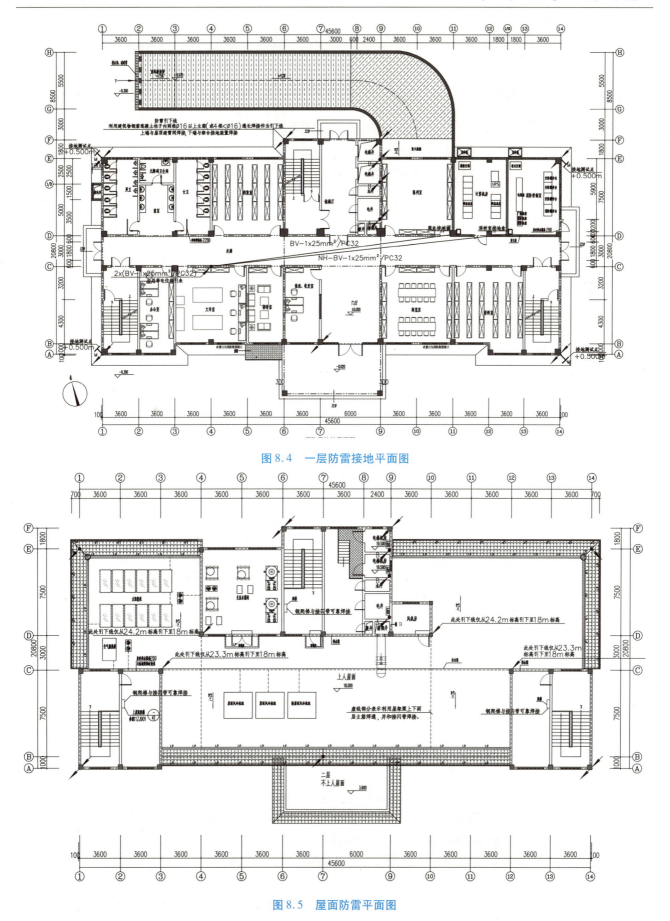

图8.4　一层防雷接地平面图

图8.5　屋面防雷平面图

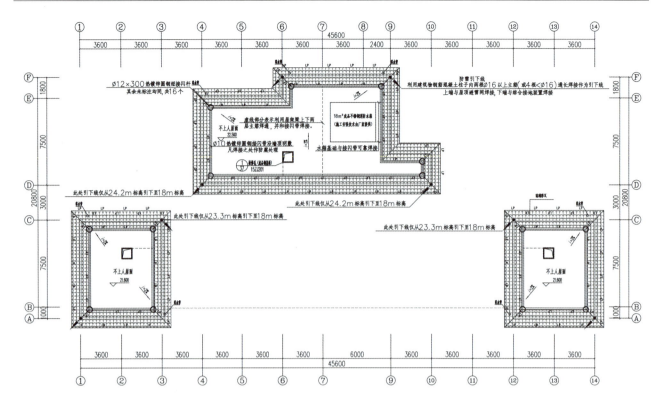

图 8.6 屋顶防雷平面图

【内容结构】

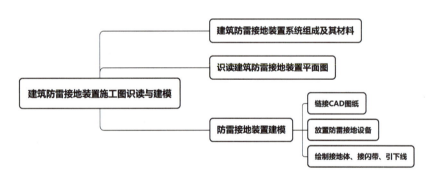

图 8.7 "建筑防雷接地装置施工图识读与建模"内容结构图

【建议学时】8 学时

【学习目标】

知识目标:熟悉建筑防雷接地装置的系统组成;理解常用设备及型号规格所代表的含义;熟练识读建筑防雷接地装置施工图。

技能目标:能对照实物和施工图辨别出建筑防雷接地装置各组成部分,并说出其名称及作用;能说出施工图内包含的信息,并对照图纸说出防雷接地装置布置情况;能根据防雷接地装置施工图内容建立三维模型。

素质目标:科学严谨、精益求精的职业态度;团结协作、乐于助人的职业精神;极强的敬业精神和责任心;诚信、豁达,能遵守职业道德规范的要求;提高安全用电、节约用电的意识。

【学习重点】

1.建筑防雷接地装置的系统组成及作用。

2.建筑防雷接地装置施工图识读与建模。

【学习难点】

名词陌生,二维平面图转三维空间图。

【学习建议】

1.本项目原理性的内容做一般性了解,重点在常用设备认识、施工图识读与建模内容。

2.如果在学习过程中遇到疑难问题,可以多查资料,多到施工现场了解实际过程;也可以通过微课、动画等来加深对疑难问题的理解。

3.多做施工图识读与建模练习,并将施工图与工程实际联系起来。

【项目导读】

1.任务分析

图8.1—图8.6是2号办公楼建筑防雷接地装置部分施工图,图中出现了大量的图块、符号、数据和线条,这些东西代表什么含义? 它们之间有什么联系? 为什么要防雷? 在什么地方需要设置防雷装置? 这一系列的问题均要通过本项目的学习才能逐一解答。

2.实践操作(步骤/技能/方法/态度)

为了能完成前面提出的工作任务,我们需从解读雷电的危害、如何防雷开始,然后到学习防雷接地装置的组成,施工工艺与下料,进而学会用工程语言——施工图来表示施工做法,学会施工图读图方法,最重要的是能熟读施工图,熟悉建模的方法,为后续施工、计价等课程学习打下基础,并具备一定的安全用电常识。

【知识拓展】

雷　击

雷击一般是指打雷时电流通过人、畜、树木、建筑物等而造成杀伤或破坏。雷击现象主要出现在极端气候变化下,并且强对流天气的时刻,很容易看到雷击模式。但是也有突发性的雷击现象。只不过从科学家的角度来讲,雷击属于正常的自然现象。雷击产生的影响确实比较大,根据不完全统计,我国每年因雷击以及雷击负效应造成的人员伤亡达3 000~4 000人,财产损失在50亿到100亿元人民币。

如今的极端气候如高温、降雨越来越强,变得越来越频繁。不少科学家说,未来我们看到的极端气候模式将会更多。如今的气候模式只能算是"冰山一角",如果人类不对气候进行维护,那么未来只可能看到更加极端的气候现象,所以要加强对温室气体的减排,多植树造林,绿化地球,减少砍伐等,如此才可能将气候维护得好一点,不然未来我们看到的气候只会更加极端化。

任务8.1　建筑防雷接地装置系统组成及其材料

雷电形成原理

雷电现象是自然界大气层在特定条件下形成的,是由雷云(带电的云层)对地面建筑物及大地的自然放电引起的,它会对建筑物或设备造成严重破坏。因此,对雷电的形成过程及其放电条件应有所了解,从而采取适当的措施,保护建筑物不受雷击。

建筑防雷措施

1)防雷接地装置组成

建筑物的防雷装置一般由接闪器、引下线和接地装置3部分组成。其原理就是引导雷云与防雷装置之间放电,使雷电流迅速流散到大地中去,从而保护建筑物免受雷击。建筑物防雷装置示意图如图8.8所示。

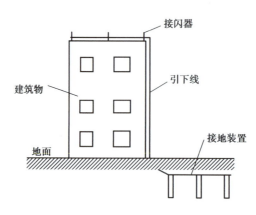

建筑物防雷
接地系统组成

图 8.8　建筑物防雷装置示意图

2)防雷接地装置材料

（1）接闪器

接闪器是专门用来接受雷击的金属导体。其形式可分为避雷针、避雷带（线）、避雷网以及兼作接闪的金属屋面和金属构件（如金属烟囱、风管）等。所有接闪器都必须经过接地引下线与接地装置相连接。

①避雷针。避雷针是安装在建筑物突出部位或独立装设的针形导体，在雷云的感应下，将雷云的放电通路吸引到避雷针本身，完成避雷针的接闪作用，由它及与它相连的引下线和接地体将雷电流安全导入地中，从而保护建筑物和设备免受雷击。避雷针形状如图 8.9 所示。

图 8.9　各种形状的避雷针

避雷针通常用镀锌圆钢或镀锌钢管制成。避雷针应考虑防腐蚀，除应镀锌或涂漆外，在腐蚀性较强的场所，还应适当加大截面或采取其他防腐措施。它可以安装在电杆（支柱）、构架或建筑物上，下端经引下线与接地装置焊接。

②避雷带和避雷网。避雷带就是用小截面圆钢或扁钢装于建筑物易遭雷击的部位，如屋脊、屋檐、屋角、女儿墙和山墙等条形长带。避雷网相当于纵横交错的避雷带叠加在一起，形成多个网孔，它既是接闪器，又是防感应雷的装置。

③避雷线。避雷线一般采用截面不小于 35 mm^2 的镀锌钢绞线，架设在架空线路之上，以保护架空线路免受直接雷击。

④金属屋面。除一类防雷建筑物外，金属屋面的建筑物宜利用其屋面作为接闪器，但应符合有关规范的要求。

（2）引下线

引下线是连接接闪器和接地装置的金属导体，一般采用圆钢或扁钢，优先采用圆钢。

①引下线的选择。采用圆钢时，直径应不小于 8 mm，采用扁钢时，其截面应不小于 50 mm^2，厚度应不小于 2.5 mm。烟囱上安装的引下线，圆钢直径应不小于 12 mm，扁钢截面应不小于 100 mm^2，厚度应不小于 4 mm。

建筑物的金属构件、金属烟囱，烟囱的金属爬梯，混凝土柱内的钢筋、钢柱等都可以作为引下线，但其所有部件之间均应连成电气通路。

暗装引下线,利用钢筋混凝土中的钢筋作引下线时,最少应利用 4 根柱子,每柱中至少用到两根主筋。

②断接卡。设置断接卡是为了便于运行、维护和检测接地电阻。采用多根专设引下线时,为了便于测量接地电阻以及检查引下线、接地线的连接状况,宜在各引下线上距地面 0.3 ~ 1.8 m 处设置断接卡,断接卡应有保护措施。

当利用钢筋混凝土中的钢筋、钢柱作引下线并同时利用基础钢筋做接地网时,可不设断接卡。当利用钢筋作引下线时,应在室内外适当地点设置连接板,供测量接地、人工接地体和等电位联结用。当仅利用钢筋混凝土中钢筋作引下线并采用埋于土壤中的人工接地体时,应在每根专用引下线的距地面不低于 0.5 m 处设接地体连接板。采用埋于土壤中的人工接地体时,应设断接卡,其上端应与连接板或钢柱焊接,连接板处应有明显标志。

(3)接地装置

接地装置是接地体(又称接地极)和接地线的总和,它起到把引下线引下的雷电流迅速流散到大地土壤中去的作用。

①接地体。埋入土壤中或混凝土基础中作散流用的金属导体叫接地体,按其敷设方式,可分为垂直接地体和水平接地体。

垂直接地体可采用直径 50 mm 的角钢、钢管或圆钢,长度宜为 2.5 m,每间隔 5 m 埋一根,顶端埋深为 0.7 m,用水平接地线将其连成一体。角钢厚度不应小于 3 mm,钢管壁厚不应小于 2 mm,圆钢直径不应小于 14 mm。

水平接地体可采用 $25 \times 4 \sim 40 \times 4$ mm² 的扁钢做成,埋深一律为 0.5 ~ 0.8 m。在土壤中,应采取热镀锌、镀铜等防腐措施或加大截面。埋接地体时,应在周围填土夯实,不得回填砖石灰渣之类的杂土。

民用建筑宜优先利用钢筋混凝土基础中的钢筋作防雷接地网。当需要增设人工接地体时,若敷设于土壤中的接地体连接到混凝土基础内的钢筋或钢材,则土壤中的接地体宜采用铜质、镀铜或不锈钢导体。

②接地线。接地线是从引下线断接卡或换线处至接地体的连接导体,也是接地体与接地体之间的连接导体。接地线一般为镀锌扁钢或镀锌圆钢,其截面应与水平接地体相同。

③接地装置检验与涂色。接地装置安装完毕后,为了确定其是否符合设计和规范要求,必须按施工规范经过检验合格后方能正式运行,检验除要求整个接地网的连接完整牢固外,还应按照规定进行涂色,标志记号应鲜明齐全。明敷接地线表面应涂黄绿相间条纹,在接地线引向建筑物入口处和在检修用临时接地点处,均应刷白色底漆后标以黑色接地符号。

④接地电阻测量。接地装置应满足冲击接地电阻要求。测量接地电阻的方法较多,目前使用最多的是用接地电阻仪(图 8.10),接地电阻的数值应符合规范要求。

接地体的散流电阻与土壤的电阻有关,在电阻率较高的土壤,如砂质、岩石及长期冰冻的土壤中,人工接地体接地电阻较高,需采取适当的降低接地电阻的措施以达到接地电阻设计值,常的降电阻方法有:置换电阻率较低的土壤、接地体深埋、使用化学降阻剂、外引式接地。

在高层建筑中,推荐利用柱子、基础内的钢筋作为引下线和接地装置。其主要优点是:接地电阻低;电位分布均匀,均压效

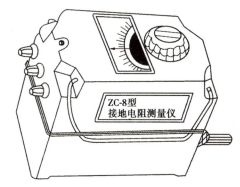

图 8.10　接地电阻测量仪外形

果好;施工方便,可省去大量土方挖掘工程量;节约钢材;维护工程量少,其连接示意图如图 8.11 所示。

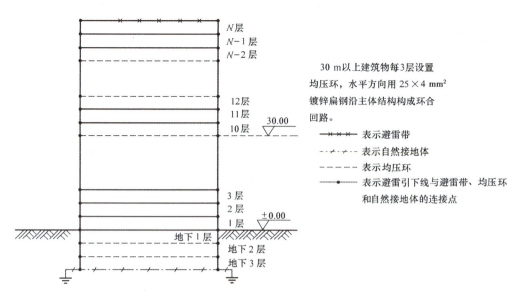

N 层
N−1 层
N−2 层

12 层
11 层
10 层 ▽ 30.00

3 层
2 层
1 层 ▽ ±0.00
地下 1 层
地下 2 层
地下 3 层

30 m 以上建筑物每3层设置
均压环，水平方向用 $25 \times 4\ mm^2$
镀锌扁钢沿主体结构构成环合
回路。

×—×—× 表示避雷带
—·—·— 表示自然接地体
— — — — 表示均压环
—•—•— 表示避雷引下线与避雷带、均压环
和自然接地体的连接点

图 8.11　高层建筑物避雷带、均压环、自然接地体与避雷引下线连接示意图

（4）均压环

均压环是用来防雷电侧面入侵的防雷装置，主要作用是均压，可将高压均匀分布在物体周围，保证在环形各部位之间没有电位差，从而达到均压的效果。安装方式分为两种，一种是利用建筑物圈梁的钢筋沿建筑物的外围敷设一圈；一种是采用圆钢或扁钢沿建筑物外围一敷设圈。

规范规定，第一类防雷建筑物从 30 m 起每隔不大于 6 m 沿建筑物四周设水平接闪带并应与引下线相连；而对第二类和第三类防雷建筑物没有作出要求。

（5）等电位联结

等电位联结是将建筑物内的金属构架、金属装置、电气设备不带电的金属外壳和电气系统的保护导体等与接地装置做可靠的电气连接。常用的等电位联结有总等电位联结（MEB）、局部等电位连接（LEB）。

等电位联结能减小发生雷击时各金属物体、各电气系统保护导体之间的电位差，避免发生因雷电导致的火灾、爆炸、设备损毁及人身伤亡事故；能减小电气系统发生漏电或接地短路时电气设备金属外壳及其他金属物体与地之间的电压，减小因漏电或短路而导致的触电危险；有利于消除外界电磁场对保护范围内部电子设备的干扰，改善电子设备的电磁兼容性。

①总等电位联结。总等电位联结是在建筑物进线处，将 PE 线或 PEN 线与电气装置接地干线，建筑物内的各种金属管道（如水管、煤气管、采暖空调管等）以及建筑物金属构件等都接向总等电位联结端子，使它们都具有基本相等的电位。其连接示意图如图 8.12 所示。

②局部等电位联结。局部等电位联结是在远离总等电位联结处、非常潮湿、触电危险性大的局部地域进行的等电位联结，是总等电位联结的一种补充。通常在容易触电的浴室及安全要求极高的胸腔手术室等地，宜作局部等电位联结。有防水要求的房间的等电位联结示意图如图 8.13 所示。

③电子设备的防雷采用等电位联结的具体做法。

a.用连接导线或过电压保护器将处在需要防雷的空间内的防雷装置、电气设备、金属物体信息系统的金属部件等，以最短的路线互相焊接或连接起来，构成统一的导电系统。

b.全楼建筑物结构的梁、板、柱、基础内的钢筋是等电位联结的一部分，应焊接或绑扎成统一的导电系统，接到综合共用接地装置上。

c.在大型建筑物的各层可做多块接地连接板，在地下室或靠近地面处的连接板或连接母带应与共用接地装置焊接。

d.在建筑物的每层或每户局部的网状或放射状的等电位联结网，应有一个接地基准点（ERP）的连接板，各等电位联结网只能通过这唯一的一点,再焊接到共用接地装置上。

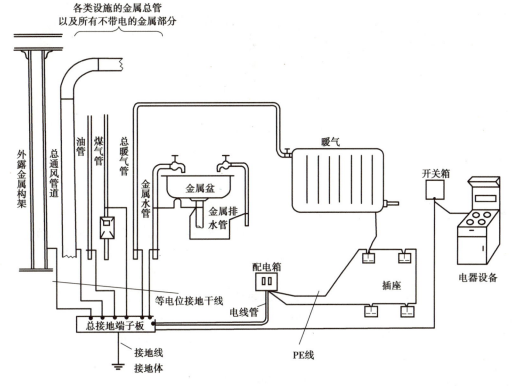

图 8.12　总等电位联结示意图

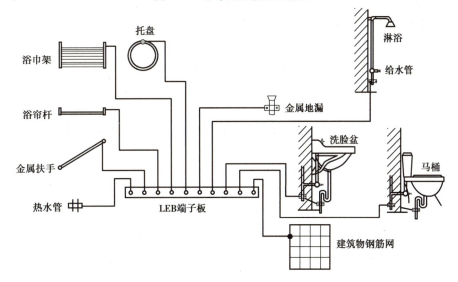

图 8.13　有防水要求的房间的等电位联结示意图

(6)避雷器

避雷器用来防护雷电产生的过电压波沿线路侵入变电所或其他建(构)筑物内,以免危及被保护设备。避雷器与被保护设备并联,装在被保护设备的电源侧,当线路上出现危及设备绝缘的过电压时,它就对大地放电,其保护原理如图 8.14 所示。

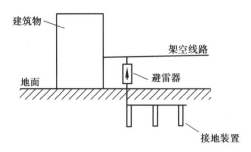

图 8.14　避雷器的保护原理

【知识拓展】

防雷小常识

1. 户外避雷

(1)遇到突然的雷雨,可以蹲下,降低自己的高度,同时将双脚并拢,减少跨步电压带来的危害。因为雷击落地时,会沿着地表向四周逐渐释放能量。此时,行走中的人的前脚和后脚之间就可能因电位差,而产生一定的电压。

(2)不要在大树底下避雨。因为淋雨后,大树潮湿的枝干相当于一个引雷装置,如果用手扶大树,就仿佛用手去扶避雷针一样。打雷时最好离大树 5 m 远。

(3)不要在水体边(江、河、湖、海、塘、渠等)、洼地停留,要迅速到附近干燥的住房中去避雨,山区找不到房子时可以到山岩下或者山洞中避雨。

(4)不要拿着金属物品在雷雨中停留,因为金属物品属于导电物质,在雷雨天气有时能引雷。随身所带的金属物品,应该暂时放在 5 m 以外的地方,等雷电活动停止后再拾回。

(5)不要触摸或者靠近防雷接地线、自来水管、用电器的接地线、大树树干等可能因雷击而带电的物体,以防受伤害。

(6)雷暴天气,在户外最好不要接听和拨打手机,因为手机的电磁波也会引雷。

(7)雷暴天气出门,最好穿胶鞋,这样可以起到绝缘的作用。

(8)切勿站立于山顶、楼顶或接近其他导电性高的物体。

(9)切勿游泳或从事其他水上运动,不宜进行室外球类运动,应离开水面以及其他空旷场地,寻找地方躲避。

(10)在旷野无法躲入有防雷设施的建筑物时,应远离树木和桅杆。

(11)在空旷场地不宜打伞,不宜把羽毛球拍、高尔夫球棍等扛在肩上。

(12)不宜开摩托车、骑自行车。

(13)人乘坐在车内一般不会遭遇雷电袭击,因为汽车是一个封闭的金属体,具有很好的防雷电功能。但乘车遇打雷时,千万不要将头手伸出车外。

2. 室内避雷

(1)打雷时,首先要做的就是关好门窗,防止雷电直击室内或者防止球形雷飘进室内。

(2)在室内也要离开进户的金属水管和与屋顶相连的下水管等。

(3)雷雨天气时,尽量不要拨打、接听电话,或使用电话上网,应拔掉电源和电话线及电视馈线等可能将雷电引入的金属导线。

(4)保持屋内的干燥,房子漏雨时,应该及时修理好。

(5)晾晒衣服、被褥等用的铁丝不要拉到窗户、门口,以防铁丝引雷。

(6)不要在孤立的凉亭、草棚和房屋中避雨久留,注意避开电线,不要站于灯泡下,最好是断电或不使用电器。

【学习笔记】

【总结反思】

总结反思点	已熟知的知识或技能点	仍需加强的地方	完全不明白的地方
掌握防雷接地系统的组成			
熟悉防雷接地系统常用材料			
了解防雷接地装置的做法			
在本次任务实施过程中,你的自我评价	□A. 优秀　　□B. 良好　　□C. 一般　　□D. 需继续努力		

【关键词】防雷接地系统　组成　接闪器　引下线　接地装置

任务8.2　识读建筑防雷接地装置平面图

施工图是设计、施工的语言,需按照国家规定的图例符号和规则来描述系统构成、设备安装工艺与要求,以实现信息传送、表达及技术交流。常用的防雷接地图例及名称如表 8.1 所示。

表 8.1　常用的防雷接地图例及名称

图　例	名　称	图　例	名　称
MEB	总等电位端子箱	T	接地端子板
LEB	局部等电位端子箱		引下线
O	避雷短针	LP	接闪带
E	接地体	- - - - -	接闪带
—··—	均压环	⊢M	接地测试卡

建筑物防雷接地装置施工图一般包括屋面防雷平面图和接地装置平面图两部分。

①接闪器安装。由图 8.1、图 8.5、图 8.6 可知,本工程属于三类防雷建筑物,接闪器是避雷带,一种是采用 $\phi10$ 热镀锌圆钢,用支撑高度为 15 cm 的支架沿墙顶明敷,另一种是利用屋面梁上下两层钢筋焊通作为接闪带,避雷带连线网格不大于 20 m×20 m 或 24 m×16 m。需要注意的是,两种敷设方式因为标高不同,彼此之间需要在垂直方向进行良好的焊接相连。由图 8.5、图 8.6 可看出,为了加强接闪效果,本工程采用 $\phi12$ mm×300 mm 热镀锌圆钢作为避雷短针,在接闪带转弯、角落等地方安装,共计 16 根。图 8.6 屋顶防雷平面图解读如图 8.15 所示。

2号办公楼防雷接地系统识图

②引下线敷设。本工程利用钢筋混凝土柱或剪力墙内两根直径 16 mm 及以上的钢筋通长焊接作为引下线,由图 8.6 可看出,整个屋顶共有 8 处引下线,其中 2 处从 24.2 m 标高引下到 18 m 标高,2 处从 23.3 m 标高引下到 18 m 标高,其余则引下到地下一层的接地体。由图 8.5 可知,屋面平面图共有 11 处引下线,其中 4 处是从屋顶引下到本层,另外 4 处从屋顶途经本层继续引下到地下一层接地体,剩余 3 处则以本层作为起点,引下到地下一层接地体。所有靠外墙的引下线在 −1 m 处焊一根 40 mm×4 mm 热镀锌扁钢,伸出室外距外墙皮 1 m。由图 8.4 可知,在靠外墙引下线距室外地面 0.5 m 处设测试卡,共 4 处。图 8.5 屋面防雷平面图解读如图 8.16 所示。

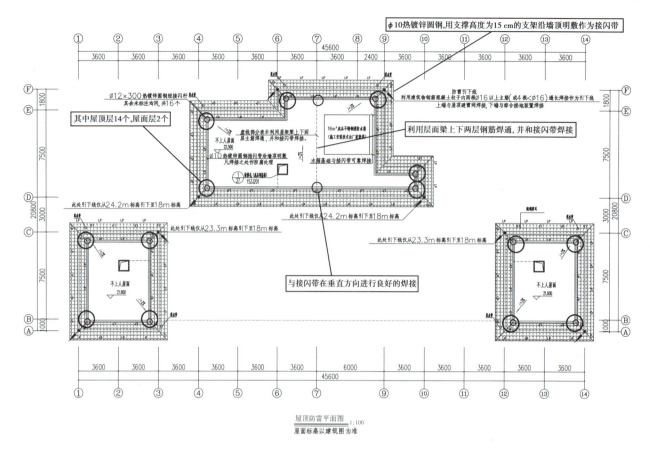

图 8.15　屋顶防雷平面图解读

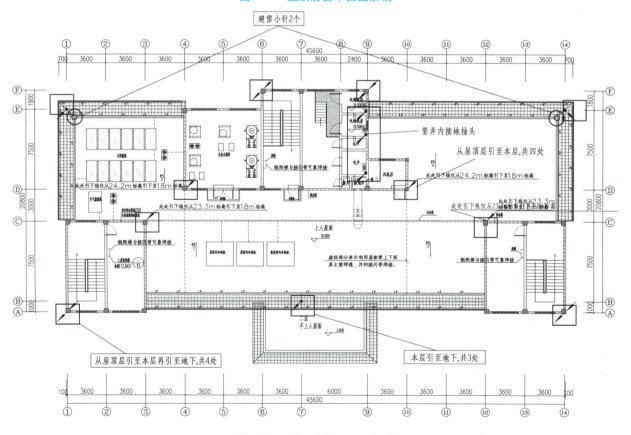

图 8.16　屋面防雷平面图解读

③接地装置安装。由图8.2可知,该项目主要利用基础梁钢筋作为接地体,接地线采用镀锌扁钢40 mm×4 mm 沿电缆沟敷设,敷设范围沿配电房、发电机房内墙环绕一周。接地装置局部分析图如图8.17所示。

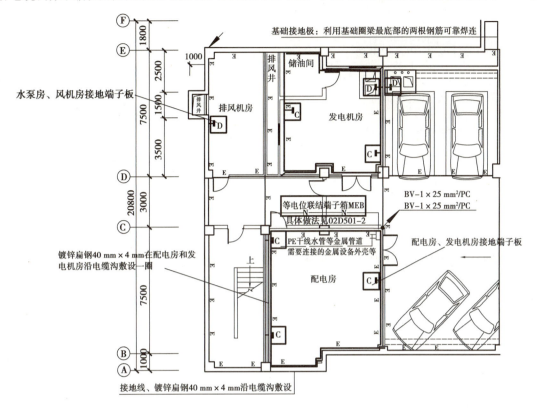

图8.17　接地装置局部分析图

④其他。由图8.3和图8.5可知,在地下一层配电房内设置总等电位联结端子箱 MEB 1台,局部等电位连接端子箱 LEB 6个,分别在地下一层和屋面层电梯井和竖井内。本工程在电缆竖井和电梯井均预留接地抽头,每层利用圈梁作均压环,所有外墙的金属门、窗与均压环做电气连接。

【学习笔记】

【总结反思】

总结反思点	已熟知的知识或技能点	仍需加强的地方	完全不明白的地方
认识防雷接地系统施工图常用图例与符号			
懂得建筑物防雷接地装置施工图组成			
能解读施工图内标注的含义,识读防雷接地平面图			
在本次任务实施过程中,你的自我评价	□A.优秀　□B.良好　□C.一般　□D.需继续努力		

【关键词】接闪器　引下线　接地装置　施工图　识图

任务8.3　　防雷接地装置建模

防雷接地装置建模流程如图8.18所示。

图8.18　防雷接地装置建模流程

8.3.1　链接 CAD 图纸

【操作步骤】

①链接 CAD 图纸。将视图切换到"电气"规程下,"防雷"子规程下的"1F-防雷"平面视图中。单击"插入"选项卡"链接"面板中的"链接 CAD"工具,在"链接 CAD 格式"窗口选择 CAD 图纸存放路径,选中拆分好的"一层防雷接地平面图",勾选"仅当前视图",设置导入单位为"毫米",定位为"手动-中心",单击"打开",如图8.19所示。

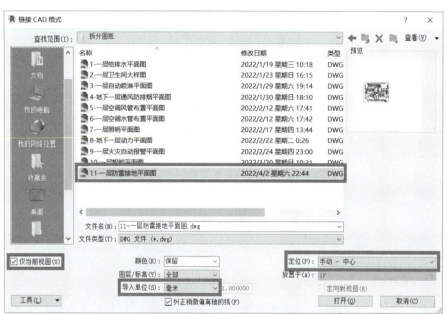

图8.19

②对齐链接的 CAD 图纸。图纸导入后,单击"修改"选项卡"修改"面板中的"对齐"工具。移动鼠标到项目轴网①轴上单击鼠标左键选中①轴(单击鼠标左键,选中轴网后轴网显示为蓝色线),移动鼠标到 CAD 图纸轴网①轴上单击鼠标左键。按照上述操作可将 CAD 图纸纵向轴网与项目纵向轴网对齐。重复上述操作,将 CAD 图纸横向轴网和项目横向轴网对齐。

③将链接的 CAD 图纸锁定。单击鼠标左键选中 CAD 图纸,Revit 自动切换至"修改｜一层防雷接地平面图.dwg"选项卡,单击"修改"面板中的"锁定"工具,将 CAD 图纸锁定到平面视图。至此,一层防雷接地平面图 CAD 图纸的导入完成,结果如图8.20所示。

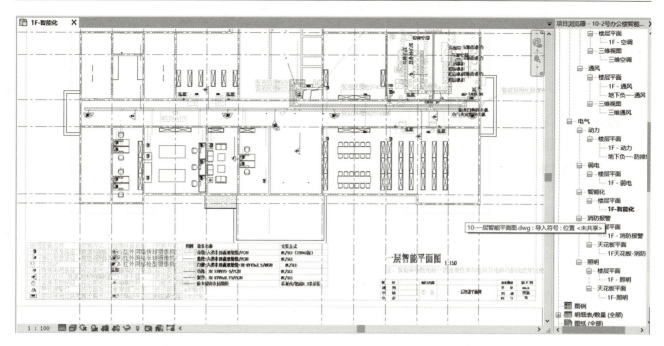

图 8.20

8.3.2 放置防雷接地设备

【操作步骤】

①放置消控室接地盒。由防雷接地设备材料表可知,消控室接地盒尺寸为 80 mm×80 mm×80 mm,底边离地 0.3 m 暗装。单击"系统"选项卡下的"构件"命令,在"属性"窗口单击"编辑类型",在弹出的"类型属性"对话框中单击"载入",打开"MEP→供配电→配电设备→接线盒和灯头盒"文件夹中的"86 系列铁制接线盒",如图 8.21 所示。将该类型复制成"消防室接地盒",将"默认高程"修改为"300.0",将"箱体宽度""箱体高度""箱体长度"均修改为"80.0",如图 8.22 所示。设置好后,放置在图纸中相应的位置上。

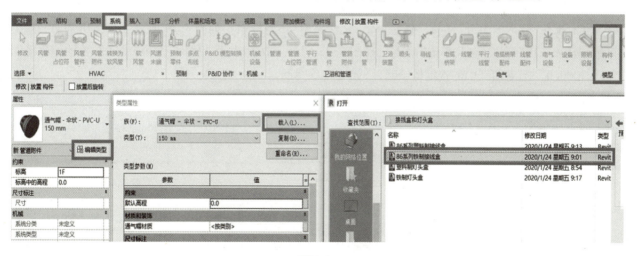

图 8.21

②放置弱电接地盒。单击"系统"选项卡下的"构件"命令,在"属性"窗口中选择"消控室接地盒",单击"编辑类型",将其复制并重命名成"弱电接地盒",如图 8.23 所示。设置好后,放置在图纸中相应的位置。

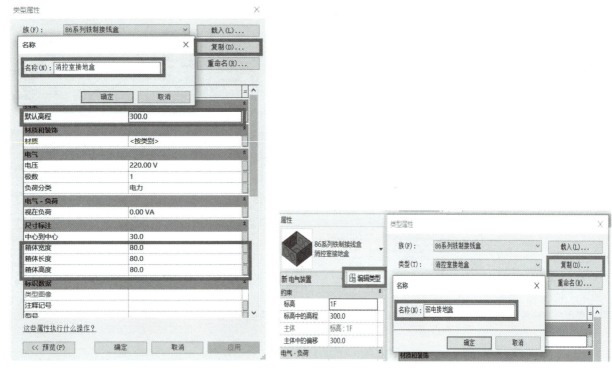

图 8.22   图 8.23

8.3.3 绘制接地体、接闪带、引下线

【操作步骤】

①绘制接地体。接地体为 40 mm ×4 mm 热镀锌扁钢,安装高度为地面以下 1 m。打开教材配置的文件"2号办公楼防雷接地-基准模型",将视图切换到"–1F-ARC"平面视图中,将"地下一层防雷接地平面图"链接到该平面视图中,并对齐锁定图纸。单击"结构"选项卡下的"梁"命令,在"属性"窗口单击"编辑类型",在弹出的对话框中选择"载入",打开"结构→框架→钢"文件夹中"热轧扁钢",如图 8.24 所示。在弹出来的"指定类型"对话框中,选择"FL40 ×4",单击"确定",如图 8.25 所示。放置时,将"属性"选项栏中的"Z 轴偏移值"设置为"–1000.0",沿着图纸中的接地体绘制后,如图 8.26 所示。

图 8.24

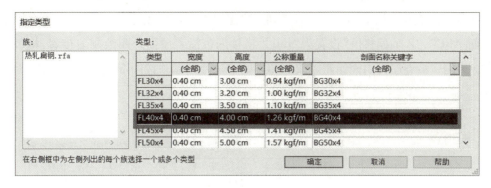

图 8.25

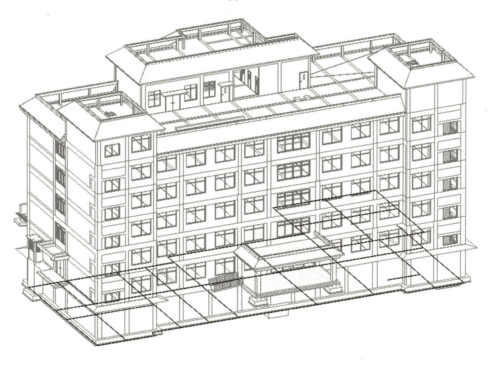

图 8.26

②绘制屋面接闪带。接闪带由直径为 10 mm 的热镀锌圆钢构成,支高 150 mm 安装。将视图切换到"屋面-ARC"平面视图中,单击"结构"选项卡下的"梁"命令,在"属性"窗口中单击"编辑类型",在弹出的对话框中单击"载入",打开"结构→框架→钢"文件夹中的"热轧圆钢",单击"确定",如图 8.27 所示。在弹出的"指

图 8.27

定类型"对话框中选择"直径"为"1 cm"的圆钢,单击"确定"如图 8.28 所示。在"属性"选项栏中,将"参照标高"设置为"屋面-ARC","Z 轴偏移值"设置为"150",将接闪带沿着屋面外圈绘制。接着,将"Z 轴偏移值"设置为"1 890",将接闪带沿着屋面内圈绘制。按照相同的方法绘制屋顶接闪带,绘制结果如图 8.29 所示。

图 8.28

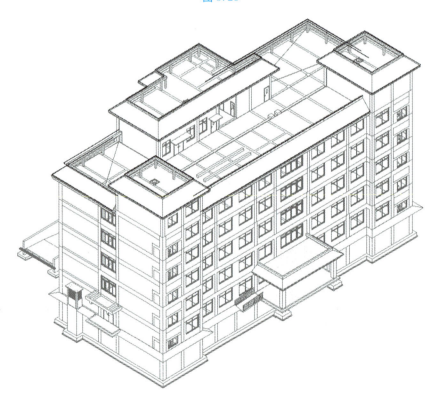

图 8.29

③绘制引下线。由设计总说明可知,引下线由两根直径为 16 mm 以上的主筋组成,并且是通长焊接。将视图切换到"−1F-ARC"平面视图中,单击"系统"选项卡下的"柱"命令,在"属性"选项栏中单击"编辑类型",在弹出的"类型属性"对话框中单击"载入",打开"结构→柱→钢"文件夹中的"热轧圆钢柱",如图 8.30 所示。在"指定类型"对话框中,选择直径为"1.6 cm"的圆钢,单击"确定",如图 8.31 所示。放置时,将放置方式选择为"高度",链接到"屋面-ARC"平面上。绘制好的引下线如图 8.32 所示。其余的引下线参照该方法绘制。

④绘制屋面梁上的接闪带。屋面接闪带由屋面梁上下两层主筋构成,以屋顶为例,讲解接闪带的绘制。单击"结构"选项卡下的"梁"命令,选择"热轧圆钢",将直径修改为"22 mm",沿着图纸中蓝色虚线的方向绘制即可。

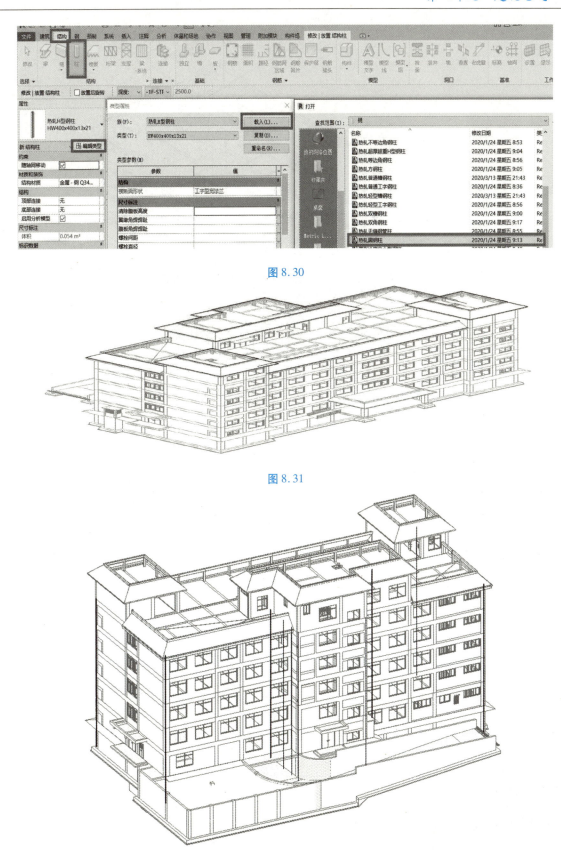

图 8.30

图 8.31

图 8.32

单击"结构"选项卡下的"柱"命令,选择"热轧圆钢柱",将直径修改为"22 mm",在刚才绘制的梁端部放置两根圆钢柱,上端与接闪带连接即可。其余的屋面接闪带绘制方法相同。绘制好的模型如图 8.33 所示。

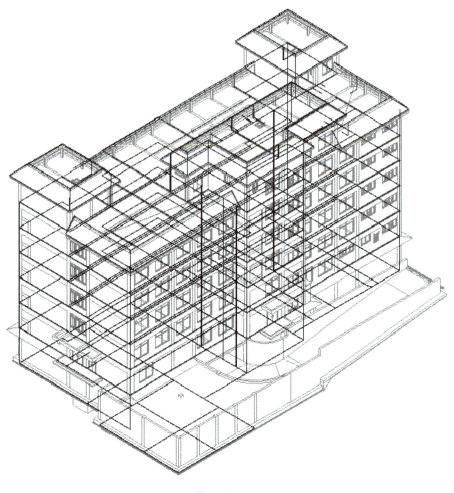

图 8.33

【学习笔记】

_____

_____

【总结反思】

总结反思点	已熟知的知识或技能点	仍需加强的地方	完全不明白的地方
了解链接 CAD 图纸的方法			
掌握绘制接地体的方法			
掌握绘制接闪带的方法			
掌握绘制引下线的方法			
在本次任务实施过程中,你的自我评价	□A. 优秀　　□B. 良好　　□C. 一般　　□D. 需继续努力		

【关键词】BIM 设备建模　建筑防雷接地装置系统　接地体　接闪带　引下线

【实训项目】

　　项目一:了解你附近某栋楼的防雷接地情况,辨识设备型号规格,与实物对应。

　　项目二:练习 2 号办公楼的防雷接地装置建模。

本项目小结

　　1.建筑物的防雷装置一般由接闪器、引下线和接地装置 3 部分组成。其原理就是引导雷云与防雷装置之间放电,使雷电流迅速流散到大地中去,从而保护建筑物免受雷击。接闪器包括避雷针、避雷线、避雷带和避雷网等多种形式。引下线可用钢筋专门设置,也可利用建筑物柱内钢筋充当。接地装置可由专门埋入地下的金属物体组成,也可利用建筑物基础中的钢筋作为接地装置。

　　2.均压环是用来防雷电侧面入侵的防雷装置,主要作用是均压,可将高压均匀分布在物体周围,保证在环形各部位之间没有电位差,从而达到均压的效果。安装方式分为两种,一种是利用建筑物圈梁的钢筋沿建筑物的外围敷设一圈,一种是采用圆钢或扁钢沿建筑物外围一圈敷设。

　　3.等电位联结是将建筑物内的金属构架、金属装置、电气设备不带电的金属外壳和电气系统的保护导体等与接地装置做可靠的电气连接。以减小发生雷击时各金属物体、各电气系统保护导体之间的电位差,避免发生因雷电导致的火灾、爆炸、设备损毁及人身伤亡事故。等电位联结分为总等电位联结(MEB)、局部等电位联结(LEB)。

　　4.避雷器是用来防护雷电产生的过电压波,沿线路侵入变电所或其他建(构)筑物内,以免危及被保护设备的绝缘。

　　5.建筑防雷接地装置施工图一般由屋面防雷平面图与接地装置平面图组成。

　　6.用 Revit 绘制建筑防雷接地装置主要分为以下 3 步,第一步:链接 CAD 图纸;第二步:放置防雷接地装置;第三步:接地体、接闪带、引下线。在绘制模型的过程当中,需要看清楚图纸的要求载入相应的设备,设置好设备放置的高度,按照图纸所在的位置放置即可。

　　7.接地体、接闪带、引下线用梁、柱命令来绘制,绘制时需要将"规程"修改为"结构"。链接的土建模型可设置为"底图",就不会影响钢梁和钢柱的绘制。

第五单元
建筑智能化工程

项目 **9** 火灾自动报警与消防
联动控制系统施工图识读与建模

【项目引入】

随着建筑技术的发展,火灾自动报警系统在智能化建筑中的应用越来越广泛,它使消防技术实现了火灾自动监测、自动报警、消防设备联动控制等功能。下面以2号办公楼火灾自动报警系统施工图为载体,介绍火灾自动报警与消防联动控制系统的组成、功能、工作原理及施工图的识读方法,图纸内容如图9.1—图9.3所示。

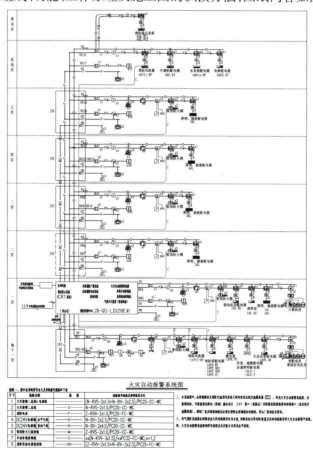

图9.1 火灾自动报警系统图

火灾自动报警设备材料表

序号	图例	名称	型号规格	单位	数量	备注
1		编码型光电感烟探测器	JTY-GD/LD3000E	套	169	吸顶安装
2	EX	编码型防爆光电感烟温探测器	JTY-GD/LD3000E	套	4	吸顶安装
3		编码型定温感温探测器	JTY-ZD/LD3300E	套	8	吸顶安装
4	EX	编码型防爆定温感温探测器	JTY-ZD/LD3300E	套	4	吸顶安装
5		编码型手动报警按钮(带电话插孔)	J-SAP-M-LD2000E	套	19	底边距地1.4m暗装
6		编码型消火栓报警按钮	J-SAP-M-LD2000E	套	32	装于消火栓箱内
7		湿式自动报警阀	详水施图	套	1	详水施图
8	P	压力开关	详水施图	个	1	详水施图
9		水流指示器	详水施图	个	6	详水施图
10		信号阀	详水施图	个	6	详水施图
11	I2	双输入信号输入模块	LD6800E	套	6	
12	I/O1	单输入单输出控制模块	LD6800E-1	套	26	装于被控对象旁就近壁装高2.0m或集于模块箱内安装,严禁设于配电(控制)箱(柜)内
13	I2/O2	双输入双输出控制模块	LD6800E-2	套	10	
14	ZG	总线交流隔离器	LD6808	套	21	
15	SI	总线短路保护器	LD3600E	套	17	
16		模块箱		套	1	
17		总线火灾报警电话分机	LD8100	套	8	底边距地1.4m明装
18	B	总线消防广播模块	LD6804E	套	19	底边距地1.4m明装
19		火灾警报扬声器	LD7300(A)	套	19	吸顶安装
20		火灾声、光报警器	LD1000E	套	23	底边距地2.2m明装
21		楼层端子接线箱	由厂家配套带来	个	6	底边距地1.5m明装
22	FI	楼层显示盘	LD128E(T)	个	1	底边距地1.4m明装
23	φ280D	常闭防火阀		个	12	详暖通专业相关图纸
24		气体灭火控制盘		套	3	底边距地1.5m明装
25		放气灯	LD1100	个	4	门顶安装
26		紧急停止按钮	LD1200	个	3	底边距地1.5m明装
27		门磁开关		套	52	
28		防火门监控模块		套	26	
29		耐火型铜芯塑料线	NH-BV-500V 4mm²	m	按实计	24V直流电源线用
30		耐火型铜芯塑料线	NH-BV-500V 1.5mm²	m	按实计	消火栓按钮直接启泵信号线用
31		耐火型铜芯双绞线	NH-RVS-250V 2x1.5mm²	m	按实计	报警及联动总线用
32		耐火型铜芯双绞线	NH-RVVP-250V 2x1.5mm²	m	按实计	消防电话总线、消防广播用
33		耐火型铜芯控制电缆	NH-KVV-500V 8x1.5mm²	m	按实计	直接手动及自动联动控制线用
34		耐火型铜芯控制电缆	NH-KVV-500V 14x1.5mm²	m	按实计	直接手动及自动联动控制线用
35		钢管	SC15	m	按实计	
36		钢管	SC20	m	按实计	
37		钢管	SC25	m	按实计	
38		钢管	SC32	m	按实计	
		动力配电、控制箱	详配电图	台	2	详配电图
		多种电源配电箱	详配电图	台	10	详配电图
		应急照明配电箱	详配电图	台	2	详配电图
		照明配电箱	详配电图	台	5	详配电图
		双电源切换箱	详配电图	台	2	详配电图
		带双电源切换的控制箱(柜)	详配电图	台	4	详配电图

备注:以上所列管线等火灾自动报警设备 材料数量仅供概算参考,具体以实际工程量为准。

图9.2 火灾自动报警系统图例及主要设备

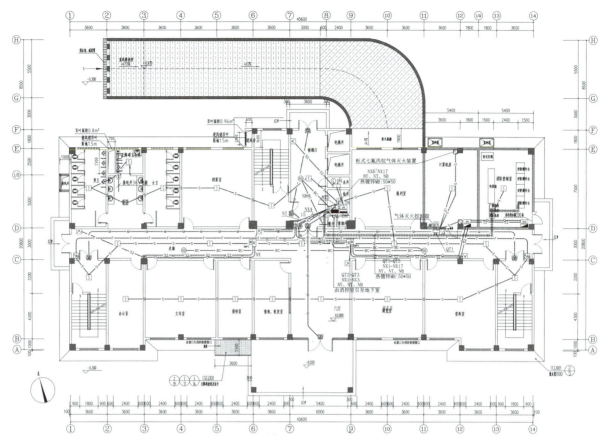

图 9.3　一层火灾自动报警平面图

【内容结构】

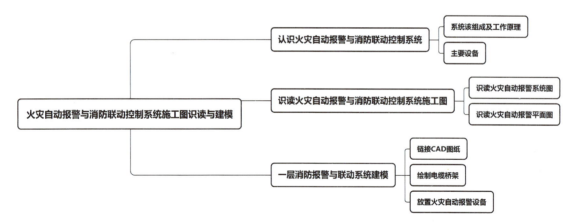

图 9.4　"火灾自动报警与消防联动控制系统施工图识读与建模"内容结构图

【建议学时】10 学时

【学习目标】

知识目标:了解自动报警与消防联动控制系统的工作原理;熟悉火灾自动报警与消防联动控制系统的组成;熟练识读施工图。

技能目标:能对照实物和施工图辨别出自动报警与消防联动控制系统各组成部分,并说出其作用;能根据施工工艺要求将二维施工图转成三维空间图。

素质目标:培养科学严谨精益求精的职业态度、团结协作的职业精神。

【学习重点】

1.火灾自动报警与消防联动控制设备及元器件的型号规格及作用;

2.火灾自动报警与消防联动控制系统施工图识读及 BIM 建模。

【学习难点】

二维平面图转为三维空间图。

【学习建议】

1.本项目的工作原理做一般了解,重点在系统组成与识图内容;

2.如果在学习过程中有疑难问题,可以多到施工现场了解材料与设备实物及安装过程,也可以通过施工录像、动画来加深对课程内容的理解。

【项目导读】

1.任务分析

图9.1—图9.3是2号办公楼火灾自动报警与消防联动控制部分施工图,图中出现了大量的图块、符号、数据和线条,这些东西代表什么含义? 它们有什么作用? 图上所代表的元器件是如何安装的? 这一系列的问题均要通过本项目内容的学习才能逐一解答。

2.实践操作(步骤/技能/方法/态度)

为了能完成前面提出的工作任务,我们需从解读火灾自动报警与消防联动控制系统的组成开始,再到熟悉系统的主要设备及其功能,然后掌握施工图的读图方法,最重要的是能熟读施工图,为后续课程学习打下基础。

任务9.1　认识火灾自动报警与消防联动控制系统

2号办公楼消防
自动报警系统的
组成及工作原理

9.1.1　系统组成及工作原理

1)系统组成

火灾自动报警与消防联动控制系统主要由火灾信号探测、火灾信号处理和消防联动控制三大部分组成。现场由感烟探测器、感温探测器、红外火焰探测器、手动报警按钮及火灾显示盘、声光报警器等组成;监控室由火灾报警控制器、消防联动控制器、图形显示装置等组成。火灾自动报警系统组成示意图如图9.5所示。

2)系统功能概述

火灾自动报警及消防联动控制系统在发生火灾的两个阶段发挥着重要作用:

第一阶段(报警阶段):火灾初期,往往伴随着烟雾、高温等现象,通过安装在现场的火灾探测器、手动报警按钮,以自动或人为方式向监控中心传递火警信息,达到及早发现火情、通报火灾的目的。

第二阶段(灭火阶段):通过消防联动控制器及现场接口模块,控制建筑物内的公共设备(如广播、电梯)和专用灭火设备(如排烟机、消防泵),有效实施救人、灭火,达到减少损失的目的。

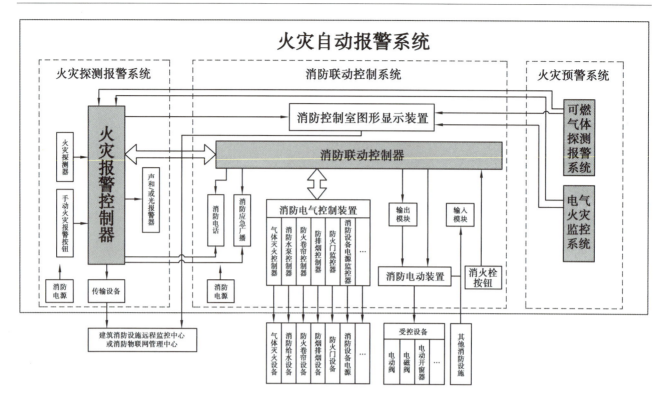

图 9.5　火灾自动报警系统组成示意图

3）系统工作原理

（1）火灾自动报警系统工作原理

火灾自动报警系统工作原理如图 9.6 所示,其工作原理为:在火灾初期,感温、感烟和感光等火灾探测器将燃烧产生的烟雾、热量和光辐射等物理量变成电信号,该信号经连接导线自动传送至火灾报警控制器。火灾报警控制器接收到火灾自动报警信号或人工报警信号后发出声、光报警信号,并显示和记录火灾发生的部位和发生的时间。同时,火灾报警控制器将火灾信号传递给联动控制器,联动控制器接收火灾信号后开始联动控制一系列设备,如排烟设备、防火设备、消防广播、消防电话、声光报警设备、灭火设备等,最终达到灭火和疏散人员的目的。

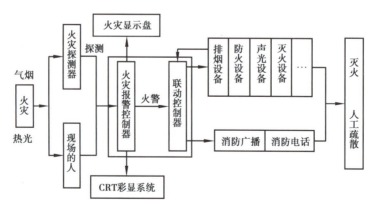

图 9.6　火灾自动报警系统工作原理图

（2）消火栓联动控制工作原理

室内消火栓系统是建筑物内最基本的消防设备,每个消火栓箱都配有消火栓报警按钮。当发现并确认火灾后,手动按下消火栓报警开关,向消防控制室发出报警信号并启动消火栓泵的联动触发信号,由消防联动控制器联动控制消火栓泵的启动。其工作原理示意图如图9.7所示。

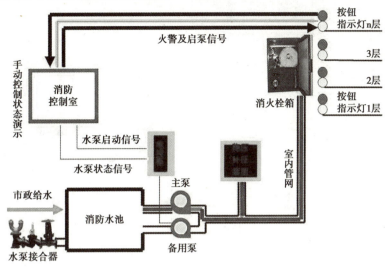

图9.7 消火栓联动控制示意图

（3）自动喷淋联动控制工作原理

当发生火情时，安装在该区域内的闭式喷头热敏组件（玻璃球）因受热破裂，管网中压力水经喷头喷水灭火；同时，安装在配水管网支路上的水流指示器和湿式报警阀同时动作，发出报警信号并将信号传至消防控制中心。消防控制中心收到报警信号后，立即采取相应措施，启动喷淋加压泵，以迅速提供灭火所需的水量和水压。其工作原理示意图如图9.8所示。

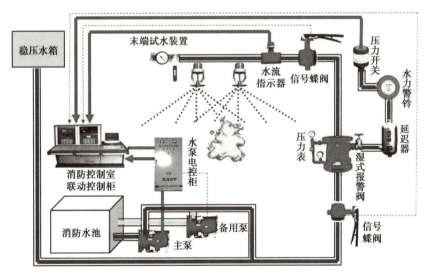

图9.8 自动喷淋联动控制示意图

（4）气体灭火联动控制工作原理

以气体作为灭火介质的灭火系统称为气体灭火系统。气体灭火系统主要有卤代烷1211和1301灭火系统、二氧化碳灭火系统等。当被保护区域内发生火情时，防护区域内的火灾探测器首先工作，将信号传递至火灾报警控制器中。这时火灾报警控制器开始发出报警信号，同时向联动控制器反馈报警信号。此时，气体灭火系统经过一系列动作后将灭火介质喷射到保护区域，通过隔绝氧气达到灭火的目的。其工作原理示意图如图9.9所示。

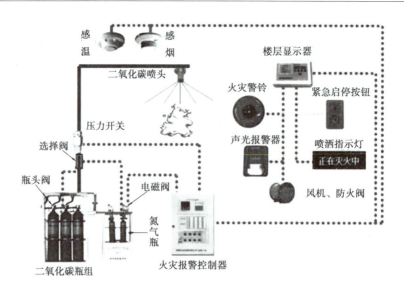

图 9.9　气体灭火联动控制示意图

（5）防排烟联动控制工作原理

①防烟系统联动控制工作原理。建筑物防烟措施一般采用加压送风方式。当某一防火分区发生火灾时，该防火分区内的感烟、感温探测器将探测到的火灾信号发送至消防控制中心。消防控制中心收到报警信号后，将发出指令给加压送风机联动控制模块，启动前室及合用前室的加压送风机，同时启动该防火分区内所有楼梯间的加压送风机。其工作原理示意图如图 9.10 所示。

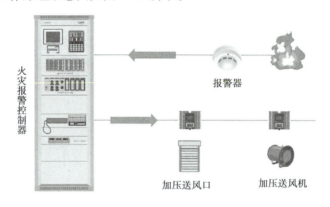

图 9.10　加压送风系统联动控制示意图

②排烟系统联动控制工作原理。当某一防火分区发生火灾时，该防火分区内的感烟、感温探测器将探测到的火灾信号发送至消防控制中心。消防控制中心收到报警信号后，将发出开启排烟阀（口）信号至相应排烟阀的消防控制模块，由它开启排烟阀（口），同时启动排烟风机。除火警信号联动外，还可以通过联动模块在消防中心直接点动控制，或在消防控制室通过多线控制盘直接手动启动，也可现场手动启动排烟风机。其工作原理示意图如图 9.11 所示。

（6）防火卷帘门联动控制工作原理

防火卷帘设置在建筑物中防火分区通道口处，可形成门帘或防火分隔。发生火灾时，可根据消防控制室、探测器的指令或就地手动操作使卷帘下降至一定点。防火卷帘门接收到降落信号后一般先下降到一半，经延时后再下降到底部，以达到人员紧急疏散、防止火势蔓延的目的。其工作原理示意图如图 9.12 所示。

（7）非消防电源及电梯应急控制工作原理

强制切断非消防电源的目的是减轻火势的继续发展，减少灭火时造成触电伤亡事故。非消防电源主要包括一般照明、生活水泵和空调器等设备的用电。当确认火灾发生后，首先应切断空调及与消防无关的通风系统的电源，因它可能会助长火势，且断电后对人身无任何影响。对于照明电源的断电，首先应强启应急疏散照

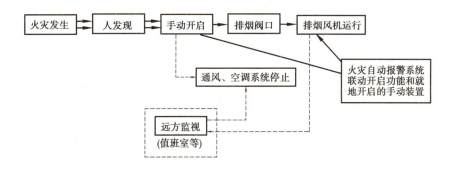

图 9.11 排烟系统联动控制示意图

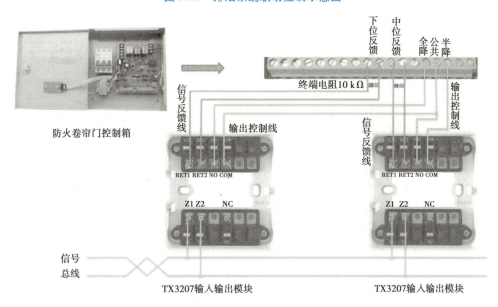

图 9.12 防火卷帘门联动控制示意图

明,然后切断着火区域的照明电源,再切断着火区周围防火分区内的照明电源。随着火势的发展有步骤地切断电源,有利于减少混乱局面。

另外,应根据火情将消防电梯外的其他所有电梯依次停于底层,并切断其电源。

【知识拓展】

《消防法》的有关规定

"消防工作贯彻预防为主、防消结合的方针","任何单位和个人都有维护消防安全、保护消防设施、预防火灾、报告火警的义务。任何单位和个人都有参加有组织的灭火工作的义务"。消防设施是指火灾自动报警系统(供水泵站)、自动灭火系统、消火栓系统、防烟排烟系统以及应急广播和应急照明、安全疏散设施等。

任何单位、个人不得损坏、挪用或者擅自拆除、停用消防设施、器材,不得埋压、圈占、遮挡消火栓或者占用防火间距,不得占用、堵塞、封闭疏散通道、安全出口、消防车通道。人员密集场所的门窗不得设置影响逃生和灭火救援的障碍物。

【学习笔记】

_____

_____

【想一想】火灾自动报警与消防联动控制系统有哪些设备?

9.1.2　主要设备

1)火灾报警控制器

火灾报警控制器是一种纯报警控制器,通常采用壁挂式主机,能接入感烟/感温火灾探测器、手动报警按钮等火灾触发器件,或通过输入模块接入非编码火灾探测器,通常情况下,除火灾警报器等简单设备外,不提供其他联动功能,适应于小点位工程项目。火灾报警控制器能够接收并发出火灾报警信号和故障信号,同时完成相应的显示和控制功能。

①火灾报警控制器功能:向火灾探测器提供高稳定度的直流电源;监视连接各火灾探测器的传输导线有无故障;能接收火灾探测器发出的火灾报警信号,迅速正确地进行控制转换和处理,并以声、光等形式指示火灾发生位置,进而发送消防设备的启动控制信号。

②火灾报警控制器类型:区域火灾报警控制器、集中火灾报警控制器、通用火灾报警控制器。

2)消防联动控制器

对于有联动控制要求的火灾报警系统,需要设置消防联动控制器。消防联动控制器接收火灾报警控制器或其他火灾触发器件发出的火灾报警信号,根据设定的控制逻辑发出控制信号,控制各类消防设备,实现相应功能。

在实际应用中,很少有单独的消防联动控制器。通常情况下,火灾报警控制器和消防联动控制器为一体化产品,称为火灾报警控制器(联动型)。它具备报警联动功能,可以实现火灾探测、发出火灾报警信号,并向各类消防设备发出控制信号,完成各项消防功能。

火灾报警控制器(联动型)通常有壁挂式、柜式、琴台式等多种结构形式,其中的壁挂式适用于小点位系统,柜式、琴台式适用于较大规模的工程。火灾报警控制器(联动型)通常配有总线联动盘和多线联动盘,也可以组合消防应急广播设备和消防电话、组合图形显示装置(CRT 图形显示系统)。在较大规模的系统中,较广泛的应用是琴台式机柜,布局美观,方便管理。其实物如图 9.13 所示。

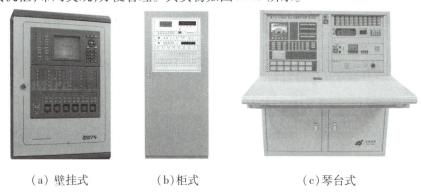

（a）壁挂式　　　　　（b)柜式　　　　　（c）琴台式

图 9.13　火灾报警控制器(联动型)

3)CRT 图形显示器

CRT 图形显示器类似于电子地图,是把所有与消防系统有关的平面图形及报警区域和报警点存入计算机内。当火灾发生时,能在显示屏上自动用声、光显示火灾部位及报警类型、发生时间等,并用打印机自动打印。其实物如图 9.14 所示。

4)消防直流电源

主电源是火灾自动报警系统的正常使用电源,主电源通常采用交流 380V/220V。直流备用电源宜采用火灾报警控制器配套的专用蓄电池及充电装置。主电源和直流备用电源之间应有自动转换措施:当主电源断电时,能自动转换到直流备用电源;当主电源恢复时,能自动转换到主电源。其实物如图 9.15 所示。

图 9.14　CRT 图形显示器

图 9.15　消防直流电源

5)火灾探测器

(1)火灾探测器的分类

①信息采集类型不同,火灾探测器可分为感烟探测器、感温探测器、火焰探测器和特殊气体探测器;

②按信息采集原理不同,火灾探测器可分为离子型探测器、光电型探测器、线性探测器;

③按信息采集方式不同,火灾探测器可分为点型探测器和线型探测器;

④按探测器接线方式不同,火灾探测器可分为总线制和多线制。

(2)常用的点型火灾探测器

点型火灾探测器可分为感烟、感温、感光、可燃气体探测器等,其实物分别如图 9.16 所示。

(a)感烟探测器　　(b)感温探测器　　(c)感光探测器　　(d)可燃气体探测器

图 9.16　点型火灾探测器

①感烟探测器。对于要求火灾损失小的重要地点,类似在火灾初期有阴燃阶段及产生大量的烟和小量的热,很少或没有火焰辐射的火灾,如棉、麻植物的引燃等,可选用感烟探测器。其特点是发现火情早、灵敏度高、响应速度快、不受外环境光和热的影响及干扰,使用寿命长,构造简单,价格低廉等。

②感温探测器。一种对警戒范围内的温度进行监测的探测器,特别适用于经常存在大量粉尘、烟雾、水蒸气的场所及相对湿度经常高于 95% 的房间(如厨房、锅炉房、发电机房、烘干车间和吸烟室等),但不适用于有可能产生阴燃火的场所。

③感光探测器。一种可以在室外使用的火灾探测器,可以对火焰辐射出的红外线、紫外线、可见光予以响应。

④可燃气体探测器。利用对可燃气体敏感的元件来探测可燃气体的浓度,当可燃气体超过限度时发出报警的装置。

(3)常用的线型火灾探测器

线型火灾探测器是相对于点型火灾探测器而言的。线型火灾探测器是感知某一连续线路附近火灾产生的物理或化学现象的探测器。因此线型火灾探测器也可以分感烟、感温和感光探测器。在工程实践中的成型产品主要有线型红外光束感烟探测器和缆式线型定温火灾探测器,主要用于无遮挡大空间的库房、飞机库、纪念馆、档案馆、博物馆、隧道工程、变电站、发电站、古建筑、文物保护的厅堂等。其实物如图 9.17 所示。

（a）红外光束探测器　　　　　　　（b）缆式线型定温火灾探测器

图 9.17　线型火灾探测器

①红外光束探测器。红外光束探测器由一对发射器和接收器组成。对于使用环境温度范围宽、点型感烟、感温探测器安装和维护都较困难的区域，如车库、厂房等均可使用红外光束探测器。

②缆式线型定温火灾探测器。缆式线型感温火灾探测器即感温电缆，感温电缆一般由微机处理器、终端盒和感温电缆组成，根据不同的报警温度感温电缆可以分为 68 ℃、85 ℃、105 ℃、138 ℃、180 ℃等。

6）报警按钮

常用的报警按钮有手动报警按钮和消火栓按钮，其实物如图 9.18 所示。

（a）手动报警按钮　　　（b）手动报警按钮（带电话插孔）　　　（c）消火栓按钮

图 9.18　报警按钮

①手动报警按钮。手动报警按钮主要安装在经常有人出入的公共场所中明显和便于操作的部位。当发现有火情的情况下，手动按下按钮，向报警控制器送出报警信号。为了方便安装，有些手动报警按钮上设有电话插孔。

②消火栓按钮。消火栓按钮是消火栓灭火系统中的报警元件，一般安装在消火栓箱中。在发现火情必须使用消火栓的情况下，手动按下按钮，向消防中心送出报警信号，同时启动消火栓泵。

7）火灾报警装置

火灾报警装置是指在火灾自动报警系统中，用以接收、显示和传递火灾报警信号，并能发出控制信号和具有其他辅助功能的控制指示设备，其实物图如图 9.19 所示。火灾报警装置常见的设备如下。

（a）声光报警器　　　　　　（b）报警门灯　　　　　　（c）水力警铃

图 9.19　火灾报警装置

（1）声光报警器

当发生火情时，通过声音和各种光向人们发出示警信号的一种报警信号装。

（2）报警门灯

报警门灯一般安装在巡视观察方便的地方，如会议室、餐厅、房间及每层楼的门上端，可与对应的探测器并联使用,并与该探测器的编码一致。当探测器报警时,门灯上的指示灯亮,使人们在不进入的情况下就知道探测器是否报警。

（3）水力警铃

水力警铃是由水流驱动发出声响的报警装置,通常作为自动喷水灭火系统的报警阀配套装置。水力警铃由警铃、击铃锤、转动轴、水轮机及输水管等组成。当自动喷水灭火系统的任一喷头动作或试验阀开启后,系统报警阀自动打开,则有一小股水流通过输水管,冲击水轮机转动,使击铃锤不断冲击警铃,发出连续不断的报警声响。

8）火灾显示盘

图9.20　火灾显示盘

火灾显示盘也称区域显示器,是一种可以安装在楼层或独立防火区内的火灾报警显示装置,用于显示来自报警控制器的火警及故障信息。当火警或故障送入时,区域显示器将产生报警的探测器编号及相关信息显示出来并发出报警,以通知失火区域的人员。其实物如图9.20所示。

9）火灾事故广播

消防广播系统是在出现火情时,用来指挥现场人员进行有秩序的灭火工作和人员疏散。消防广播系统包括消控中心内的广播设备和现场广播喇叭两部分,广播设备包括音源、话筒、前置及功放。当火警发生时,主机按照设定的程序启动紧急广播,控制器发出控制命令,使火灾层及上、下层自动切换至紧急广播模式。

火灾事故广播便于组织人员的安全疏散和通知有关救灾的事项。在公共场所,平时可与公共广播合用提供背景音乐,火灾时供消防用。广播用扩音器一般装在琴台柜内,消防扬声器吸顶或壁装。其实物如图9.21所示。

（a）消防广播主机

（b）嵌入式扬声器

（c）壁挂式扬声器

图9.21　火灾事故广播系统设备

10）消防电话

消防电话主要包括电话主机、固定式电话分机、手提式电话分机、电话插孔等设备。为了适应消防通信需要,应设立独立的消防通信网络系统,包括在消防控制室、消防值班室等处装设向消防部门直接报警的外线电话,在适当位置还需设消防电话插孔。其实物如图9.22所示。

（a）消防电话主机

（b）固定式电话分机　　　（c）消防电话插孔　　　（d）手提式电话分机

图 9.22　消防电话

11）消防模块

消防模块是消防联动控制系统的重要组成部分,分为中继模块、输入/输出模块、短路隔离器等。其实物如图 9.23 所示。

（a）中继模块　　　　　（b）输入/输出模块　　　　　（c）短路隔离器

图 9.23　消防模块

（1）中继模块

如果一个区域内的探测器数量过多致使地址点不够用时,可使用地址码中继器来解决。在系统中,一个地址码中继器最多可连接 8 个探测器,而只占用一个地址点。当其中任意一个探测器报警或报故障时,都会在报警控制器中显示,但所显示的地址是地址码中继器的地址点。

（2）输入/输出模块

输入模块是将各种消防输入设备的开关信号接入探测总线,来实现报警或控制的目的,如水流指示器、压力开关等。输出模块是将控制器发出的动作指令通过继电器控制现场设备来实现,同时也将动作完成情况传回到控制器,如排烟阀、送风阀、喷淋泵等被动型设备。

（3）短路隔离器

短路隔离器用在传输总线上,其作用是当系统的某个分支短路时,能自动将其两端呈高阻或开路状态,使之与整个系统隔离开,不损坏控制器,也不影响总线上其他部件的正常工作。

12）常用的线路

（1）消防报警信号线

消防报警信号线一般为阻燃/耐火双绞软线（ZR/NH RVS）,用于火灾探测器、手动报警按钮、消火栓按钮、声光报警器及输入/输出模块等带有地址码的消防元器件与消防报警控制主机相连接。

（2）直流电源线

消防直流电源电压一般为 24 V,采用阻燃/耐火 BV 硬线（红正蓝负）敷设,用于控制模块（输出模块）、声光报警器、区域显示器等设备的电源供给。

（3）消防广播线

消防广播线一般用阻燃/耐火双绞软线,用于消防控制室消防广播主机和广播音箱的连接。

（4）消防电话线

消防电话线一般为阻燃双绞软线,用于消防控制室电话主机和消防电话及电话插孔的连接。

（5）消防控制线

消防控制线用于需要由消防控制室通过多线手动控制盘直接控制的设备,如消防泵、喷淋泵、正压送风机、排烟风机等,根据设备厂家不同一般为4/6芯控制电缆。

【知识拓展】

一般性消防术语

火——以释放热量并伴有烟或火焰或两者兼有为特征的燃烧现象。

火灾——在时间或空间上失去控制的燃烧所造成的灾害。

防火——防止火灾发生和(或)限制其影响的措施。

灭火——熄灭或阻止物质燃烧的措施。

消防——防火和灭火的措施。

消防通道——供消防员和消防装备到达建筑物进口或建筑物内通道。

火灾报警——由人或自动装置发出的通报火灾发生的报警。

火灾自动报警系统——由触发装置、报警装置、警报装置控制设备和电源组成。

火警电话——119,报警电话接通后不要惊慌应简洁说明。

【学习笔记】

【总结反思】

总结反思点	已熟知的知识或技能点	仍需加强的地方	完全不明白的地方
熟悉火灾自动报警系统的组成			
熟悉火灾自动报警系统的主要设备			
在本次任务实施过程中,你的自我评价	□A.优秀　　□B.良好　　□C.一般　　□D.需继续努力		

【关键词】火灾自动报警　主要设备

2号办公楼火灾
自动报警系统

任务 9.2　识读火灾自动报警与消防联动控制系统施工图

9.2.1　识读火灾自动报警系统图

1)工程概况及系统主要功能

从火灾自动报警设计说明可知,本工程总建筑面积为 5 672 m²,其中地上面积为 4 643 m²,地下室面积为 1 029 m²。本工程地下 1 层,地上 1~5 层为办公,局部 6 层为出屋面楼梯间、电梯机房及设备用房,建筑高度为 18.3 m,地下部分为车库、设备房。火灾自动报警系统的主要功能如下。

(1)火灾自动报警监控系统

本系统应能显示系统电源,显示火灾报警、故障报警部位,显示疏散通道、消防设备及报警、控制设备的平面位置或模拟图,显示各消防设备工作及故障状态;能自动及手动控制各消防设备,并且对重要的消防设备,如消防水泵、加压风机、排烟风机等,除能联动控制外,手动控制盘尚能直接进行手动控制,并显示其工作及故障状态。

(2)消火栓泵灭火监控系统

①联动控制方式,应由消火栓系统出水干管上设置的低压压力开关、高位消防水箱出水管上设置的流量开关或报警阀压力开关等信号作为触发信号,直接控制启动消火栓泵,联动控制不应受消防联动控制器处于自动或手动状态影响。当设置消火栓按钮时,消火栓按钮的动作信号应作为报警信号及启动消火栓泵的联动触发信号,由消防联动控制器联动控制消火栓泵的启动。

②手动控制方式,应将消火栓泵控制箱(柜)的启动、停止按钮用专用线路直接连接至设置在消防控制室内的消防联动控制器的手动控制盘,并应直接手动控制消火栓泵的启动、停止。

③消火栓泵的动作及故障信号应反馈至消防联动控制器。其余工艺要求详见水施图。

(3)自动喷淋泵灭火监控系统

①联动控制方式,应由湿式报警阀压力开关的动作信号作为触发信号,直接控制启动喷淋消防泵,联动控制不应受消防联动控制器处于自动或手动状态影响。

②手动控制方式,应将喷淋消防泵控制箱(柜)的启动、停止按钮用专用线路直接连接至设置在消防控制室内的消防联动控制器的手动控制盘,直接手动控制喷淋消防泵的启动、停止。

③水流指示器、信号阀、压力开关、喷淋消防泵的启动和停止的动作信号应反馈至消防联动控制器。其余工艺要求详见水施图。

(4)防排烟及通风监控系统

①同一防烟分区内的独立火灾探测器的报警信号,作为排烟口或排烟阀开启的联动触发信号,并由消防联动控制器联动控制排烟口或排烟阀的开启。火灾时,仅电动打开当前着火防烟分区的排烟口,并联动开启排烟风机和补风机进行排烟。

②排烟口或排烟阀开启的动作信号,作为排烟风机启动的联动触发信号,并应由消防联动控制器联动控制排烟风机的启动。

③防烟系统、排烟系统的手动控制方式,在消防控制室内的消防联动控制器上手动控制送风口、排烟口、排烟阀的开启或关闭及防烟风机、排烟风机等设备的启动或停止,防烟、排烟风机的启动、停止按钮应采用专用线路直接连接至设置在消防控制室内的消防联动控制器的手动控制盘,并应直接手动控制防烟、排烟风机

的启动、停止。

④送风口、排烟口、排烟阀开启和关闭的动作信号,防烟、排烟风机启动和停止及电动防火阀关闭的动作信号,均应反馈至消防联动控制器。

⑤排烟风机入口处的总管上设置的280 ℃排烟防火阀在关闭后应直接联动控制风机停止,排烟防火阀及风机的动作信号应反馈至消防联动控制器。

⑥楼层排烟系统的排烟风口采用多叶排烟口,平时常闭,当某层发生火灾时打开着火层的风口,同时联动排烟风机运行,对该楼层进行排烟。多叶排烟口应设手动和自动开启装置,并与排烟风机的启动装置联锁。当多叶排烟口被打开时,其输出电信号连锁启动相应的加压送风机或排烟风机。

(5)应急照明及非消防电源的控制

①当确认火灾后,由发生火灾的报警区域开始,顺序启动全楼疏散通道的消防应急照明和疏散指示系统,系统全部投入应急状态的启动时间不应大于5 s。

②火灾报警后变电所内所有带分励脱扣断路器的低压回路均应通过控制模块强制切断,同时切断非消防电源。

(6)电梯迫降监控系统

①消防联动控制器应具有发出联动控制信号强制所有电梯停于首层或电梯转换层的功能。

②电梯运行状态信息和停于首层或转换层的反馈信号,应传送给消防控制室显示,轿厢内应设置能直接与消防控制室通话的专用电话。

(7)消防紧急广播系统

本设计在各层均设置声光报警器,各层走道均设消防应急广播。火灾自动报警系统可同时启动和停止所有火灾声警报器。火灾确认后,消防控制室值班人员向全楼各层发出火警声光报警,同时启动广播设备向全楼各层进行广播。火灾声光报警与消防应急广播交替循环播放。

2)识读系统图中主要设备的型号规格

本工程主要设备型号规格如图9.2所示。

3)识读系统图中的线路

从图9.24中可知,火灾报警与消防联动控制器系统的主要线路有火灾报警信号线、消防电话线、消防广播线及24 V直流电源线等。

序号	线路名称	线型	线路型号规格及穿管敷设方式
1	火灾报警二总线(仅报警)	—— S1 ——	ZR-RVS-2x1.0-SC20-CC/WC
2	火灾报警二总线(带联动)	—— S2 ——	NH-RVS-2x1.0-SC20-CC/WC
3	消防电话	—— F ——	ZR-RVV-2x1.0-SC20-FC/WC
4	DC24V电源线(水平支线)	—— D ——	NH-BV-2x2.5-SC20-CC/WC
5	DC24V电源线(竖向干线)	—— D ——	NH-BV-2x4.0-SC20-CC/WC
6	消防广播线	—— BC ——	(ZR-RVV-2x1.5+NH-BV-2x2.5)SC25-FC/WC
7	常闭防火门监控线	—— M ——	(NH-RVS-2x1.5+NH-BV-2x2.5)SC20-CC/WC
8	手动多线控制线	—— C ——	nx(NH-KVV-3x1.5)/nxSC32-FC/WC;n=1,2
9	消防设备电源监控线	—— M ——	(ZR-RVV-2x1.5+NH-BV-2x2.5)SC25-FC/WC

图9.24　火灾自动报警系统管线规格型号

①火灾报警信号线。从火灾报警控制器共引出2条火灾报警回路总线S1和S2。其中S1为火灾报警二总线,采用阻燃铜芯双绞线ZR-RVS-2×1.0,穿SC20钢管暗敷在顶板或墙内;S2为带联动的火灾报警二总线,

采用耐火铜芯双绞线 NH-RVS-2×1.0,穿 SC20 钢管暗敷在顶板或墙内。

②消防电话线。消防电话线回路编号为 F,采用阻燃铜芯电话线 ZR-RVV-2×1.0,穿 SC20 钢管暗敷在地板或墙内。

③消防广播线。广播线回路编号为 BC,采用阻燃铜芯广播线线 ZR-RVV-2×1.5 和耐火铜芯线 NH-BV-2×2.5,穿 SC25 钢管暗敷在地板或墙内。

④24 V 直流电源线。直流电源线回路编号为 D,水平支线采用耐火铜芯线 NH-BV-2×2.5,水平干线采用耐火铜芯线 NH-BV-2×4.0,穿 SC20 钢管暗敷在顶板或墙内。

⑤手动多线控制线。手动多线控制线回路编号为 C,采用耐火控制电缆 NH-KVV-3×1.5,主要用于防排烟风机、消防水泵等消防设备的直接控制。

【知识拓展】

消防自救常识及火场逃生方法

第一,熟悉环境,临危不乱。每个人对自己工作、学习或居住所在的建筑物的结构及逃生路径平日就要做到了然于胸;而当身处陌生环境,如入住酒店、商场购物、进入娱乐场所时,为了自身安全,务必留心疏散通道、安全出口以及楼梯方位等,以便在关键时候能尽快逃离火场。

第二,保持镇静,明辨方向,迅速撤离。突遇火灾时,首先要强令自己保持镇静,千万不要盲目地跟从人流和相互拥挤、乱冲乱撞。撤离时要注意,朝明亮处或空旷地方跑,要尽量往楼层下面跑,但不是地下室。若通道已被烟火封阻,则应背向烟火方向离开,通过阳台、气窗等通往室外逃生。

第三,不入险地,不贪财物。在火场中,人的生命最重要,不要因害羞或顾及贵重物品,把宝贵的逃生时间浪费在穿衣服或寻找、搬运贵重物品上。已逃离火场的人,千万不要重返险地。

第四,简易防护,掩鼻匍匐前进。火场逃生时,烟雾大的情况,可采用毛巾、口罩蒙住口鼻,匍匐撤离,以防止烟雾中毒、预防窒息。另外,也可以采取向头部、身上浇冷水或用湿毛巾、湿棉被、湿毯子等将头、身裹好后,再冲出去。

第五,善用通道,莫入电梯。规范的建筑物,都会有两条以上的逃生楼梯、通道或安全出口。发生火灾时,要根据情况选择进入相对安全的楼梯通道。千万要记住,高层楼着火时,不要乘普通电梯。

第六,避难场所,固守待援。假如用手摸房门已感到烫手,此时一旦开门,火焰与浓烟势必迎面扑来。此时,首先应关紧迎火的门窗,打开背火的门窗,用湿毛巾、湿布等塞住门缝,或用水浸湿棉被,蒙上门窗,然后不停用水淋透房间,防止烟火渗入,固守房间,等待救援人员达到。

第七,传送信号,寻求援助。被烟火围困时,尽量待在阳台、窗口等容易被人发现的地方,便于消防人员寻找、营救。

第八,火已及身,切勿惊跑。火场上如果发现身上着了火,惊跑和用手拍打,只会形成风势,加速氧气补充,促旺火势。正确的做法是赶紧脱掉衣服或就地打滚,压灭火苗。能及时跳进水中或让人向身上浇水就更有效。

第九,缓降逃生,滑绳自救。高层、多层建筑发生火灾后,可迅速利用身边的绳索或床单、窗帘、衣服等自制简易救生绳,并用水打湿后,从窗台或阳台沿绳滑到下面的楼层或地面逃生。

【学习笔记】

_____

_____

【想一想】火灾自动报警系统配置的设备及线路安装在哪里?

9.2.2　识读火灾自动报警平面图

下面以 2 号办公楼的一层火灾自动报警平面图为例,说明火灾自动报警平面图的识读方法。

1)配线基本情况

从一层火灾自动报警局部平面图(图 9.25)可知,热镀锌线槽 MR 50×50 从消防控制室出发,沿着走廊敷设至电井,在电井内热镀锌线槽 MR 下至地下室,上至屋面层。热镀锌线槽 MR 内敷设有 S1、S2、D、F、BC 和 C 等消防线路。

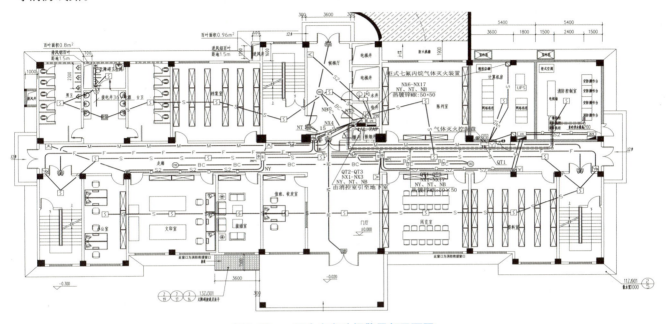

图 9.25　一层火灾自动报警局部平面图

从消防报警系统图(局部)(图 9.26)可知,S1、S2、D、F、BC 及 C 等消防线路均在电井内沿着金属线槽竖直敷设,在每层的竖井处均设置一个接线箱 JXX。每层的消防线路,如 S1、S2、BC、F 等回路均从接线箱处敷设至楼层各部位。

2)识读 S1 回路

S1 回路为火灾报警信号线,采用阻燃铜芯双绞线 ZR-RVS-2×1.0。它从消防控制中心出发,沿着金属线 MR 槽敷设至电井,在电井内继续沿着金属线槽 MR 垂直敷设至地下一层和屋面层,并经过每层的接线箱 JXX。在一层的接线箱 JXX 处,一层的 S1 回路从其主干线分支出来后,采用 SC20 钢管敷设至一层的所有感烟探测器及手动报警按钮。

3)识读 S2 回路

S2 回路为火灾报警信号线(带联动),采用耐火铜芯双绞线 RVS-2×1.0。它从消防控制中心出发,沿着 MR 金属线槽敷设至电井,在电井内继续沿着金属线槽垂直敷设至地下一层和屋面层,并经过每层的接线箱 JXX。在一层的接线箱 JXX 处,一层的 S2 回路从主干线分支出来后,采用 SC20 钢管敷设至一层的所有消火栓按钮、声光报警器、楼层显示器、输入模块及输入/输出模块等。

4)熟读 BC 回路

BC 回路为消防广播线,采用阻燃铜芯塑料护套软线 ZR-RVV-2×1.5。它从消防控制中心出发,沿着 MR 金属线槽敷设至电井,在电井内继续沿着金属线槽垂直敷设至地下一层和屋面层,并经过每层的接线箱 JXX。

在一层的接线箱 JXX 处,一层的 BC 回路从主干线分支出来后,采用 SC25 钢管敷设至一层的所有扬声器。

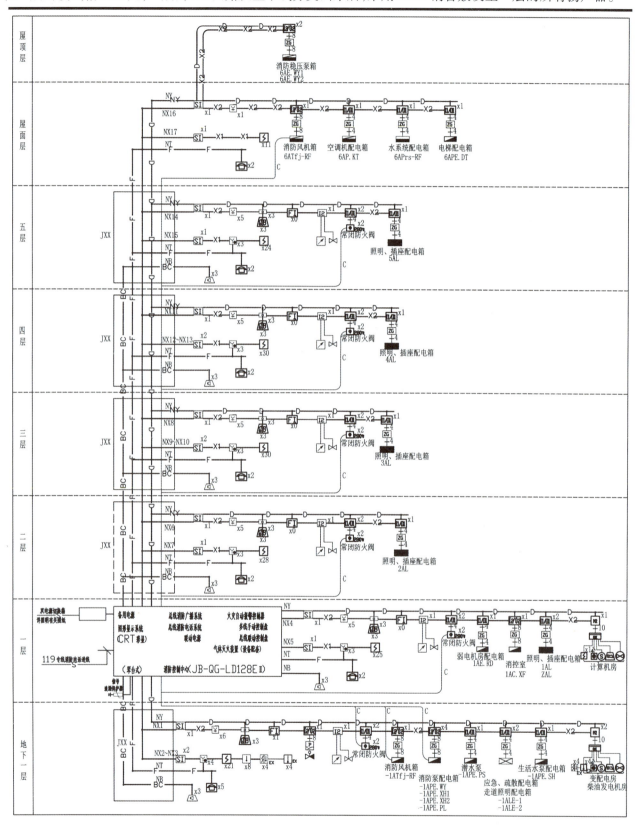

图 9.26　火灾自动报警系统图

5)识读 F 回路

F 回路为消防电话线,采用阻燃铜芯塑料护套软线 ZR-RVV-2×1.0。它从消防控制中心出发,沿着 MR 金属线槽敷设至电井,在电井内继续沿着金属线槽垂直敷设至地下一层和屋面层,并经过每层的接线箱 JXX。在一层的接线箱 JXX 处,回路从 BC 主干线的分支出来后,采用 SC20 钢管敷设至一层的电话分机和电话插孔。

6)识读 D 回路

D 回路为直流24 V 电源线,采用耐火铜芯塑料电线 NH-BV-2×4.0/2×2.5。电源主干线从消防控制中心出发,采用 NH-BV-2×4.0 电线,沿着 MR 金属线槽敷设至电井,在电井内继续沿着金属线槽垂直敷设至地下一层和屋面层,并经过每层的接线箱 JXX。在一层的接线箱 JXX 处,一层的电源回路 NH-BV-2×2.5 从主干线分支出来后,采用 SC20 钢管敷设至一层的所有声光报警器、楼层显示器、单输入/单输出模块、双输入/双输出模块等。

7)识读 C 回路

C 回路为手动多线控制线,采用耐火铜芯控制电缆 NH-KVV-3×1.5。从消防控制中心出发的手动多线控制线共有5根,沿着金属线槽 MR 敷设至电井,在电井内继续沿着金属线槽垂直敷设至地下一层和屋面层,并经过每层的接线箱 JXX。从火灾自动报警系统图(图9.26)可知,手动多线控制线 NH-KVV-3×1.5 至地下一层的消防控制箱有1根,至地下一层的水泵控制箱有3根,至屋面层的消防控制箱有1根,均采用 SC32 钢管敷设。

【知识拓展】

向"119"报警的内容和要求是什么?

报警人姓名、工作单位、联系电话;失火场所的准确地理位置;尽可能地说明失火现场情况,如起火时间、燃烧特征、火势大小、有无被困人员、有无重要物品、失火周围有何重要建筑、行车路线、消防车和消防队员如何方便地进入或接近火灾现场等。(报警内容简记:起火时间、特征、大小、火场人员、物品、行车路线)。

【学习笔记】

_____

_____

【总结反思】

总结反思点	已熟知的知识或技能点	仍需加强的地方	完全不明白的地方
熟悉火灾自动报警系统常用的图例			
识读火灾自动报警系统图			
识读火灾自动报警系统平面图			
在本次任务实施过程中,你的自我评价	□A.优秀　　□B.良好　　□C.一般　　□D.需继续努力		

【关键词】火灾自动报警系统施工图　识读

任务 9.3　一层消防报警与联动系统建模

建模流程解析。建模流程如图 9.27 所示。

图 9.27

9.3.1　链接 CAD 图纸

【操作步骤】

①链接 CAD 图纸。将视图切换到"电气"规程下,"消防报警"子规程下的"1F-消防报警"平面视图中。单击"插入"选项卡"链接"面板中的"链接 CAD"工具在"链接 CAD 格式"窗口选择 CAD 图纸存放路径,选中拆分好的"一层火灾自动报警平面图",勾选"仅当前视图",设置导入单位为"毫米",定位为"手动-中心",单击"打开",如图 9.28 所示。

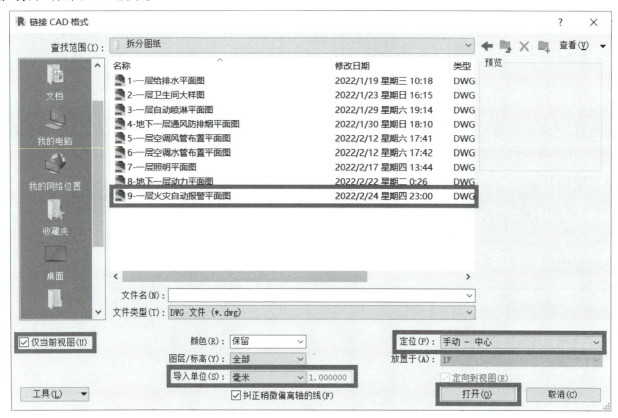

图 9.28

②对齐链接的 CAD 图纸。图纸导入后,单击"修改"选项卡"修改"面板中的"对齐"工具。移动鼠标到项目轴网①轴上单击鼠标左键选中①轴(单击鼠标左键,选中轴网后轴网显示为蓝色线),移动鼠标到 CAD 图纸轴网①轴上单击鼠标左键。按照上述操作可将 CAD 图纸纵向轴网与项目纵向轴网对齐。重复上述操作,将 CAD 图纸横向轴网和项目横向轴网对齐。

③将链接的 CAD 图纸锁定。单击鼠标左键选中 CAD 图纸,Revit 自动切换至"修改 | 一层火灾自动报警

平面图.dwg"选项卡,单击"修改"面板中的"锁定"工具,将 CAD 图纸锁定到平面视图。至此,一层火灾自动报警平面图 CAD 图纸的导入完成,结果如图9.29所示。

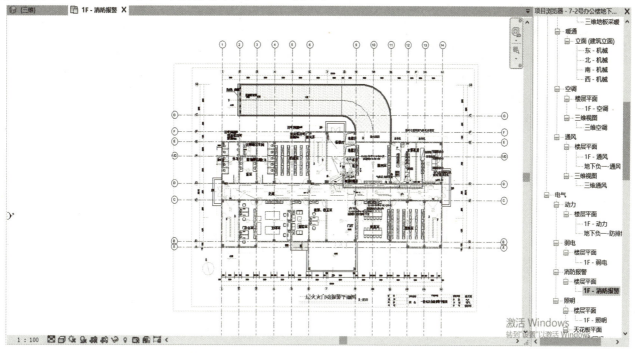

图9.29

9.3.2　绘制电缆桥架

【操作步骤】

单击"系统"选项卡下"电缆桥架"命令,在"属性"窗口中选择"带配件的电缆桥架 强电",将"宽度"设置为"50 mm","高度"设置为"50 mm","中间高程"设置为"2700 mm",将桥架绘制出来,如图9.30所示。

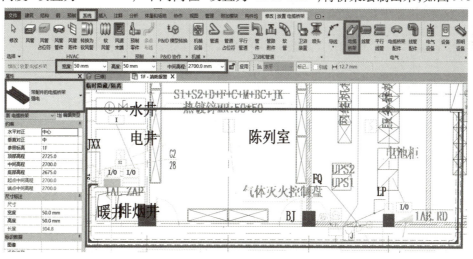

图9.30

9.3.3　放置火灾自动报警设备

【操作步骤】

①新建天花板平面。单击"视图"选项卡下"平面视图"下拉菜单中的"天花板投影平面",如图9.31所示。在弹出的"新建天花板平面"对话框中,取消勾选"不复制现有视图",选中"1F",单击确定,如图9.32所

示。将"属性"窗口的"规程"修改为"电气","子规程"修改为"消防报警",如图 9.33 所示。并将该楼层名称重命名为"1F 天花板-消防报警"。

图 9.31   图 9.32   图 9.33

②链接 CAD 图纸。按照 9.3.1 的步骤,将"一层火灾自动报警平面图"链接到"1F 天花板-消防报警"平面视图当中。

③放置编码型光电感烟探测器。单击"系统"选项卡下"构件"命令,在"属性"窗口点击"编辑类型",在弹出的对话框中单击"载入",打开"消防→火灾警铃→光电感烟探测器",如图 9.34 所示。在"修改 | 放置 构件"选项卡下选择"放置在面上"的方式,将探测器根据图纸的要求放置在指定位置上。

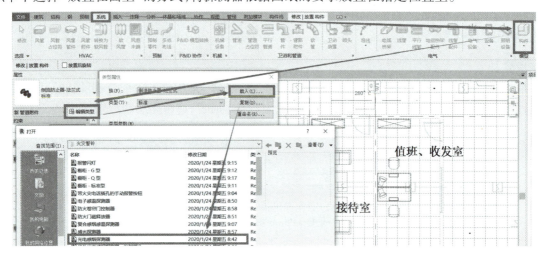

图 9.34

④放置编码型消火栓报警器。单击"系统"选项卡下"构件"命令,单击"属性"窗口的"编辑类型",在弹出的对话框中单击"载入",打开教材提供的族文件中的"消火栓报警按钮",如图 9.35 所示。放置时,将"属性"窗口的"标高中高程"修改为"1200",根据图纸中的位置进行放置即可。

⑤放置编码型手动报警按钮。单击"系统"选项卡下"构件"命令,单击"属性"窗口的"编辑类型",在弹出的对话框中点击"载入",打开"消防→火灾警铃→带火灾电话插孔的手动报警按钮",如图 9.36 所示。放置时,将"属性"窗口的"标高中高程"修改为"1400",根据图纸中的位置进行放置即可。

⑥放置火灾声、光警报器。单击"系统"选项卡下"构件"命令,单击"属性"窗口的"编辑类型",在弹出的对话框中点击"载入",打开"消防→火灾警铃→火灾声光报警器",如图 9.37 所示。放置时,将"属性"窗口的"标高中高程"修改为"2200",根据图纸中的位置进行放置即可。

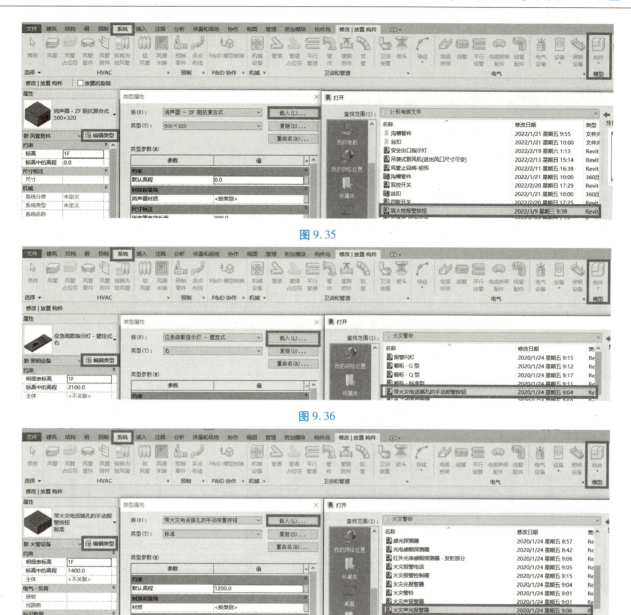

图 9.35

图 9.36

图 9.37

⑦放置总线短路保护器。单击"系统"选项卡下"构件"命令，单击"属性"窗口的"编辑类型"，在弹出的对话框中单击"载入"，打开教材提供的族文件中的"总线短路隔离器"，如图 9.38 所示，放置时将"默认高程"修改为"2000"，根据图纸中的位置进行放置即可。

图 9.38

⑧放置楼层显示盘。单击"系统"选项卡下"构件"命令,单击"属性"窗口的"编辑类型",在弹出的对话框中点击"载入",打开教材提供的族文件中的"楼层显示盘",如图 9.39 所示,放置时将"默认高程"修改为"1400",根据图纸中的位置进行放置即可。

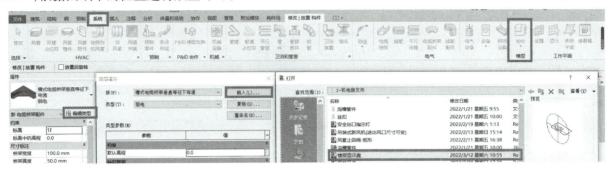

图 9.39

⑨绘制管线"火灾报警二总线 S1"。火灾报警二总线 S1 的管线走向如图 9.40 所示。单击"系统"选项卡下"线管"命令,将"属性"窗口的线管类型修改为"带配件的线管 消防报警",将"修改│放置 线管"选项栏的"直径"修改为"20 mm",将"中间高程"修改为"2600 mm",如图 9.41 所示。沿着 S1 的走向,将线管绘制出来即可。

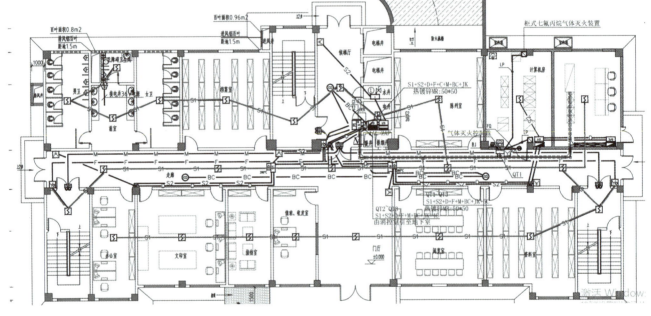

图 9.40

图 9.41

【学习笔记】

_____

_____

【总结反思】

总结反思点	已熟知的知识或技能点	仍需加强的地方	完全不明白的地方
了解链接 CAD 图纸的方法			
掌握绘制电缆桥架的方法			
掌握放置火警设备的方法			
掌握绘制布线线管的方法			
在本次任务实施过程中,你的自我评价	□A. 优秀　　□B. 良好　　□C. 一般　　□D. 需继续努力		

【关键词】BIM 设备建模　火灾自动报警及消防联动控制系统　综合布线　分析

本项目小结

1. 火灾自动报警与消防联动控制系统主要由火灾探测器、火灾报警控制器、消防联动设备、消防广播机柜和直通对讲电话五大部分组成,另可配备 CRT 显示器和打印机。

2. 系统施工工艺流程:

(1)探测系统施工工艺流程:线缆敷设→探测器底座安装接线→消防主机接线→探测器安装→联合调试。

(2)报警系统施工工艺流程:线缆敷设→报警控制器安装→控制器接线→消防主机接线→联合调试。

(3)消防联动系统施工工艺流程:检查相关专业→线缆敷设→接口模块安装→接线→联合调试。

3. 用 Revit 绘制火灾自动报警与消防联动控制系统主要分为以下 4 步,第一步:链接 CAD 图纸;第二步:绘制桥架;第三步:布置火灾自动报警设备;第四步:绘制线管。

项目 **10** 建筑智能化系统施工图识读与建模

【项目引入】

随着社会的发展、科技的进步,我们的工作和生活中也出现更多的智能建筑,那建筑智能化系统包含了哪些呢? 各系统中都包含哪些材料设备? 这些问题都将在本项目中找到答案。

本项目主要以 2 号办公楼智能化施工图为载体,介绍建筑智能化系统组成、施工图及其系统建模,图纸节选如图 10.1—图 10.5 所示。

五、综合布线系统
1. 系统概述
依据《综合布线系统工程设计规范》GB 50311—2016,本系统配置为光缆+六类铜缆+三类大对数电缆。系统为本大楼提供语音、数据、远程视频会议、多媒体等信息服务的快速传输通道,支持万兆主干、千兆到桌面。

2. 系统组成
系统由工作区、配线子系统、干线子系统、设备间子系统等部分组成。

3. 系统设计
(1)工作区:信息插座布置详平面图,信息插座底边距地 0.3m 暗装。
(2)配线子系统:水平配线线缆采用 6 类非屏蔽双绞线,线缆走廊部分于综合布线系统防火金属线槽内敷设。线槽至信息点线缆穿阻燃硬塑料管于吊顶内、沿墙或沿地面暗敷。配线设备和机柜设置于电井布线机柜内(详系统图弱电间编号)。机柜内配置相应的光纤配线架、RJ45 配线架、110 语音配线架及设备线缆和跳线。具体数量由对应楼层的信息点确定。
(3)干线子系统:数据干线线缆从一层计算机房采用 12 芯室内多模光纤引去各层电井,语音干线线缆从一层计算机房采用三类 25 对大对数电缆引去各层电井,垂直线缆沿电井内金属线槽敷设。
(4)设备间:设备间设置于一层计算机房,设备间(电井)设置光纤配线架、110 配线架等配线设备及设备线缆和跳线等,所有设备安装于机柜内,光纤入户处安装防电涌保护器,做好防雷接地保护措施。

4. 局域网设计
(1)系统用于智能设备信号传输,水平配线线缆采用 6 类非屏蔽双绞线(该部分于各智能化子系统体现),线缆走廊部分于综合布线系统防火金属线槽内敷设。线槽至各智能化子系统设备线缆穿阻燃硬塑料管于吊顶内、沿墙或沿地面暗敷。配线设备和机柜设置于电井布线机柜内(详系统图电井编号)。机柜内配置相应的光纤配线架及跳线,各智能化子系统设备线缆直接由接入交换机引出。
(2)系统在一层计算机房设置总配线架,用于各功能区、各楼层的线缆接入;数据干线线缆从一层计算机房采用 12 芯室内多模光纤引去各层电井,垂直线缆沿电井内金属线槽敷设。

5. 管线敷设
走廊内的防火金属线槽在吊顶内敷设或梁底 0.3m 吊装,电井内的防火金属线槽在竖井内垂直敷设。光缆及大对数电缆在线槽内敷设,非屏蔽网络双绞线沿电井及走廊的线槽敷设,由线槽引出后穿阻燃硬塑料管在吊顶内或墙内暗敷,每根 PC20 管内穿线数量不得超过 2 根六类非屏蔽双绞线。

六、有线电视系统
1. 系统概述
本系统采用双向数字传输的网络方式,下行通道传输有线电视模拟信号、数字电视信号和各种数据业务信号,上行通道传输各种宽、窄带数字业务信号。

2. 系统组成
本系统由双向放大器、分配器、集中分配器(以上由广电运营商负责设计及安装)、同轴电缆、有线电视插座等组成,系统采用双向数字传输的网络方式,节目源为城市有线电视节目。

3. 系统设计
有线电视插座布置详见平面图,电视插座底边距地 0.3m 暗装。

4. 管线敷设
由电井到电视插座采用 SYWV-75-5 同轴电缆,竖井内或走廊内的同轴电缆在综合布线金属线槽内敷设,由金属线槽引出到电视插座部分穿阻燃硬塑料管在吊顶内或沿墙暗埋敷设。

图 10.1 建筑智能化系统说明(节选)

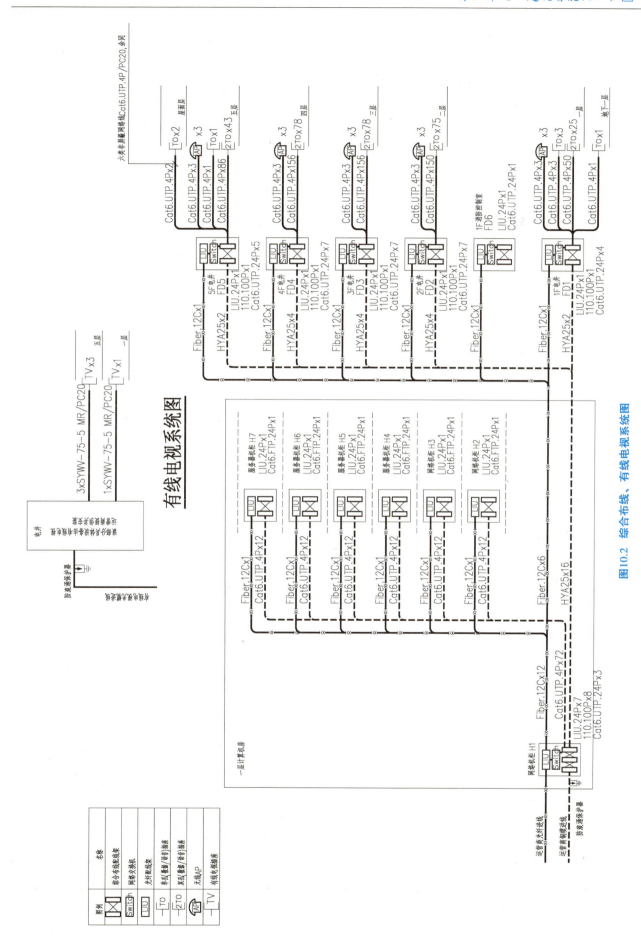

图10.2 综合布线、有线电视系统图

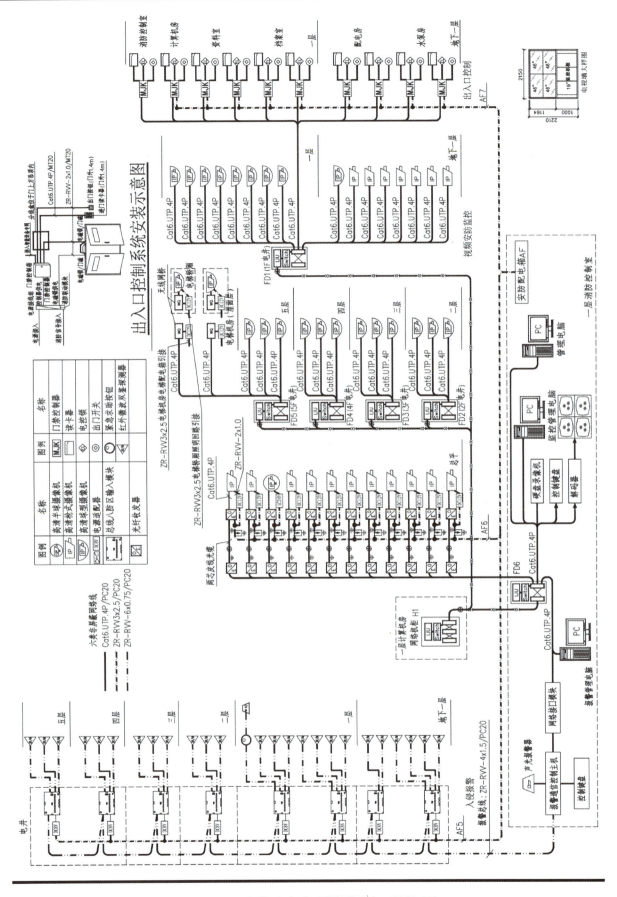

图10.3 入侵报警、视频安防监控及出入口控制系统

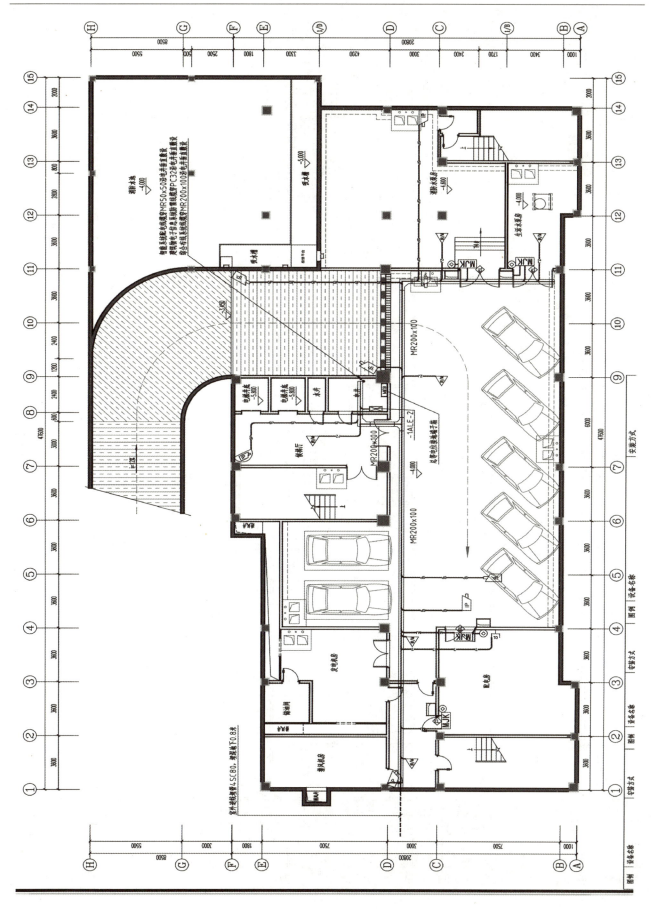

图 10.4　地下一层智能平面图

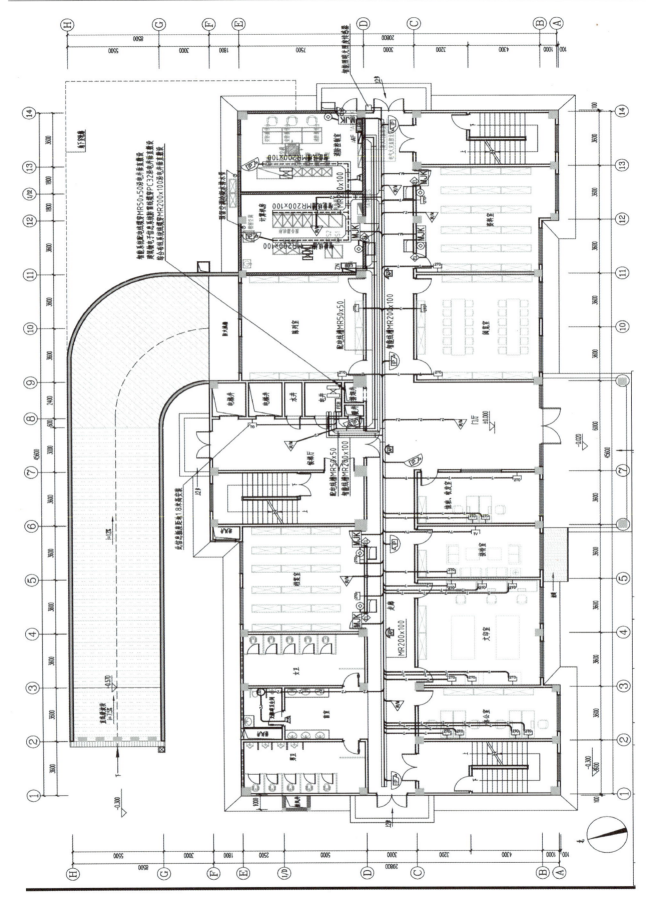

图 10.5　一层智能平面图

【内容结构】

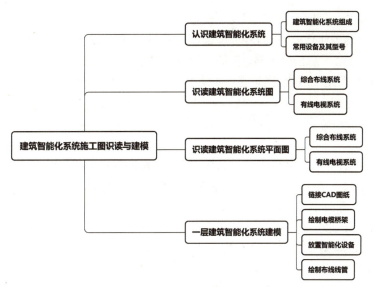

图 10.6　"建筑智能化系统施工图识读与建模"内容结构图

【建议学时】10 学时

【学习目标】

知识目标:熟悉综合布线、有线电视、安防等系统的基本组成;理解各线路型号规格所代表的含义;熟练识读建筑智能化系统施工图。

技能目标:能对照实物和施工图辨别出建筑智能化各系统的组成部分,并说出其作用;能根据施工工艺要求将二维施工图转成三维空间图;能根据建筑智能化系统施工图内容建立三维模型。

素质目标:科学严谨、精益求精的职业态度;团结协作、乐于助人的职业精神;极强的敬业精神和责任心,诚信、豁达,能遵守职业道德规范的要求;提高学生安全用电、节约用电的意识。

【学习重点】

1.各系统材料设备、线路的型号规格及安装内容;

2.建筑智能化系统施工图识读与建模。

【学习难点】

名词陌生,平面图与系统图的对应,二维平面图转三维空间图。

【学习建议】

1.本项目原理性的内容做一般性了解,重点在常用设备认识、施工图识读与建模内容;

2.如果在学习过程中遇到疑难问题,可以多查资料,多到施工现场了解实际过程,也可以通过微课、动画等来加深对疑难问题的理解;

3.多做施工图识读与建模练习,并将图与工程实际联系起来;

【项目导读】

1.任务分析

图 10.1—图 10.5 是 2 号办公楼建筑智能化系统部分施工图,图中出现了大量的图块、符号、数据和线条,

这些东西代表什么含义？它们之间有什么联系？图上所代表的电器是如何安装的？这一系列的问题均要通过本项目内容的学习才能逐一解答。

2.实践操作(步骤/技能/方法/态度)

为了能完成前面提出的工作任务,我们需从解读综合布线、有线电视及网络系统组成开始,然后到系统的构成方式、设备、材料认识,施工工艺与下料,进而学会用工程语言来表示施工做法,学会施工图读图方法,最重要的是能熟读施工图,熟悉施工过程,熟悉建模的方法,为后续施工、计价等课程学习打下基础,并具备一定的安全用电常识。

【知识拓展】

随着科技的日益进步,我们的生活逐渐被科技改变了,智能化让我们的生活越来越便捷,比如家里的所有设备都可以通过手机来控制。现在智能化已经依靠人工智能、生物识别、物联网等技术,慢慢运用到了各行各业。那么,我们生活当中有哪些体现呢?

通过使用远程协助和智能手机连接,我们可以查看门是不是锁上了,还可以接收有人使用钥匙或者手机打开门的通知,在设区的市、县级家庭要是使用智能化供热技术,可以推进供热系统智能化改造,减少供热能耗,提升家庭场所的整体安全性。

智能摄像头监控家庭和四周环境的各种活动。凭借智能摄像头的先进功能,我们能全天候记录与直播家中的关键区域。另外,智能摄像头的运动检测功能可对视觉区域内的任何活动进行个性化设置并发出警报。

通过以上介绍,大家对一些智能电器的使用有了一定的了解,那么,你对建筑智能化系统了解多少呢?

任务 10.1　认识建筑智能化系统

10.1.1　建筑智能化系统组成

建筑智能化系统包括以下内容:综合布线系统;有线电视系统;建筑设备监控系统;安全防范系统;入侵报警系统;广播音响系统;信息网络系统;火灾自动报警及消防联动系统;智能化系统集成;电源与接地;住宅(小区)智能化等。

1)综合布线系统

综合布线系统是一种能支持多种应用系统的结构化电信布线系统。它能支持多种应用系统,如语音、数据、文字、图像和视频等各种应用。室内网络、数据信号通常利用综合布线系统来完成通信,根据《综合布线系统工程设计规范》(GB 50311—2106),综合布线系统的基本构成包括建筑群子系统、干线子系统和配线子系统,配线子系统中可以设置集合点(CP),也可不设置集合点,如图 10.7 所示。

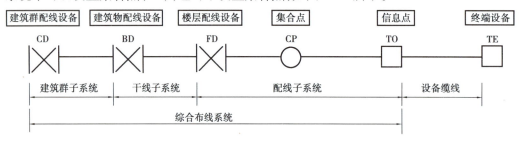

图 10.7　综合布线系统基本构成

网络信号传送路线:建筑群子系统→建筑物配线设备→干线子系统→楼层配线设备→配线子系统→信息点→设备线缆→终端设备。综合布线系统示意图如图 10.8 所示。

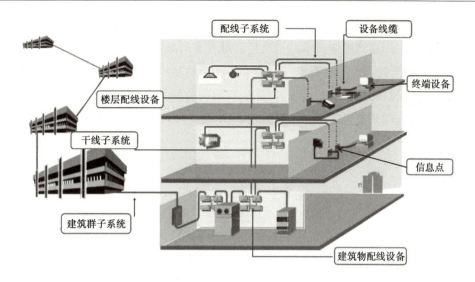

图10.8　综合布线系统示意图

2）有线电视系统

有线电视（CATV）系统是通信网络系统的一个子系统，是住宅建筑和大多数公用建筑必须设置的系统。CATV系统一般采用同轴电缆和光缆来传输信号。

有线电视（CATV）系统，由前端、信号传输分配网络和用户终端3部分组成，如图10.9所示。

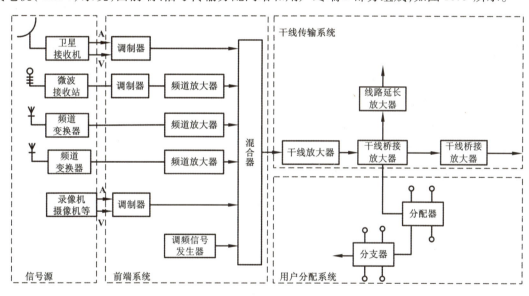

图10.9　有线电视系统组成图

3）其他智能系统

（1）出入口控制系统

出入口控制系统对出入口和通道的管理早已超出了单纯的对门锁和钥匙的管理，作为进出口管理和内部的有序化管理。系统能随时自动记录人员的出入情况，限制内部人员的出入区域、出入时间，礼貌拒绝不速之客，同时有效保护重要财产及资料不受侵犯。

出入口控制系统结构主要由出入口管理主机、出入口控制器及前端设备（含读卡器、门磁、电锁、出门按钮等）组成，采用TCP/IP协议通信，基于局域网管理。如图10.10所示。

2号办公楼入侵报警、视频安防及出入口控制系统识图

（2）视频安防监控系统

视频安防监控系统是利用视频探测技术监视监控区域并实时显示、记录现场视频图像的电子系统。该系统可根据管理人员的登录号分配相应的管理权限，能够不间断地显示建筑物周边、出入口、大厅、过道、楼层公共区域及重要房间的图像，覆盖面广、实时性强，以保证有效的监控。

视频监控系统主要由前端采集摄像机、局域网、IP-SAN 磁盘阵列、管理服务器及显示电视墙、控制管理设备等组成，如图 10.11 所示。

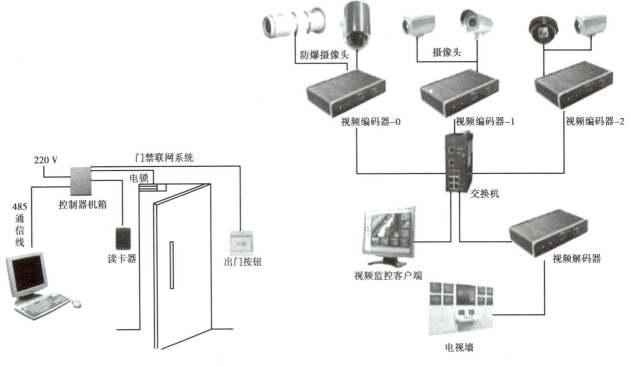

图 10.10 出入口控制系统　　　　图 10.11 视频安防监控系统

（3）入侵报警系统

入侵报警系统利用物理方法和电子技术，安装探测装置对建筑内外重要地点和区域进行布防。它可以探测非法侵入，并且在探测到有非法侵入时，及时向有关人员示警。安装在某个区域内的运动探测器和红外探测器可感知人员在该区域内的活动，入侵探测器可以用来保护财务、文件等重要物品。一旦发生报警，系统记录入侵时间、地点，同时要向闭路监视系统发出信号，监视器弹出现场情况。

入侵报警系统主要由前端探测器、紧急求助按钮、传输电缆、防区输入模块及报警通信控制主机等组成，如图 10.12 所示。

（4）停车场管理系统

停车场管理系统应对停车库（场）的车辆通行道口实施出入控制、监视与图像抓拍、行车信号指示、人车复核及车辆防盗报警，并能对停车库（场）内的人员及车辆的安全实现综合管理。

停车场管理系统主要由自动挡车器、一体化高清车牌自动识别机、电动车刷卡控制机、感应线圈、管理电脑、网络交换机、发卡器、配电箱等组成，如图 10.13 所示。

2号办公楼停车场管理系统识图

（5）电子会议系统

电子会议系统是基于数字化音视频技术、计算机技术和智能化集中控制技术的音视频系统，整个音视频系统集成一个管理平台，通过中控主机操作整套系统，使用移动触摸终端操作，将声音、影像及文件资料互传，实现即时且互动的沟通，以实现会议目的的系统设备，如图 10.14 所示。

2号办公楼电子会议系统识图

电子会议系统主要由扩声系统、讨论及发言系统、显示系统、集中控制系统组成。

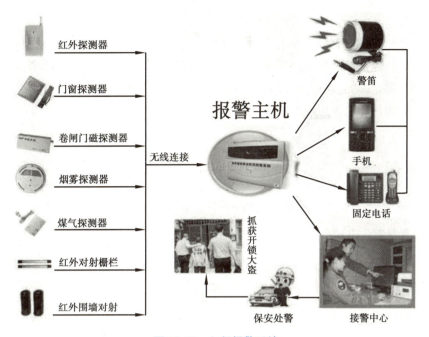

图 10.12　入侵报警系统

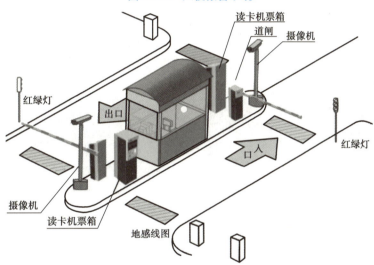

图 10.13　停车场管理系统

图 10.14　电子会议系统

（6）智能照明系统

智能照明系统是利用先进电磁调压及电子感应技术,改善照明电路中不平衡负荷所带来的额外功耗,提高功率因数,降低灯具和线路的工作温度,达到优化供电目的照明控制系统。

智能照明系统可根据定时、光照度等控制照明回路电源。由 IP 路由器模块、智能照明控制模块、光照度传感器、管理计算机等组成。

2号办公楼智能
照明系统识图

【学习笔记】

【想一想】了解了建筑智能化系统的组成,它常用的设备及其型号有哪些呢?

10.1.2 常用设备及其型号

电视、电话、
网络传输线

1）综合布线系统

（1）配线子系统通信线路敷设

配线子系统通信线路一般采用五类、六类、七类的 4 对双绞线,双绞线可分为非屏蔽双绞线(UTP)和屏蔽双绞线(STP)两种,如图 10.15 所示。在高宽带应用时,可以采用光缆。

（a）非屏蔽线缆 　　　　　　　　　（b）屏蔽线缆

图 10.15 4 对双绞线缆

智能建筑配线子系统线路的敷设通常采用两种主要形式,即地板下或地平面中敷设和楼层吊顶内敷设。

（2）干线子系统通信线路敷设

干线子系统通信线路一般采用大对数线缆、光缆,如图 10.16、图 10.17 所示;也可以用 4 对双绞线,沿弱电竖井敷设。

图 10.16 大对数线缆 　　　　　　　图 10.17 光缆

（3）设备线缆

由配线子系统的信息插座模块(TO)延伸到终端设备(TE)处的连接缆线及适配器组成。工作区通信线路包括自信息插座或电话出线盒至通信终端的线路组织部分。

信息插座和电话出线盒有单口和双口之分,安装方式分明装和暗装两种。距离地面安装高度一般房间为 0.2~0.3m,卫生间为 1.4~1.5m。信息插座和电话出线盒实物图如图 10.18、图 10.19 所示。

图 10.18　信息插座实物图

图 10.19　电话出线盒实物图

在电话出线盒一侧宜安装一个单相 220 V 电源插座,以备数据终端之用,两者距离宜为 0.5 m,电话插座应与电源插座齐平,如图 10.20 所示。室内出线盒与通信终端相接部分的连线不宜超过 7 m,可在室内明配线或地板下敷设。

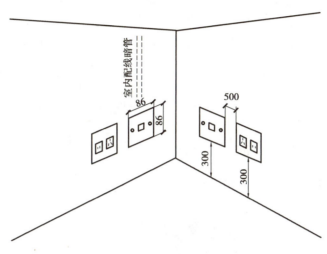

图 10.20　工作区电话出线盒位置图

(4)建筑物配线设备

设备间为在每栋建筑物的适当地点进行配线管理、网络管理和信息交换的场地。综合布线系统设备间宜安装建筑物配线设备、建筑群配线设备、以太网交换机、电话交换机、计算机网络设备。

(5)楼层配线设备

一般配置机柜,如图 10.21 所示,机柜内配置相应的光纤配线架、RJ45 配线架、110 语音配线架及设备线缆和跳线,具体数量由对应的信息点确定,如图 10.22 所示。

图 10.21　机柜落地安装

图 10.22　RJ45 配线架、110 语音配线架、网络跳线

2）有线电视系统

（1）前端系统

前端系统主要包括电视接收天线、频道放大器、频率变换器、自播节目设备、卫星电视接收设备、导频信号发生器、调制器、混合器以及连接线缆等部件。

（2）信号传输分配网络

分配网络分无源和有源两类。无源分配网络只有分配器、分支器和传输电缆等无源器件，其可连接的用户较少。有源分配网络增加了线路放大器，因此其连接的用户数可以增多。

分配器的功能是将一路输入信号的能量均等地分配给两个或多个输出的器件，一般有二分配器、三分配器、四分配器。分配器的表示符号如图 10.23 所示，实物如图 10.24 所示。

有线电视系统之分配器与分支器

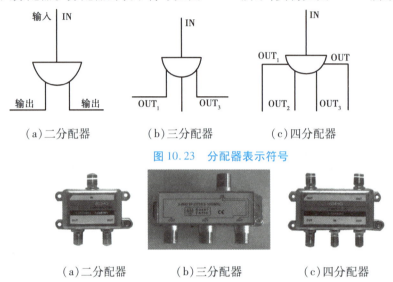

（a）二分配器　　　　（b）三分配器　　　　（c）四分配器

图 10.23　分配器表示符号

（a）二分配器　　　　（b）三分配器　　　　（c）四分配器

图 10.24　分配器实物图

分支器通常接在分支线或干线的中途，由一个主输入端、一个主输出端以及若干个分支输出端构成，其中分支输出端只得到主输入信号的一小部分，大部分仍沿主路输出，继续向后传输。分支器的表示符号如图 10.25所示，实物如图 10.26 所示。

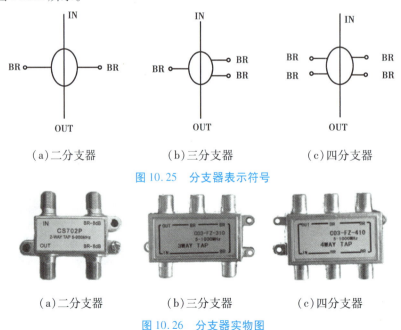

（a）二分支器　　　　（b）三分支器　　　　（c）四分支器

图 10.25　分支器表示符号

（a）二分支器　　　　（b）三分支器　　　　（c）四分支器

图 10.26　分支器实物图

（3）用户终端

有线电视系统的用户终端是电视信号的接线器，又称为用户接线盒，分为暗盒与明盒两种，如图10.27所示。

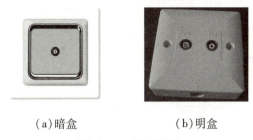

（a）暗盒　　　　　　　（b）明盒

图 10.27　用户终端

（4）传输电缆

传输电缆常用同轴电缆，有 SYV 型、SYFV 型、SDV 型、SYWV 型、SYKV 型、SYDY 型等，其特性阻抗均为 75Ω。同轴电缆的种类有：实芯同轴电缆、藕芯同轴电缆、物理高发泡同轴电缆，其结构如图10.28所示。

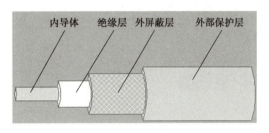

内导体　绝缘层　外屏蔽层　外部保护层

图 10.28　同轴电缆结构示意图

【知识拓展】

人工智能简介

人工智能（Artificial Intelligence），英文缩写为 AI。它是一门研究、开发用于模拟、延伸和扩展人的智能的理论、方法、技术及应用系统的新的技术科学。

人工智能是计算机科学的一个分支，它企图了解智能的实质，并生产出一种新的能以人类智能相似的方式做出反应的智能机器，该领域的研究包括机器人、语言识别、图像识别、自然语言处理和专家系统等。人工智能从诞生以来，理论和技术日益成熟，应用领域也不断扩大，可以设想，未来人工智能带来的科技产品，将会是人类智慧的"容器"。人工智能可以对人的意识、思维的信息过程的模拟。人工智能不是人的智能，但能像人那样思考、也可能超过人的智能。

人工智能的应用主要有：个人助理（手机语音助理、语音输入、陪护机器人等）、安防（智能监控、安保机器人等）、自驾领域（智能汽车、公共交通等）、医疗健康（医疗健康的检测诊断、智能医疗设备等）、电商零售（仓储物流、智能导购和客服等）、金融（智能投顾、智能客服、金融监管等）、教育（智能评测、个性化辅导、儿童陪伴等）。

【学习笔记】

【总结反思】

总结反思点	已熟知的知识或技能点	仍需加强的地方	完全不明白的地方
了解建筑智能化系统的组成			
懂得建筑智能化系统常用设备及其型号			
了解其他智能化系统			
在本次任务实施过程中,你的自我评价	□A. 优秀　□B. 良好　□C. 一般　□D. 需继续努力		

【关键词】综合布线系统　有线电视系统　其他智能系统　组成

【想一想】认识了常用设备及其型号,建筑智能化施工图包括哪些内容? 应该如何识读?

任务 10.2　识读建筑智能化系统图

建筑智能化施工图主要包括图纸目录、设计说明、系统图、平面图、安装详图、大样图(多采用图集)、主要设备材料表及标注。

系统图是用图形符号概略表示系统或分系统的基本组成、主要设备、元件等连接关系及它们的规格、型号、参数等主要特征的一种简图。智能化系统常用图形符号详见第一单元图 0.7。

10.2.1　综合布线系统

2号办公楼综合布线系统识图

1)图纸概貌

通过图 10.1 的设计说明可知,2 号办公楼综合布线系统配置为光缆 + 六类铜缆 + 三类大对数电缆,该系统为本楼提供语音、数据、远程视频会议、多媒体等信息服务的快速传输通道。按照网络信号传送的方向并结合系统图,综合布线系统的读图顺序为:电缆入户→建筑物配线设备→干线子系统→楼层配线设备→配线子系统→信息点。

2)设备配置分析

①电缆入户:系统的进线拟采用光纤进线和铜缆进线,具体型号由运营商确定。引至一层计算机房网络机柜 H1。

②建筑物配线设备:建筑物配线设备置于一层计算机房内,分别布置网络机柜 H1、H2、H3,服务器机柜 H4、H5、H6、H7,机柜内设置光纤配线架、110 配线架等配电设备及设备线缆和跳线等。

③干线子系统:数据干线线缆从一层计算机房网络机柜 H1 出发,采用 12 芯室内多模光纤(Fiber. 12C)引去一至五层电井布线机柜(FD1 ~ FD5)和 1F 消防控制室,语音干线采用三类 25 对大对数电缆(HYA25)引去一至五层电井布线机柜(FD1 ~ FD5)和 1F 消防控制室。

④楼层配线设备:一至五层电井内每层布置布线机柜(FD1 ~ FD5),机柜内包含综合布线配线架、网络交换机、光纤配线架等设备。

⑤配线子系统:水平配线线缆从各层布线机柜(FD1 ~ FD5)采用 6 类非屏蔽 4 对双绞线(Cate6. UTP. 4P)

引去各层信息插座或无线 AP。

　　⑥信息点：系统图上明确了各层信息插座及无线 AP 的类型及数量。

　　图10.2 中综合布线系统图概况如图10.29 所示。

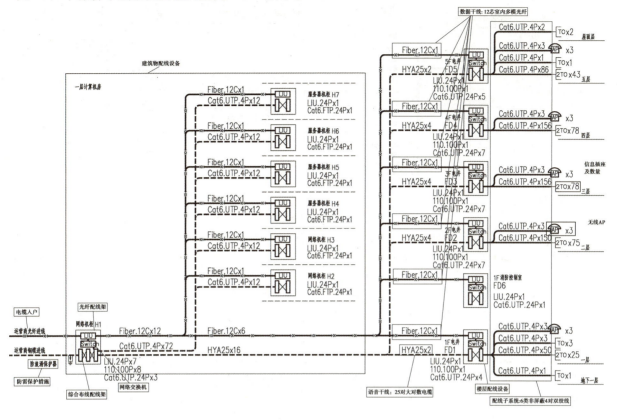

图10.29　综合布线系统图概况

【学习笔记】

【想一想】学会了综合布线系统图的识读,你会读其他智能化系统图了吗?

10.2.2　有线电视系统

1) 图纸概貌

　　2 号办公楼有线电视系统由双向放大器、分配器(以上由广电运营商负责设计及安装)、同轴电缆、有线电视插座等组成,系统采用双向数字传输的网络方式,节目源为城市有线电视节目。按照信号传送的方向看系统图,读图顺序为:进户线→电视前端箱→电视管线→用户终端盒。

2) 设备配置分析

　　该项目的有线电视系统采用有线电视光缆进线,入户处安装防浪涌保护器,做好防雷接地保护措施,引至一层电井内电视前端箱内,箱内具体设备由有线电视运营商提供并安装,从电视前端箱分别传送至一层 1 个电视插座和五层 3 个电视插座,采用 SYWV-75-5 同轴电缆,沿金属线槽或穿硬塑料管在吊顶内或沿墙暗敷设。图10.2 中有线电视系统图概况如图10.30 所示。

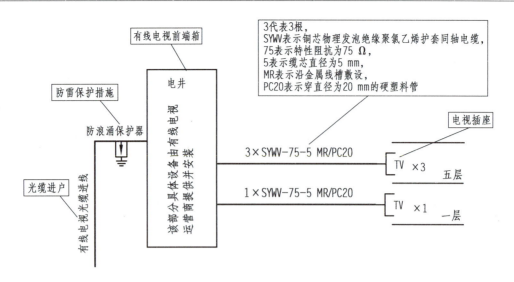

图 10.30 有线电视系统图概况

【学习笔记】

_____

_____

【总结反思】

总结反思点	已熟知的知识或技能点	仍需加强的地方	完全不明白的地方
建筑智能化施工图的内容			
识读综合布线系统图			
识读有线电视系统图			
在本次任务实施过程中,你的自我评价	□A. 优秀　　□B. 良好　　□C. 一般　　□D. 需继续努力		

【关键词】识读　系统图　综合布线　有线电视

任务 10.3　识读建筑智能化系统平面图

10.3.1　综合布线系统

1)图纸概貌

综合布线平面图是按国家规定的图例和符号,画出进户点、弱电装置、设备、元件和平面位置及安装要求。对于综合布线系统平面图,按照电缆入户→建筑物配线设备→干线子系统→楼层配线设备→配线子系统→信息点的顺序看图。

看平面图前须懂得图例代表的含义,进而熟悉设备元件、管线安装的平面位置,2 号办公楼综合布线图例见第一单元图 0.7 和图 10.2。

2)设备平面布置分析

从设计说明和综合布线系统图可知,从一层计算机房网络机柜 H1 引出的数据干线和语音干线在智能线槽 MR200×100 内沿梁底敷设至电井,在电井内垂直线缆沿金属线槽 MR200×100 敷设,分别接至 1～5 层电井布线机柜 FD1～FD5 内。

从一层智能平面图(图 10.5)可见,一层布线机柜 FD1 在电井落地安装,接至信息插口采用 6 类非屏蔽双绞线 Cat6.UTP.4P,沿电井及走廊的线槽敷设,由线槽引出后,穿阻燃硬塑料管在吊顶内或墙内暗敷。信息插座安装高度为底边距地 0.3 m 暗装,无线 AP 吸顶安装。

一层信息插座和无线 AP 分布如下:

办公室:4 个双口信息插座(数据+语音);

文印室:6 个双口信息插座(数据+语音);

接待室:1 个双口信息插座(数据+语音);

值班、收发室:3 个双口信息插座(数据+语音);

阅览室:2 个双口信息插座(数据+语音);

资料室:2 个双口信息插座(数据+语音);

陈列室:2 个双口信息插座(数据+语音);

档案室:2 个双口信息插座(数据+语音);

候梯厅:1 个单口信息插座(数据+语音);

走廊:3 个无线 AP。

图 10.5 中一层综合布线平面图概况如图 10.31 所示。

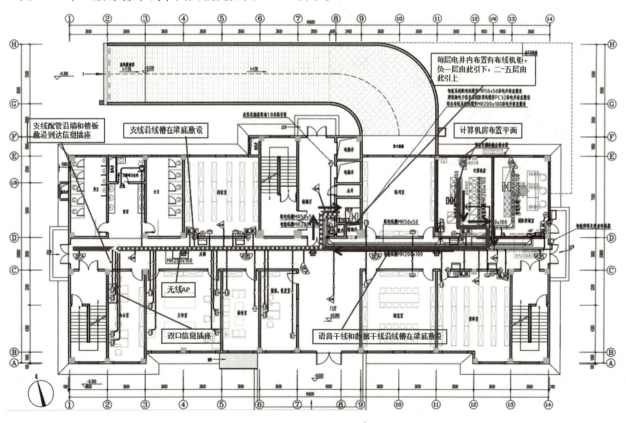

图 10.31　一层综合布线平面图概况

3)设备与线路三维空间布局分析

下面以一层综合布线为例,说明管线走向。

由图 10.29 和图 10.31 可知,从一层计算机房网络机柜 H1 顶部引出数据干线 Fiber.12C×1 和语音干线 HYA25×2,沿智能线槽 MR200×100 垂直敷设引上,至天棚后,在智能线槽 MR200×100 内沿梁底敷设至本层电井,再垂直向下至布线机柜 FD1 顶部。

从一层电井布线机柜 FD1 引出 6 类非屏蔽双绞线 Cat6.UTP.4P 分别接至各房间信息插座及走廊无线 AP。以一层办公室为例:从电井布线机柜 FD1 顶部出线,沿智能线槽 MR200×100 垂直敷设引上,至天棚后,在天棚内沿线槽水平方向,由东向西行至⑦/⑧轴间,由北向南行至过道,沿过道由东向西,行至②轴,由线槽敷设变为穿管敷设,自北向南水平拐进办公室,行至信息插座顶部,沿墙垂直向下接至信息插座,以此类推,直至接完所有房间的信息插座。

2 号办公楼计算机房及一层的综合布线系统管线走向三维空间布局情况如图 10.32 所示。

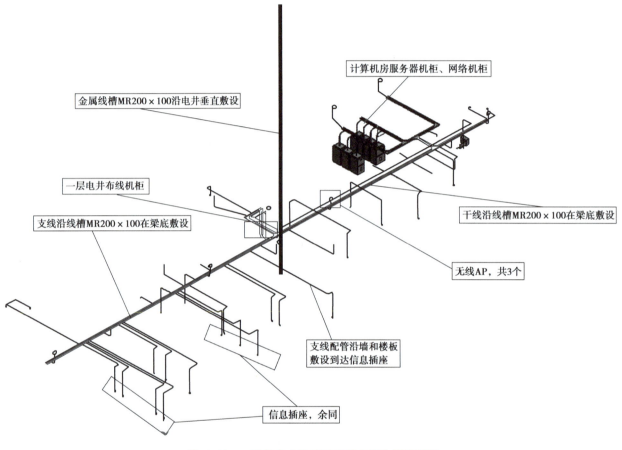

图 10.32　一层综合布线系统三维空间布局情况图

【学习笔记】

_____

_____

【想一想】有线电视系统的平面图识读过程又是怎样的?

10.3.2　有线电视系统

1)图纸概貌

有线电视系统与综合布线系统的平面图设计类似,按国家规定的图例和符号,画出各设备平面位置及安装要求。按照信号传送的方向,读图顺序为:进户线→电视前端箱→电视管线→用户终端盒。看图前须弄懂平面图中图例代表的含义,进而熟悉设备元件、管线安装的平面位置,2 号办公楼一层所有智能化系统均共用一张平面图,即图 10.5。

2)设备平面布置分析

在一层智能平面图中,有线电视系统设备只有电视前端箱和有线电视插座,从电井里的电视前端箱出线,接至一层接待室里的有线电视插座。一层有线电视平面布置图局部分析图如图 10.33 所示。

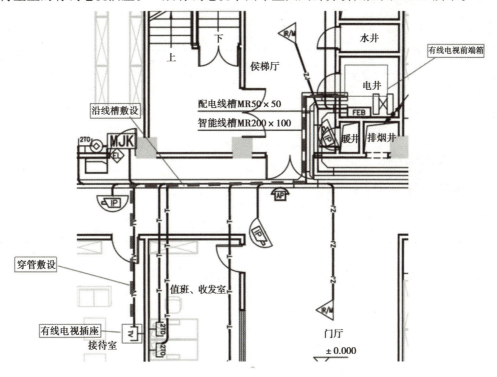

图 10.33　一层有线电视平面布置图局部分析图

3)设备与线路三维空间布局分析

从图 10.30 和图 10.33 可知,从电井内电视前端箱顶部引出,采用同轴电缆 SWYV-75-5 沿智能线槽 MR200×100 垂直敷设引上,至天棚后,在天棚内沿线槽水平方向,由东向西行至⑦/⑧轴间,由北向南行至过道,沿过道由东向西,行至⑥轴,由线槽敷设变为穿硬塑料管 PC20 敷设,自北向南水平拐进接待室,行至有线电视插座顶部,沿墙垂直向下接至有线电视插座。一层有线电视系统三维空间布局情况图如图 10.34 所示。

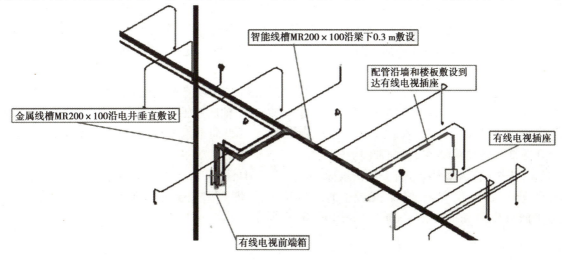

图 10.34　一层有线电视系统三维空间布局情况图

本工程其他智能系统施工图组成及识读方法同综合布线系统和有线电视系统,可按照上述步骤"先系统,后平面"进行分析,在此不再赘述。

【学习笔记】

【总结反思】

总结反思点	已熟知的知识或技能点	仍需加强的地方	完全不明白的地方
了解建筑智能化系统施工图的内容			
认识综合布线系统和有线电视系统施工常用图例符号			
识读综合布线系统和有线电视系统施工图			
将综合布线系统和有线电视系统二维平面图转化为三维空间			
在本次任务实施过程中,你的自我评价	□A. 优秀　　□B. 良好　　□C. 一般　　□D.需继续努力		

【关键词】智能化系统　施工图　识图　综合布线　有线电视

任务 10.4　一层建筑智能化系统建模

建模流程如图 10.35 所示。

图 10.35

10.4.1　链接 CAD 图纸

①链接 CAD 图纸。将视图切换到"电气"规程下,"智能化"子规程下的"1F-智能化"平面视图中。单击"插入"选项卡"链接"面板中的"链接 CAD"工具在"链接 CAD 格式"窗口选择 CAD 图纸存放路径,选中拆分好的"一层智能平面图",勾选"仅当前视图",设置导入单位为"毫米",定位为"手动-中心",单击"打开",如图10.36 所示。

②对齐链接进来的 CAD 图纸。图纸导入后,单击"修改"选项卡"修改"面板中的"对齐"工具,移动鼠标到项目轴网①轴上单击鼠标左键选中①轴(单击鼠标左键,选中轴网后轴网显示为蓝色线),移动鼠标到 CAD图纸轴网①轴上单击鼠标左键。按照上述操作可将 CAD 图纸纵向轴网与项目纵向轴网对齐。重复上述操作,将 CAD 图纸横向轴网和项目横向轴网对齐。

③将链接进来的 CAD 图纸锁定。单击鼠标左键选中 CAD 图纸,Revit 自动切换至"修改│一层火灾自动报警平面图.dwg"选项卡,单击"修改"面板中的"锁定"工具,将 CAD 图纸锁定到平面视图。至此,一层火灾自动报警平面图 CAD 图纸的导入完成,结果如图 10.37 所示。

图 10.36

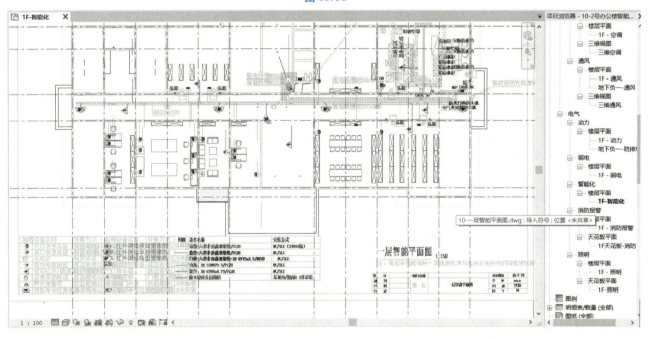

图 10.37

10.4.2　绘制电缆桥架

①绘制配电线槽 MR50×50。单击"系统"选项卡下"电缆桥架"命令,在"属性"窗口中选择"带配件的电缆桥架 强电",将"宽度"设置为"50 mm","高度"设置为"50 mm","中间高程"设置为"2600 mm",将桥架绘制出来,如图 10.38 所示。

②绘制智能线槽 MR200×100。单击"系统"选项卡下"电缆桥架"命令,在"属性"窗口中选择"带配件的电缆桥架 智能",将"宽度"设置为"200 mm","高度"设置为"100 mm","中间高程"设置为"2600 mm",将桥架绘制出来,如图 10.39 所示。

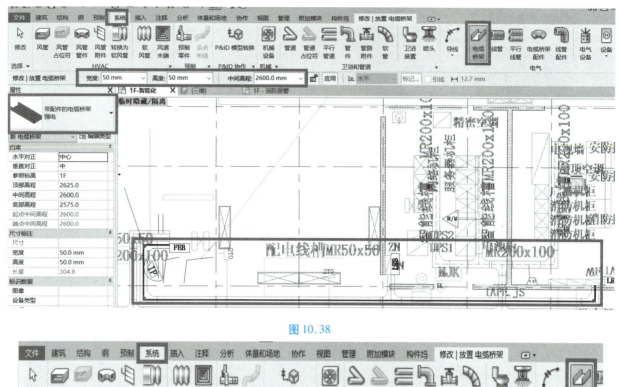

图 10.38

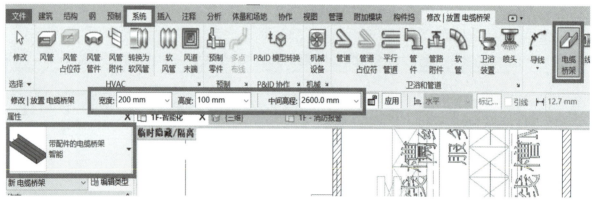

图 10.39

10.4.3　放置智能化设备

①新建天花板平面。单击"视图"选项卡下"平面视图"下拉菜单中的"天花板投影平面",如图 10.40 所示。在弹出的"新建天花板平面"对话框中,取消勾选"不复制现有视图",选中"1F",单击确定,如图 10.41 所示。将"属性"窗口的"规程"修改为"电气","子规程"修改为"智能化",如图 10.42 所示。并将该楼层名称重命名为"1F 天花板-智能化"。

②链接 CAD 图纸。按照 10.4.1 的步骤,将"一层智能平面图"链接到"1F 天花板-智能化"平面视图当中。

③放置有线电视插座。单击"系统"选项卡下"构件"命令,在"属性"窗口中单击"编辑类型",在弹出的对话框中单击"载入",打开"MEP→综合布线→单联电视插座-暗装",如图 10.43 所示,放置时将"默认高程"修改成"300",沿着墙边放置即可。

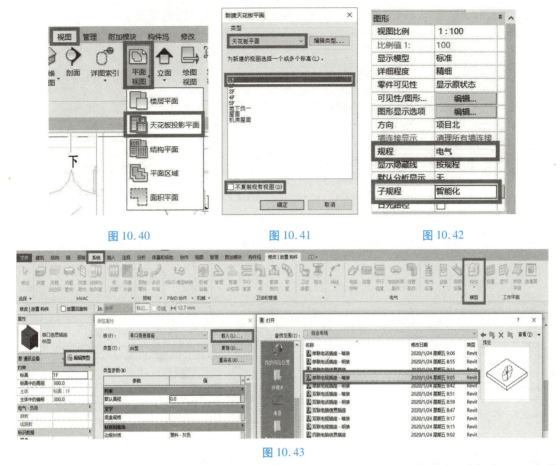

图 10.40　　　　　　　　图 10.41　　　　　　　　图 10.42

图 10.43

④放置双口信息插座。单击"系统"选项卡下"构件"命令,在"属性"窗口中单击"编辑类型",在弹出的对话框中单击"载入",打开教材族库中的"电话光纤双口插座",如图 10.44 所示,放置时将"默认高程"修改成"300",沿着墙边放置即可。

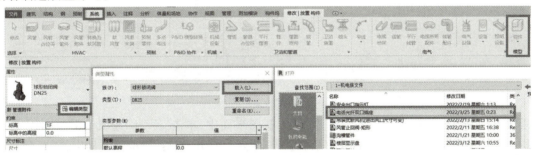

图 10.44

⑤安装高清半球摄像头。将视图切换到"1F 天花板-智能化"视图平面中,单击"系统"选项卡下"构件"命令,在"属性"对话框中单击"编辑类型",在弹出的对话框中单击"载入",打开"MEP→安防→摄像机-吸顶式",如图 10.45 所示,放置时,在"修改|放置 构件"选项栏中选择"放置在垂直面上"命令将摄像机安装到天花板顶上。

⑥安装被动红外/微波双技术探测器。将视图切换到"1F 天花板-智能化"视图平面中,单击"系统"选项卡下"构件"命令,在"属性"对话框中单击"编辑类型",在弹出的对话框中单击"载入",打开"MEP→安防→被动红外入侵探测器-吸顶式",如图 10.46 所示,放置时,在"修改|放置 构件"选项栏中选择"放置在垂直面上"命令将被动红外/微波双技术探测器安装到天花板顶上。

⑦安装声光报警灯。将视图切换到"1F-智能化"视图平面中,单击"系统"选项卡下"构件"命令,在"属性"对话框中单击"编辑类型",在弹出的对话框中单击"载入",打开教材提供的族文件中的"声光报警器",如

图 10.47 所示,放置时,将"默认高程"修改为"2200"并根据图纸放置到指定位置上。

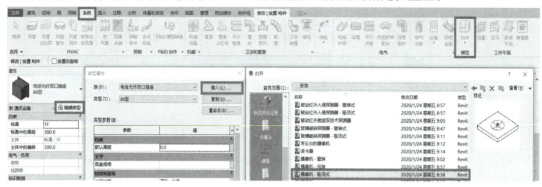

图 10.45

图 10.46

图 10.47

⑧安装门禁控制器。将视图切换到"1F-智能化"视图平面中,单击"系统"选项卡下"构件"命令,在"属性"对话框中单击"编辑类型",在弹出的对话框中单击"载入",打开教材提供的族文件中的"门禁控制器",如图 10.48 所示,放置时,将"默认高程"修改为"2500"并根据图纸放置到指定位置上。

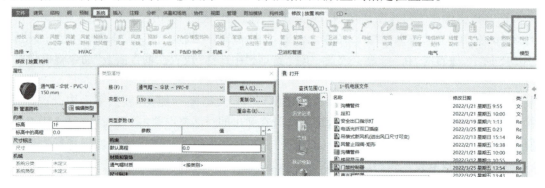

图 10.48

⑨安装出门开关。将视图切换到"1F-智能化"视图平面中,单击"系统"选项卡下"构件"命令,在"属性"对话框中单击"编辑类型",在弹出的对话框中单击"载入",打开教材提供的族文件中的"门禁开关",如图10.49所示,放置时,将"默认高程"修改为"1400"并根据图纸放置到指定位置上。

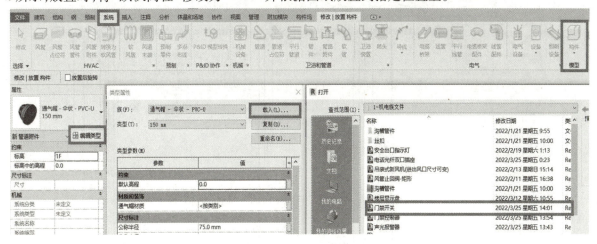

图 10.49

10.4.4　绘制布线线管

由图例可知布线线管直径为 20 mm,沿着墙边及顶面安装,需要绘制的布线线管如图10.50所示。单击"系统"选项卡下的"线管"命令,将"线管类型"设置为"带配件的线管 智能",将"直径"设置为"20 mm",将"中间高程"设置为"2800 mm",并根据图中的位置,将布线线管绘制出来,绘制到"双口信息插座"处,将"中间高程"修改为"300 mm",单击应用即可,如图 10.51 所示。其余的监控线管、门禁线管、电视线管、报警线管绘制方法相似,请大家自行绘制。

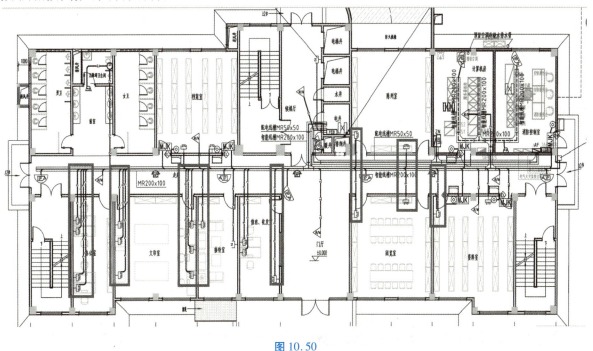

图 10.50

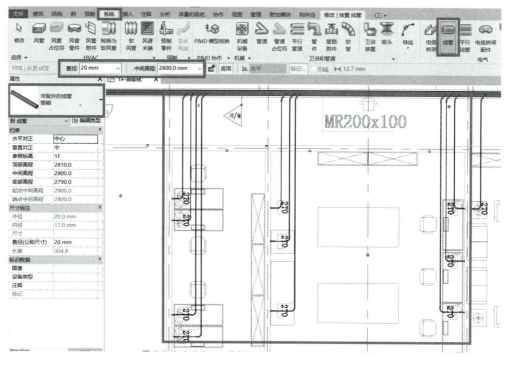

图 10.51

【学习笔记】

【总结反思】

总结反思点	已熟知的知识或技能点	仍需加强的地方	完全不明白的地方
了解链接 CAD 图纸的方法			
掌握绘制电缆桥架的方法			
掌握放置智能化设备的方法			
掌握绘制布线线管的方法			
在本次任务实施过程中,你的自我评价	□A. 优秀　□B. 良好　□C. 一般　□D. 需继续努力		

【关键词】BIM 设备建模　智能化系统　综合布线　分析

【实训项目】

项目一:识读 2 号办公楼入侵报警、视频安防监控及出入口控制系统施工图并说出识图过程,并完成建模。

项目二:绘制其余楼层的智能化系统 BIM 模型。

本项目小结

1.综合布线系统是能支持多种应用系统的一种结构化电信布线系统。它能支持多种应用系统,如:语音、数据、文字、图像和视频等各种应用。室内网络、数据信号通常利用综合布线系统来完成通信,根据《综合布线系统工程设计规范》(GB 50311—2106),综合布线系统的基本构成包括建筑群子系统、干线子系统和配线子系统,配线子系统中可以设置集合点(CP),也可不设置集合点。

网络信号传送路线:建筑群子系统→建筑物配线设备→干线子系统→楼层配线设备→配线子系统→信息点→设备线缆→终端设备。

2.有线电视(CATV)系统是通信网络系统的一个子系统,是住宅建筑和大多数公用建筑必须设置的系统。CATV系统一般采用同轴电缆和光缆来传输信号。有线电视(CATV)系统,由前端、信号传输分配网络和用户终端3部分组成。

3.其他智能系统包括出入口控制系统、视频安防监控系统、入侵报警系统、停车场管理系统、电子会议系统、智能照明系统等。

4.建筑智能化施工图主要包括图纸目录、设计说明、系统图、平面图、安装详图、大样图(多采用图集)、主要设备材料表及标注。

5.其他智能系统施工图组成及识读方法同综合布线系统和有线电视系统,可按照上述步骤"先系统,后平面"进行分析。

6.用Revit绘制建筑智能化系统主要分为以下4步,第一步:链接CAD图纸;第二步:绘制桥架;第三步:放置智能化设备;第四步:绘制线管。在绘制模型的过程当中,需要看清楚图纸的要求载入相应的设备,设置好设备放置的高度,按照图纸所在的位置放置即可。

参考文献

[1] 文桂萍,代端明.建筑设备安装与识图[M].2 版.北京:机械工业出版社,2020.

[2] 王青山,王丽.建筑设备[M].3 版.北京:机械工业出版社,2018.

[3] 张立新.建筑电气工程施工工艺标准与检验批填写范例[M].北京:中国电力出版社,2008.

[4] 文桂萍.建筑水电工程计价数字课程[M].北京:高等教育出版社,2019.

[5] 李向东,于晓明.分户热计量采暖系统设计与安装[M].北京:中国建筑工业出版社,2004.

[6] 沈阳市城乡建设委员会,中国建筑东北设计研究院,沈阳山盟建设(集团)公司,等.建筑给水排水及采暖工程施工质量验收规范:GB 50242—2002[S].北京:中国标准出版社,2004.

[7] 中华人民共和国住房和城乡建设部.建筑电气工程施工质量验收规范:GB 50303—2015[S].北京:中国建筑工业出版社,2016.

[8] 中华人民共和国住房和城乡建设部.建设工程施工现场供用电安全规范:GB 50194—2014[S].北京:中国计划出版社,2015.

[9] 朱溢镕,段宝强,焦明明.Revit 机电建模基础与应用[M].北京:化学工业出版社,2019.

[10] 陈瑜."1 + X"建筑信息模型(BIM)职业技能等级证书:学生手册(初级)[M].北京:高等教育出版社.2019.

[11] 廊坊市中科建筑产业化创新研究中心."1 + X"建筑信息模型(BIM)职业技能等级证书:教师手册[M].北京:高等教育出版社.2019.